Chemiedidaktik an Fallbeispielen

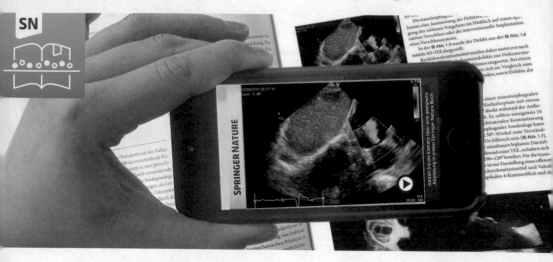

Springer Nature More Media App

Videos und mehr mit einem „Klick" kostenlos aufs Smartphone und Tablet

Dieses Buch enthält zusätzliches Onlinematerial, auf welches Sie mit der Springer Nature More Media App zugreifen können.*

Achten Sie dafür im Buch auf Abbildungen, die mit dem Play Button ⊙ markiert sind.

Springer Nature More Media App aus einem der App Stores (Apple oder Google) laden und öffnen.

Mit dem Smartphone die Abbildungen mit dem Play Button ⊙ scannen und los gehts.

Kostenlos downloaden

*Bei den über die App angebotenen Zusatzmaterialien handelt es sich um digitales Anschauungsmaterial und sonstige Informationen, die die Inhalte dieses Buches ergänzen. Zum Zeitpunkt der Veröffentlichung des Buches waren sämtliche Zusatzmaterialien über die App abrufbar. Da die Zusatzmaterialien jedoch nicht ausschließlich über verlagseigene Server bereitgestellt werden, sondern zum Teil auch Verweise auf von Dritten bereitgestellte Inhalte aufgenommen wurden, kann nicht ausgeschlossen werden, dass einzelne Zusatzmaterialien zu einem späteren Zeitpunkt nicht mehr oder nicht mehr in der ursprünglichen Form abrufbar sind.

Sabine Streller • Claus Bolte
Dennis Dietz • Ruggero Noto La Diega

Chemiedidaktik an Fallbeispielen

Anregungen für die Unterrichtspraxis

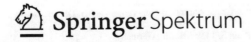

Sabine Streller
Institut für Chemie und Biochemie
FU Berlin
Berlin, Deutschland

Claus Bolte
Institut für Chemie und Biochemie
FU Berlin
Berlin, Deutschland

Dennis Dietz
Heinrich-Schliemann-Gymnasium Berlin
Berlin, Deutschland

Ruggero Noto La Diega
Heinrich-Schliemann-Gymnasium Berlin
Berlin, Deutschland

Ergänzendes Material zu diesem Buch finden Sie auf https://www.springer.com/de/book /978-3-662-58644-0

Die Online-Version des Buches enthält digitales Zusatzmaterial, das berechtigten Nutzern durch Anklicken der mit einem „Playbutton" versehenen Abbildungen zur Verfügung steht. Alternativ kann dieses Zusatzmaterial von Lesern des gedruckten Buches mittels der kostenlosen Springer Nature „More Media" App angesehen werden. Die App ist in den relevanten App-Stores erhältlich und ermöglicht es, das entsprechend gekennzeichnete Zusatzmaterial mit einem mobilen Endgerät zu öffnen.

ISBN 978-3-662-58644-0   ISBN 978-3-662-58645-7 (eBook)
https://doi.org/10.1007/978-3-662-58645-7

Die Deutsche Nationalbibliothek verzeichnet diese Publikation in der Deutschen Nationalbibliografie; detaillierte bibliografische Daten sind im Internet über http://dnb.d-nb.de abrufbar.

Springer Spektrum
© Springer-Verlag GmbH Deutschland, ein Teil von Springer Nature 2019

Verantwortlich im Verlag: Sarah Koch

Springer Spektrum ist ein Imprint der eingetragenen Gesellschaft Springer-Verlag GmbH, DE und ist ein Teil von Springer Nature.
Die Anschrift der Gesellschaft ist: Heidelberger Platz 3, 14197 Berlin, Germany

Vorwort

Chemiedidaktik an Fallbeispielen ist als Arbeits- und Übungsbuch für all diejenigen gedacht, die sich und ihren Chemieunterricht professionell weiterentwickeln wollen. Die Idee zu dem Buch entstand im Rahmen einer Fortbildungsveranstaltung für Lehrerinnen und Lehrer,[1] die sich im Bereich des Mentorings weiterbilden wollten. Auf der Suche nach geeigneten Themen und Methoden ist uns die Idee gekommen, mit den Kollegen konkrete Unterrichtssituationen zu diskutieren, um das Analysieren und Reflektieren von Unterricht an möglichst authentischen Beispielen zu thematisieren und zu üben. Der von uns gewählte Zugang über authentische Situationen, die wir in der Ausbildungspraxis von Lehramtsstudierenden und Referendaren in zahlreichen Unterrichtsbesuchen selbst erlebt haben, fand nicht nur großen Anklang aufseiten der teilnehmenden Kollegen, sondern erwies sich auch als ein besonders geeignetes Werkzeug, um mit den Teilnehmenden ins Gespräch zu kommen. Wir stellten schnell fest, dass die in der Fortbildung diskutierten Fallbeispiele nicht nur in diesem Kontext erfolgreich genutzt werden konnten, sondern auch in unseren Seminarveranstaltungen. Die Erörterung der Fallbeispiele vermochte insbesondere in unseren unterrichtspraktischen Seminarveranstaltungen zur Vorbereitung von Lehramtsstudierenden auf ihr Praxissemester oder zur Reflexion von Unterrichtspraxis mit Lehramtsanwärtern gute Dienste zu leisten. Wir haben die Nutzung der Fallbeispiele als gewinnbringend erlebt, weil unserer Erfahrung nach die Anzahl der Hospitationen und der Auswertungsgespräche sowohl in der ersten als auch der zweiten Ausbildungsphase zu gering ist, um die vielen Facetten von Unterricht thematisieren und wirklich ausführlich diskutieren zu können. Da diese Lerngelegenheiten also schon in der Ausbildung eher selten sind und nach Abschluss der Ausbildung in der Regel immer seltener werden, möchten wir Sie mit diesem Buch einladen, sich in die von uns beschriebenen Unterrichtssituationen zu versetzen, sie zu analysieren, zu diskutieren und auch Alternativen zu entwickeln – und so als kleine fachdidaktische Übungen und Anregungen zur Verbesserung des Unterrichts zu nutzen. Das Buch besteht aus zwei Teilen, einem fachdidaktisch und pädagogisch-psychologisch ausgerichtetem Theorieteil und einem unterrichtsbezogenen Praxisteil.

---

[1] *Aus Gründen der besseren Lesbarkeit verwenden wir in diesem Buch überwiegend das generische Maskulinum. Dies impliziert immer beide Formen, schließt also die weibliche Form mit ein.*

Im ersten Teil des Buches gehen wir auf zehn – unseres Erachtens – zentrale Themen der Chemiedidaktik und des Chemieunterrichts ein. Wir beleuchten diese zehn Schlüsselthemen vorrangig aus der Perspektive der Chemiedidaktik, wobei wir pädagogisch-psychologische Überlegungen nicht aus den Augen verlieren. Selbstverständlich stellen wir bereits in diesem Teil des Buches Bezüge zur Unterrichtspraxis her. Wir erheben mit den zehn gewählten Schlüsselthemen nicht den Anspruch, die Fachdidaktik Chemie oder die unvorstellbar große Zahl praxisnaher Problemlagen in ihrer Gänze zu thematisieren. Doch wir sind davon überzeugt, dass die ersten zehn Kapitel viele nützliche Anregungen für die Gestaltung und Optimierung von Chemieunterricht bieten.

Im zweiten Teil des Buches – dem Praxisteil – stellen wir achtzehn authentische Unterrichtssituationen vor – Unterrichtssituationen, die wir in der beschriebenen Weise selbst so im Rahmen von Unterrichtsbesuchen oder Auswertungsgesprächen nach Hospitationen erlebt haben. So authentisch die geschilderten Fälle auch sind, haben wir selbstverständlich alle Fälle anonymisiert und alle Namen und Hinweise auf Personen oder Schulen so verändert, dass keine Rückschlüsse möglich sind. Durch eine knappe Einleitung wird jeweils kurz der Kontext der Unterrichtssituation umrissen. Anschließend wird die Unterrichtssituation in Form von Dialogen und den in der Stunde eingesetzten Materialien vorgestellt. Mit den Aufgabenstellungen zu den Unterrichtssituationen und Materialien möchten wir Sie anregen, sich vertiefend mit dem jeweiligen Fall auseinanderzusetzen. So können Sie sich anhand des Fallbeispiels darin üben, fachdidaktische Schwierigkeiten besser zu erkennen. Darauf aufbauend laden wir Sie dazu ein, alternative Vorgehensweisen zu überlegen und diese didaktisch zu begründen. Abschließend erfolgt eine Diskussion des Fallbeispiels von unserer Seite unter Bezugnahme auf die in den Theoriekapiteln vorgestellten und erörterten Grundlagen.

Mittels dieser authentischen Fallbeispiele und durch die Verknüpfung mit fachdidaktischen Grundlagen wollen wir Sie ermuntern, von Ihnen selbst beobachtete Unterrichtssituationen unter die Lupe zu nehmen, um so zu einer evidenzbasierten und fachdidaktisch fundierten Planung und Reflexion von Chemieunterricht zu gelangen. Alle Fallbeispiele wurden von uns in Seminarveranstaltungen mit Lehramtsstudierenden und Lehramtsanwärtern bereits erprobt. Sie haben sich in den Seminaren als wertvolles Format erwiesen, um mit allen Beteiligten in einen anregenden und fruchtbaren Gedankenaustausch einzutreten.

Zum Schluss möchten wir uns bei den Studierenden wie auch bei allen Lehramtsanwärtern bedanken, die uns zu diesem Projekt inspiriert haben. Ein besonderer Dank geht an Fabian Stollin und Maurice Gerdawischke für ihre Unterstützung bei der Erstellung des Manuskripts und der Erarbeitung der Abbildungen sowie an die Kolleginnen und Kollegen, die uns in unserem Vorhaben bestärkt und mit guten Ratschlägen zur Seite gestanden haben.

Viel Freude und Gewinn mit dem Buch wünschen Ihnen

Berlin, 2019

Claus Bolte
Dennis Dietz
Ruggero Noto La Diega
Sabine Streller

Inhaltsverzeichnis

Teil I

Grundlagen

Kompetenzorientierung und Basiskonzepte

Kaum ein Begriff wurde in den vergangenen zwei Jahrzehnten so inflationär verwendet wie der Begriff Kompetenz. Der Begriff begegnet uns in allen möglichen Zusammensetzungen – selbst im täglichen Leben: Von Kompetenzzentrum, Kompetenzoptimierung, Kompetenzszene, Kompetenzvorstellung und Kompetenzleistung bis zur Kompetenzphrase (Becker und Stäudel 2008) scheint sich alles nur noch um Varianten von Kompetenzen zu drehen. Wir werden in diesem Kapitel näher beleuchten, woher der Begriff im Bildungsbereich kommt, welche Bedeutung er hat und wie ein an Kompetenzen orientierter Unterricht aussehen kann.

1.1 Die Anfänge der Kompetenzorientierung

Viele Jahre hat Deutschland nicht an großen internationalen Schulleistungsvergleichsstudien teilgenommen. Als Deutschland sich dann aber im Jahr 1996 an der *Third International Mathematics and Science Study* (TIMSS) beteiligte und mit wenig zufriedenstellenden Ergebnissen konfrontiert wurde, war die erschütterte öffentliche Reaktion nicht zu überhören (Köller 2016, S. 189). Eine Konsequenz aus dieser Erschütterung waren die Konstanzer Beschlüsse der Kultusministerkonferenz (KMK) im Jahr 1997, die einerseits eine zukünftige Beteiligung Deutschlands an internationalen Schulleistungsstudien vorsahen und andererseits die Einführung nationaler Standards festlegten, um eine bessere Vergleichbarkeit von Schulleistungen sicherzustellen. Damit wurde ein wesentliches Fundament für Bildungsmonitoring in Deutschland gelegt. Seither hat kaum ein anderes Feld in der empirischen Sozialforschung einen solchen Aufschwung genommen wie die empirische Bildungsforschung (Köller 2016, S. 189). Im Zuge dieser Entwicklung hat auch der Begriff *Kompetenz* Einzug in das Bildungswesen gehalten und den Begriff der Leistung ersetzt (Weinert 2001, S. 27). Doch was genau ist mit Kompetenz eigentlich gemeint?

© Springer-Verlag GmbH Deutschland, ein Teil von Springer Nature 2019
S. Streller et al., *Chemiedidaktik an Fallbeispielen*,
https://doi.org/10.1007/978-3-662-58645-7_1

1.1.1 Zum Begriff Kompetenz

Die weithin anerkannte Definition, die auch den nationalen Bildungsstandards in
Deutschland zugrunde liegt (KMK 2005b, S. 7), wurde von Franz Weinert formuliert. Weinert folgend, versteht man unter Kompetenzen „… die bei Individuen ver-
fügbaren oder durch sie erlernbaren kognitiven Fähigkeiten und Fertigkeiten, um
bestimmte Probleme zu lösen, sowie die damit verbundenen motivationalen, voliti-
onalen und sozialen Bereitschaften und Fähigkeiten, um die Problemlösungen in
variablen Situationen erfolgreich und verantwortungsvoll nutzen zu können" (Weinert 2001, S. 27 f.). Vereinfacht ausgedrückt, handelt es sich bei Kompetenz also um
erlernbare, auf Wissen begründete Fähigkeiten und Fertigkeiten, die eine erfolgreiche Bewältigung bestimmter Anforderungssituationen ermöglichen (KMK 2010,
S. 9). Auch wenn Kompetenzen verfügbare bzw. erlernbare Fähigkeiten und Fertigkeiten sind, sind sie nicht zwangsläufig beobachtbar. Eine Person kann sehr wohl
über eine hohe Kompetenz in einem Bereich verfügen, sie aber nicht vollständig
zeigen. Das beobachtbare Verhalten, in dem eine Kompetenz zum Ausdruck kommt,
wird als Performanz bezeichnet (Chomsky 1981). Obwohl also streng genommen
Kompetenzen nicht beobachtbar sind, sondern erst in der Performanz sichtbar werden, hat sich der Begriff Kompetenz im Bildungsmonitoring etabliert.

1.1.2 Kompetenzen und Bildungsstandards

Mit dem Beschluss der Kultusministerkonferenz (KMK) im Oktober 1997, das
deutsche Schulsystem im Rahmen wissenschaftlicher Untersuchungen international
vergleichen zu lassen, wurde die Einführung klarer Maßstäbe erforderlich. Dies
führte letztlich zur Entwicklung und Einführung nationaler Bildungsstandards
(KMK 2005a, S. 5).

▶ **Bildungsstandards** Bildungsstandards beschreiben die fachbezogenen Kompetenzen, die Schüler bis zu einem bestimmten Zeitpunkt ihres Bildungsgangs erreicht haben sollen.

Für das Fach Chemie wurden Standards für den Zeitpunkt des mittleren Schulabschlusses (Jahrgangsstufe 10) formuliert (KMK 2005a, S. 6). Die Einführung der
Bildungsstandards hat aber nicht ein vollständiges Ersetzen der Ziele schulischer
Bildung zur Folge. So betont die KMK, dass neben der Einführung der Bildungsstandards die allgemeinen Bildungsziele der Schule unverändert gelten, da Schul-
qualität nicht allein an der Erfüllung von Standards bemessen werden kann, sondern
die Persönlichkeitsentwicklung und Erziehung der Schüler zu mündigen Bürgern
genauso im Fokus stehen (KMK 2005a, S. 6 f.).
  Bildungsstandards sind jeweils auf die Kernbereiche eines Faches ausgerichtet und formulieren fachliche und fachübergreifende Basisqualifikationen im
Sinne des erwünschten Lernergebnisses. Für das Fach Chemie sind die Standards
auf vier Kompetenzbereiche verteilt Fachwissen, Erkenntnisgewinnung,

Kommunikation und Bewertung. Sie sind als eine normative Erwartung formuliert – die Wege zu den Lernergebnissen und die notwendigen Unterstützungsmaßnahmen bleiben weiterhin den Schulen und damit maßgeblich den Lehrern überlassen (KMK 2005a, S. 11). Die Kernbereiche und Basisqualifikationen eines Faches finden ihren Niederschlag zum einen in den vier Kompetenzbereichen, zum anderen in den Basiskonzepten, die den Kompetenzbereich Fachwissen gliedern. Die für die Sekundarstufe I relevanten Fachinhalte lassen sich auf die Basiskonzepte Stoff-Teilchen-Beziehungen, Struktur-Eigenschafts-Beziehungen, chemische Reaktion und energetische Betrachtung bei Stoffumwandlungen zurückführen (KMK 2005b, S. 8). Mithilfe dieser Basiskonzepte sollen die Schüler die fachwissenschaftlichen Inhalte beschreiben und strukturieren. Im kommenden Abschnitt gehen wir auf die Basiskonzepte im Fach Chemie detaillierter ein und zeigen an einem Beispiel, wie sie mit Inhalten verknüpft werden.

1.2 Kompetenzorientierung im Unterricht

Mit der Einführung der Bildungsstandards und den darin beschriebenen Kompetenzen sollte ein Instrument geschaffen werden, mit dem die Ausprägung fachbezogener Kompetenzen aufseiten der Schüler überprüft werden kann. Dazu ist es nötig gewesen, die in den Standards formulierten Kompetenzen möglichst konkret zu beschreiben, sodass sie prinzipiell mithilfe von Testverfahren erfasst und analysiert werden können (KMK 2005a, S. 16). Für den Unterricht ermöglicht die Orientierung an Kompetenzen, dass der Blick stärker auf die Lernergebnisse (Outcome-Orientierung) der Schüler gelenkt wird. Damit soll der Unterricht klarer auf die Bewältigung von Anforderungen ausgerichtet und das Lernen als kumulativer Prozess organisiert werden (KMK 2005a, S. 16). Insgesamt soll die Orientierung an Kompetenzen dazu beitragen, das Lernen auf langfristig aufgebaute Lernergebnisse auszurichten (KMK 2005a, S. 18). Mit diesem Ansatz wird auch deutlich, dass Kompetenzen nicht in einer Unterrichtsstunde erworben werden, sondern die Ausbildung von Kompetenzen tatsächlich lange – zum Teil einige Jahre – braucht.

1.2.1 Kompetenzorientierter Unterricht im naturwissenschaftlichen Unterricht und im Fach Chemie

Obwohl die Inhalte des naturwissenschaftlichen Unterrichts in den einzelnen Bundesländern variieren, besteht doch Konsens in den übergeordneten Anforderungen. So sind zentrale, übergeordnete Themen in den Rahmen- und Kernlehrplänen: Erhalt des Lebensraums Erde, Gewährleistung der Energieversorgung, Fragen der Ernährung einer wachsenden Weltbevölkerung und Fragen der Gesundheit (Duit et al. 2001, S. 170; Bolte 2003, S. 13 f.). Gepaart mit einem grundlegenden naturwissenschaftlichen Verständnis und dem Wissen um Methoden der Erkenntnisgewinnung sollen langfristige Lernergebnisse angestrebt und somit ein Fundament für weiteres lebenslanges Lernen gelegt werden. Eine solche naturwissenschaftliche

Grundbildung („scientific literacy") beruht weniger auf Detailwissen als vielmehr auf einem über die Schulzeit ausdifferenzierten Verständnis grundlegender Konzepte (Begriffe und Prinzipien) und Prozesse (Arbeits- und Denkweisen) der Naturwissenschaften (Duit et al. 2001, S. 171; Gräber und Bolte 1997). In den vergangenen Jahren ist zunehmend klargeworden, dass die Vermittlung der Naturwissenschaften, gewissermaßen um ihrer selbst willen, für die meisten Schüler wenig attraktiv ist (Duit et al. 2001, S. 171). Deshalb müssen Inhalte in Zusammenhänge eingebettet werden, die Anschluss an Erfahrungen und Interessen und an die Lebenswelt der Schüler ermöglichen; dies sind sogenannte bedeutungsvolle Kontexte (Duit et al. 2001, S. 171; Bolte 2003; Kap. 8). Außerdem muss das erworbene Wissen anschlussfähig, d. h. bei der Erschließung neuer Einsichten nützlich und anwendbar sein. Zusammenfassend ermöglicht also ein kompetenzorientierter Unterricht …

- ein grundlegendes Verständnis naturwissenschaftlicher Konzepte (Basiskonzepte) und Methoden,
- Anschlussfähigkeit, d. h., das erworbene Wissen ist nützlich und in unbekannten Lernsituationen anwendbar,
- die Einbindung von Inhalten in übergeordnete, bedeutungsvolle Kontexte,
- die Stärkung der Aktivität der Lernenden durch kognitiv herausfordernde Prozesse,
- die Förderung von Lernstrategien und die Fähigkeit zum selbstregulierten Lernen,
- die Nutzung des erworbenen Wissens zum Verstehen und Erklären unserer naturwissenschaftlich geprägten Welt und die Teilnahme an Entscheidungen im gesellschaftlichen Raum.

Mit dieser Vorstellung von kompetenzorientiertem Unterricht ist eine kleinschrittige Unterrichtsgestaltung zur Vorbereitung auf Testsituationen nicht in Einklang zu bringen (KMK 2010, S. 10). Des Weiteren setzt die erfolgreiche Umsetzung eines kompetenzorientierten Unterrichts voraus, dass die individuellen Lernvoraussetzungen aller Schüler beachtet werden, um eine optimale Förderung aller Lernenden zu gewährleisten.

1.2.2 Formulierung konkretisierter Standards für den Unterricht

Um für eine bestimmte Unterrichtsstunde nun konkrete Standards – im Sinne eines überprüfbaren Lernzuwachses – zu formulieren, müssen die recht allgemein gehaltenen Standards in den Rahmenlehrplänen, denen wiederum die Bildungsstandards der KMK zugrunde liegen, auf die Lerngruppe und den konkreten Stundeninhalt ausgerichtet werden; dazu ein Beispiel:

Im Standard E3 aus dem Kompetenzbereich Erkenntnisgewinnung heißt es in den Bildungsstandards (KMK 2005b, S. 12):

Die Schülerinnen und Schüler führen qualitative und einfache quantitative experimentelle und andere Untersuchungen durch und protokollieren diese.

Im Rahmenlehrplan Chemie der Länder Berlin/Brandenburg lautet der entsprechende Standard (SenBJF + MBJS 2016, S. 20):

Die Schülerinnen und Schüler können [...] Experimente zur Überprüfung von Hypothesen nach Vorgaben planen und durchführen.

Ein konkretisierter Standard für eine Unterrichtsstunde zum Thema „Darstellung von Laugen" könnte wie folgt formuliert werden:

Die Schülerinnen und Schüler planen ein einfaches Experiment zur Überprüfung ihrer Vermutung. Sie schlagen vor, Magnesiumoxid in Wasser zu lösen und die entstehende Lösung mit Universalindikatorpapier zu prüfen.

Die Formulierung des letzten Standards ist im Vergleich zu den eher abstrakten Vorgaben der Bildungspolitik konkret und mit einem fachbezogenen Inhalt verknüpft. Mit dieser Formulierung wird ein ganz konkretes und beobachtbares Verhalten beschrieben, an dem der Lernzuwachs erkennbar wird. Der so formulierte konkretisierte Standard nimmt nun Bezug auf den Kompetenzbereich Fachwissen (Basiskonzept Struktur-Eigenschafts-Beziehung) aber vor allem und im Schwerpunkt auf den Kompetenzbereich Erkenntnisgewinnung.

Oft fällt es Anfängern nicht ganz so leicht, konkretisierte Standards aus den entsprechenden Lehrplänen abzuleiten und auf die jeweilige Stunde zu beziehen. Deshalb stellen wir in den beiden folgenden Tabellen nochmals Beispiele für konkretisierte Standards bezüglich der Basiskonzepte und der Kompetenzbereiche vor.

Basiskonzept (KMK 2005b)	Standardkonkretisierung Die Schüler ...
Stoff-Teilchen-Beziehungen	... erklären das Phänomen der Dichteanomalie von Wasser mithilfe eines einfachen Teilchenmodells.
Struktur-Eigenschafts-Beziehungen	... begründen die Eignung des Extraktionsmittels Ethanol für die Extraktion von Thymol aus Thymiankraut anhand der Struktur des Thymols.
Chemische Reaktion	... deuten den Prozess der Rostumwandlung als chemische Reaktion und begründen ihre Antwort mittels der Merkmale einer chemischen Reaktion.
Energetische Betrachtung bei Stoffumwandlungen	... ermitteln den Brennwert von Feuerzeuggas experimentell.

In der folgenden Tabelle haben wir zur Formulierung konkretisierter Standards eine sicher unübliche Vorgehensweise gewählt, denn normalerweise beziehen Sie einzelne konkretisierte Standards auf Standards in den Lehrplänen, nicht aber auf die doch recht globalen Kompetenzbereiche. Was wir damit aber zeigen möchten, ist, dass Sie an einem einzigen Inhalt – hier am Inhalt Thermitverfahren – die eine oder die andere Kompetenz fördern können.

Kompetenzbereich (KMK 2005b)	Standardkonkretisierung Die Schüler …
Fachwissen	… kennzeichnen das Oxidationsmittel (Donator) und das Reduktionsmittel (Akzeptor) in der Reaktionsgleichung für das Thermitverfahren.
Kommunikation	… veranschaulichen das Thermitverfahren in einer geeigneten sprachlichen Darstellungsform (z. B. Fließdiagramm).
Erkenntnisgewinnung	… planen ein Experiment zur Durchführung des Thermitverfahrens und lassen es vom Lehrer durchführen.
Bewerten	… können Sicherheitsrisiken bei der Durchführung des Thermitverfahrens einschätzen und Sicherheitsmaßnahmen begründet ableiten (Arbeitsschutz, Löschbedingungen usw.).

1.2.3 Kompetenzen und Lernziele

Mit der Einführung der Bildungsstandards und der daraus resultierenden Überarbeitung der Rahmenlehrpläne ist der Begriff des Lernziels nahezu verschwunden. Dem Begriff „Lernziel" wurde oft eine sogenannte Input-Orientierung unterstellt, da die inhaltliche Komponente – also das, was gelernt werden *sollte* – stärker im Fokus stand. Mit der Formulierung von Standards als Beschreibung von Kompetenzen sollte die Outcome-Orientierung, also die Ausrichtung auf ein bestimmtes Lernergebnis, stärker betont werden. Nichtsdestotrotz sind auch Lernziele „… sprachliche Formulierungen des gewünschten Lernergebnisses, bezogen auf einen bestimmten Inhalt. Dementsprechend unterscheidet man bei Lernzielen einen Inhaltsteil und einen Verhaltensteil" (Memmert 1995, S. 31). Um nun das erwünschte Verhalten bei den Schülern beobachten zu können (z. B. Schüler plant ein Experiment zur Überprüfung …), muss der Verhaltensteil operationalisiert werden. Für das angestrebte Verhalten müssen konkrete Indikatoren gefunden werden, die das Verhalten möglichst eindeutig beschreiben (z. B. der Schüler plant ein Experiment und zeichnet die Experimentieranordnung) (Memmert 1995, S. 31). Diese Art der Lernzielformulierung wird als operationalisiertes Lernziel bezeichnet (Mager 1994) und ähnelt in der Art der Formulierung tatsächlich den heute in der Regel formulierten konkretisierten Standards für eine Unterrichtsstunde.

Nur weil man keine Lernziele mehr formuliert oder den Begriff Lernziel durch Kompetenz oder Standard ersetzt, wird Unterricht nicht automatisch kompetenzorientiert. Ein „gutes" Lernziel – besser gesagt ein gut operationalisiertes Lernziel – kann tatsächlich mehr Kompetenzorientierung beinhalten als manch schlecht formulierte, allgemein gehaltene Kompetenzerwartung. Auch kompetenzorientierter

Unterricht kann auf „kleinere Schritte" im Sinne von (Teil-)Lernzielen nicht verzichten, wenn letztlich Kompetenzaufbau systematisch gefördert werden soll. Die vereinbarten Standards stellen eine sichere Grundlage für eine größere Vergleichbarkeit zwischen Schulen in Deutschland dar und richten den Blick stärker auf Fähigkeiten und Fertigkeiten der Lernenden und weg von einem Katalog an Fachbegriffen. Der Fokus liegt damit weniger auf der Frage, was im Unterricht *behandelt* wurde, als vielmehr auf der Frage, was infolge des Unterrichts *gelernt* wurde, also welche Kompetenzen die Schüler tatsächlich entwickeln konnten.

Literatur

Becker J, Stäudel L (2008) Chemiedidaktik 2007 – Trendbericht. Nachr Chem 56:340–345

Bolte C (2003) Konturen wünschenswerter chemiebezogener Bildung im Meinungsbild einer ausgewählten Öffentlichkeit – Methode und Konzeption der curricularen Delphi-Studie Chemie sowie Ergebnisse aus dem ersten Untersuchungsabschnitt. ZfDN 9:7–26

Chomsky N (1981) Regeln und Repräsentationen. Suhrkamp, Frankfurt am Main

Duit R, Häußler P, Prenzel M (2001) Schulleistungen im Bereich der naturwissenschaftlichen Bildung. In: Weinert FE (Hrsg) Leistungsmessungen in Schulen. Beltz, Weinheim

Gräber W, Bolte C (Hrsg) (1997) Scientific literacy. IPN, Kiel

Köller O (2016) Schulleistungsuntersuchungen und Bildungsmonitoring. In: Möller J, Köller M, Riecke-Baulecke T (Hrsg) Basiswissen Lehrerbildung: Schule und Unterricht – Lehren und Lernen. Klett, Kallmeyer, Seelze, S 189–205

Kultusministerkonferenz (KMK) (2005a) Bildungsstandards der Kultusministerkonferenz. Erläuterungen zur Konzeption und Entwicklung. Luchterhand, München

Kultusministerkonferenz (KMK) (2005b) Bildungsstandards im Fach Chemie für den mittleren Schulabschluss. Luchterhand, München

Kultusministerkonferenz (KMK) in Zusammenarbeit mit dem Institut zur Qualitätsentwicklung im Bildungswesen (2010) Konzeption der Kultusministerkonferenz zur Nutzung der Bildungsstandards für die Unterrichtsentwicklung. Carl Link, Köln

Mager R (1994) Lernziele und Unterricht. Unveränderte Neuausgabe nach der Ausgabe von 1977. Beltz, Weinheim/Basel

Memmert W (1995) Didaktik in Grafiken und Tabellen, 5. Aufl. Klinkhardt, Bad Heilbrunn

SenBJF (Senatsverwaltung für Bildung, Jugend, Familie Berlin), MBJS (Ministerium für Bildung, Jugend und Sport Brandenburg) (2016) RLP (Rahmenlehrplan Chemie Berlin-Brandenburg). http://bildungsserver.berlin-brandenburg.de/rlp-online/c-faecher/chemie/kompetenzentwicklung/. Zugegriffen am 19.04.2017

Weinert FE (2001) Vergleichende Leistungsmessung in Schulen – eine umstrittene Selbstverständlichkeit. In: Weinert FE (Hrsg) Leistungsmessungen in Schulen. Beltz, Weinheim, S 17–31

Didaktische Reduktion und Elementarisierung

2

„Lehrerinnen und Lehrer planen Unterricht […] fach- und sachgerecht und führen ihn sachlich und fachlich korrekt durch" (KMK 2014, S. 7). Voraussetzung für diese von der KMK formulierte Aufgabe von Lehrern ist es also, Inhalte fachlich selbst zu durchdringen und korrekt zu verstehen. Doch dies ist natürlich nur die eine Seite der Unterrichtsvorbereitung. Neben der fachlichen Vorbereitung ist es genauso wichtig, die Personen im Blick zu haben, für die der Unterricht geplant wird, nämlich die Schüler mit ihren individuellen Lernvoraussetzungen. Ergänzen wir nun die Auslassung im obigen Zitat, beschreibt die KMK genau diese beiden Seiten als Aufgabe von Lehrern: „Lehrerinnen und Lehrer planen Unterricht unter Berücksichtigung unterschiedlicher Lernvoraussetzungen und Entwicklungsprozesse […]" (KMK 2014, S. 7). Der Prozess, von der fachlichen Vorbereitung und vom Durchdringen der Inhalte diese nun an den Kenntnisstand und die Lernvoraussetzungen der Schüler anzupassen, ist mit dem Begriff „didaktische Reduktion" verbunden. Wir möchten in diesem Kapitel beleuchten, was man unter didaktischer Reduktion versteht und wie didaktische Reduktion erfolgen kann. Dabei werden wir auch die Grenzen didaktischer Reduktion aufzeigen.

2.1   Was versteht man unter didaktischer Reduktion?

Fachbegriffe, die in der Pädagogik und in den jeweiligen Fachdidaktiken verwendet werden, sind oft nicht eindeutig definiert; im Gegenteil, sie werden oft mehrdeutig verwendet und durch Synonyme belastet (Bauer und Bader 2002, S. 181). Dies trifft auch auf das Konzept der didaktischen Reduktion zu. So werden die Begriffe didaktische Reduktion und Elementarisierung häufig synonym verwendet. Versteht man „Reduktion" als Rückführung (lat. „reducere" = zurückführen) auf das Elementare, das Wesentliche, also auf den Kern der Sache, dann wäre diese Gleichordnung durchaus zulässig (Bauer und Bader 2002, S. 182). Eine Gefahr im Umgang mit dem Begriff „Reduktion" liegt jedoch in seiner umgangssprachlichen Verwendung.

© Springer-Verlag GmbH Deutschland, ein Teil von Springer Nature 2019
S. Streller et al., *Chemiedidaktik an Fallbeispielen*,
https://doi.org/10.1007/978-3-662-58645-7_2

Diese ist häufig mit der Vorstellung einer quantitativen Verminderung verbunden, z. B. in der „Reduktion der Kosten". Mit dieser umgangssprachlichen Deutung ist das häufig auftretende Missverständnis von didaktischer Reduktion als einer Verkleinerung der Menge an Lerninhalten zu erklären. Ebenfalls nicht unproblematisch sind die Synonyme „Vereinfachung" oder gar „Herunterbrechen", da sie nahelegen, dass Teile des Ganzen einfach nur wegzulassen sind. Nichtsdestotrotz bedeutet didaktische Reduktion natürlich, einen Lerninhalt für eine Lerngruppe „einfacher", also verständlich zu machen.

Trotz seiner sprachlichen Unschärfe hat sich der Begriff didaktische Reduktion in der Chemiedidaktik durchgesetzt, während die Physikdidaktik auf den Begriff der Elementarisierung zurückgreift (Bleichroth 1991; Rösler und Schmidkunz 1996). In der Biologiedidaktik werden didaktische Reduktion bzw. Elementarisierung in das Konzept der didaktischen Rekonstruktion integriert (Gropengießer und Kattmann 2008, S. 48).

Wir werden im Folgenden den Begriff didaktische Reduktion verwenden und bezeichnen damit den Vorgang, bei dem die Abstraktheit eines Sachverhalts und seine Komplexität auf das Wesentliche zurückgeführt werden, um ihn für die Lernenden überschaubar und begreifbar zu machen (Bleichroth 1991; Rösler und Schmidkunz 1996; Lehner 2012). Dabei gilt immer die Prämisse: Jede didaktisch vereinfachte Aussage muss wissenschaftlich zulässig sein (Hering 1959).

▶ **Didaktische Reduktion** Didaktische Reduktion ist ein Vorgang, bei dem die Abstraktheit und Komplexität eines Sachverhalts auf das Wesentliche zurückgeführt wird, um ihn für Lernende überschaubar und begreifbar zu machen.

2.2   Wie kann didaktische Reduktion erfolgen?

Konkrete Rezepte, wie eine didaktische Reduktion erfolgen kann, gibt es so wenig wie allgemeingültige Rezepte zur Unterrichtsplanung. Da eine didaktische Reduktion immer für eine konkrete Lerngruppe durchgeführt wird, bleibt es nicht aus, sich immer wieder neu Gedanken über die Stofffülle einerseits und die inhaltliche Komplexität andererseits zu machen. Die Rahmenlehrpläne geben bereits Hinweise zum Niveau, auf dem Inhalte unterrichtet werden sollen. Trotz dieser Hinweise bleibt es Aufgabe jeden Lehrers, das Niveau der eigenen Lerngruppe einzuschätzen und dementsprechend die didaktische Reduktion durchzuführen. Wir zeigen im Folgenden drei mögliche Schritte auf, die zu didaktischer Reduktion beitragen können.

Eine grundsätzliche Vorgehensweise didaktischer Reduktion ist, quantitativ verdichtete Aussagen, wie sie häufig in den Naturwissenschaften vorkommen, schrittweise über halbquantitativ, halbqualitativ bis hin zu qualitativen Aussagen im Niveau abzusenken (Lehner 2012). Bleichroth nennt diese Vorgehensweise „Rückführung auf das Qualitative" (Bleichroth 1991, S. 5 f.), um so die Abstraktheit eines Sachverhalts zu reduzieren.

a) Rückführung auf das Qualitative

In den Naturwissenschaften werden Aussagen und Gesetzmäßigkeiten in der Regel so stark abstrahiert, dass sie mathematisch-quantitativ in einer Formel ausgedrückt werden können. Diese stärkste Form des Elementaren ist für Lerner sicher nicht angemessen, wenn es darum gehen soll, einen neuen Lerninhalt lern- und verstehbar zu machen. Ein Beispiel für eine solch verdichtete Form ist die Definition des pH-Werts. Der pH-Wert ist nach Atkins (2001, S. 276) korrekt definiert als

$$pH = -\lg a\left(H_3O^+\right).$$

Diese Gleichung drückt aus, dass sich der pH-Wert als der negative dekadische Logarithmus der Hydronium-Ionenaktivität beschreiben lässt. Häufig werden Definitionen des pH-Werts in vereinfachter Form angegeben, indem nicht die Aktivität, sondern die Konzentration der Hydronium-Ionen, manchmal auch der Wasserstoff-Ionen angegeben wird. Trotz dieser Veränderungen sind die Beschreibungen noch immer quantitativ. Eine qualitative und doch ebenso wissenschaftlich richtige Aussage zum pH-Wert könnte lauten: Der pH-Wert ist eine Zahlenangabe, die Auskunft darüber gibt, ob eine wässrige Lösung sauer, basisch oder neutral reagiert.

b) Vernachlässigung

Vernachlässigungen können dazu dienen, die Komplexität eines Sachverhalts abzubauen (Bleichroth 1991). Störgrößen, Nebenprodukte oder Zwischenzustände bleiben also unerwähnt und verstellen so nicht durch zu viele Details den Blick auf das Wesentliche.

Typische Vernachlässigungen im Chemieunterricht sind im Anfangsunterricht zu finden, wenn Schüler mit dem Prinzip der chemischen Reaktion vertraut gemacht werden sollen. Rosten ist ein beliebtes und alltagsnahes Beispiel für eine chemische Reaktion, bei der ein Metall mit Sauerstoff unter der Bedingung feuchter Luft reagiert. Diese Aussage, dass beim Rosten Eisen mit Sauerstoff reagiert, ist didaktisch stark reduziert und durch mehrere Vernachlässigungen gekennzeichnet: Eigentlich wird Eisen „an feuchter, kohlendioxidhaltiger Luft oder in kohlendioxid- und lufthaltigem Wasser […] unter Bildung von Eisen(III)-oxid-Hydrat FeO(OH) = „$Fe_2O_3 \times H_2O$" angegriffen (‚Rosten‘), indem sich zunächst Eisencarbonate bilden, die dann der Hydrolyse unterliegen" (Holleman und Wiberg 1995, S. 1513). Bei der Beschreibung des Rostens im Anfangsunterricht werden also mehrere Reaktionsbedingungen, Reaktionsschritte und Zwischenprodukte vernachlässigt.

Eine andere Vernachlässigung finden wir in der Einführung von Redoxreaktionen im Anfangsunterricht. Zunächst einmal wird in der Regel die Oxidation – als Reaktion eines Stoffes mit Sauerstoff – getrennt von der Reduktion eingeführt. So erlernen Schüler meist am Beispiel der Verbrennung eines Metalls (z. B. Magnesium), dass es sich dabei um die Oxidation dieses Metalls unter Entstehung des Metalloxids (Magnesiumoxid) handelt. Dass der Reaktionspartner Sauerstoff bei dieser chemischen Reaktion reduziert wird, wird zu diesem Zeitpunkt des Unterrichts vernachlässigt.

c) Überführung in bildhaft-symbolische Darstellungen

Eine nahezu klassische Art didaktischer Reduktion ist die Umwandlung sprachlich oder formal-mathematisch repräsentierter Inhalte in bildhafte Darstellungen. Der Inhalt wird damit konkretisiert, und sowohl seine Abstraktheit als auch seine Komplexität werden vermindert (Bleichroth 1991). Prozesse wie das Diaphragmaverfahren zur Herstellung von Chlor können in Abbildungen komplexer (Abb. 2.1 links) oder auf Wesentliches reduziert (Abb. 2.1 rechts) und damit auf den ersten Blick übersichtlicher dargestellt werden.

Neben der Komplexität von Inhalten stellt oft auch die Stofffülle selbst ein didaktisches Problem dar. Dies gilt insbesondere für solche Lehrer, die den Anspruch auf Vollständigkeit hegen und sich ständig unter Druck fühlen, das „alles" schaffen zu müssen. Lehner bezeichnet diesen Anspruch als „Vollständigkeitsfalle" (2012, S. 75). Um einen Inhalt im Sinne der didaktischen Reduktion auf das Wesentliche zurückzuführen, muss zunächst Wesentliches von Unwesentlichem getrennt werden. Was wesentlich ist, kann nur ermittelt werden, indem die Lerngruppe mit ihren Vorkenntnissen, Erfahrungen, Lerninteressen und Wünschen berücksichtigt wird (Lehner 2012; Klafki 1958). Bolte kommt in einer breit angelegten Studie über die Bildungsinteressen und -erwartungen im Fach Chemie zu dem Schluss, dass sich die Interessen und Erwartungen Jugendlicher häufig von denen der befragten Erwachsenen (Naturwissenschaftler, Didaktiker, Lehrern) unterscheiden (2003, S. 23 f.). Es reicht also nicht zu glauben, dass wesentlich ist, was man selbst für wesentlich erachtet. Vielmehr ist es zwingend notwendig, die individuellen Wünsche, Bedürfnisse und Interessen einer Lerngruppe mit in den Blick zu nehmen, um einen für die Schüler bildungswirksamen Chemieunterricht zu planen und durchzuführen. Um schließlich die Entscheidung zu treffen, was das

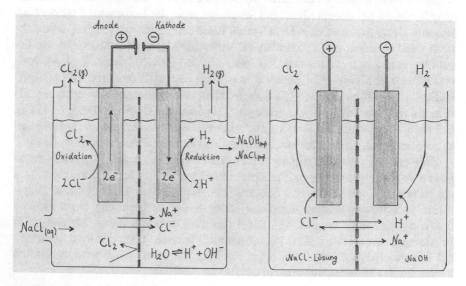

Abb. 2.1 Diaphragmaverfahren: links komplexe Darstellung, rechts didaktisch reduzierte Darstellung

Wesentliche, der Kern des Unterrichts, sein soll, müssen also die Lernvoraussetzungen und Schülerinteressen Berücksichtigung finden, die allgemeinen Gesetzmäßigkeiten, Prinzipien und Basiskonzepte erkannt, die Ziele des Unterrichts und zu erreichende Kompetenzen definiert sowie der zeitliche Rahmen beachtet werden (Lehner 2012, S. 81).

Vor mehr als 25 Jahren forderte Bleichroth (1991) bereits, drei Kriterien zu berücksichtigen, um zu entscheiden, ob ein Sachverhalt didaktisch zutreffend reduziert wurde. Diese Kriterien haben bis heute nicht an Gültigkeit verloren:

1. Angemessenheit für den (kognitiven) Entwicklungsstand der Schüler.
2. Fachliche Richtigkeit.
3. Entwicklungsfähigkeit. Damit ist gemeint, dass ein Schüler das Konzept auf ein höheres Niveau weiterentwickeln kann, ohne umlernen zu müssen.

2.3 Wo fängt didaktische Reduktion an, und wo hört sie auf?

Bevor man in der Unterrichtsplanung über didaktische Reduktion und methodische Entscheidungen nachdenkt, ist zunächst eine gründliche fachliche Vorbereitung des Chemieunterrichts notwendig. Diese sachanalytische Vorbereitung darf aber nicht dazu verführen, Fachstrukturen einfach in die Unterrichtsstruktur zu überführen (Becker et al. 1992, S. 468). Die Sachanalyse sollte als Überblick über die Sache aufgefasst werden, „Strukturen eines Sachverhalts (Themas), seine Verflechtungen und entscheidende Wissenselemente [zu] reflektieren" (Becker et al. 1992, S. 468 f.). Betrachtet man in diesem Sinne eine Sachanalyse als Reflexionsprozess, liegt hier der Anfang der didaktischen Reduktion, denn „wissenschaftliche Sachanalyse ist selbst immer eine Vereinfachung" (Jung 1973, S. 111). Didaktische Reduktion beginnt also bereits in der Phase des Sich-selbst-Vertrautmachens mit der Sache und der damit verbundenen Auswahl bzw. Vernachlässigung von Fakten. Doch wo hört didaktische Reduktion auf? Diese Frage möchten wir abschließend mit einem Beispiel aus dem Chemieanfangsunterricht zur Diskussion stellen.

Redoxreaktion – Reduktion von Eisen
Eisenoxid soll mit Kohlenstoff reduziert werden. Die Schüler mischen dazu Eisenoxid mit Aktivkohle, füllen das Gemisch in ein Reagenzglas und glühen das Gemisch im Bunsenbrenner. Nach dem Erkalten stellen die Schüler mittels eines Magneten fest, dass ein magnetischer, klumpiger Stoff entstanden ist. Die Schlussfolgerung liegt nahe: Es muss wohl Eisen entstanden sein.

An diesem so typischen Unterrichtsbeispiel ist formal eigentlich alles richtig: Eisenoxid kann tatsächlich mit Kohlenstoff zu Eisen reduziert werden. Dieser Prozess läuft täglich in Millionen Hochöfen auf der Welt ab. Vernachlässigt wurde in der Erklärung des Schülerversuchs, dass nicht Kohlenstoff selbst das Reduktionsmittel ist, sondern eigentlich Kohlenstoffmonoxid das aus der Reaktion von Kohlenstoff mit Sauerstoff bzw. von Kohlenstoffdioxid mit Kohlenstoff entsteht. Diese Vernachlässigung ist im Rahmen didaktischer Reduktion durchaus zulässig und im Rahmen des Chemieanfangsunterrichts sinnvoll. Aber: Mit diesem klassischen Schulversuch kann überhaupt kein Eisen gewonnen werden, da die für die Reduktion benötigten Temperaturen von ca. 1600 °C mit einem einfachen Bunsenbrenner gar nicht erreicht werden. Was tatsächlich in dem Schulversuch entsteht, ist Magnetit, ein magnetisches Eisenoxid der Zusammensetzung ($FeO \times Fe_2O_3 = Fe_3O_4$). Im Sinne didaktischer Reduktion darf in diesem Fall also nicht mehr argumentiert werden, denn die Behauptung, dass Eisen entstanden sei, ist fachlich falsch. Doch sollte man deshalb auf diesen so anschaulichen Versuch in der Schule verzichten? Wir denken, nein. Es mag viele gute Gründe geben, den Versuch so durchzuführen und mit der Behauptung zu leben, dass Eisen entstanden wäre. Doch muss man sich bewusst sein, dass diese Behauptung „didaktischer Beschiss" und keine didaktische Reduktion mehr ist.

Literatur

Bauer H, Bader H-J (2002) Elementarisierung – didaktische Reduktion – ein Kernproblem des Chemieunterrichts. In: Pfeifer P, Lutz B, Bader H-J (Hrsg) Konkrete Fachdidaktik Chemie, 3. neubearb. Aufl. Oldenbourg, München, S 181–196

Becker H-J, Glöckner W, Hoffmann F, Jüngel G (1992) Fachdidaktik Chemie, 2. Aufl. Aulis, Köln

Bleichroth W (1991) Elementarisierung, das Kernstück der Unterrichtsvorbereitung. NiU Physik 6:4–11

Bolte C (2003) Konturen wünschenswerter chemiebezogener Bildung im Meinungsbild einer ausgewählten Öffentlichkeit – Methode und Konzeption der curricularen Delphi-Studie Chemie sowie Ergebnisse aus dem ersten Untersuchungsabschnitt. ZfDN 9:7–26

Gropengießer H, Kattmann U (Hrsg) (2008) Fachdidaktik Biologie. Die Biologiedidaktik begründet von Dieter Eschenhagen, Ulrich Kattmann und Dieter Rodi, 8. Aufl. Aulis, Köln

Hering D (1959) Zur Faßlichkeit naturwissenschaftlicher und technischer Aussagen. In: Kahlke J, Kath F M (Hrsg) (1984) Didaktische Reduktion und methodische Transformation, Quellenband. Leuchtturm, Darmstadt, S 37–62

Holleman AF, Wiberg E (1995) Lehrbuch der anorganischen Chemie, 101. Aufl. de Gruyter, Berlin

Jung W (1973) Fachliche Zulässigkeit aus didaktischer Sicht. In: Kahlke J, Kath FM (Hrsg) (1984). Didaktische Reduktion und methodische Transformation, Quellenband. Leuchtturm, Darmstadt, S 111–122

Klafki W (1958) Didaktische Analyse als Kern der Unterrichtsvorbereitung. Nachdruck in: Roth H, Blumenthal A (Hrsg) (1962) Grundlegende Aufsätze aus der Zeitschrift Die Deutsche Schule, Hannover, S 5–34

KMK. Standards für die Lehrerbildung: Bildungswissenschaften. In der Fassung vom 12.6.2014. www.kmk.org/fileadmin/Dateien/veroeffentlichungen_beschluesse/2004/2004_12_16-Standards-Lehrerbildung-Bildungswissenschaften.pdf. Zugegriffen am 30.01.2017

Lehner M (2012) Didaktische Reduktion. Haupt (UTB), Berne

P. W. Atkins Physikalische Chemie 3. Auflage, 2001, Wiley-VCH Verlag GmbH, S. 276

Rösler HF, Schmidkunz H (1996) Die didaktische Reduktion. NiU Chem 34:4–8

Schülervorstellungen

3

Schüler haben sich schon viele Jahre mit Dingen in ihrer Alltagswelt auseinandergesetzt, bevor in der Schule der fächerdifferenzierte naturwissenschaftliche Unterricht beginnt: Sie haben die „Sendung mit der Maus" gesehen, erste Versuche und Entdeckungen im Kindergarten und in der Vorschule gemacht, und sie sind im Sachunterricht und im naturwissenschaftlichen Unterricht mit naturwissenschaftlichen Fragestellungen in Berührung gekommen. Sie haben also bereits zahlreiche Erklärungen für Phänomene ihrer Lebenswelt entwickelt. Diese Erklärungsansätze entsprechen allerdings nicht immer der naturwissenschaftlichen Sichtweise. Solche vorwissenschaftlichen Erklärungen werden als Vorstellungen bezeichnet. Welchen Einfluss Vorstellungen auf das Lernen haben, über welche ursprünglichen Erklärungen Schüler für chemische Vorgänge verfügen, wie wir Vorstellungen im Chemieunterricht erkennen und adäquat berücksichtigen können, werden wir in diesem Kapitel in den Blick nehmen.

3.1 Zur Bedeutung von Vorstellungen

Dass die Vorstellungen, die Schüler bereits besitzen, für die Planung und erfolgreiche Durchführung von Unterricht von immenser Bedeutung sind, ist keine wirklich neue Erkenntnis. Schon Adolph Diesterweg formulierte dies vor gut 170 Jahren: „Ohne die Kenntnis des Standpunktes des Schülers ist keine ordentliche Belehrung desselben möglich. Man weiß ja sonst nicht, was vorauszusetzen, wo anzuknüpfen ist" (1850, S. 205).

Im Kapitel Konstruktivismus und kumulatives Lernen (Kap. 8) wird ausgeführt, wie Lernprozesse nach heutigem Verständnis ablaufen. Wesentliches Kriterium ist dabei, an bereits vorhandenes Wissen anzuknüpfen. Wenn wir über „Wissen" sprechen, dann meinen wir damit nicht das Wissen, das unverrückbar erscheint, wissenschaftlich akzeptiert und korrekt ist und so in einem Lexikon stehen könnte; sondern wir denken dabei an solches Wissen, das eine Person erworben hat, das damit natürlich subjektiv geprägt ist, aber für die Person als zutreffend und stimmig sowie

© Springer-Verlag GmbH Deutschland, ein Teil von Springer Nature 2019
S. Streller et al., *Chemiedidaktik an Fallbeispielen*,
https://doi.org/10.1007/978-3-662-58645-7_3

letztendlich als erklärungsmächtig gilt. Zu diesem Wissen gehören auch Erklärungen, die wir uns von bestimmten Phänomenen machen, oder Erklärungen, die wir plausibel finden und deshalb für uns als gültig annehmen. Wenn also ein Kind, das zu verstehen versucht, warum die Asche von verbranntem Holz so viel leichter ist als das Holzscheit, das verbrannt wurde, zu dem Schluss kommt, dass wohl ein Teil des Holzes verbrannt und damit „weg" sei, dann ist diese Erklärung im Verständnis des Kindes völlig schlüssig und somit richtig. Allerdings entspricht diese Vorstellung nicht der naturwissenschaftlichen Sichtweise und erst recht nicht dem Gesetz von der Erhaltung der Masse. Solche subjektiven Erklärungen, die nicht der naturwissenschaftlichen Sicht entsprechen, wurden in der fachdidaktischen Diskussion als Fehlvorstellungen, naive, lebensweltliche oder vorwissenschaftliche Vorstellungen oder auch als *misconceptions* und Alltagsvorstellungen bezeichnet (Barke 2006, S. 22). Wegen des bewertenden Aspekts tendiert man inzwischen dazu, diese Begriffe zu vermeiden und diese Art von Vorstellungen einfach neutral als Vorstellungen bzw. Schülervorstellungen zu bezeichnen.

▶ **Vorstellung** Eine Vorstellung ist ein gedankliches Bild, Modell oder eine Erklärung, die sich eine Person zu einem Phänomen oder einer Situation gemacht hat.

Vorstellungen von Schülern können unvollständig, aber auch sehr klar und vollständig sein (Pfundt 1975), und sie sind oftmals zeitlich stabil oder werden erst in einer Situation spontan erzeugt (Häußler et al. 1998). Aber wie manifest eine Vorstellung auch sein mag, „ohne ausdrückliches Abbauen falscher Vorstellungen [werden] keine tragfähigen Vorstellungen erworben" (Piaget und Inhelder 1958; zit. nach Pfundt 1975, S. 157). Walter Jung (1981, S. 9) betont einen weiteren Aspekt von Vorstellungen, nämlich ihre Auswirkung auf die Wahrnehmung: „Vorstellungen bestimmen die Deutung neuer Erfahrung durch Selektion und Transformation der Daten, und sie bestimmt die Produktion neuer Erfahrung durch Steuerung von Erwartungen, die aus den Vorstellungen folgen."

   Auf dem Weg von Schülervorstellungen hin zur naturwissenschaftlichen Sichtweise werden oft Zwischenstadien, sogenannte Hybride, durchlaufen (Häußler et al. 1998, S. 182). Eine typische Hybridvorstellung ist z. B. die Mischung von Kontinuums- und Diskontinuumsvorstellungen: Viele Schüler, die sich Wasser ursprünglich als einen einheitlichen und kontinuierlich aufgebauten Stoff vorstellen, und die dann im Unterricht mit dem Teilchenmodell und dem diskontinuierlichen Aufbau von Wasser konfrontiert werden, neigen dazu, beide Vorstellungen zu vereinen. Sie stellen sich dann Wasserteilchen vor, die sich im Wasser befinden. Wasser wird also einerseits als eine große Menge von Teilchen gedacht, andererseits liegt Wasser als kontinuierlicher Stoff zwischen diesen Teilchen vor. Solche Hybridvorstellungen können sich sehr hartnäckig – trotz Schule und Unterricht – bis ins Erwachsenenalter hinein halten.

Aufgabe

Befragen Sie Erwachsene in Ihrem Bekanntenkreis, wie sie sich den Aufbau von Wasser vorstellen. Sollten Sie Antworten erhalten, die auf Teilchenvorstellungen schließen lassen, so fragen Sie in einem zweiten Schritt nach, was sich zwischen den Wasserteilchen befindet.

Unterricht, der Vorstellungen von Schülern explizit berücksichtigt, ist deshalb erfolgreicher, weil nur so die Vorstellungen reflektiert und verändert werden können und somit ein tieferes Verständnis der Konzepte erfolgen kann (Häußler et al. 1998, S. 182; Kap. 8). Häußler et al. (1998, S. 199) nennen zwei entscheidende Faktoren für diesen Lernprozess, nämlich Zeit und Geduld. Wie bereits erwähnt, können sich Vorstellungen sehr hartnäckig halten und zeitlich stabil sein. Es wäre ein Irrglaube zu denken, dass sie leicht zu verändern oder einfach durch sachlich zutreffende Erklärungsansätze zu ersetzen wären. Selbst wenn Sie mit ihrer Klasse erfolgreich das Teilchenkonzept z. B. bei Gasen erarbeitet und die Schüler sicher verstanden haben, dass zwischen den Gasteilchen leerer Raum ist, muss das überhaupt nicht zur Folge haben, dass Ihre Klasse diese Vorstellung auch auf Flüssigkeiten übertragen kann. Intelligente Wiederholungen und die variantenreiche Anwendung von Konzepten auf verschiedene Inhalte sind wichtige didaktische Maßnahmen, um Vorstellungen hin zur naturwissenschaftlichen Sichtweise zu verändern.

Häußler et al. (1998) stellen einige allgemeine Regeln für einen Schülervorstellungen berücksichtigenden Unterricht zusammen, die zum Teil den Empfehlungen, die wir in Kap. 8 zusammengetragen haben, sehr ähneln. Wir möchten vier der Empfehlungen von Häußler et al. (1998, S. 199) im Kontext unserer Erörterungen zum Thema Schülervorstellungen wiederholen und unsererseits mit praxisnahen Beispielen veranschaulichen.

1. Die Perspektive der Schülerinnen und Schüler ernst nehmen
Erst wenn der Lehrer die Perspektive der Schüler ernst nimmt und zunächst unrichtige Antworten auf Fragen nicht als falsch abtut, sondern als Äußerung von Vorstellungen wahrnimmt und damit als Lerngelegenheit nutzt, werden sich Schüler mit ihren Vorstellungen, Erklärungsansätzen und Antworten wertgeschätzt und ernst genommen fühlen. Dieses Gefühl ist sowohl für ein positives Lern- und Unterrichtsklima entscheidend als auch eine Voraussetzung für erfolgreiches Unterrichten und Lernen (Kap. 7). Wir möchten das Dargelegte mit einem Negativbeispiel illustrieren, das wir in einer Unterrichtsstunde zum Thema Wasserstoff in der Jahrgangsstufe 8 beobachtet haben:

L.:	Was wisst ihr über Wasserstoff?
S.:	Wasserstoff steigt nach oben. In Ballons.
S. (fragt):	Wenn Wasser verdunstet, steigt dann Wasserstoff auf?
L.:	Nein, das ist Wasserdampf.

Der Lehrer in unserem Beispiel „bügelt" die Frage des Schülers geradezu ab; er nimmt ihn nicht ernst und verpasst so eine wichtige Lerngelegenheit. Denn wir sind davon überzeugt (und unsere Unterrichtserfahrung stärkt uns in unserer Annahme), dass es mit großer Sicherheit in der Klasse noch andere Schüler gibt, die entweder die Vorstellung des Schülers teilen oder aber nicht sicher sind, was denn nun „die richtige Antwort" sein könnte. Wie einfach hätte sich der Lehrer der Vorstellungen weiterer Schüler versichern können, wenn er die ernst gemeinte Frage des Schülers auch ernst genommen und zur weiteren Erörterung an die Klasse gerichtet hätte. In jedem Fall hätte es der Lehrer leicht vermeiden können, durch seine u. E. vorschnelle und didaktisch wenig einfühlsame Antwort bzw. Zurechtweisung im Sinne von „Hast du denn immer noch nicht den Unterschied zwischen Wasserstoff und Wasserdampf verstanden?!" aufseiten des Schülers Frustrationsgefühle auszulösen.

2. Die vorunterrichtlichen Vorstellungen berücksichtigen
Sicher ist es nicht immer möglich, eine ausführliche Befragung der Schüler durchzuführen, um alle in der Lerngruppe oder Klasse existierenden Vorstellungen zu ermitteln. Aber es gibt verschiedene, zeitlich durchaus ökonomische und effektive Möglichkeiten, die wir kurz aufzählen möchten.

1. Die Literatur zur Erforschung von Schülervorstellungen gibt viele Hinweise darüber, welche Vorstellungen zu einem bestimmten Thema bzw. einem fachlichen Konzept zu erwarten sind.
2. Manchmal reicht eine kleine Zeichnung, die in wenigen Minuten oder als Hausaufgabe aufgegeben werden kann, um Vorstellungen zu identifizieren: Male oder beschreibe, wie du dir den Aufbau von Wasser vorstellst.
3. Genaues Zuhören und Nachfragen in Unterrichtsgesprächen (siehe unser oben angeführtes Beispiel). Äußerungen von Schülern offenbaren viele und die Vielfältigkeit der in der Lerngruppe vorhandenen Vorstellungen.

Im letzten Abschnitt dieses Kapitels werden wir auf Fragen zur Diagnostik von Schülervorstellungen zurückkommen und auf einige Möglichkeiten differenzierter eingehen.

3. Aktive Auseinandersetzung mit einem Problem oder Thema anregen
Insbesondere in der Chemie lassen sich viele Schülervorstellungen mithilfe von Experimenten widerlegen. Im Falle des Schülers, der sich fragt, ob Wasserstoff aufsteigt, wenn Wasser verdampft, könnte leicht ein einfaches Experiment durchgeführt werden, um dies zu klären. Das entsprechende Experiment könnte sogar gemeinsam mit der Klasse geplant werden. Diese Vorgehensweise würde auch dem Anliegen, Sachverhalte variantenreich zu üben und zu verfestigen, dienen. Zunächst würden wir Stoffeigenschaften von Wasser, Wasserdampf und Wasserstoff in Erinnerung rufen. Um Wasserstoff nachzuweisen, nutzt man die Knallgasprobe und zeigt, dass er brennbar ist. Dass man einen Glimmspan oder ein brennendes Streichholz mit Wasser löschen kann, ist selbst für Schüler im Anfangsunterricht trivial. Ob diese Eigenschaft aber auch bei Wasserdampf anzutreffen ist, mag für Schüler nicht selbstverständlich sein. Sind die infrage kommenden möglichen Antworten – und damit also die Vermutungen – soweit geklärt, dann reicht es aus, einen brennenden Span in Wasserdampf zu halten. Der aufsteigende Wasserdampf entzündet sich – wie wir wissen – nicht, sondern der glimmende Holzspan erlischt. Die Frage des Schülers konnte ohne Gesichtsverlust oder Frustration überzeugend geklärt werden. Selbst wenn der Nachweis von Wasserstoff mit der Knallgasprobe

erst in dieser Stunde erarbeitet werden sollte, ließe sich die Frage des Schülers an das Stundenende verschieben und zum Abschluss der eben vorgeschlagene Versuch durchführen.

Für eine Reihe von Themen haben Barke et al. (2015) eine Liste von geeigneten Experimenten zusammengestellt, die sich gut zur aktiven Auseinandersetzung mit eigenen oder fremden Vorstellungen eignen. Eine äußerst umfassende Zusammen-stellung zum Thema naturwissenschaftsdidaktische Schülervorstellungsforschung finden Sie in der Bibliographie von Pfundt und Duit (1985).

4. Reflexion über das eigene Wissen und den eigenen Lernprozess anregen
Damit Lernende Vorstellungen, die sich bislang als tragfähig erwiesen haben, dau-erhaft aufgeben, müssen sie ihre neu erworbenen Vorstellungen als plausibler und tragfähiger erfahren. Eine schwierige Vorstellung für Schüler ist die Wiedergewinn-barkeit von Stoffen aus Verbrennungsprodukten. Helga Pfundt (1975, S. 158) zitiert in diesem Zusammenhang einen 17-jährigen Schüler: „Der Formel nach müßte sich natürlich aus Kohlendioxid wieder Kohlenstoff herstellen lassen. Aber in Wirklich-keit ist es natürlich unmöglich, aus einem farblosen Gas einen festen, schwarzen Stoff herauszuholen." Bis in die höheren Jahrgangsstufen ist es also wichtig, Vor-stellungen wie diese („es ist natürlich unmöglich") und bereits eigentlich erlerntes Wissen („der Formel nach müßte") aufzugreifen und zu hinterfragen. Mitunter las-sen sich Verunsicherungen mit wenig aufwendigen Experimenten ausräumen (siehe Wasserdampf/Wasserstoff-Beispiel weiter oben); in anderen Fällen mag es ausrei-chen, Erinnerungen an bereits erarbeitete Sachverhalte wachzurufen. Wichtig und erfolgversprechend ist vor allem, die Veränderung von Vorstellungen zu thematisie-ren und sie erörternd zu diskutieren. Die Erweiterung und Veränderung von Vor-stellungen und Konzepten (in diesem Beispiel sind es Vorstellungen zum Konzept der chemischen Reaktion und der Massenerhaltung; Abschn. 11.6) werden als *conceptual growth* bzw. *conceptual change* bezeichnet. Mehr zur Conceptual-Chan-ge-Theorie finden Sie z. B. in Krüger (2007), Krüger und Vogt (2007), Barke (2006) oder in Duit und Treagust (2003).

3.2 Vorstellungen zu chemischen Konzepten und ihre Ursachen

Die Literatur zu Schülervorstellungen über chemische Sachverhalte und Phäno-mene ist überaus breit gefächert. In den letzten 50 Jahren sind zahlreiche Untersu-chungen mit Schülern der verschiedenen Altersstufen durchgeführt worden. In die-sem Abschnitt möchten wir Ihnen einen kurzen Überblick über die Vielfalt der auftretenden Vorstellungen in der Chemie geben und für detaillierte Einblicke auf die umfassende Darstellung zu Schülervorstellungen im Kontext der Chemie z. B. von Helga Pfundt (1981) und Hans-Dieter Barke (2006) verweisen.

Neben der Kenntnis der Schülervorstellungen selbst ist es auch immer von Be-deutung zu wissen, woher solche Vorstellungen kommen können. Eine Ursache für ihr Auftreten ist in unserer Alltagssprache auszumachen (Barke 2006; Kap. 4). Mit dieser Sprache wachsen Kinder auf, und von frühester Kindheit an hören sie Sätze wie: „Das Feuer *will* nicht ausgehen", „Das Holz *will* nicht brennen", „Der Rost *zerfrisst* das Eisen", „Wasser *ver*dunstet", „Der Fleck wird *ent*fernt", „Der Fleckentferner *ver*flüchtigt sich", „Zucker *löst* sich *auf*". Diese Sprache und die dadurch hervorgerufenen Vorstellungen bringen Schüler mit in den Chemieunterricht. Aufgabe von Lehrern ist es daher, sensibel auf missverständliche oder mehrdeutige Formulierungen zu achten und zu reagieren, wenn alltagssprachliche Formulierungen zu viel Interpretationsfreiraum eröffnen. Dabei reicht es in der Regel nicht aus, alltagssprachliche Formulierungen einfach nur in eine fachsprachlich korrekte Ausdrucksweise zu korrigieren, sondern vor allem die Vorstellungen, die Kinder damit zum Ausdruck bringen, zu berücksichtigen und zu thematisieren.

Doch neben der Alltagssprache ist auch der Unterricht in der Schule selbst ein Quell von in die Irre leitenden Schülervorstellungen. Barke (2006, S. 20 f.) bezeichnet diese Art von Vorstellungen als „hausgemacht" und spricht damit einen Sprachgebrauch an, der Vorstellungen geradezu provoziert. Auch die Nutzung von missverständlichen Abbildungen aus Schulbüchern, Arbeitsblättern, Tafelbildern und sonstigen Medien kann dazu beitragen, „Fehlvorstellungen" zu nähren oder ihr Entstehen zu provozieren. Einige Beispiele dafür zeigen und diskutieren wir in den nun folgenden Abschnitten, in denen wir auf einige gängige Schülervorstellungen verweisen und näher eingehen. Dabei werden wir die Vorstellungen anhand der Basiskonzepte (Kap. 1) zusammenfassen, obwohl sich natürlich nicht alle Vorstellungen immer eineindeutig nur einem einzigen Konzept zuordnen lassen.

3.2.1 Stoff-Teilchen-Beziehungen

Aufbau der Materie Seit der Zeit von Demokrit und Aristoteles dominierten zwei Hypothesen die Diskussion in den Naturwissenschaften zum Aufbau der Materie: die Kontinuumshypothese und die Diskontinuumshypothese (Barke 2006, S. 14). Während Demokrit und weitere Philosophen Materie als aus kleinsten, nicht weiter teilbaren Teilchen aufgebaut (griech. „**atomos**", unteilbar) betrachteten, waren Aristoteles und andere Philosophen davon überzeugt, dass Materie kontinuierlich aufgebaut ist. Insbesondere die Behauptung, dass sich zwischen den kleinsten Teilchen leerer Raum befinden müsse, machte es den Vertretern der Diskontinuumshypothese so schwer, dass ihre Idee auf breite Akzeptanz stieß. Bis heute stellen sich (nicht nur jüngere) Schüler Stoffe zunächst als kontinuierlich aufgebaut vor, später akzeptieren sie sogar sehr leicht die Teilchenvorstellung (Duit 2004, S. 205). Oft finden wir bei Schülern aber beide Vorstellungen vermischt, da insbesondere die Vorstellung vom leeren Raum zwischen Teilchen Schwierigkeiten bereitet; diese Schwierigkeit hat Eingang in die fachdidaktische Diskussion gefunden und wird als *horror vacui* bezeichnet (Duit 2004, S. 206).

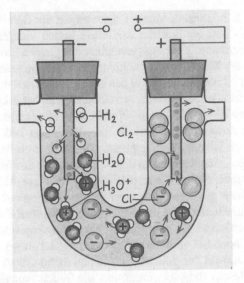

Abb. 3.1 Salzsäure leitet elektrischen Strom – Beispiel für die Vermischung von Kontinuums- und Diskontinuumsvorstellungen (Geiger et al. 1990, S. 145)

Die Vermischung von Kontinuum und Diskontinuum finden wir auch in Abbildungen zahlreicher Schul- und Lehrbücher. Abb. 3.1 stellt ein solches Beispiel dar: Das abgebildete U-Rohr ist mit blauer Farbe ausgefüllt, die unweigerlich an Wasser erinnert. In dieser blauen Flüssigkeit „schwimmen" alle möglichen Teilchen, unter anderem auch Wasserteilchen. Aus Sicht der Grafiker, die möglichst anschauliche Abbildungen erstellen wollen, ist diese Vermischung vielleicht verständlich. Wollen wir aber Schülervorstellungen nicht auch noch provozieren und untermauern, dann sind solche Abbildungen unbedingt mit den Schülern kritisch zu erörtern und zu reflektieren.

Teilchenaggregationen Wie Teilchen zusammenhalten und welche Kräfte zwischen den Teilchen wirken, stellt für viele Schüler eine Hürde dar. Die Begriffe Atom und Molekül werden zwar relativ zeitig im Unterricht eingeführt, doch führt die frühe Einführung oft nicht im gewünschten Maße zur stimmigen Anwendung der genannten Begriffe. Auch die spätere Einführung der Ionen macht Barke (2006, S. 105) als ein problematisches unterrichtliches Unterfangen aus. Oft haben Schüler die „Existenz" von Atomen akzeptiert und eine weitgehend zutreffende Vorstellung vom Konzept der Moleküle als Verbund von Atomen entwickelt, doch greifen sie, wenn sie ihre Vorstellungen beschreiben sollen, häufig auf Bilder von Lebewesen zurück, die sich an den Händen halten; sich also händchenhaltend verbunden haben. Dieses offenbar sehr einprägsame Bild wird auch auf Ionenbindungen übertragen. So äußern Schüler häufig, dass z. B. bei Fällungsreaktionen „Salzmoleküle" sichtbar werden oder beim Verdampfen einer Salzlösung „Salzmoleküle" zurückbleiben (Barke 2006, S. 105).

Ein weiterer Quelle zahlreicher Vorstellungen bilden der Bereich der Aggregatzu-
stände eines Stoffes und der Wechsel von einem in den anderen Aggregatzustand.
Dass Eis und Wasserdampf chemisch betrachtet der gleiche Stoff sind, ist, wie wir
weiter oben schon erwähnt haben, für Schüler nicht selbstverständlich, und dass der
Wechsel eines Stoffes von dem einen in den anderen Aggregatzustand keine chemische Reaktion ist, ist auch nicht zwingend einleuchtend; hat doch eine Stoffportion
Wasser ganz andere Eigenschaften als eine Portion Eis (gefrorenes Wasser) oder
Wasserdampf. Der Zusammenhalt und die Anordnung von Teilchen spielt dementsprechend auch beim Wechsel der Aggregatzustände eine große Rolle. In Abb. 3.2
ist der zunehmende Abstand zwischen den Teilchen eines Stoffes mit zunehmender
Temperatur dargestellt. Auf den ersten Blick scheint diese Abbildung sehr übersichtlich und durchaus gelungen. Auf zwei Dinge möchten wir jedoch hinweisen,
die u. E. problematisch sind und unerwünschte Schülervorstellungen verursachen
(können). Zum einen ist das die Vermischung der makroskopischen Ebene (Glas mit
Stopfen) mit der Ebene der submikroskopischen Modellebene der Teilchen. Zum
anderen sollte die Anzahl der Teilchen in solchen mehrteiligen Abbildungen konstant bleiben. In diesem Beispiel nimmt aber die Teilchenanzahl ab: Im Feststoff
sind 16 grüne Kugeln dargestellt, in der Flüssigkeit nur noch 14, und im Gas sind es
lediglich 13! Das dargestellte Verschwinden von Materie beim Aufgeben von Teilchenaggregationen ist sicher nicht beabsichtigt gewesen, kann aber zu Vorstellungen führen, die so sicherlich nicht gewollt sind. Auch hier gilt: Wenn das in Ihrer
Schule verwendete Chemiebuch Abbildungen dieser Art beinhaltet, diskutieren Sie
solche Darstellungen mit Ihrer Klasse. Derartige Diskussionen und Erörterungen
helfen dabei, Modellkompetenz aufseiten der Schüler zu fördern.

Weitere Ergebnisse von Untersuchungen über Vorstellungen zu Aggregatzuständen und ihren Übergängen haben wir im Kasten „Schülervorstellungen zu Aggregatzuständen und ihren Übergängen" zusammengestellt.

Abb. 3.2 Übergänge
zwischen den
Aggregatzuständen:
Abnahme der
Teilchenanzahl (Eisner
et al. 1995, S. 32)

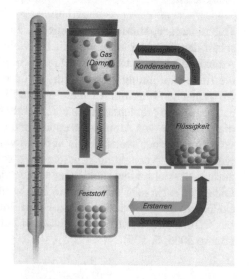

Schülervorstellungen zu Aggregatzuständen und ihren Übergängen

Rosalind Driver, Ann Squires, Peter Rushworth und Valerie Wood-Robinson haben in ihrem Buch *Making sense of secondary science – Research into children's ideas* (2014) Vorstellungen von Kindern und Jugendlichen über Aggregatzustände und Aggregatzustandsänderungen gesammelt und Ergebnisse eigener Untersuchungen dargestellt. Diese Zusammenschau zeigt eine erstaunliche Bandbreite an Vorstellungen, die wir hier kurz zusammenfassen möchten.

- **Der feste Aggregatzustand**
  Jüngere Kinder, im Alter von 5 bis 10 Jahren, fassen nahezu jedes starre Material als fest auf, jedes Pulver aber als flüssig. Pulver werden von Kindern deshalb den Flüssigkeiten zugeordnet, da man sie „gießen" oder „umgießen" kann. Plausibel wird dies, wenn man sich ansieht, wie Mehl aus einem Sack umgefüllt wird: Das sehr weiche – und gar nicht starre oder fest wirkende Pulver – fließt regelrecht aus dem Sack. Alle nichtstarren Materialien wie Knete, Schwämme oder Textilien werden von Kindern als etwas eingeordnet, das zwischen fest und flüssig ist. Material, das man also knautschen und reißen kann, das verformbar oder weich ist, wird nicht mit Fest-Sein in Verbindung gebracht. Der feste Aggregatzustand wird mit Nicht-Verformbarkeit assoziiert.
- **Der flüssige Aggregatzustand**
  Kinder identifizieren Flüssigkeiten als ein Material, das fließen und das man gießen kann. Die bekannteste Flüssigkeit ist Wasser. Aus diesem Grund werden zunächst auch andere Flüssigkeiten als wässrig oder aus Wasser bestehend beschrieben.
- **Der gasförmige Aggregatzustand**
  Gasen wird von Kindern oft kein materieller Charakter zugesprochen. In ihren Augen besitzen Gase einen flüchtigen Charakter – ähnlich wie Gedanken. Luft und Gas werden sogar unterschiedliche Bedeutungen zugewiesen; während Luft „gut" ist, ist Gas mit „giftig", „brennbar" oder „gefährlich" konnotiert. Auch wenn Schüler im Laufe der Schulzeit Gase als Materie verstehen, werden sie oft als masselos angesehen. 9- bis 13-Jährige weisen Gasen sogar eine negative Masse zu; gemäß der Annahme: Je mehr Gas in ein Gefäß gefüllt wird, desto leichter wird es.
- **Schmelzen**
  Kinder im Alter von 5 bis 6 Jahren nehmen an, dass ein Stück Eis leichter wird, wenn es schmilzt. Diese Annahme findet man auch bei ca. 25 % der 10-Jährigen. Des Weiteren zeigen die Untersuchungen, dass Kinder nicht stringent zwischen schmelzen und lösen unterscheiden: Wird ein fester Körper in Wasser gegeben, achten Kinder oft nur auf den festen Körper und nicht auf das ihn umgebende Lösungsmittel Demzufolge bezeichnen sie den zu beobachtenden Vorgang des Kleiner-Werdens des Körpers als

Schmelzen, also als Flüssig-Werden – egal, ob es sich um einen Eiswürfel oder ein Stück Zucker handelt. Selbst bei 17-Jährigen konnte diese fehlerhafte Vermischung der Vorgänge Schmelzen und Lösen beobachtet werden.

- **Erstarren**
  Beim Übergang von flüssig nach fest zeigen die Ergebnisse einer Untersuchung, dass Kinder die Temperatur und das Fest-Werden einer Schmelze nicht in unmittelbaren Zusammenhang bringen.
- **Verdunsten und Verdampfen**
  Kinder im Alter von 5 und 6 Jahren zeigen sich vom Phänomen des „Verschwindens" eines Stoffes beeindruckt: Verdunstet z. B. Wasser aus einer Schale, so ist dieser Vorgang des Verdunstens selbst nicht beobachtbar, sehr wohl aber das Ergebnis; und das ist für Kinder eindeutig, denn das Wasser ist scheinbar weg. Kinder sind davon sehr beeindruckt und akzeptieren dies, denn sie suchen auch nicht nach einer Erklärung für das „Verschwinden". Erst im Alter von 8 bis 10 Jahren entsteht die Idee, dass die „verschwundene" Flüssigkeit „irgendwo hingegangen sein muss". Ein solcher Ort hat in der Vorstellung der Kinder den Charakter eines Behälters. Später wird das Konzept von diesem Behälter erweitert und auch auf die uns umgebende Luft bezogen: „Wasser geht in die Luft." Das Konzept von Verdunsten und Verdampfen geht mit der Entwicklung von Vorstellungen vom Aufbau der Materie aus kleinsten Teilchen und von der Masseerhaltung einher. Ein Stoff verschwindet nicht einfach so, sondern geht in eine andere Form – hier vom flüssigen in den gasförmigen Aggregatzustand – über. Dabei verändert sich auch der Zusammenhalt im Teilchenverband, nicht aber die Menge der Teilchen und damit die Masse des Stoffes. Diese durchaus komplexe Vorstellung wird erst von Schülern im Alter von 12 bis 14 Jahren entwickelt.

3.2.2 Struktur-Eigenschafts-Beziehungen

Stoffe als Eigenschaftsträger Im Anfangsunterricht werden in der Regel sehr früh die Kennzeichen einer chemischen Reaktion – als Änderung von Stoffeigenschaften und Energieänderung – erarbeitet. Die Änderung von Eigenschaften scheint aber bei Schülern nicht zur Vorstellung von neuen Stoffen zu führen, sondern zur Übernahme neuer Eigenschaften (Barke 2006, S. 37). Das äußert sich in Sätzen wie „Das Kupferdach ist grün geworden". Die Schüler scheinen die Vorstellung zu haben, dass aus dem rotbraun-glänzend aussehenden Kupfer grünes Kupfer geworden ist, dass es sich aber in beiden Fällen immer noch um Kupfer handelt. Schließlich ist ein roter Kleiderschrank doch immer noch ein Kleiderschrank, auch wenn man ihn grün angestrichen hat! Genau diese Vorstellung wird in manchen Büchern unterstützt, wie Sie im folgenden Beispiel mit der Bildunterschrift „von … bis" (Abb. 3.3) leicht nachvollziehen können.

Abb. 3.3 Kupferdach:
Stoff als Träger von
Eigenschaften (Obst et al.
2009, S. 80)

3 Kupfer – von kupferfarben bis grün

Auch im nächsten Beispiel wurde nicht sorgsam und fachsprachlich korrekt formuliert, wenn es heißt: „So überziehen sich Kupferdächer im Laufe der Zeit mit einer grünen Schicht" (Eisner et al. 1995, S. 35). Mit diesem Satz wird sogar suggeriert, dass etwas auf das Kupfer aufgebracht wird, nicht aber, dass Kupferteilchen mit Teilchen eines anderen Stoffes reagiert haben und so in genau den grünen Stoff umgewandelt wurden.

Eine weitere sehr gängige Vorstellung ist die Übertragung von Eigenschaften makroskopischer Stoffe auf die kleinsten Teilchen (Barke 2006, S. 100). So werden Eisenatome als hart, Bleiatome als eher weich und Schwefelatome als gelb charakterisiert. Ursachen dieser Vorstellungen werden ebenfalls durch Darstellungen und Verbildlichungen angelegt, die in verschiedenen Schulbüchern (Abb. 3.1 und Abb. 3.4) und in anderen Medien zu finden sind.

3.2.3 Chemische Reaktion

Verbrennungsreaktion/Vernichtungsvorstellung Dass bei der Verbrennung von Stoffen entweder „nichts" oder Asche übrig bleibt, ist eine Erfahrung, die uns aus dem Alltag bekannt ist. Das Gros der Verbrennungsprodukte, die für uns wahrnehmbar

nach einer Verbrennungsreaktion zurückbleiben, sind leichter als die Ausgangsstoffe, die ursprünglich verbrannt wurden. Die Vorstellung, dass bei einer chemischen
Reaktion Stoffe vernichtet werden oder verschwinden (Barke 2006, S. 42 f.), ist daher
äußerst naheliegend und nicht überraschend. Zwar verschwinden für unser Auge die
makroskopisch sichtbaren Ausgangsstoffe; nicht aber ihre submikroskopisch kleinsten Teilchen, aus denen sie aufgebaut sind! Diese Teilchen werden lediglich umgrup-
piert, und sie verbinden sich auch mit Teilchen anderer Stoffe, verschwinden tun die
Teilchen aber nicht. Inwiefern Schüler ein Verständnis für die Erhaltung der Masse
bei solchen Vorgängen und Reaktionen entwickeln, hängt eng mit der im Kasten angesprochenen Vorstellung zusammen, dass Gase keine Masse besitzen (Driver et al.
2014, S. 77). Stellen sich Schüler Gase als masselos vor, so können sie nicht gleichzeitig eine Masseerhaltung bei Reaktionen, an denen Gase beteiligt sind, denken.

Mischen und Entmischen Dass bei einer chemischen Reaktion neue Stoffe mit
neuen Eigenschaften entstehen, hört jeder Schüler bereits im Anfangsunterricht.
Dieses Grundprinzip der Chemie wird von den Schülern oft einfach auswendig gelernt, aber leider oft nicht verstanden. Die Vorstellung, dass zwei Stoffe bei einer
chemischen Reaktion sich eben nicht nur mischen, sondern eine Verbindung eingehen und somit einen anderen Stoff bilden, der aus neuen Teilchen besteht, ist für
Schüler schwierig zu verstehen. Viele der Beispiele, die im Anfangsunterricht genutzt werden, wie die Reaktion von Eisen und Schwefel, die Reaktion von Kupfer
und Schwefel oder die Reaktion von Wasserstoff und Sauerstoff, werden von Schülern zunächst oft als Mischen interpretiert.

Abb. 3.4 verdeutlicht besonders eindrucksvoll, wie diese Mischungsvorstellung
entstehen kann. Die durch die Darstellung hervorgerufenen gedanklichen Verknüpfungen stehen trotz der Übersichtlichkeit des verwendeten Modells dem Konzept
der chemischen Reaktion nahezu entgegen. Die in der Abbildung thematisierte
Stoffumwandlung soll der Einführung der chemischen Reaktion dienen; zu diesem Zeitpunkt sind den Schülern die Formelsprache und ein differenziertes Teilchenmodell (Atomkern und Atomhülle) noch nicht bekannt. Was wir hier sehen,
ist die Darstellung der Ausgangsstoffe Kupfer und Schwefel im Teilchenmodell.

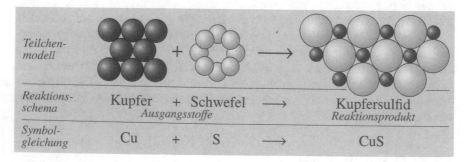

Abb. 3.4 Einführung der chemischen Reaktion am Beispiel „Kupfer und Schwefel reagieren zu
Kupfersulfid" – Übertragung makroskopischer Eigenschaften auf Teilchen, Mischungsvorstellung
(Obst et al. 2009, S. 76)

Dabei sind die Kupferatome in rötlich-brauner Farbe und die Schwefelatome in gelber Farbe dargestellt. Die makroskopische Stoffeigenschaft „Farbe des Stoffes" wurde also auf die Teilchenebene übertragen (Abschn. 3.2.2). Außerdem erachten wir es als problematisch, dass das entstehende Produkt Kupfersulfid an eine Mischung beider Edukte erinnert. Dass ein neuer Stoff mit neuen Eigenschaften (Kupfer-(II)-sulfid ist schwarz!) entstanden ist, kann man der Abbildung nicht entnehmen. Warum im Produkt plötzlich die gelben Kugeln größer und die braunen Kugeln kleiner dargestellt werden, kann bei Schülern eigentlich nur Verwunderung hervorrufen. Uns ist bewusst, dass damit angedeutet werden soll, dass die entstandenen Ionen im Vergleich zu den Atomen der Edukte andere Volumina besitzen. Da aber den Schülern Ionen noch gar nicht bekannt sind, ruft diese – sicherlich gut gemeinte – Abbildung Probleme hervor, die zum gegenwärtigen Zeitpunkt im Chemieanfangsunterricht noch gar nicht anstehen und vom eigentlichen Unterrichtsanliegen eher ablenken.

3.2.4 Energetische Betrachtungen bei Stoffumwandlungen

Neben dem Kennzeichen der Stoffumwandlung ist die Energieumwandlung das zweite wesentliche Kennzeichen chemischer Reaktionen. Dass Energie nicht verloren geht oder gewonnen werden kann, wird Schülern zwar wiederholt nahegebracht, aber unser Sprachgebrauch steht dem Energieerhaltungssatz nahezu diametral entgegen. Vielmehr befördert unser Sprachgebrauch die Vorstellung vom Verschwinden oder vom Gewinnen von Energie: Kraftstoff wird verbraucht, eine Batterie ist leer, Energie wird gespart, oder aber etwas kostet Energie, und der Schokoriegel bringt verbrauchte Energie sofort zurück. Aber nicht nur das Verbrauchen und Gewinnen ist eine Vorstellung im Themenbereich Energie, auch die Frage, wo die Energie sich befindet, wird selten so formuliert, dass es einer naturwissenschaftlich korrekten Sichtweise entspricht (Abb. 3.5).

Die Zitate in Abb. 3.5 zeigen nur einen kleinen Ausschnitt der Bandbreite, wie der Begriff Energie im Alltag verwendet wird und welche Vielzahl an Komposita möglich und gebräuchlich ist. Formulierungen wie diese machen aber das Verständnis des Basiskonzepts „Energetische Betrachtung bei Stoffumwandlungen" für

Abb. 3.5 Gebrauch des Begriffs Energie in Medien

Schüler nicht leichter. Allein der Begriff „Energiemolekül" ist so irreführend, dass verständlich wird, warum sich Schüler so schlecht vorstellen können, wo sich Energie z. B. in unserer Nahrung befindet. Auch die Vorstellung von Paketen oder Bündeln, in denen Energie in Stoffen – vor allem in Nahrungsmitteln – vorliegt, ist weit verbreitet (Mann und Treagust 2010).

Wir möchten Sie keineswegs davor warnen, die in diesem Abschnitt vorgestellten Abbildungen im Unterricht zu verwenden – ganz im Gegenteil. Wir möchten Sie vor dem Hintergrund von sich hartnäckig haltenden Schülervorstellungen sensibilisieren, einerseits selbst sehr kritisch und sorgsam mit Abbildungen dieser Art umzugehen und diese andererseits ruhig im Unterricht einzusetzen, um sie mit Ihren Schülern genauso kritisch und ausführlich zu diskutieren.

Eine andere wohlgemeinte Mahnung, Schülervorstellungen zu begegnen und sie nicht unaufmerksam zu provozieren, ist an uns selbst gerichtet. Wir müssen selbst darauf achten, ungünstige und missverständliche Darstellungen in Tafelbildern und Arbeitsblättern zu vermeiden und verschiedene Darstellungen (multiple Repräsentationen) in Zeichnungen und Modellen zu verwenden (Gilbert und Treagust 2009). Schüler dazu aufzufordern, Vorgänge und Reaktionen auf Teilchenebene darzustellen, ist für Lehrende ein sehr aufschlussreiches Diagnoseverfahren und für Lernende ein Anlass, immer mal wieder „flexibel" (im Sinne von „nicht-träge", Kap. 8) das eigene Verständnis über den Aufbau der Materie in unterschiedlichen Kontexten anzuwenden. Wir haben schon oft beobachtet, dass Schüler eine Reaktionsgleichung zwar formell richtig aufstellen konnten, dann aber die Reaktion grafisch so darstellten, dass dabei Fehlvorstellungen deutlich wurden.

3.3 Diagnose von Schülervorstellungen

In diesem Kapitel haben wir bereits mehrfach betont, wie wichtig die Kenntnis von Schülervorstellungen für die Planung und Durchführung von gutem Chemieunterricht ist. Folgerichtig ist daher auch die Erkenntnis, dass es von besonderer Bedeutung ist, die Vorstellungen seiner Schüler zunächst in Erfahrung zu bringen. Wenn wir jetzt behaupten, dass man Vorstellungen aber eigentlich nicht erfassen kann, so mag Sie dies zunächst verwirren. Doch tatsächlich ist es so, dass jedwede Untersuchung von Schülervorstellungen von Beobachtungsdaten (z. B. von Gesprächen, Texten oder Zeichnungen) ausgeht und aus diesen Daten auf die Vorstellungen geschlossen werden muss (Duit 1981, S. 187). Hinzu kommt, dass die Interpretation der Daten auf der Basis unserer eigenen Vorstellungen erfolgt. Machen wir uns das an einem Beispiel bewusst: In Abb. 3.6 zeichnet ein Kind als Antwort auf die Frage: Wie stellst du dir den Aufbau von Luft vor? eine Wolke. Da wir selbst mit diesem Fragebogen ein Ziel verfolgen, nämlich herausfinden wollen, ob Kinder bereits über Teilchenvorstellungen verfügen, haben wir uns vorher mit der Literatur beschäftigt und sind über Kontinuums- und Diskontinuumsvorstellungen informiert. Demzufolge liegt es nahe, dass wir auch genau solche Zeichnungen erwarten, die uns in unseren Annahmen stützen. Doch besitzt das Kind, das eine Wolke skizziert, wirklich eine Kontinuumsvorstellung? Möglicherweise ja; vielleicht denkt es aber auch

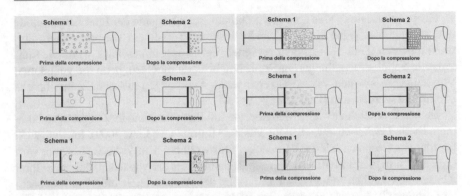

Abb. 3.6 Zeichnungen von 13-Jährigen zur Aufforderung: Zeichne, wie du dir den Aufbau von Luft vor und nach dem Zusammendrücken der Spritze vorstellst! (Noto La Diega et al. 2010, S. 98)

gar nicht an Teilchen und Kontinuum, sondern stellt sich vor, dass Wolken aus Luft bestehen und die Luft darin eben sichtbar ist. Vielleicht ist Wolke aber auch einfach ein Synonym für Luft, und das Kind will damit eigentlich zum Ausdruck bringen, dass im gewählten Beispiel die ganze Spritze mit Luft ausgefüllt ist.

Neben der Einschränkung, dass Vorstellungen von Personen nicht direkt beobachtbar sind, gibt es eine zweite. Und das ist die Einschränkung, Vorstellungen nicht immer präzise kommunizieren zu können (Kap. 4). Vor allem jüngere Kinder oder auch Kinder und Jugendliche, die die Unterrichtssprache nicht als Muttersprache erlernt haben, stoßen durchaus an die Grenzen ihres Ausdrucksvermögens und offenbaren fehlende Sprachkenntnisse oder auch Grenzen in ihrer zeichnerischen Fertigkeit. Trotz dieser Schwierigkeiten sollten Sie aber nicht darauf verzichten, Schülervorstellungen selbst in Erfahrung zu bringen. Dazu gibt es mehrere Wege: Interviews mit Einzelnen oder mit Gruppen, Zeichnungen und schriftliche Verfahren (Duit 1981). Gemein ist all diesen Verfahren, dass sie einen Ausgangspunkt haben. Dabei kann es sich um ein Alltagsphänomen handeln, um einen Versuch, aber auch um eine Aussage oder Frage oder um *concept cartoons* (Naylor und Keogh 2000) – kurz, um alles, was einen Anlass zum Nachdenken bietet. Einige gängige Methoden möchten wir abschließend kurz vorstellen.

3.3.1 Interviews und Gespräche

Umfassende und systematische Interviews mit einzelnen Schülerinnen und Schülern zu führen, ist im Schulalltag zwar selten praktikabel und möglich, doch liegt in dieser Methode eine besondere Chance insbesondere für Lernende, die sehr leistungsschwach sind. Auch sehr junge Kinder oder Kinder nichtdeutscher Herkunft, also solche Kinder, die Schwierigkeiten haben, sich schriftlich auszudrücken, können von Interviews profitieren. Für diese Kinder sind Interviews von Vorteil, da der mündliche Ausdruck ihnen oft viel leichter fällt als die schriftsprachliche Darlegung ihrer Ideen und Erklärungen (Duit 1981).

Gruppeninterviews sind eine recht ökonomische Variante der Interviewmethode und gut geeignet, wenn Sie mögliche Vorstellungen zu einem Themenbereich sammeln möchten (Duit 1981). Nicht geeignet sind Gruppeninterviews, wenn Sie individuelle Schülervorstellungen in Erfahrung bringen möchten, denn die geäußerten Vorstellungen könnten von vorangegangenen Äußerungen aus der Gruppe bereits beeinflusst worden sein (Duit 1981).

Eine u. E. empfehlenswerte Methode, um mit Ihren Schülern ins Gespräch zu kommen, ist die *Predict-observe-explain*-Methode (kurz: POE; Liew 2009). Im Unterricht beginnt das Gespräch mit der Vorhersage, was wohl bei dem Versuch passieren wird („predict"). In dieser Phase erhalten Sie Kenntnis über die Vorstellungen, die in Ihrer Klasse offensichtlich vorherrschen. Dann wird der Versuch durchgeführt und beobachtet („observe"). Aus den entstehenden Widersprüchen zwischen Vorhersage und Beobachtungen wird die Auseinandersetzung mit Vorstellungen gefördert, und man gelangt gemeinsam zu einer Erklärung und zur Auflösung des Widerspruchs („explain").

3.3.2   Zeichnungen – am Beispiel einer Untersuchung zu Teilchenvorstellungen bei Kindern

Eine schnell einsetzbare und praktikable Methode, um Vorstellungen zu erheben, sind Aufgaben, in denen Schüler aufgefordert sind, ihre Vorstellungen zu zeichnen. Benedict und Bolte (2009; 2011) haben solche Aufgaben in einem Fragebogen für Grundschulkinder zusammengestellt, der sowohl auf Interviews mit Kindern als auch auf Arbeiten von Novick und Nussbaum (1981) basiert. Ziel der Untersuchung war es herauszufinden, ob und, wenn ja, über welche Vorstellungen Kinder im Grundschulalter hinsichtlich des Teilchenkonzepts bereits verfügen, und ob sie bereits in so jungem Alter ein Teilchenmodell von sich aus zur Erklärung von Phänomenen heranziehen. Dazu wurden die Kinder aufgefordert, ihre Ideen zeichnerisch darzustellen. Die Ergebnisse zeigen, dass eine große Zahl von Kindern der 3. und 4. Jahrgangsstufe bereits über Vorstellungen von der Teilchenstruktur der Materie verfügt, diese aber überaus divers ausfallen. Noto La Diega, Benedict und Bolte 2010 haben diese Untersuchung mit 13-jährigen Schülern in Italien fortgeführt und kommt zu ähnlichen Ergebnissen. Die Konsequenz ist, dass wir davon ausgehen müssen, dass Schüler im Anfangsunterricht Chemie keine unbeschriebenen Blätter sind, sondern wir mit einer Vielzahl an Vorstellungen rechnen und diesen gerecht werden müssen. Die Vorstellungen reichen von Diskontinuum bis Kontinuum, von der Veränderung der Teilchenform bis zur Veränderung des Teilchenabstands (Abb. 3.6).

3.3.3   Schriftliche Befragungen zur Erfassung von Schülervorstellungen

Eine weitere schnell durchzuführende Möglichkeit der Diagnose von Schülervorstellungen bieten schriftliche Tests. Dazu stehen Ihnen alle Möglichkeiten für schriftliche Befragungen offen. Sie können Ihre Schüler bitten aufzuschreiben, wie sie sich einen Prozess, z. B. das Lösen von Salzen in Wasser, vorstellen. Aufgaben dieser Art lassen sich leicht in den Unterricht integrieren, und die Ergebnisse bieten Ihnen für die folgende Unterrichtsplanung eine gute Grundlage. Sie können natürlich auch auf vorhandene Tests und Beispiele aus der einschlägigen Fachliteratur zurückgreifen (Barke 2006).

Als eine besonders ergiebige Methode hat sich das sogenannte *Two-tier*-Verfahren, also ein zweistufiges Verfahren, erwiesen. So gibt es eine Reihe von Tests, an deren Entwicklung maßgeblich David Treagust beteiligt gewesen ist und in denen eine Aussage zunächst als richtig oder falsch bewertet werden soll. Anschließend sollen dann die Schüler entweder selbst eine Begründung dazu formulieren oder aus einer kleinen Liste an vorgegebenen Begründungen die für sie zutreffende Antwort auswählen. Das folgende Beispiel mit freier Begründung stammt aus der Arbeit von Mann und Treagust (2010, Übersetzung S. Streller):

Die Energie in unserer Nahrung befindet sich in kleinen Bündeln oder Paketen zwischen den Teilchen der Nahrung.
Richtig/falsch
Begründung: ....

In der anderen Art der *two-tier items* formulieren die Schüler die Antwort nicht selbst, sondern sie wählen aus vorgegebenen Begründungen die für sie plausibelste aus. Das Beispiel stammt aus der Arbeit von Peterson und Treagust (1989; Übersetzung S. Streller).

Welche der folgenden Darstellungen zeigt die Position des gemeinsamen Elektronenpaars im HF-Molekül am besten?
(1) H :F (2) H : F
Begründung
(A) Nichtbindende Elektronenpaare beeinflussen die Position des bindenden oder gemeinsamen Elektronenpaares.
(B) Weil Wasserstoff und Fluor eine kovalente Bindung ausbilden, muss das Elektronenpaar in der Mitte sein.
(C) Fluor zieht das bindende Elektronenpaar stärker an.
(D) Fluor ist das größere der beiden Atome, und deshalb übt es eine stärkere Kontrolle über das gemeinsame Elektronenpaar aus.

Richtig ist die Kombination 1C, doch gut ein Fünftel der von Peterson und Treagust befragten Zwölftklässler wählte die Kombination 2B. Hier zeigt sich, wie ökonomisch und erkenntnisbereichernd solche kurzen Tests eingesetzt werden können. Sie eröffnen Ihnen sehr schnell Hinweise auf vorhandene Vorstellungen und sind deshalb gut geeignet, Unterricht zu optimieren. David Treagust weist ausdrücklich darauf hin, dass solche *two-tier items* nicht als benoteter Test zu verwenden seien, sondern ausschließlich der Diagnose von Vorstellung und Optimierung des Lernprozesses dienen. Auf genau diese Optimierung hat auch Helga Pfundt schon in den 70er-Jahren (1975, S. 157) hingewiesen, indem sie mahnt: „Der Unterricht muß die Schüler [...] nicht lediglich von Unkenntnis zu Kenntnis leiten, er muss vielmehr auch vorhandene Kenntnis durch andersartige Kenntnis ersetzen."

Literatur

Barke HD (2006) Chemiedidaktik – Diagnose und Korrektur von Schülervorstellungen. Springer, Berlin

Barke HD, Harsch G, Marohn A, Krees S (2015) Chemiedidaktik Kompakt. Lernprozesse in Theorie und Praxis. Springer Spektrum, Heidelberg

Benedict C, Bolte C (2009) (Irr)Wege in die Welt des Kleinen. In: Lauterbach R, Giest H, Marquardt-Mau B (Hrsg) Lernen und kindliche Entwicklung. Klinkhardt, Bad Heilbrunn, S 213–220

Benedict C, Bolte C (2011) Diagnose konzeptueller Kompetenzen im naturwissenschaftlichen Unterricht. In: Höttecke D (Hrsg) Naturwissenschaftliche Bildung als Beitrag zur Gestaltung partizipativer Demokratie. Lit, Berlin, S 137–139

Diesterweg FAW (1850) Wegweiser zur Bildung für deutsche Lehrer. Erster Band, 4. Aufl. Bädeker, Essen

Driver R, Squires A, Rushworth P, Wood-Robinson V (2014) Making sense of secondary science. Research into children's ideas, 2. Aufl. Routledge, London/New York

Duit R (1981) Übersicht über einige allgemeine Probleme der Erfassung von Vorstellungen. In: Duit R, Jung W, Pfundt H (Hrsg) Alltagsvorstellungen und naturwissenschaftlicher Unterricht. Aulis, Köln, S 182–195

Duit R (2004) Teilchen- und Atomvorstellungen. In: Müller R, Wodzinski R, Hopf M (Hrsg) Schülervorstellungen in der Physik. Aulis, Köln, S 201–214

Duit R, Treagust D (2003) Conceptual change: a powerful framework for improving science teaching and learning. Int J Sci Educ 25:671–688

Eisner W, Fladt R, Gietz P, Justus A, Laitenberger K, Schierle W (1995) Elemente Chemie I. Klett, Stuttgart/Düsseldorf/Berlin/Leipzig

Geiger W, Haupt P, Kloppert R, Kunze W (1990) Chemie für Realschulen. Cornelsen, Berlin

Gilbert J, Treagust D (2009) Multiple representations in chemical education. Springer, Netherlands

Häußler P, Bünder W, Duit R, Gräber W, Mayer J (1998) Naturwissenschaftsdidaktische Forschung. Perspektiven für die Unterrichtspraxis. IPN, Kiel

Jung W (1981) Zur Bedeutung von Schülervorstellungen für den Unterricht. In: Duit R, Jung W, Pfundt H (Hrsg) Alltagsvorstellungen und naturwissenschaftlicher Unterricht. Aulis, Köln, S 1–23

Krüger D (2007) Die Conceptual Change-Theorie. In: Krüger D, Vogt H (Hrsg) Theorien in der biologiedidaktischen Forschung. Ein Handbuch für Lehramtsstudenten und Doktoranden. Springer, Berlin/Heidelberg, S S 81–S 92

Krüger D, Vogt H (2007, Hrsg) Theorien in der biologiedidaktischen Forschung. Ein Handbuch für Lehramtsstudenten und Doktoranden. Springer, Berlin/Heidelberg,

Liew CW (2009) Effectiveness of predict-observe-explain technique. LAP, Köln

Mann M, Treagust D (2010) Students' conceptions about energy and the human body. Sci Educ Int 21(3):144–159

Naylor S, Keogh B (2000) Concept cartoons in science education. Millgate House Publishers, Stafford

Noto La Diega R, Benedict C, Bolte C (2010) Tra particelle e continuo, ovvero come i nostri alunni immaginano la materia: un'indagine quantitative condotta nelle Scuole Medie Inferiori e Superiori. CnS 17(2):93–106

Novick S, Nussbaum J (1981) Pupils' understanding of the particulate nature of matter: a cross-age-study. Sci Educ 65(2):187–196

Obst H, Ramien M, Schröder W, Beyer J, Bresler S, Heepmann B, Walz F (2009) Chemie Grundausgabe Rheinland-Pfalz. Cornelsen, Berlin

Peterson RF, Treagust D (1989) Grade.12 students' misconceptions of covalent bonding and structure. J Chem Educ 66(6):459–460

Pfundt H (1975) Ursprüngliche Erklärungen der Schüler für chemische Vorgänge. MNU 28:157–162

Pfundt H (1981) Fachsprache und Vorstellungen der Schüler - dargestellt an Beispielen aus dem IPN-Lehrgang „Stoffe und Stoffumbildungen". In: Duit R, Jung W, Pfundt H (Hrsg) Alltagsvorstellungen und naturwissenschaftlicher Unterricht. Aulis, Köln, S 161–181

Pfundt H, Duit R (1985) Alltagsvorstellungen und naturwissenschaftlicher Unterricht. IPN, Kiel

Sprache und Chemieunterricht

4

Sprache und Kommunikation gehören genauso zum Chemieunterricht wie das Forschen und Experimentieren; denn erst wenn es gelingt, Beobachtungen oder andere Informationen zur Sprache zu bringen, sodass wir unsere Eindrücke, Gedanken und Ideen anderen mitteilen und mit ihnen diskutieren können, werden Informationen zu Wissen, findet Lernen statt. In diesem Kapitel möchten wir auf die Bedeutung der Sprache für den Wissenserwerb eingehen und die besonderen Herausforderungen der (Fach-)Sprache beim Verstehen der Naturwissenschaften beleuchten. Abschließend werden wir Ihnen einige Empfehlungen geben, anhand derer Sie sprachsensiblen Unterricht planen, durchführen und reflektieren können.

4.1 Bedeutung der Sprache für den Chemieunterricht

Naturwissenschaftliches Arbeiten und das möglichst eigenständige Experimentieren von Schülern sind wichtige Bestandteile und Merkmale von gutem Chemieunterricht – das steht außer Frage (Kap. 1 und 6). Demonstrationsexperimente und das eigenständige Experimentieren unterstützen das Lernen chemiebezogener Sachverhalte und Konzepte aber nur; sie können die Sprache im und das Sprechen über Chemie und Chemieunterricht nicht ersetzen. Denn schlussendlich müssen wir die Informationen, die wir beim Beobachten von Phänomenen oder beim Durchführen von Experimenten und Versuchsreihen erhalten, sammeln und ordnen und in Sprache übersetzen, da Informationen erst dann zu Wissen werden, wenn wir es schaffen, die gewonnenen Informationen sachlogisch mit bereits vorhandenem Wissen zu verknüpfen (Kap. 8), und wenn es uns gelingt, unsere Gedanken und Erkenntnisse auch mit anderen zu teilen (Becker et al. 2018). Sprachliche und damit verbunden auch fachsprachliche Kompetenzen sind daher notwendige Voraussetzung für verständnisvolles (Chemie-)Lernen; denn „Denken ist" – wie es Stork (1988, S. 21) so trefflich ausdrückt – „zu einem beträchtlichen Teil inneres Reden." Diese Erkenntnis betont die herausragende Funktion der Sprache als Medium des

© Springer-Verlag GmbH Deutschland, ein Teil von Springer Nature 2019
S. Streller et al., *Chemiedidaktik an Fallbeispielen*,
https://doi.org/10.1007/978-3-662-58645-7_4

Denkens und als Werkzeug des Lernens; Sprache ist aber mehr als das: Im Unterricht – und der Unterricht in den naturwissenschaftlichen Fächern bildet da keine Ausnahme – ist sie gleichsam auch das Kommunikationsmittel der Wahl. Denn ob ich tatsächlich etwas gedanklich durchdrungen und verstanden oder lediglich auswendig gelernt habe, zeigt sich in der Regel erst, wenn ich mich mit anderen über das (vermeintlich) Gelernte verständige.

Häufig hören wir ein Murren von Kollegen, dass man sich neben all den vielen pädagogischen Herausforderungen und der Vielzahl an Inhalten im Chemieunterricht nun auch noch um Sprache kümmern müsse. Sprachförderung möge doch bitte im Deutschunterricht geschehen! Wer aber denkt, im guten Chemieunterricht ginge es in erster Linie – oder gar ausschließlich – um das möglichst eigenständige Problemlösen und um das Erschließen fachlicher Inhalte und Konzepte durch die Schüler, liegt falsch, und wer glaubt, Sprache und Kommunikation seien für das Lernen chemiebezogener Sachverhalte eigentlich nachrangig, irrt gewaltig. Denn, „Sachunterricht [hier gemeint als Fachunterricht] und Sprachunterricht sind überhaupt nicht zu trennen, weil Denken und Sprechen nicht zu trennen sind" (Wagenschein 1962, S. 121).

Es bedarf stets einer sprachlichen Fassung des kognitiv Erschlossenen und des emotional Erfahrenen sowie des Sprechens darüber mit anderen (z. B. mit Lehrern, Mitschülern, Freunden, Bekannten oder Familienmitgliedern), um sich der eigenen Gedanken, Ideen, Vermutungen und Erklärungen bewusst zu werden und um die eigenen Erkenntnisse mit anderen teilen und vergleichen zu können. Wie sähe ein Chemieunterricht aus, in dem Sprache keinen Raum und Kommunikation keinen Platz hätte? Befremdend und trostlos; selbst „ein experimentell-empirisch vorgehender Unterricht mit starker Schülerbeteiligung" käme zum Erliegen (Stork 1988, S. 22), denn die Lernenden wären grenzenlos überfordert, müssten sie die abstrakten wissenschaftlichen Konstrukte und komplexen Theorien, die kluge Köpfe über Jahrhunderte entdeckt, zusammengetragen und systematisiert haben, ohne Hilfe und ohne Austausch mit anderen selbst erfinden.

4.1.1 Funktion der Sprache im Unterricht

Wir haben deutlich zu machen versucht, welche Bedeutung Sprache im Chemieunterricht wie auch in allen anderen Unterrichtsfächern besitzt. Gleichwohl übt die Unterrichtssprache in naturwissenschaftlichen Fächern natürlich eine deutlich andere Funktion als in den sprachlichen Fächern aus: „Es trifft ja nicht zu, dass die Sprache hier [im naturwissenschaftlichen Unterricht] weniger wichtig ist als im sprachlichen Unterricht. Richtig ist nur, dass Sprache im naturwissenschaftlichen Unterricht eine andere Funktion hat: Im Literaturunterricht ist sie das ästhetische Instrument zur nuancenreichen Schilderung menschlicher Empfindungen und Gedanken […] Mit der Sprache im naturwissenschaftlichen Unterricht verhält es sich anders: Hier bündelt sie eine Reihe von Erfahrungen, die vom Phänomen her durchaus unterschiedlich sein können, und bringt sie auf den Begriff" (Stork 1993, S. 64). Sie hilft uns also, Sachverhalte auf den Punkt zu bringen und mit einem Fachbegriff zu verbinden. Begriffsbildung fasst komplexe Sachverhalte und Prozesse zusammen.

Das verkürzt Lernprozesse und entlastet uns bezüglich unserer Anstrengungen, Handlungsschemata, Operationen und Erfahrungen zu vernetzen und schlussendlich zu erinnern, erheblich. In unserem Alltag begegnet uns Sprache in dieser Funktion in vielfältiger Weise, z. B. mit dem inzwischen in den Duden Einzug gehaltenen Begriff „*googeln*". Bevor dieser Begriff etabliert war, nutzten wir die Umschreibung, um auszudrücken, dass wir nach einer Begriffsklärung mithilfe einer Suchmaschine oder eines Programms im Internet suchen. Wir werden auf den Aspekt der Verkürzung von Umschreibungen von Prozessen mithilfe geeigneter Begriffe und auf die daraus folgende Entlastung beim Lernen und beim Erinnern naturwissenschaftlicher bzw. chemiebezogener Sachverhalte noch zurückkommen, wenn wir das „Modell sprachlicher Aktivierung im naturwissenschaftlichen Unterricht" (Bolte und Pastille 2010, S. 40) näher erläutern (Abb. 4.2).

4.1.2 Versprachlichung von Unterrichtsinhalten

(Chemie-)Lernen ohne Versprachlichung des zu Erlernenden und Erlernten, ohne kommunikativen Austausch und Diskurs ist für uns unvorstellbar. Vorstellbar und u. E. leider viel zu oft in Klassenzimmern und Chemieräumen anzutreffen ist jedoch eine sprachlose Schülerschaft, der scheinbar „die Worte fehlen" und der es offensichtlich „die Sprache verschlagen hat". Stork (1988, S. 21) hat aus gutem Grund schon in den 80er-Jahren vor einer „mangelnden Versprachlichung der Unterrichtsgehalte" im Chemieunterricht gewarnt und fragt: „Wie sollen denn im Klassengespräch Erfahrungen festgehalten und gedeutet werden, wie sollen neue, empirisch zu prüfende Vermutungen geäußert werden, wenn die Schüler nicht sprechen können?" (Stork 1988, S. 22). Doch offensichtlich wurde dieser Mahnung in der Unterrichtspraxis lange Zeit kein oder kaum Gehör geschenkt, denn lange schien die Annahme weit verbreitet, „dass sich ein zielführender Umgang mit den naturwissenschaftlichen Fachsprachen – Fleiß und Talent auf SchülerInnenseite vorausgesetzt – gleichsam von selbst oder doch mit nur punktuellen Hilfen durch die Lehrperson vermitteln ließe" (Bolte und Pastille 2010, S. 26). Hoffnungen wie diese würde man heutzutage als didaktisches Wunschdenken deklarieren und in Zeiten einer Unterrichtspraxis, die durch sprachliche und kulturelle Diversität im Klassenzimmer zu kennzeichnen ist, als ignorant schelten. Bolte und Pastille (2010, S. 27) beschreiben gegenwärtig vielerorts anzutreffende Unterrichtssituationen wie folgt: „Wie alle FachlehrerInnen wissen, verstummen im naturwissenschaftlichen Unterricht … auch SchülerInnen, die in anderen Fächern noch anerkennenswerte Leistungen erbringen. [Vor allem] Lernende mit ohnehin eingeschränkter Sprachkompetenz erleben in den naturwissenschaftlichen Unterrichtsfächern ein frühes und oftmals endgültiges ‚Scheitern'. Ihre Sprachlosigkeit entmutigt sie auch außerhalb des schulischen Umfelds und trägt gerade unter Jugendlichen mit Migrationshintergrund zur Perpetuierung sozialer Außenseiterpositionen bei" (Bolte und Pastille 2010, S. 27). Naturwissenschaftlicher Unterricht im Allgemeinen und Chemieunterricht im Besonderen, der den gesellschaftlichen Bildungsauftrag zu erfüllen versucht, indem er Schülern Wege zur gesellschaftlichen Teilhabe eröffnet, kommt nicht umhin, Kommunikationsfähigkeit aktiv und systematisch zu entwickeln (Stork 1988, 1993; Bolte 2003; KMK 2005). Denn erst wenn der Austausch zwischen Lehrenden und Lernenden – also Experten und Novizen – auf der Basis gemeinsamer Bezeichnungen und Begriffe mit nahezu identisch aktivierten Bedeutungsgehalten assoziiert ist, findet Verständigung statt, kann sinnvolles Lernen erfolgen (Bolte 1996, S. 37; Hallpap et al. 1997, S. 99). „Für einen guten Chemieunterricht genügt es also noch nicht, daß der Lehrer möglichst wenig doziert und das Unterrichtsgespräch fördert. Er muß sich darüber hinaus der Tatsache bewußt sein, daß der Gebrauch gleicher Begriffsbezeichnungen ein Mißverstehen der Partner nicht ausschließt. Er kann dieser Gefahr dadurch begegnen, daß er sich in den Erfahrungskreis und die Denkweise der Lernenden versetzt und sich durch intensiven Austausch vergewissert, daß ihm dies gelungen ist" (Bolte 1996, S. 38). Für die Versprachlichung von Unterrichtsinhalten muss also sichergestellt werden, dass

- Lernende vielfach Gelegenheit und ausreichend Zeit bekommen, sich zu Wort zu melden und sich zum Unterricht zu äußern, und dass
- Lehrende sich rückversichern, dass sie im intendierten Sinne verstanden worden sind und die Lernenden sie in dem von ihnen gemeinten Sinn korrekt verstanden haben.

Die besondere Bedeutsamkeit von Sprache und Kommunikation im Unterricht kommt auch in den Beschlüssen der Kultusministerkonferenz (KMK) zum Ausdruck (KMK 2005). So wird in den nationalen Bildungsstandards für die naturwissenschaftlichen Unterrichtsfächer der Förderung kommunikativer Fähigkeiten ein eigener Kompetenzbereich zugeordnet. Darin heißt es unter anderem, dass ein fachbezogener Informationsaustausch auf der Basis einer sachgemäßen Verknüpfung von Alltags- und Fachsprache erforderlich ist (KMK 2005, S. 9). Um dieses Erfordernis zu gewährleisten, sollen die Schüler die chemische Fachsprache verstehen und korrekt anwenden können und im Informationsaustausch mit anderen ein „ständiges Übersetzen von Alltagssprache in Fachsprache und umgekehrt" leisten (KMK 2005, S. 10). Wie schwierig das – auch für berufserfahrene Lehrer – eigentlich ist, zeigen wir an einigen Beispielen im nächsten Abschnitt.

Jugendliche sind in Gruppen und sozialen Konstellationen sozialisiert, in denen die Untersuchungs- und Erkenntnisobjekte wie auch die Denk- und Sprechweisen von Chemikern fremd sind und eigentümlich anmuten (mögen); außerhalb des Chemieunterrichts – also zu mehr als 99 % ihrer täglichen Kommunikationszeit – bewegen sie sich in Situationen, in denen die Fachsprache der Chemie schlussendlich keine Rolle spielt (Dierks 1994, S. 37). „Vor diesem Hintergrund müssen Bemühungen um Sprachentwicklung im naturwissenschaftlichen Unterricht verstärkt die speziell in diesen Fächern geforderten Kompetenzen in den Blick nehmen. Die schulrelevanten naturwissenschaftlichen Inhalte sind hierfür auf die mit ihrer Vermittlung verbundenen Sprachprobleme hin zu untersuchen. Dafür und zur Überwindung der zu spezifizierenden Probleme sind nicht nur spezielle Instrumente zu entwickeln, sondern auch fachdidaktische Maßnahmen zu erschließen, die dabei helfen, identifizierte Defizite zu verringern" (Bolte und Pastille 2010, S. 27). Wie diese Maßnahmen aussehen können, zeigen wir in den folgenden Abschnitten.

4.2 Besonderheiten der Sprache im Chemieunterricht

Doch was bereitet beim Sprechen über naturwissenschaftliche oder chemiebezogene Sachverhalte und beim Lernen chemiebezogener Begriffe und Konzepte so große Probleme? Sieht man von einer Betrachtung stofflicher Phänomene allein auf makroskopischer Ebene und im kontinuierlichen Kontext ab, so kann kein „einziger der Grundbegriffe aus der Chemie … dadurch eingeführt werden, dass man Vertreter der vom Begriff bezeichneten Klasse [im wahrsten Sinne des Wortes] konkret vorstellt. Atome, Moleküle und Ionen kann man ebenso wenig vorzeigen wie eine kovalente Bindung; selbst Elemente und Verbindungen kann man nicht einfach demonstrieren" (Stork 1993, S. 65). Beim Gros chemiebezogener Gespräche geht es also um abstrakte Sachverhalte und Prozesse, die sich menschlicher Wahrnehmung entziehen. Gesprochen wird über und mithilfe abstrakter Modelle; allein die dafür notwendigen kognitiven Fähigkeiten können nicht zwingend bei allen Schülern als gegeben vorausgesetzt werden, und selbst wenn die Schüler die kognitiven Voraussetzungen mitbringen, sind die sprachlichen Leistungen, die für derartige Gespräche notwendig sind, nicht zu unterschätzen (Becker et al. 1992, S. 88; Sumfleth und Pitton 1998). Wer Lernende im Chemieunterricht kognitiv überfordert (Kap. 9), darf sich nicht wundern, wenn es mit dem Unterrichtsgespräch nicht klappt und sich Sprachlosigkeit unter den Schülern einstellt!

In der Regel können die im Chemieunterricht zu erlernenden Fachbegriffe also nicht einfach konkret vorgezeigt und benannt werden. Das Erlernen chemiebezogener Begriffe setzt dementsprechend Handlungen, Beobachtungen und das Verknüpfen von Befunden voraus, die sachlogisch und schlussfolgernd kognitiv zu vernetzen sind. „Dazu bedarf es der Sprache", hebt Stork (1993, S. 67) hervor, und damit es mit der Fachsprache im Chemieunterricht klappt, muss sichergestellt werden, dass die erforderlichen Begriffe routiniert erinnert und sachgerecht angewendet werden. Stork mahnt daher vor einer „ungenügende[n] (zu schmale[n]) Repräsentation von [chemiebezogenen] Begriffen" (1988, S. 18) und Konzepten. Wir sind uns dessen wohl bewusst, dass vor allem eine „experimentelle Demonstration ausreichend vieler Begriffe … Zeit (erfordert); dies verringert die Kontiguität [Beziehung zwischen zwei Ereignissen oder Gegenständen]. Sie muss durch öftere Vergegenwärtigung aller gewonnener Erfahrung gesichert werden; das ist ohne Sprache nicht möglich" (Stork 1993, S. 67). Wichtig erscheint uns die Betonung, dass Sprache also für das fachbezogene Lernen essenziell ist und dass das Erlernen fachsprachlich geprägter Kommunikation nicht einfach nebenbei passiert, sondern Zeit braucht. Für Chemielehrer bedeutet das, dass sie sich stetig um die Entwicklung und Verbesserung der fachsprachlichen Kommunikationsfähigkeit der Schüler bemühen sollen (Becker et al. 2018) und dass sie sich dabei des Öfteren in Geduld üben müssen.

Aber nicht nur in Geduld, sondern auch im sprachsensiblen Umgang mit unseren Schülern müssen wir uns üben. „Gravierende, zugleich aber auch behebbar erscheinende ‚Sprachprobleme' werden … [im Unterrichtsgespräch] bereits im Vorfeld der eigentlichen Leistungserbringung erkennbar: Fragen und Anweisungen werden missverstanden, Beobachtungen unterschlagen, Schwerpunkte verkannt, Ergebnisse nicht bewertet. Der Umgang mit Fachbegriffen gleicht einem mit mäßigem Interesse betriebenen Lotteriespiel. Ambitioniertere Schülerinnen und Schüler suchen ihr Heil im wahllosen ‚Auswendiglernen' oder beschränken sich auf das gewissenhafte Führen von Unterlagen unverstandenen Inhalts" (Bolte und Pastille 2010, S. 27). Diese prototypischen Gesprächsmuster im Unterricht gilt es zu identifizieren und zu durchbrechen, um fachsprachliche Unzulänglichkeiten zu entlarven und sie, wenn nötig, erneut zum Gegenstand unterrichtlicher Erörterungen zu machen.

Ein prominentes Beispiel für das Auswendiglernen von Fachbegriffen bildet u. E. die Aneignung des Begriffs „Verbindung" im Kontext der Chemie. Die Schüler kennen dieses Wort aus dem Alltag als „Verbindung zweier Menschen" (Eheleute gehen z. B. eine Verbindung ein), „Verbindung zweier Materialien durch Kleben oder Schrauben" (der Klebstoff bzw. die Schraube hat eine Verbindung geschaffen), vom Telefonieren (eine Verbindung zwischen zwei Telefongeräten wurde hergestellt) oder von der Metapher einer rein geistigen Verbindung (man fühlt sich jemandem gedanklich verbunden). Nun – im Kontext des Chemieunterrichts – taucht das Wort „Verbindung" plötzlich als Fachbegriff der Chemie auf, und der Begriff besitzt hier eine ganz andere Bedeutung: Eine Verbindung ist ein Reinstoff, der aus Atomen oder Ionen mindestens zweier Elemente besteht. Lehrern fällt es manchmal schwer, sich zu vergewissern, dass die kaum reflektierte Verwendung von Begriffen aus unserer Alltagssprache dem Erlernen von Fachbegriffen gleichen Wortlauts im Wege stehen kann. Wie schwer es für Ihre Schüler ist, einen im Alltag vielfältig verwendeten Begriff fach- und sachgemäß zu verwenden, zeigt sich, wenn Sie Schüler unterschiedlicher Altersklassen dahingehend befragen, was sie z. B. unter einer „Verbindung" verstehen; Sie werden überrascht sein, mit welcher Bandbreite von Begriffsverwendungen Sie konfrontiert werden. Daher empfehlen wir bei Begriffen, die in der Alltags- und in der Fachsprache unterschiedliche Bedeutungen besitzen, diese explizit im Unterricht zu reflektieren. Das kann in kleinen Übungen geschehen, in denen die Schüler aufgefordert werden, den Unterschied zwischen den Bedeutungen von z. B. „eine Verbindung herstellen" und „chemische Verbindung" zu erläutern.

Dierks (1994, S. 39) führt zu dieser Problematik aus: Jede „der … zum Deuten benutzten Vorstellungen … [ist] mit bestimmten Wörtern fest verknüpft", und da die vielen fachlichen Konzepte und Modelle, die aus unseren „alltäglichen Vorstellungen abgeleitet worden sind", im fachlichen Kontext überwiegend als Komposita verwendet werden (z. B. Sessel- oder Wannenform, Molekülsieb, Bananenbindung), die nun aber begrifflich losgelöst vom alltäglichen Kontext und in ihren Bedeutungsanteilen zum Teil stark reduziert verwendet werden, kann dieser Umstand bei fachsprachlich ungeübten Schülern zu Verwirrung und zu irreleitenden Assoziationen führen (Dierks 1994, S. 39) – vor allem dann, wenn die „Wörter mit Vorstellungen unterschiedlichen Sinns gekoppelt werden" (z. B. „Elektronenwolke, … ein Metall in einer Säure *lösen*, … Wasser besteht aus Wasserstoff und Sauerstoff, obwohl nicht der Stoffbestand, sondern der Bestand an H_2O-Molekülen aus H- und O-Atomen gemeint ist" (Dierks 1994, S. 39; Hervorhebung im Original). Dierks warnt davor, dass Verständnisprobleme allein „auf dem Wege des Umdefinierens" von Begriffen nicht gelöst werden könnten, und rät dazu, „die in der Regel vorhandenen sinnstiftenden Bezeichnungen zu wählen" (Dierks 1994, S. 39 f.).

Als Beispiele führt er an: „Brönsted-Säure statt Protonendonator; Oxidation statt Elektronenabgabe, wenn O-Atome nicht beteiligt sind; Element statt Atomart, wenn es nicht um die Sicht des makroskopischen Kontinuums geht" (Dierks 1994, S. 40). Wir raten daher: Halte deine Ausführungen eindeutig und vermeide zu viele begriffliche Synonyme!

Inwiefern es Ihren Schülern gelingen wird, sich Begriffsbildungen dieser Art verständnisvoll zu eigen zu machen, gilt es durch variierende Aufgabenstellungen in Erfahrung zu bringen. Neben der Vergewisserung des Lernerfolgs wird durch intelligentes Üben die sich ausbildende Begriffsklärung mit möglichst vielen anderen Begriffen vernetzt und auf diesem Wege gefestigt.

Wir haben bereits weiter oben auf die besondere Dynamik des Unterrichtsgesprächs und auf den subjektiv erlebten Zeitdruck hingewiesen, den aufgrund der Stofffülle in den Rahmenplänen häufig auch Chemielehrer als belastend erleben. Diese Unterrichtsdynamik sowie der zeitliche und inhaltliche Druck dürfen aber nicht als Alibi dienen oder als systemimmanent und unvermeidbar deklariert werden, um fachsprachliche Unzulänglichkeiten zu entschuldigen, die eben auch dadurch zustande kommen, dass es den Schülern oft genug nicht nur an der „Zeit [mangelt], ‚genau' hinzusehen und gewissenhaft nachzudenken, um das für die jeweilige Aufgabenstellung zu bewertende Phänomen überhaupt erst zu ‚bemerken'" (Bolte und Pastille 2010, S. 27), sondern dass die Dynamik des Unterrichts und der zeitliche Druck ihnen die Möglichkeit nehmen, Bemerktes in eigene Worte zu fassen und einen eigenen – sprachlich zumindest (vor-)formulierten und verständlichen – Beitrag zum Unterrichtsgespräch einzubringen (Becker et al. 1992, S. 89; Bolte 1996; Sumfleth und Pitton 1998). Diese Unzulänglichkeit in der Schüler-Lehrer-Interaktion ist u. E. leicht zu vermeiden, wenn der Lehrer im Unterrichtsgespräch darauf achtet, dass den Schülern, nachdem ihnen eine Aufgabe oder Frage gestellt wurde, ausreichend Zeit zum Nachdenken und genügend Ruhe zum Ausformulieren einer möglichen Antwort eingeräumt wird. Nicht selten gleicht das Unterrichtsgespräch einem Fernschquiz, in dem derjenige einen Preis oder die Anerkennung des Quizmasters gewinnt, der zuerst auf den Buzzer geschlagen und eine korrekte Ein-Wort-Antwort in den Raum gerufen hat.

Weitere fachsprachliche Herausforderungen im naturwissenschaftlichen bzw. im Chemieunterricht bestehen neben den Begriffen (lexikalische Besonderheiten) in anderen sprachlichen Besonderheiten, wie den morphologischen Besonderheiten (zusammengesetzte Substantive, Adjektive und Verben; sog. Komposita), den syntaktischen Besonderheiten (z. B. Nebensätze) und den textuellen Besonderheiten (logische Zusammenhänge in einem inhaltlich dichten Text) (Streller et al. 2012; Hoffmann und Bolte 2013). Hinzu kommt die in der Fachsprache der Naturwissenschaften anzutreffende Neigung zur passiven und unpersönlichen Ausdrucksweise, die naturwissenschaftliche Texte von anderen Textarten deutlich unterscheidet und die es sprachlich weniger versierten Schülern erschwert, Fachtexte und selbst Schulbuchtexte verstehend zu lesen oder gar eigene Texte fachsprachlicher Art zu produzieren (Merzyn 1994; Redder 2012).

In der Abb. 4.1 sind u. E. solche unterrichtssprachlichen Herausforderungen deutlich zu erkennen.

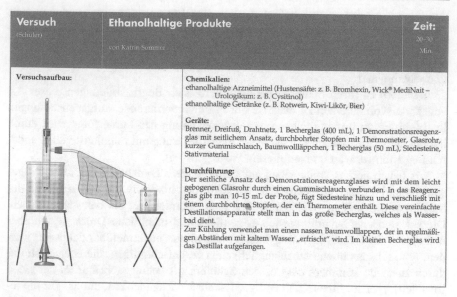

Versuch (Schüler)	Ethanolhaltige Produkte von Katrin Sommer	Zeit: 20–30 Min.

Versuchsaufbau:

Chemikalien:
ethanolhaltige Arzneimittel (Hustensäfte: z. B. Bromhexin, Wick® MediNait –
    Urologikum: z. B. Cysitinol)
ethanolhaltige Getränke (z. B. Rotwein, Kiwi-Likör, Bier)

Geräte:
Brenner, Dreifuß, Drahtnetz, 1 Becherglas (400 mL), 1 Demonstrationsreagenzglas mit seitlichem Ansatz, durchbohrter Stopfen mit Thermometer, Glasrohr,
kurzer Gummischlauch, Baumwollläppchen, 1 Becherglas (50 mL), Siedesteine,
Stativmaterial

Durchführung:
Der seitliche Ansatz des Demonstrationsreagenzglases wird mit dem leicht
gebogenen Glasrohr durch einen Gummischlauch verbunden. In das Reagenzglas gibt man 10–15 mL der Probe, fügt Siedesteine hinzu und verschließt mit
einem durchbohrten Stopfen, der ein Thermometer enthält. Diese vereinfachte
Destillationsapparatur stellt man in das große Becherglas, welches als Wasserbad dient.
Zur Kühlung verwendet man einen nassen Baumwolllappen, der in regelmäßi-
gen Abständen mit kaltem Wasser „erfrischt" wird. Im kleinen Becherglas wird
das Destillat aufgefangen.

Abb. 4.1 Arbeitsanleitung zur Destillation (Sommer 2000, S. 51). Im Anhang und auf
https://www.springer.com/de/book/9783662586440 finden Sie unseren Lösungsvorschlag zur
o. g. Aufgabenstellung

Aufgabe

Analysieren Sie den Text in der Abbildung (Abb. 4.1) und ermitteln Sie Komposita sowie syntaktische und textuelle Besonderheiten!

4.3 Sprachliche Aktivierung im Chemieunterricht

Maßnahmen und Empfehlungen, wie den genannten kommunikativen Schwierigkeiten im Chemieunterricht begegnet werden kann, haben Bolte und Pastille (2008,
2010, S. 37) unter den Begriff der Sprachaktivierung zusammengefasst. Gemeint
sind mit dem Konzept der Sprachaktivierung alle „den Fachunterricht strukturierende[n] Verfahren, mit deren Hilfe Lehrende und Lernende durch eigenes Tätigwer-
den naturwissenschaftliche Inhalte und Zusammenhänge in eine intersubjektiv vermittelbare, also gegenüber Dritten nachvollziehbare Ausdrucksform übertragen
können, welche ihrerseits ein intelligentes Anschlusslernen [also sinnstiftendes Lernen im konstruktivistischen Sinne] ermöglicht" (Bolte und Pastille 2010, S. 37).
Wie man sich die unterrichtspraktische Vorgehensweise im sprachaktivierenden
Chemieunterricht bildlich vorstellen kann, sei an einem Beispiel in der hier gebotenen Kürze erläutert.

Bolte und Pastille nutzen zum Zweck der Veranschaulichung das Modell des
Aktivierungsrechtecks (2010, S. 40). Diesem Modell entsprechend durchlaufen
die Schüler „ungeachtet der Fülle von Sprachaktivierungsmöglichkeiten … vier
‚Stationen', die – mehrfach vereinfacht – wie folgt beschrieben werden können:

Naturwissenschaftliche Zusammenhänge begegnen den SchülerInnen im Unterricht in der Regel zunächst in Gestalt von Phänomenen, Modellen, Experimenten, kurz: in Form von ‚Bildern' (Ecke 1 des Aktivierungsrechtecks)."

In Abb. 4.2 haben wir als inhaltlich-thematisches Beispiel das Phänomen eines Wassertropfens bzw. die Ansammlung von Wassertropfen auf einer Cent-Münze ausgewählt. Die Graphik entstammt einer Seminararbeit, an der Herr M. Hoffmann und S. Glomme maßgeblich beteiligt gewesen sind. Wie leicht zu erkennen ist, ging es in der Lernsequenz darum, das Konzept der Oberflächenspannung bei der Bildung von Wassertropfen (phänomenologisch) mit Schülern einer Lerngruppe der 7. Jahrgangsstufe gemeinsam zu erschließen. Der Arbeitsauftrag lautete, mittels einer Pipette möglichst viele Wassertropfen auf eine Cent-Münze aufzutragen. Außerdem wurden die Lernenden angehalten, zunächst eine Vermutung zu äußern, wie viele Wassertropfen auf der Münze wohl Platz finden, bevor das Wasser über den Rand der Münze abläuft. Dieser Auftrag führte dazu, dass sich die Schüler der Versuchsdurchführung und den mit dem Versuch einhergehenden Phänomenen sehr konzentriert und fokussiert zugewendet haben. Die Frage, wer von den (Zweier-)Gruppen, die jeweils den Versuch durchführten, die meisten Tropfen auf die Münze aufbringen könne, erhöhte die Sorgfalt der Schüler beim Durchführen dieses kleinen Versuchs und steigerte die Aufmerksamkeit und Konzentration der Lernenden. Der Versuch fasziniert und motiviert in besonderem Maße, da sich in der Regel bereits nach kurzer Zeit ein Überraschungsmoment – ein sogenannter kognitiver Konflikt – einstellt, da die Lernenden selten mit der vermuteten Anzahl an Wassertropfen, die vorsichtig auf eine Münze platziert werden können, richtigliegen. Die sich in der Regel einstellende Sorgfalt und Konzentration sind auch im sprachaktivierenden Unterricht wichtige Voraussetzungen, damit die Lernenden die intendierten Beobachtungen auch wahrnehmen (bemerken), sodass die entsprechenden Wahrnehmungen die angestrebten Sprachanlässe auch auslösen und die gewünschten unterrichtssprachlichen wie auch fachlich-inhaltlichen Lernprozesse initiiert werden.

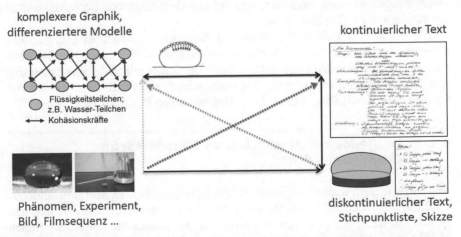

komplexere Graphik, differenziertere Modelle

Flüssigkeitsteilchen; z.B. Wasser-Teilchen

Kohäsionskräfte

kontinuierlicher Text

Phänomen, Experiment, Bild, Filmsequenz …

diskontinuierlicher Text, Stichpunktliste, Skizze

Abb. 4.2 Modell sprachlicher Aktivierung im naturwissenschaftlichen Unterricht (Bolte und Pastille 2010, S. 40 – Graphik entstand in Zusammenarbeit mit M. Hoffmann und S. Glomme)

Wie weiter oben angesprochen, bekommen die Schüler nun Zeit, um ihre Beobachtungen in Form einer kleinen Zeichnung zu skizzieren und/oder um ihre Beobachtungen schriftlich in Form einer (möglichst umfassenden) Liste an Stichworten festzuhalten. Diese Stichwortliste verfassen Schüler mit Sprachförderbedarf zunächst „in eine[r] eigene[n], Dritten noch nicht voll zugängliche[n], Sprache (Ecke 2). Die damit verbundene Darstellungsform wird als ‚diskontinuierlicher Text' bezeichnet" (Bolte und Pastille 2010, S. 40), wobei zu den Varianten diskontinuierlicher Texte auch Tabellen, Mindmaps, Wortlisten, Skizzen etc. gezählt werden.

Diese diskontinuierlichen Texte bilden eine besonders hilfreiche Grundlage für das später bzw. nun einsetzende Unterrichtsgespräch. Beobachtungen, Vermutungen oder auch erste Ideen zur Erklärung des Beobachteten konnten sich die Schüler auf diesem Wege bereits zurechtlegen und „vorformulieren", bevor das Unterrichtsgespräch einsetzt. Das entlastet die Schüler, nimmt ein wenig vom Leistungsdruck und reduziert die Nervosität, wenn sie sich im Klassenverband selbst zu Wort melden oder vom Lehrer aufgefordert werden, einen sprachlichen Beitrag zum Unterrichtsgespräch beizusteuern. Es hilft den Lernenden auch dabei, ihre eigenen (schrift-)sprachlich verfassten Skizzen mit den Wortbeiträgen ihrer Mitschüler zu vergleichen und auf diese Weise dem Unterrichtsgespräch konzentriert(er) zu folgen und ihre eigene Unterrichtssprache bewusst(er) mit der des jeweils anderen abzugleichen.

Sofern die Schüler angehalten werden, ihre skizzenhaften Überlegungen in einen aus sich heraus verständlichen, zusammenhängenden Text zu übertragen, werden Lernzuwächse gesichert. Wir sprechen in diesem Fall der Verschriftlichung von der Produktion „kontinuierlicher Texte". Unter kontinuierlichen Texten verstehen wir „intersubjektiv vermittelbare Beschreibungen, Geschichten und/oder Interpretationen … Im Idealfall konstruieren die SchülerInnen hieraus zuletzt die Darstellungsform ‚komplexe und/oder abstrakte Grafik/Diagramm' (Ecke 4). Hierbei handelt es sich um eine inhaltlich verdichtete, wissenschaftlich kommunizierbare, abstraktere Form der Darstellung ‚Bild'. Vorliegend bietet sich dabei etwa die – komplexere – Darstellungsform eines Wassertropfens auf der Grundlage von Kohäsionskräften an" (Bolte und Pastille 2010, S. 41).

Wir konnten die Erfahrung machen und dies auch empirisch belegen, dass das bewusste Durchlaufen der vier Stationen zur sukzessiven Erhöhung des Abstraktionsniveaus im Unterricht führt und auf diese Weise eine allmähliche Verbesserung von Sprachkompetenzen aufseiten der beteiligten Schüler herbeiführt (Bolte und Pastille 2010, S. 41; Streller et al. 2012; Hoffmann und Bolte 2013).

4.4   Leitgedanken zu sprachlicher Sensibilität im Chemieunterricht

Aus den in diesem Kapitel vorgestellten Überlegungen möchten wir Ihnen abschließend die folgenden sechs Leitgedanken zum Thema sprachliche Aktivierung und sprachliche Sensibilität im Chemieunterricht ans Herz legen, die Ihnen beim Planen und Durchführen Ihres Chemieunterrichts wie auch beim Reflektieren über erlebten Unterricht eine Hilfe sein mögen:

1. „Fachbegriffe *ist* richtig wichtig!"

Das kann schon mal passieren, dass einem – wie im Gespräch mit einer Fortbildne-rin in Sachen Fachsprache und Sprache im Chemieunterricht passiert – so ein Spruch entgleitet, und der Satz grammatikalisch nicht ganz korrekt im Raum steht. Wir haben ihn als Einstieg in die Liste der Leitideen aufgenommen, weil der Satz u. E. deutlich macht, dass das mit der Sprache (der Unterrichts- oder auch der Fach-sprache) gar nicht so einfach ist und dass auch Kollegen es mit der Bedeutung der Fachsprache mitunter recht lax halten. Wir wollen die Bedeutung der Fachbegriffe und der Fachsprache hier nicht klein reden, sondern nur darauf aufmerksam ma-chen, dass Fachbegriffe und Begriffe aus dem Alltag wie auch Fach- und Alltags-sprache durchaus gemeinsame Wurzeln haben. Eine Trennung und die stete Über-setzung (KMK 2005) zwischen Fach- und Alltags- oder Unterrichtssprache ist daher gar nicht so einfach (oder eineindeutig) wie oft behauptet. Denn selbst Fachbegriffe werden mal so und mal so verwendet, können und werden durchaus (fehl-)inter-pretiert und leider viel zu oft missverstanden, wenn man nicht aufpasst. Wasser kommt üblicherweise zwar aus einer (Wasser-)Leitung, es heißt aber nicht Lei-tungswasser, weil es die Eigenschaft zeigt, elektrischen Strom zu leiten, im Gegen-satz zum „Reinstoff Wasser", der keine oder nur äußerst geringe elektrische Leit-fähigkeit aufweist und dem wir außerhalb des Chemieunterrichts – wenn überhaupt, so doch nur – sehr selten begegnen. Ist z. B. vom Wasser als Begriff im Kontext der Chemie die Rede, so können damit durchaus andere Bedeutungselemente intendiert sein, als die, die beim Empfänger ausgelöst werden. So ist es für ungeübte Schüler nicht trivial, dass es sich beim Reinstoff Wasser eben nicht um besonders reines (Trink-)Wasser handelt. Was unter Fachkollegen und in fachlicher Kommunikation geübten Personen keiner ausführlichen Erörterung bedarf, bedarf im Unterrichts-gespräch mit Schülern, die die korrekte Verwendung von Fachtermini und Konzep-ten ja erst lernen sollen und müssen, sehr wohl einer didaktisch reflektierten Be-achtung. Kurzum: Fachbegriffe sind nicht per se richtig wichtig; Fachsprache erschwert sogar, wie Barke und Harsch (2001) in Anlehnung an Becker (1988a, b) herausstellen, „die Kommunikation mit der breiten Öffentlichkeit und das Verständ-nis für wissenschaftliche Probleme" (Barke und Harsch 2001, S. 187). Gleichwohl können Fachbegriffe durchaus helfen, Sachverhalte aufzuklären, Lernen zu erleich-tern und Verständigung zu fördern. Wichtig ist, dass der Umgang mit Fach- und Alltagssprache wie auch die Verwendung von Fachbegriffen und von solchen aus der Lebenswelt der Schüler im unterrichtlichen Kontext nicht en passant geschehen darf; fach- und alltagssprachliche Missverständnispotenziale im Unterricht sind zu reflektieren und im Unterrichtsgespräch explizit zu thematisieren.

2. Gute Gewohnheiten machen das Leben nicht nur einfacher, sondern auch schöner

Vermeiden Sie Animismen und nicht korrekte Darstellungen; Natriumatome *wollen* ihre Außenelektronen nicht abgeben, und kein Element *strebt* wirklich nach der Edelgaskonfiguration. Ebenso wenig *besteht* Wasser aus Wasserstoff und Sauer-stoff, und Luft ist im chemischen Kontext eben kein Gas, sondern ein Gasgemisch. Formulierungen dieser Art sind ein Quell nicht erwünschter Schülervorstellung (Kap. 3).

3. Zum Gespräch gehören mindestens zwei

Wenn Ihre Schüler Sie nicht verstehen, kann es auch daran liegen, dass Sie sich nicht angemessen ausdrücken. Sie – als Lehrer – sind der Kommunikationsprofi! In diesem Sinne ist es vorrangig Ihre Aufgabe, die Unterrichtssprache dem Sprach- und Entwicklungsniveau Ihrer Schüler entsprechend anzupassen (Kap. 9).

4. Halt's einfach und präzise

Halten Sie das Sprachniveau im Unterricht so einfach wie nötig und doch so präzise wie möglich; Dihydrogenoxid klingt zwar toll – provoziert aber auch ungewollte Assoziationen; Zitronensäure ist für Schüler sicherlich leichter zu erinnern als 2-Hydroxy-propan-1,2,3-tricarbonsäure (Hallpap et al. 1997). Soda und Natron sind den Schülern heutzutage nicht mehr so geläufig, wie dies noch zu Zeiten Ihrer Großeltern der Fall gewesen sein mag.

5. Halt's kurz und präzise

Sie steuern den Unterricht durch Impulse, sowohl durch verbale als auch nonverbale. Gerade nonverbale können sehr kurz sein: So sagt ein fragender Blick manchmal mehr als viele Sätze und ist oft sogar präziser. Achten Sie bei der Verwendung von Operatoren darauf, dass Ihre Schüler wissen, was mit den einzelnen Operatoren gemeint ist und welche Bedeutung die jeweiligen Operatoren besitzen (Kap. 9).

6. Viele Wege führen nach Rom

Nutzen Sie möglichst unterschiedliche Repräsentationsformen und Modelle (Kap. 3) und versuchen Sie, verschiedene Kommunikationskanäle anzusprechen. Die Wahrscheinlichkeit, dass Sie damit mehrere Schüler erreichen, steigt.

Literatur

Barke HD, Harsch G (2001) Chemiedidaktik Kompakt. Lernprozesse in Theorie und Praxis. Springer Spektrum, Heidelberg

Becker HJ (1988a) Verbraucherfragen im RIAS-Telefonstudio: Gegenstand fachdidaktischer Forschung? Chim did 14:69

Becker HJ (1988b) Ein Alltagsdialog über „Joghurt" – Chance für fächeraufweitenden Chemieunterricht. PdN Chemie 44:17

Becker HJ, Glöckner W, Hoffmann F, Jüngel G (1992) Fachdidaktik Chemie, 2. Aufl. Aulis, Köln

Becker HJ, Kemper AK, Flint A, Tausch M (2018) Trendbericht Chemiedidaktik 2017. Nachrichten aus der Chemie 66:341–345

Bolte C (1996) Analyse der Schüler-Lehrer-Interaktion im Chemieunterricht. IPN, Kiel

Bolte C (2003) Konturen wünschenswerter chemiebezogener Bildung im Meinungsbild einer ausgewählten Öffentlichkeit – Methode und Konzeption der curricularen Delphi-Studie Chemie sowie Ergebnisse aus dem ersten Untersuchungsabschnitt. ZfDN 9:7–26

Bolte C, Pastille R (2008) Anregungen für einen sprachaktivierenden Unterricht im Fach Naturwissenschaften Jahrgang 7 und 8. In: Höttecke D (Hrsg) Kompetenzen, Kompetenzmodell, Kompetenzentwicklung. Lit, Berlin, S 173–175

Bolte C, Pastille R (2010) Naturwissenschaften zur Sprache bringen – Strategien und Umsetzung eines sprachaktivierenden naturwissenschaftlichen Unterrichts. In: Fenkart G, Lembens A,

Erlacher-Zeitlinger E (Hrsg) ide -extra: Sprache, Mathematik und Naturwissenschaften, Bd 16. Studien Verlag (Österreich), Innsbruck, S 26–46

Dierks W (1994) Verständigung im Chemieunterricht. Überarbeitete Fassung eines Vortrags vom 6.12.1994. Polyskript. IPN, Kiel, S 33–49

Hallpap P, Klein O, Lux F (1997) Die Fachsprache im Chemieunterricht. In: Pfeifer P, Häusler K, Lutz B (Hrsg) Konkrete Fachdidaktik Chemie. Oldenbourg, München, S 86–103

Hoffmann M, Bolte C (2013) C-Tests zur Diagnose fachbezogener sprachlicher Kompetenzen. In: Bernholt S (Hrsg) Inquiry-based learning – Forschendes Lernen. Lit, Münster, S 194–196

Kultusministerkonferenz KMK (2005) Bildungsstandards im Fach Chemie für den Mittleren Schulabschluss. Luchterhand, München

Merzyn G (1994) Physikschulbücher, Physiklehrer und Physikunterricht. IPN, Kiel

Redder A (2012) Rezeptive Sprachfähigkeit und Bildungssprache – Anforderungen an Unterrichtsmaterialien. In: Doll J, Frank K, Fickermann D, Schwippert K (Hrsg) Schulbücher im Fokus. Nutzungen, Wirkungen und Evaluation. Waxmann, Münster, S 83–99

Sommer K (2000) Ethanolhaltige Produkte. NiU Chemie 11(55):51

Stork H (1988) Zum Chemieunterricht in der Sekundarstufe I. Polyskript. IPN, Kiel

Stork H (1993) Sprache im naturwissenschaftlichen Unterricht. In: Duit R, Gräber W (Hrsg) Kognitive Entwicklung und Lernen der Naturwissenschaften. IPN, Kiel, S 63–84

Streller S, Hoffmann M, Bolte C (2012) KieWi & Co.: Sprachförderung im Kontext naturwissenschaftlichen Lernens. In: Bernholt S (Hrsg) Konzepte fachdidaktischer Strukturierung für den Unterricht. Lit, Münster, S 572–574

Sumfleth E, Pitton A (1998) Sprachliche Kommunikation im Chemieunterricht: Schülervorstellungen und ihre Bedeutung im Unterrichtsalltag. ZfDN 4(2):4–20

Wagenschein M (1962) Die pädagogische Dimension der Physik. Georg Westermann Verlag, Braunschweig

Problemorientierter und forschender Unterricht

5

Naturwissenschaftlichen Unterricht forschend und problemorientiert zu gestalten hat eine lange Tradition (z. B. Arendt 1895; Fries und Rosenberger 1973; Schmidkunz und Lindemann 1992). Und obwohl diese Unterrichtsverfahren schon so lange existieren, haben sie nichts an Aktualität und Attraktivität eingebüßt. Im forschenden Unterricht sind natürlich die Experimente essenziell; im problemorientierten Unterricht bildet ein Problem – genauer gesagt ein Problemgrund und Prozesse der Problemgewinnung – den Ausgangspunkt naturwissenschaftlicher Erkenntnisgewinnung. Beide Verfahren weisen Überschneidungen auf und ergänzen einander (Kap. 6). Um aber die jeweiligen Schwerpunkte dieser zentralen chemiedidaktisch relevanten Theorieelemente herauszuarbeiten, haben wir uns entschieden, dem problemorientierten und forschenden Unterricht zum einen und den didaktischen Funktionen des Experimentierens zum anderen ein jeweils eigenes Kapitel zu widmen. Im folgenden Kapitel zeigen wir zunächst, wie sich die Konzeptionen problemorientierten und forschenden Unterrichts im Laufe der Zeit entwickelt und gewandelt haben und welche aktuellen Entwicklungen auszumachen sind. Abschließend werden wir ein Beispiel vorstellen, anhand dessen wir eine Unterrichtssequenz für den Oberstufenunterricht beschreiben.

5.1 Problemorientierter, forschender und forschend-entwickelnder Unterricht

Zu Beginn dieses Abschnitts möchten wir eine kurze Begriffsklärung vornehmen, um einem Durcheinander dieser Termini vorzubeugen. Problemorientierter Unterricht geht immer von einer Problemstellung aus, die zu einem gedanklichen Widerspruch

Elektronisches Zusatzmaterial Die Online-Version dieses Kapitels (https://doi.org/10.1007/978-3-662-58645-7_5) enthält Zusatzmaterial, das für autorisierte Nutzer zugänglich ist.

© Springer-Verlag GmbH Deutschland, ein Teil von Springer Nature 2019
S. Streller et al., *Chemiedidaktik an Fallbeispielen*,
https://doi.org/10.1007/978-3-662-58645-7_5

in den Köpfen der Schüler führt. Zwei problemorientierte Unterrichtsverfahren, auf die wir in diesem Abschnitt eingehen, sind der forschende Unterricht nach Fries und Rosenberger (1973) und das forschend-entwickelnde Unterrichtsverfahren nach Schmidkunz und Lindemann (1992). Mit der Etablierung der *inquiry-based science education* im englischsprachigen Raum (Abschn. 5.3) hat die Bezeichnung des forschenden Lernens in Deutschland eine Bedeutungserweiterung erfahren. So wird mit forschendem Unterricht heute nicht mehr das Unterrichtsverfahren nach Fries und Rosenberger (1973) bezeichnet, sondern ganz allgemein Unterricht, der Merkmale des Prozesses der Erkenntnisgewinnung zeigt (Abschn. 5.2 und 5.3).

Gemeinsames Kennzeichen der beiden gerade genannten problemorientierten Unterrichtsverfahren ist, dass der Schüler möglichst selbsttätig agiert und er „in der geistigen Auseinandersetzung mit den Problemen […] die Lösung weitgehend selbst findet" (Fries und Rosenberger 1973, S. 12). Als Problem wird in der Regel ein Sachverhalt verstanden, der einen gedanklichen Widerspruch zwischen dem bestehenden Wissen und dem zu Beobachtenden auslöst. Dieser gedanklich nun präsente Widerspruch wird als kognitiver Konflikt bezeichnet. Bewusst gewordene und als Wissensdefizit erlebte kognitive Konflikte regen zu weiteren – zunächst gedanklich eruierten und dann systematisch geplanten – Tätigkeiten an. Diese Tätigkeiten, die weit über das Recherchieren und Nachlesen in einem Lehrbuch hinausgehen, lösen bestenfalls Handlungen aus, die für naturwissenschaftliche Erkenntnisgewinnung typisch sind und als forschendes Lernen verstanden werden können. Aus diesem Grund bezeichnen Fries und Rosenberger das von ihnen entwickelte Unterrichtsverfahren auch als „Forschenden Unterricht", denn nur im „Verlaufe des Suchens und Forschens vollzieht sich ein Fortschritt im Denken" (Fries und Rosenberger 1973, S. 12).

Schmidkunz und Lindemann (1992) relativieren das Gebot, dass die Schüler im forschenden Unterricht alle notwendigen Schritte zur Lösung eines Problems eigenständig finden müssten und lenken die Aufmerksamkeit auf die unterstützende Einflussnahme des Lehrers beim Lernen naturwissenschaftlicher Sachverhalte. Denn geschickte Lehrer entwickeln gemeinsam mit ihren Schülern die Strategien, Versuchsanordnungen oder gar Versuchsreihen, die die intendierten Lernfortschritte ermöglichen. Da das gemeinsame Entwickeln und die didaktisch sinnvolle Einhilfe des Lehrers für das von Schmidkunz und Lindemann vorgeschlagene Unterrichtsverfahren so kennzeichnend sind, betiteln sie diese Form des Unterrichtens als „Forschend-entwickelnden Unterricht". Mit diesem Zusatz betonen sie die Rolle des Lehrers als „Fachmann und Organisator für Lernprozesse des Schülers" (Schmidkunz und Lindemann 1992, S. 20). Der Lehrer steuert zwar den Unterrichtsprozess, soll aber Aktivitäten auf die Seite der Schüler verlagern und sich selbst, soweit irgend möglich, im Zuge der Erkenntnisgewinnung zurücknehmen.

In diesen beiden – einander sehr ähnlichen – Formen des problemorientierten Unterrichts wird betont, dass „forschendes und vor allem forschend-entwickelndes Lernen" in „jeder Altersstufe und mit jedem Vorwissen möglich" ist (Schmidkunz und Lindemann 1992, S. 19). Außerdem wird herausgestellt, dass „für die Weiterarbeit wichtige Voraussetzungen fehlen", wenn „[…] in der Primarstufe nicht die Grundlagen gelegt [werden]" (Fries und Rosenberger 1973, S. 20).

Das forschend-entwickelnde Unterrichtsverfahren basiert laut Schmidkunz und Lindemann (1992, S. 13) auf mehreren Prinzipien. Das Verfahren:

- fördert Lernen aus Interesse,
- fördert eine hohe eigene Aktivität und selbstständigen Wissenserwerb,
- ermöglicht Erfolgserlebnisse,
- ermöglicht Lernen aus Problemsituationen,
- bezieht alle Fähigkeitsbereiche ein (kognitiver, affektiver, psychomotorischer Bereich),
- bietet eine klare Struktur und genetisches Lernen.

Ergänzt werden diese Prinzipien um das Prinzip der Individualisierung und das des exemplarischen Lernens (Kap. 2 und 10).

Trotz dieses umfassenden Katalogs an Leitlinien gelingt es u. E. Schmidkunz und Lindemann recht gut, ein anschauliches Bild von praktikablem Unterricht zu zeichnen, der auf Elementen naturwissenschaftlicher Erkenntnisgewinnung beruht und dabei zahlreiche wichtige und erfolgversprechende Unterrichtsprinzipien, die eng miteinander verzahnt sind und den Problemlöseprozess begleiten, zu berücksichtigen versucht.

Ausgehend von einer Situation, die der Lernende mit seinen Erfahrungen und seinem Vorwissen nicht mehr erklären kann und die einen kognitiven Widerspruch erzeugt (Problemgrund), kann beim Lernenden das Bedürfnis nach Klärung generiert werden. Wird im Unterricht das „Lernproblem [systematisch] herausgearbeitet, das dann schrittweise, also genetisch gelöst wird" (Schmidkunz und Lindemann 1992, S. 17), so ist gleichzeitig der nachfolgende Ablauf des Unterrichts vorstrukturiert.

Die Strukturierung des forschenden Unterrichts in verschiedene Denkstufen und Denkphasen wurde bereits von Fries und Rosenberger (1973) vorgenommen. Auch Schmidkunz und Lindemann gehen im Problemlöseprozess von fünf Denkstufen aus (1992, S. 23):

1. Problemgewinnung,
2. Überlegungen zur Problemlösung,
3. Durchführung eines Lösungsvorschlags,
4. Abstraktion der gewonnenen Erkenntnisse,
5. Wissenssicherung.

Diese Stufen im Zuge forschender bzw. forschend-entwickelnder Erkenntnisgewinnung können in einer Unterrichtsstunde oder auch in mehreren durchlaufen bzw. vollzogen werden.

Wir möchten die fünf Stufen beim forschend-entwickelnden Unterricht beispielhaft veranschaulichen:

Eine Problemgewinnung könnte gemeinsam mit den Schülern erfolgen, indem der Lehrer seiner Klasse zwei sich augenscheinlich widersprechende Bilder zeigt, zum Beispiel: Auf Bild 1 löscht ein Feuerwehrmann gerade einen Brand mit Wasser, auf Bild 2 hält ein Taucher unter Wasser eine brennende (Magnesium-)Fackel in der Hand. Dieser Widerspruch kann zu vielfältigen Fragestellungen führen: Was ist das für eine Fackel, woraus besteht sie? Sollte den Schülern bereits bekannt sein, dass es sich bei der Fackel um eine Magnesiumfackel handelt, so stellen sich womöglich die Fragen: Warum brennt Magnesium sogar im Wasser? Warum kann Magnesium nicht mit Wasser gelöscht werden? Und: Womit kann brennendes Magnesium gelöscht werden?

Nun folgen Überlegungen zur Problemlösung. Dazu werden Vermutungen im Sinne möglicher Antworten formuliert. Bezogen auf die erste Frage könnten sie lauten: Es muss offensichtlich (mindestens) einen Stoff geben, der selbst unter Wasser brennen kann. Um herauszufinden, welcher Stoff das ist, müssen wir verschiedene Stoffe dahingehend prüfen, ob sie im Wasser weiterbrennen.

Im Meerwasser oder in einem See ist auch immer ein wenig Sauerstoff gelöst, den z. B. die Fische zum Atmen nutzen; dieser Sauerstoff reicht aus, damit die Fackel auch unter Wasser brennen kann. Bezogen auf die zweite Frage könnten fachlich bereits anspruchsvollere Vermutungen wie folgt lauten: Das Magnesium der Fackel reagiert mit Wasser; oder sogar: Da Wasser ein Oxid ist und schon bekannt ist, dass man einem Oxid unter besonderen Umständen den Sauerstoff wieder entziehen kann, kann Magnesium vielleicht Wasser reduzieren.

Zur Durchführung der Lösungsvorschläge könnte Wasser mit Magnesium zur Reaktion gebracht werden. Dazu gibt man ein Stück brennendes Magnesium in Wasser. Die Entstehung eines weißen Pulvers kann dabei beobachtet und so auf die Bildung von Magnesiumoxid geschlossen werden. Sehr viel genauer wäre es natürlich, Wasserdampf über glühendes Magnesium zu leiten und beide Reaktionsprodukte auf ihre Bestandteile hin zu prüfen, also sowohl den entstandenen Rückstand (das Magnesiumoxid) nachzuweisen als auch das weitere Reaktionsprodukt (das Gas Wasserstoff) zu identifizieren (Eisner et al. 1995, S. 69). Die Vermutung, die auf den im Wasser gelösten Sauerstoff abzielt, könnte überprüft werden, indem für die vorgeschlagenen Versuche abgekochtes, also sauerstofffreies Wasser (frei von gelöstem Sauerstoff) verwendet würde.

Die Abstraktion der gewonnenen Erkenntnisse kann in Bildform, verbal z. B. als Liste wichtig erachteter Stichpunkte oder aber auch in Form von Reaktionsgleichungen (als Wortgleichung und/oder mithilfe der chemischen Symbole) erfolgen (Kap. 4).

Zur Wissenssicherung könnte sich eine Übertragung der Erkenntnisse auf die Reaktion von Magnesium mit Kohlenstoffdioxid eignen oder ganz allgemein eine Sicherung von Redoxreaktionen erfolgen.

Ihnen wird sich möglicherweise die Frage gestellt haben, wie trennscharf eigentlich die fünf von Schmidkunz und Lindemann formulierten Denkstufen sind. Könnte es nicht auch mehr Stufen geben? Und müssen eigentlich die Schüler stets alle fünf Stufen der Erkenntnisgewinnung durchlaufen, um Sachverhalte sinnvoll zu erlernen und kognitive Konflikte plausibel aufzulösen?

Zum ersten Aspekt ist zu sagen, dass die Einteilung in fünf Stufen bereits von Schmidkunz und Lindemann (1992, S. 23) durch das Einfügen von Denkphasen weiter untergliedert wird. Bezüglich des zweiten Aspekts raten wir, didaktische

Empfehlungen (unsere eigenen übrigens auch) stets kritisch zu prüfen und sie eben nicht als unveränderliches Rezept zur Unterrichtsgestaltung aufzufassen. Vielmehr sollten Empfehlungen wie diese je nach Unterrichtsverlauf und den jeweils unterschiedlichen Unterrichtsschwerpunkten entsprechend modifiziert werden. Nicht selten erleben wir, dass angehende Chemielehrer sich – u. E. auch fälschlicherweise – eine Art Zwang auferlegen und denken, dass sie alle Stufen des Modells im Unterricht akribisch umsetzen müssten. Dies ist aber mitnichten so! Es ist meist viel lernfördernder, Kompetenzen schwerpunktbezogen und graduell zu fördern (Kap. 1) als sich sklavisch – wie hier besprochen – an die komplette Abfolge der fünf Denkstufen zu halten. Beherzigt man diesen Hinweis, so wird man feststellen, dass es durchaus ausreichen kann, wenn man von den Schülern zunächst nur erwartet, dass sie eine naturwissenschaftliche Fragestellung als solche erkennen und/oder Vermutungen zur Lösung der Frage formulieren. Diese ersten Schritte zur möglichst eigenständigen und erfolgreichen Problemlösung stellen oft genug ein schwieriges Unterfangen dar, und selbst berufserfahrene Lehrer zeigen in diesen Bereichen der naturwissenschaftlichen Erkenntnisgewinnung Unsicherheiten (Erb und Bolte 2012). Das Planen eines geeigneten Experiments zur Überprüfung von Hypothesen ist ein komplexer und sowohl kognitiv als auch fachbezogen äußerst anspruchsvoller Prozess, der nicht nur Kreativität erfordert, sondern auch umfassende experimentelle und methodische Kenntnisse voraussetzt (Kap. 6). Um die Anforderungen zu reduzieren, könnten Schüler, bevor sie ganz frei eine experimentelle Untersuchung planen, als Planungshilfe eine Liste an Chemikalien und Geräte bekommen, die sie bei der Planung ihres Experiments berücksichtigen sollen (Kap. 9).

Die verschiedenen Phasen und Stufen des forschend-entwickelnden Unterrichtsverfahrens müssen also nicht immer in Gänze beschritten und abgearbeitet werden; sie können aber dabei helfen, Chemieunterricht plausibel zu strukturieren und komplexe Kompetenzerwartungen didaktisch sinnvoll zu gliedern, um die zu fördernden Kompetenzen dann Schritt für Schritt aufseiten der Schüler anzubahnen und auszuformen.

Trotz dieser eigentlich langen Tradition problemorientierter Unterrichtsverfahren in Deutschland erfuhr der forschende Unterricht in den letzten zehn Jahren eine Art Revival. Einerseits ist dafür die Einführung der naturwissenschaftlichen Bildungsstandards maßgeblich und andererseits die Etablierung der *inquiry-based science education* im englischsprachigen Raum. Wir möchten in Abschn. 5.2 und 5.3 deshalb genauer auf den Kompetenzbereich Erkenntnisgewinnung und auf die Merkmale von *inquiry-based science education* eingehen.

5.2 Forschender Unterricht und der Kompetenzbereich Erkenntnisgewinnung

Durch die Einführung der nationalen Bildungsstandards (z. B. im Fach Chemie) für den mittleren Schulabschluss (KMK 2005) und der damit verbundenen expliziten Betonung des Kompetenzbereichs Erkenntnisgewinnung rückte die experimentelle Methode wieder stark in den Fokus fachdidaktisch geführter Diskussionen, und zwar nicht nur im Kreis der Bildungsforschung und Curriculumentwicklung, sondern auch – oder sogar vor allem – in den Fachkollegien der Mittel- und Oberschulen. Denn mit den nationalen Bildungsstandards waren nun Standards formuliert und festgelegt, die unabhängig vom Bundesland verbindlichen Charakter besitzen und die weit über das Lernen (oder gar Auswendiglernen) fachwissenschaftlicher Sachverhalte und Konzepte hinausreichen. Die folgenden acht Standards (E1 bis E8) aus dem Katalog der nationalen Bildungsstandards für den mittleren Schulabschluss im Fach Chemie beschreiben die Kompetenzen, über die Schüler am Ende ihrer Pflichtschulzeit im Bereich chemiebezogener Erkenntnisgewinnung verfügen sollen (KMK 2005, S. 12):

> „Die Schülerinnen und Schüler …
>
>   E 1 erkennen und entwickeln Fragestellungen, die mithilfe chemischer Kenntnisse und Untersuchungen, insbesondere durch chemische Experimente, zu beantworten sind,
>   E 2 planen geeignete Untersuchungen zur Überprüfung von Vermutungen und Hypothesen,
>   E 3 führen qualitative und einfache quantitative experimentelle und andere Untersuchungen durch und protokollieren diese,
>   E 4 beachten beim Experimentieren Sicherheits- und Umweltaspekte,
>   E 5 erheben bei Untersuchungen, insbesondere in chemischen Experimenten, relevante Daten oder recherchieren sie,
>   E 6 finden in erhobenen oder recherchierten Daten Trends, Strukturen und Beziehungen, erklären diese und ziehen geeignete Schlussfolgerungen,
>   E 7 nutzen geeignete Modelle (z. B. Atommodelle, Periodensystem der Elemente) um chemische Fragestellungen zu bearbeiten,
>   E 8 zeigen exemplarisch Verknüpfungen zwischen gesellschaftlichen Entwicklungen und Erkenntnissen der Chemie auf.“

Im Prinzip spiegeln sich in den acht Standards alle Elemente der in Abschn. 5.1 vorgestellten Verfahren wider. Durch die nationalen Bildungsstandards wird der Fokus sogar noch etwas erweitert, indem hier explizit die Fähigkeit zur eigenständigen Recherche und Nutzung von Daten, die Förderung der Fähigkeit zur Verwendung von Modellen und die Verknüpfung mit gesellschaftlichen Entwicklungen eingefordert werden.

Mit der Definition der vier Kompetenzbereiche (Kap. 1) ist gleichsam eine Aufwertung der naturwissenschaftlichen Arbeitsweisen, der Kommunikation und der Bewertung von Sachverhalten gegenüber dem Fachwissen erfolgt, da diese Bereiche nicht nur dem Fachwissen nebengeordnet sind, sondern explizit im Unterricht Berücksichtigung finden müssen.

5.3   Inquiry-based Science Education (IBSE)

Im englischsprachigen Raum werden für den Bereich der naturwissenschaftlichen Erkenntnisgewinnung verschiedene Begriffe verwendet. So findet man die Begriffe *inquiry-based learning (IBL), inquiry-based teaching (IBT)* oder *inquiry-based science education (IBSE)* (z. B. Rocard et al. 2007, S. 2 ff.; National Research Council 2004, S. 173 f.). Der Ausdruck *IBL* richtet einen stärkeren Fokus auf Lernen als einen aktiven Prozess und verschiebt die Aktivität hin zur Seite der Lernenden, wogegen mit dem Ausdruck *IBT* der Blick eher auf die Planungs- und Initiierungsprozesse, die das Lernen naturwissenschaftlicher Sachverhalte und Konzepte auslösen bzw. fördern sollen, durch die Lehrer gerichtet ist. Selbstverständlich besteht eine große Schnittmenge zwischen *IBL* und *IBT*, die im Ausdruck *IBSE* aufgegriffen wird und die beiden Facetten, die des Lernens und die des Unterrichtens, nunmehr bündeln soll. Gemeinsam ist allen genannten Bezeichnungen der Begriff *inquiry*. Vergegenwärtigt man sich, was mit *inquiry* eigentlich gemeint ist, so finden wir die Ideen des forschenden und forschend-entwickelnden Unterrichts und auch die in den Bildungsstandards für das Fach Chemie formulierten Kompetenzerwartungen wieder. Dies möchten wir an einem viel zitierten angelsächsischen Definitionsbeispiel veranschaulichen. So versteht Harlen (2010, S. 45) unter „inquiry":

> „Inquiry means students are developing their understanding through their own investigation, that they are gathering and using data to test ideas and find the ideas that best explain what is found. The source of data may be the direct manipulation of materials, observation of phenomena or use of secondary sources including books, the internet and people. The interpretation of the data to provide evidence to test ideas may involve debate with other students and their teacher and finding out what experts have concluded. Implicit in all of this is that students are taking part in activities similar to those in which scientists engage in developing understanding. By making these activities conscious, students develop their ideas about science."

Diese Definition vernachlässigt allerdings u. E. einen wichtigen Aspekt, den das National Research Council (2004) betont und den wir an dieser Stelle noch ergänzen möchten: *„Inquiry requires identification of assumptions, use of critical and logical thinking, and consideration of alternative explanations"* (National Research Council 2004, S. 14). Auch diese Beschreibungen beziehen sich darauf, welche Kompetenzen Schüler am Ende ihrer Schulzeit besitzen sollten. Leider gibt es in Deutschland keine nationalen Standards für das Ende der sechsten Klasse, die den Rahmen setzen und Möglichkeiten eröffnen würden, einen definierten, operationalisierbaren und allgemein akzeptierten Zwischenstand bezüglich der bislang erreichten Kompetenzentwicklung von Schülern zu evaluieren.

In einer vergleichenden Arbeit haben sich Erb und Bolte (2012) genau diesem Aspekt gewidmet. Sie gingen unter anderem der Frage nach: Was kann von Kindern am Ende der sechsten Jahrgangsstufe im Kompetenzbereich Erkenntnisgewinnung erwartet werden? Dazu haben sie verschiedene nationale und internationale Vorgaben für den Bereich der Erkenntnisgewinnung und *inquiry* analysiert und sowohl nationale als auch internationale Standards, Rahmenlehrpläne und Curricula folgender (Bundes-)Länder in den Blick genommen: Deutschland (Bayern, Baden-Württemberg, Berlin, Brandenburg, Sachsen), Kanada, Finnland, USA und Schweiz. Ziel dieses Vergleichs war es, für das Ende der sechsten Jahrgangsstufe einen Erwartungshorizont zusammenzustellen, der es Lehrern ermöglicht, einen Überblick darüber zu erhalten, was von Schülern im Anfangsunterricht der Klasse 7 erwartet werden könnte bzw. worin mögliche Mindestanforderungen bestehen könnten (Erb und Bolte 2012, S. 14):

„Die Schülerinnen und Schüler …

- beobachten und untersuchen lebensweltbezogene Phänomene und formulieren daraus Fragestellungen, die durch einfache wissenschaftliche Untersuchungen beantwortet werden können [*Erwartung (Erw.) 1*],
- planen Untersuchungen zur Überprüfung möglicher Antworten und Lösungen [*Erw. 2*],
- führen einfache Untersuchungen angeleitet und gewissenhaft durch [*Erw. 3*],
- identifizieren die Variablen, die für eine aussagekräftige Untersuchung (Experiment) konstant gehalten werden müssen *[Erw. 4]*,
- ziehen aus ihren Beobachtungen und Messdaten Schlussfolgerungen und formulieren eine mögliche Antwort auf die ursprüngliche Frage *[Erw. 5].*"

5.4   Ideen zur Umsetzung forschenden Lernens im Unterricht

Mit dem folgenden Abschnitt möchten wir die theoretischen und zum Teil normativen Ausführungen in diesem Kapitel mit einem Beispiel beschließen, das Ihnen eine Möglichkeit aufzeigt, wie forschendes Lernen im Unterricht umgesetzt werden kann.

Das forschend-entwickelnde Unterrichtsverfahren (Schmidkunz und Lindemann 1992) beinhaltet als problemorientiertes Verfahren insbesondere für Lehramtsnovizen die Schwierigkeit, einen für die Lerngruppe passenden Problemgrund zu finden und so einen kognitiven Konflikt zu erzeugen. Im Ansatz des *inquiry-based learning* und auch in der Beschreibung der Standards im Kompetenzbereich Erkenntnisgewinnung (KMK 2005) ist die Generierung eines Problemgrundes im Sinne eines kognitiven Konflikts aber nicht zwingend. So können neben einem kognitiven Konflikt auch Phänomene und Dinge aus der Umwelt und dem täglichen Leben der Schüler als Ausgangspunkt dienen, die die Schüler dazu animieren, Fragen zu stellen (Streller et al. 2012b, c; Streller 2014). Auch Fragen, die von der Klasse aufgeworfen werden, fungieren als erfolgversprechende Einstiege in forschendes Lernen. Die entsprechenden Fragen können dann wissenschaftlich, im Sinne der experimentellen Methode, untersucht werden. Als besonders gut geeignet haben sich in diesem Zusammenhang verschiedenste Produkte des täglichen Lebens erwiesen, die zum kritischen Nachfragen und Untersuchen einladen (z. B. Light-Produkte, vegetarische Wurst, Analogkäse, Sojaprodukte). Im Folgenden stellen wir einen möglichen Unterrichtsverlauf vor, in dem das populäre und intensiv beworbene Getränk *ActiveO2*® als Ausgangspunkt für forschendes Lernen ausgewählt wurde. Der folgende fächerverbindende Unterrichtsvorschlag für die Oberstufe wurde gemeinsam mit Studierenden entwickelt (Streller et al. 2012a; Streller 2013):

Bei dem Produkt *ActiveO2*® handelt es sich um sogenanntes Sauerstoffwasser. In vielen Ländern Europas ist ein solches Wasser erhältlich, wenngleich die Handelsnamen durchaus differieren. ActiveO2® wird seit 2001 auf dem deutschen Markt angeboten. Es wird in Kunststoffflaschen vertrieben, enthält laut Inhaltsangabe

40 mg/l Sauerstoff und versprach seinerzeit mit dem inzwischen veralteten Slogan „Powerstoff mit Sauerstoff", die Leistungsfähigkeit zu steigern. Heute findet man auf der Webseite eine etwas abgemilderte Form der Anpreisung des Produkts als „idealer Durstlöscher bei körperlicher Betätigung" (www.activeo2.de).

Phase 1 – Produktanalyse, Fragen sammeln und gruppieren
In der ersten Phase der Unterrichtssequenz erhalten die Schüler in kleinen Gruppen zunächst nur das Produkt und Zeit, um dieses zu erkunden. Dabei sollen sie alle Fragen, die während der Erkundung entstehen, notieren. Die Fragen der Schüler werden gesammelt und gemeinsam zu Clustern geordnet. Die nachfolgende Tabelle zeigt eine Auswahl von Fragen zum Produkt ActiveO2® und deren Zuordnung zu vier Themengebieten.

Cluster I	**Cluster II**
Bestimmung des Sauerstoffgehalts	Temperaturabhängigkeit der Sauerstofflöslichkeit
Wie viel Sauerstoff enthält ActiveO2 im Vergleich zu anderen Mineralwässern?	Wovon hängt ab, dass sich Sauerstoff in Wasser löst? Muss ActiveO2 bei einer bestimmten
Wie viel Sauerstoff entweicht bereits beim ersten Öffnen der Flasche?	Temperatur gelagert werden?
Cluster IV	**Cluster III**
Herstellung	Leistungssteigerung
Wie kann das Getränk hergestellt werden?	Wieso wird ActiveO2 beim Sport empfohlen?
Gibt es bestimmte Anforderungen an das verwendete Wasser?	Kommt es durch das Trinken von ActiveO2 wirklich zu einer Leistungssteigerung?

Phase 2 – Experimente zur Untersuchung der oben genannten Fragen planen und durchführen
In dieser Phase wird – entsprechend den vier Clustern – die Bildung von vier Arbeitsgruppen empfohlen, die nun einen der vier verschiedenen Forschungsschwerpunkte auswählen, die sie im Folgenden untersuchen möchten. Auf diese Weise entstehen folglich die Gruppen I bis IV, und jede Gruppe ist nun gehalten, zunächst zu überlegen, wie sie die Fragen aus ihrem Themengebiet untersuchen möchte. Außerdem sollen die Schüler eine Strategie für die entsprechende Untersuchung entwerfen.

Der qualitative Nachweis, dass ActiveO2 Sauerstoff enthält, kann mit der Glimmspanprobe erbracht werden (Abb. 5.1). Die quantitative Bestimmung des Sauerstoffgehalts kann z. B. leicht mit einem O_2-Testkit zur Sauerstoffmessung in Aquarien erfolgen (Cluster I). Diese Messmethode kann ebenfalls zur Bestimmung der Temperaturabhängigkeit der Löslichkeit von Sauerstoff in Wasser verwendet werden (Cluster II).

Mit einem Fingerpulsoximeter (Kosten ca. 20 Euro) kann der Einfluss des Wassers auf die Leistungsfähigkeit untersucht werden. Dazu erfasst das Gerät mit einer Klammer an der Fingerspitze die Sauerstoffsättigung des Blutes und den Puls der Testperson. Während einer Belastung (z. B. Treppensteigen oder Kopfrechnen) können die Schüler so vor und nach dem Trinken von sauerstoffhaltigem Wasser ihren Sauerstoffanteil im Blut untersuchen (Cluster III).

Abb. 5.1 Glimmspan-
probe nach dem Öffnen
einer Flasche Sauer-
stoff-Wasser. Mithilfe der
Multimedia-App können
Sie einen Film zu dieser
Glimmspanprobe aufrufen

Um die Möglichkeit der Herstellung des Getränks zu untersuchen, kann ein Low-cost-Gerät mithilfe medizinischer Materialien selbst montiert werden: Wir empfehlen zwei Spritzen gasdicht miteinander zu verbinden. Nun wird reiner Sauerstoff aus einer Spritze in abgekochtes Wasser in der anderen Spritze gedrückt und anschließend in der oben skizzierten Weise der Sauerstoffgehalt im Wasser bestimmt (Cluster IV; vgl. Borstel et al. 2006).

Selbstverständlich sind noch viele weitere Experimente und Untersuchungen denkbar. Die hier genannten Beispiele zeigen nur einige Möglichkeiten auf, wie die von der Klasse formulierten Fragen in einem forschend ausgerichteten Unterricht bearbeitet werden können.

Phase 3 – Protokolle und Recherche
Nach der experimentellen Bearbeitung werten die Schüler ihre Untersuchungsergebnisse aus. Gegebenenfalls führen sie noch weitere Recherchen durch, z. B. wenn sie ihre eigenen Ergebnisse mit Literaturwerten oder mit Werten auf den Inhaltslisten der Produkte vergleichen wollen. Abschließend bereitet jede Gruppe eine Präsentation der eigenen Ergebnisse vor, die dann der Klasse vorgestellt werden.

Phase 4 – Transfer
Um den Transfer des Gelernten zu gewährleisten, haben wir uns entschieden, die gewonnenen Erkenntnisse auf einen anderen Kontext zu übertragen. In dieser letzten Phase der Sequenz soll von den Schülern nun eine Aufgabe aus dem Bereich der Gewässerökologie bearbeitet werden. Damit diese Aufgabe erfolgreich bearbeitet werden kann, müssen die Schüler ihr Wissen aus den vorangegangenen Phasen einbringen

und auf die neue Situation übertragen. Der Klasse wird ein Zeitungsartikel präsentiert, in dem über ein zunächst unerklärliches Fischsterben in einem Teich berichtet wird. Hunderte von Fischen schwammen demnach an einem Sommertag tot an der Wasseroberfläche des Teichs. Mitglieder des örtlichen Anglervereins, der Gemeinde und der Polizei entnahmen Wasserproben und tote Tiere, um sie einer Untersuchung zuzuführen. Die Aufgabe für die Schüler besteht nun darin, mögliche Ursachen und Bedingungen für das Fischsterben zu ermitteln und eine Problemlösung zu erarbeiten, wie das Fischsterben in Zukunft verhindert bzw. eingedämmt werden könnte. Dazu werden neue Arbeitsgruppen – sogenannte Expertengruppen – gebildet. In jeder Expertengruppe befindet sich jeweils mindestens ein Schüler aus den ursprünglichen vier Gruppen.

Der hier vorgestellte Unterrichtsvorschlag zum sauerstoffhaltigen Wasser basiert auf den Merkmalen forschenden Lernens. Darüber hinaus sind wir der Meinung, dass das gewählte Beispiel eine große Offenheit aufweist (Kap. 6) und es den Schülern ermöglicht wird, weitgehend interessegeleitet und autonom zu arbeiten (Kap. 7). Das Planen und selbstständige Durchführen sowie die Auswertung von Experimenten sind wesentliche Aspekte des forschenden Lernens, die in diesem Vorschlag zentral berücksichtigt werden.

Nachdem wir uns in diesem Kapitel auf Formen problemorientierten und forschenden Unterrichts konzentriert haben, werden wir in dem nun folgenden Kapitel explizit auf didaktische Aspekte zum Thema Experimente und Versuche im Chemieunterricht eingehen. Dabei werden wir auf die „didaktische Funktion von Experimenten" (Kap. 6) zu sprechen kommen und Ihnen Tipps an die Hand geben, was Sie beim Experimentieren mit Schülern im Chemieunterricht beachten sollten.

Literatur

Arendt R (1895) Didaktik und Methodik des Chemieunterrichts. Beck, München

Borstel G, Böhm A, Hahn O, Welter II (2006) „Powerstoff mit Sauerstoff?" Kontextnahe Erarbeitung der Löslichkeit von Gasen durch kritisches Hinterfragen von Werbeaussagen. MNU 59(7):413–415

Eisner W, Fladt R, Gietz P, Justus A, Laitenberger K, Schierle W (1995) Elemente Chemie I. Klett, Stuttgart/Düsseldorf/Berlin/Leipzig

Erb M, Bolte C (2012) Kompetenzen von Grundschulkindern der Jahrgangsstufen 5/6 im Bereich „Naturwissenschaftliches Arbeiten". GDSU Journal 2:11–22

Fries E, Rosenberger R (1973) Forschender Unterricht. Diesterweg, Frankfurt am Main

Harlen W (Hrsg) (2010) Principles and big ideas of science education. Association for Science Education, College Lane/Hatfield/Herts

https://www.activeo2.de. Zugegriffen am 22.06.2018

Kultusministerkonferenz KMK (2005) Bildungsstandards im Fach Chemie für den mittleren Schulabschluss. Luchterhand, München

National Research Council (2004) Inquiry and the National Science Education Standards. A guide for teaching and learning, 8. Aufl. National Academy Press, Washington, DC

Rocard M, Csermely P, Jorde D, Lenzen D, Walberg-Henriksson H, Hemmo V (2007) Science education now: a new pedagogy for the future of Europe. European Commission. www.eesc.europa.eu/resources/docs/rapportrocardfinal.pdf. Zugegriffen am 22.06.2018

Schmidkunz H, Lindemann H (1992) Das forschend-entwickelnde Unterrichtsverfahren: Problemlösen im naturwissenschaftlichen Unterricht. Westarp Wissenschaften, Essen

Streller S (2013) PROFILES in der Lehramtsausbildung. In: Bernholt S (Hrsg) Inquiry-based lear-
    ning – Forschendes Lernen. Lit, Münster, S 194–196
Streller S (2014) Seifenblasen – Vergängliche Schönheit. MNU 67(6):345–349
Streller S, Hansen A, Schulte T (2012a) ActiveO2 – The power drink with oxygen. In: Bolte C,
    Holbrook J, Rauch F (Hrsg) Inquiry based science education in Europe – First examples and
    reflections from the PROFILES project. University of Klagenfurt, Austria, S 182–184
Streller S, Grote-Großklaus I, Schmiereck S (2012b) Die schnellste Nudel. Naturwissenschaftliche
    Arbeitsweisen im fächerübergreifenden Unterricht. NiU Chemie 23(130/131):60–65
Streller S, Erb M, Bolte C (2012c) Das Berliner ProNawi-Projekt. Förderung naturwissen-
    schaftlicher Kompetenzen durch die Projektgruppe Naturwissenschaften. NiU Chemie
    23(130/131):76–79

Didaktische Funktion von Experimenten

6

Im Kanon der Wissenschaften zählt die Chemie zu den experimentellen Naturwissenschaften. Demzufolge galt und gilt forschendes Experimentieren als die Methode der Wahl, um zu neuen Erkenntnissen zu gelangen. Betrachten wir Chemie als Schul- und Unterrichtsfach, so wird diesem Wissenschaftsverständnis insofern Rechnung getragen, als Schüler im Chemieunterricht befähigt werden sollen, den experimentellen Weg der Gewinnung neuer Erkenntnisse mitzugehen bzw. im besten Fall selbstständig zu beschreiten. Das Kennenlernen des Wesens naturwissenschaftlicher Erkenntnisgewinnung erfolgt im Chemieunterricht – wie in den anderen naturwissenschaftlichen Unterrichtsfächern auch – exemplarisch und didaktisch aufbereitet. Trotz aller Bemühungen, das Wesen naturwissenschaftlicher Erkenntnisgewinnung den Schülern möglichst authentisch nahezubringen, bleibt dennoch festzuhalten: Das Wesentliche der experimentellen Erkenntnisgewinnung in der Wissenschaft Chemie unterscheidet sich sehr wohl vom experimentellen Erarbeiten in der Schule; und dies ist eher die Regel und nicht die Ausnahme. Ein wesentlicher Unterschied zwischen dem Experiment in den wissenschaftlichen Forschungslaboren der Chemie und den Simulationen chemiebezogener Erkenntnisgewinnung im Chemieunterricht ist sicherlich, dass Experimente im Wissenschaftsbetrieb überwiegend ergebnisoffen sind, während „Experimente" im Unterricht eigentlich nur für die Lernenden ergebnisoffen sind.

Neben dem Unterschied in der Ergebnisoffenheit beim Experimentieren werden wir in diesem Kapitel auch auf die Begriffe „Versuch" und „Experiment" eingehen, darauf, was didaktisch betrachtet unter Experimentieren zu verstehen ist, welche Funktion Experimente im Chemieunterricht haben und was man chemiedidaktisch im Zuge der Unterrichtsgestaltung als Lehrer beachten sollte.

© Springer-Verlag GmbH Deutschland, ein Teil von Springer Nature 2019
S. Streller et al., *Chemiedidaktik an Fallbeispielen*,
https://doi.org/10.1007/978-3-662-58645-7_6

6.1   Experiment versus Versuch

Echte Experimente im Sinne einer ergebnisoffenen und theoriegeleiteten Hypothe-senprüfung sind leider selten Gegenstand des naturwissenschaftlichen Unterrichts. Weitaus häufiger ist im Unterricht zu beobachten, dass Schüler eine mehr oder we-niger detailliert vorgegebene Versuchsanleitung befolgen und abarbeiten. Um diese didaktisch unter Umständen durchaus sinnvolle Strategie vom ergebnisoffenen Ex-perimentieren abzugrenzen, sprechen wir in solchen unterrichtsüblichen Vorgehens-weisen vom Durchführen von Versuchen. Ein Versuch ist demzufolge ein von den Schülern nicht selbst geplantes, sondern ein vom Lehrer vorgegebenes Vorgehen, das in der Regel der Veranschaulichung eines Phänomens sowie dem Generieren und Sammeln von (Beobachtungs-)Daten dient. Selbstverständlich kann ein Ver-such – z. B. vorgeführt vom Lehrer oder einem Schüler in Form einer Demonstra-tion – auch zum Anlass genommen werden, um eine Problemfrage gemeinsam mit den Schülern herauszuarbeiten und zu formulieren. Ein Experiment dagegen ist Teil der naturwissenschaftlichen Erkenntnisgewinnung und kann als planmäßiger, syste-matischer, zielgerichteter und kontrollierter Eingriff charakterisiert werden, um Phänomene aus Ursachen plausibel rekonstruierbar und somit erklärbar zu machen (Wellnitz und Mayer 2012).

Experimente gehen stets von einer Problem- oder Fragestellung aus. Als mögli-che Antworten auf diese Fragen werden dann Vermutungen formuliert oder gar Hypothesen gebildet, die eine Begründung und somit Verknüpfung zu einem ande-ren bereits erarbeiteten Konzept enthalten.

Mit dem folgenden Beispiel möchten wir den Zusammenhang zwischen Frage, Hypothese und Experiment verdeutlichen. Dabei gehen wir von folgender Frage-stellung aus: Wovon ist abhängig, wie schnell eine Kerze abbrennt?

Wenn die Schüler sich erinnern, dass beim Verbrennen einer Kerze zunächst das feste Wachs schmelzen muss und dann der Wachsdampf zusammen mit dem Sauer-stoff der Luft entzündet und verbrannt werden kann, dann könnten die Schüler als mögliche Antwort auf die Forschungsfrage folgende Hypothese formulieren: Die Geschwindigkeit des Abbrennens ist von der Umgebungstemperatur abhängig; je hö-her die Umgebungstemperatur um die Kerze herum ist, desto schneller müsste das Kerzenwachs verbrennen. Selbstverständlich ist davon auszugehen, dass Ihre Schü-ler auch auf andere schlüssige Hypothesen kommen und diese untersuchen wollen. Zum Beispiel kann die Hypothese formuliert werden, dass der Durchmesser von Kerzen die Geschwindigkeit des Abbrennens beeinflusst oder nicht beeinflusst. Oder angesichts der Erfahrung, dass Kerzen bei Wind besonders stark flackern und offensichtlich schnell abbrennen, könnte die Hypothese formuliert werden, dass Luftzug bzw. Wind einen Einfluss darauf ausübt, dass Kerzen schneller abbrennen.

Die hier als Beispiel aufgeführte Hypothese (Temperatureinfluss) enthält eine theoriegeleitete Begründung, die mit dem Konzept der chemischen Reaktion korres-pondiert. Für die sich nun anschließende Planung eines geeigneten Experiments zur Überprüfung der Hypothese ist es bedeutsam, möglichst viele Einflussfaktoren zu eruieren sowie die maßgeblichen Messgrößen als auch die potenziellen Störgrö-ßen zu benennen, um sie beim Experimentieren entsprechend zu berücksichtigen.

Bezogen auf die oben formulierte Hypothese wäre der entscheidende Einflussfaktor die Umgebungstemperatur, die beim Experimentieren nicht außer Acht gelassen werden dürfte. Als die im Experiment zu bestimmende Messgröße könnte entweder die Verkürzung der Kerzenlänge pro Zeiteinheit oder die Masseabnahme der Kerze pro Zeiteinheit in Betracht gezogen werden. Eine mögliche Störgröße, die die Schüler in ihr Experiment integrieren könnten, könnte im Luftzug auszumachen sein; als weitere Störgrößen könnten sich unterschiedliches Kerzenwachs oder der Durchmesser und vielleicht sogar die Länge der Kerze und/oder die Beschaffenheit bzw. das Material des Kerzendochts erweisen. Aus unseren hier gewählten Überlegungen könnte die Planung des folgenden Experiments resultieren:

Experiment Zwei völlig identische Kerzen gleicher Länge, gleichen Stoffs (Paraffin, Stearin oder Bienenwachs), gleicher Farbe, gleichen Durchmessers und mit gleichem Docht werden vermessen und/oder gewogen und anschließend in jeweils einem Kerzenständer fixiert. Beide Kerzen werden mittig in jeweils gleich große Bechergläser gestellt. Ein Becherglas wird nun in einem Eimer platziert, der 5 cm hoch mit heißem Wasser (ca. 60 °C) gefüllt ist, das andere Becherglas bleibt im Raum stehen und ist der Zimmertemperatur (ca. 20 °C) ausgesetzt. Beide Kerzen werden gleichzeitig angezündet. Nach 10 Minuten werden beide Kerzen vorsichtig gelöscht. Nach dem Erstarren des flüssigen Wachses am oberen Ende der Kerze werden beide Kerzen aus den Bechergläsern entnommen, vorsichtig aus ihrem Kerzenständer entfernt und erneut gewogen bzw. ihre Länge gemessen.

All die in der Planung der Experimente berücksichtigten Größen werden auch als Variablen bezeichnet. Das systematische Untersuchen und Erforschen der formulierten Fragestellung und Hypothesen wird als „Experimentieren unter Berücksichtigung der Variablen" bzw. mit dem Begriff der Variablenkontrollstrategie beschrieben. Schaut man sich die berücksichtigten Variablen näher an, so lassen sich zwei Arten unterteilen; nämlich die abhängigen und die unabhängigen Variablen. Als abhängige Variable werden die Messgrößen bezeichnet, die im Zuge des Experiments kontrolliert erfasst, also vermessen und beobachtet werden können. In unserem Fall ist dies die Masseabnahme bzw. die Veränderung der Länge der Kerze pro Zeiteinheit des Verbrennungsvorgangs. Kontrolliert erfasst bedeutet, dass während der Messung der abhängigen Variablen (als Messgröße dient hier die Masseabnahme pro Zeiteinheit) gleichzeitig Störgrößen wie der Luftzug, das Material und die Beschaffenheit der Kerze (Durchmesser, Art des Kerzenwachses) kontrolliert, also konstant gehalten werden. Die Variable, die im Kontext des Experiments gezielt verändert wird, wird als unabhängige Variable bezeichnet. In unserem Beispiel ist die unabhängige Variable die Umgebungstemperatur. Im Zuge unseres Experiments wurde diese Variable gezielt modifiziert, indem wir in einem Fall die Kerze bei Zimmertemperatur abgebrannt und im anderen Fall beim Verbrennen einer deutlich höheren Umgebungstemperatur ausgesetzt haben.

Anregungen, wie die Variablenkontrollstrategie im naturwissenschaftlichen Unterricht eingeführt werden kann, finden Sie in verschiedenen praxisorientierten Unterrichtsbeispielen (Streller et al. 2012; Streller 2014; Scheuermann und Ropohl 2017).

Beim Experimentieren im Zuge wissenschaftlicher Erkenntnisgewinnung sichert man seine experimentell gesammelten Befunde in der Regel durch ein Kontrollexperiment ab (sogenannte Blindkontrollen, Positiv- oder Negativproben). In unserem Experiment zur Abhängigkeit der Kerzenbrenngeschwindigkeit von der Umgebungstemperatur müsste zum Zweck der Kontrolle ein weiteres Experiment durchgeführt werden, das die geprüften experimentellen Parameter aufgreift. Zum Beispiel könnte ein weiteres Experiment so aussehen, dass entsprechend der Versuchsanordnung nicht warmes, sondern besonders kaltes Wasser (ca. 0 °C) im Eimer vorgelegt wird. Ein weiteres Charakteristikum für wissenschaftliche Experimente ist, dass sie wiederholbar und die Ergebnisse reproduzierbar sein müssen; d. h., dass man bei identischen Versuchsbedingungen (möglichst) gleiche Ergebnisse erhalten müsste. Des Weiteren zeichnet ein wissenschaftliches Experiment aus, dass die Variablen in einem Experiment systematisch verändert werden können (z. B. Umgebungstemperatur, Durchmesser der Kerze, Material der Kerze [Bienenwachs, Stearin] Dauer des Verbrennungsvorgangs etc.).

Ein Experiment mit Schülern zu planen, das den genannten Ansprüchen genügt, ist durchaus zeitaufwendig. Oft – vielleicht sogar zu oft – wird daher die Planungsphase im Unterricht übersprungen und ein Arbeitsblatt mit einer entsprechenden Anleitung zur Bearbeitung des „Experiments" – genauer: des Versuchs – an die Schüler ausgeteilt. Wenn wir es aber mit dem schulischen Bildungsauftrag – wie er z. B. in den nationalen Bildungsstandards formuliert ist – ernst meinen, kommen wir nicht umhin, uns des Öfteren die Zeit zu nehmen, um Planungsphasen mit unseren Schülern gemeinsam zu gestalten und kritisch zu reflektieren; denn gerade dieser Bereich naturwissenschaftlicher Erkenntnisgewinnung ist naturwissenschaftlich wie auch fachdidaktisch betrachtet (KMK 2005) von besonderer Bedeutsamkeit.

Wir konnten hoffentlich deutlich machen, dass Experimente nicht losgelöst von einer Frage- oder Problemstellung und deshalb stets in einen größeren und umfassenderen Komplex naturwissenschaftlicher Denk- und Erkenntnisprozesse eingebunden sind. Wie diese Einbindung ausgestaltet werden kann, zeigen wir im folgenden Abschnitt.

6.2   Induktion, Pseudoinduktion und Deduktion

Um Phänomene meiner Umwelt erklären oder naturwissenschaftlich geprägte Fragen sachgemäß beantworten zu können, stehen mir grundsätzlich zwei Erkenntniswege offen. Zum einen kann ich mich von einem theoretischen Konstrukt ausgehend auf die Suche begeben, um in meiner Umwelt weitere Vertreter aufzufinden, die meinen theoretischen Annahmen entsprechen. Zum anderen erlebe bzw. beobachte ich verschiedene Phänomene, die ich in besonderer Weise unterscheiden und klassifizieren sowie nach Ähnlichkeit und Unterschiedlichkeit ordnen kann. Die Abstraktion meiner Bemühungen, die Vielzahl zu ordnen, führt mich zu einem theoriegeleiteten Ordnungssystem (Konstrukt). Der erste skizzierte prototypische Erkenntnisweg wird als deduktives, der zuletzt skizzierte als induktives Vorgehen bezeichnet.

Im Zuge der Induktion kommt man durch die Generalisierung von den Ergebnissen eines oder mehrerer Experimente zu allgemeingültigeren Aussagen (Pfeifer 1997, S. 108 ff.). Untersuchen Schüler zum Beispiel die Entflammbarkeit von Vertretern der Alkane (z. B. Hexan, Octan und Decan), so können sie aus den Versuchsergebnissen in erster Näherung den allgemeinen Satz schlussfolgern: Mit steigender Molmasse und/oder Kohlenstoffkettenlänge nimmt die Entflammbarkeit bei gesättigten, unverzweigten Kohlenwasserstoffen ab. Die Schüler konnten also aus der Untersuchung von lediglich drei Vertretern der Alkane eine fachlich stimmige, generalisierende Aussage über die gesamte Stoffklasse ableiten.

Der induktive Gang der Erkenntnisgewinnung findet viel häufiger in der Wissenschaft Chemie statt als im Chemieunterricht. In der Wissenschaft basieren solche induktiven Schlüsse auf einer Vielzahl von Experimenten, auf Messreihen und auf einer Vielzahl von Wiederholungen. Im Chemieunterricht wird zwar oft so getan, als würde man mit den Schülern Erkenntnisse induktiv gewinnen, doch werden naturwissenschaftliche Erkenntnisse im Unterricht – folgt man der Ansicht von Christen (1990, S. 38) – eigentlich oft nur pseudoinduktiv gewonnen. Mit Pseudoinduktion meint Christen, dass eine Problem- bzw. Forschungsfrage im Zuge der Erkenntnisgewinnung in der Regel allein mit nur einem einzigen Versuch untersucht wird (Christen 1990, S. 38). Aus diesem Einzelbefund wird dann im Unterricht nicht selten – erkenntnistheoretisch betrachtet recht vorschnell – verallgemeinernd geschlussfolgert und ein allgemeingültiger Satz abgeleitet. Ein Beispiel dafür, wie ein ganz zentrales Naturgesetz im Chemieunterricht aus einem einzigen klassischen Schulexperiment abgeleitet wird, sei hier in der gebotenen Kürze diskutiert. Bei diesem Beispiel handelt es sich um einen Versuch, anhand dessen auf das Gesetz von der Erhaltung der Masse geschlossen wird. In einer der wohl gängigsten Varianten dieses Versuchs werden Streichhölzer in ein Reagenzglas gegeben. Das Reagenzglas wird danach mit einem Luftballon luftdicht verschlossen. Das gesamte Reaktionssystem wird nun möglichst genau gewogen. Anschließend werden die Streichhölzer im verschlossenen Reagenzglas z. B. mittels einer Bunsenbrennerflamme entzündet. Nach Abschluss der Reaktion wird das Reagenzglas samt Luftballon und den Verbrennungsprodukten ein weiteres Mal gewogen. Nun wird geprüft, ob eine Gewichtsveränderung oder gar eine Stoffvernichtung eingetreten ist (Kap. 3 und Abschn. 11.5.2).

Allein durch die Interpretation der Ergebnisse aus diesem einen Versuch wird nun pseudoinduktiv abgeleitet und verallgemeinert, dass bei Verbrennungsreaktionen grundsätzlich die Masse der Ausgangsstoffe (Edukte) gleich der Masse der Verbrennungsprodukte ist. Und da man nun schon dabei ist, allgemeingültige Sätze zu formulieren, werden die gewonnenen Erkenntnisse häufig auch noch dahingehend verallgemeinert, dass die Erkenntnis der Masseerhaltung bei Verbrennungsreaktionen auch für alle anderen chemischen Reaktion geltend gemacht werden kann.

Wir möchten betonen, dass wir mit diesem Beispiel nicht die beschriebene Verfahrensweise per se kritisieren wollen; im Gegenteil: Das beschriebene Verfahren besitzt u. E. großes didaktisches Potenzial. Uns ist es aber wichtig, darauf hinzuweisen, dass im gewählten Beispiel neue und zu verallgemeinernde Erkenntnisse eben nicht induktiv gewonnen wurden, sondern dass die erzielte Erkenntnis bestenfalls pseudoinduktiv vom Lehrer herbeigeführt wurde. Solange man sich als Lehrer der Abgrenzung zwischen Induktion und Pseudoinduktion bewusst ist, diese vorschnellen Verallgemeinerungen altersgerecht thematisiert, problematisiert und gemeinsam mit den Schülern erörtert, soll der Pseudoinduktion im Chemieunterricht ihre fachdidaktische Berechtigung nicht abgesprochen werden. Die praktischen und zeitlichen Möglichkeiten im Chemieunterricht sind, wie sie sind, und zwingen leider allzu oft zu Einschränkungen und „Kurzschlüssen" dieser Art.

Dennoch geben wir zu bedenken, ob nicht zumindest ein zweites experimentell herbeigeführtes Beispiel herangezogen und mit den Schülern erarbeitet werden könnte, um das entsprechende theoretische Konstrukt zu veranschaulichen und zu festigen. Diese Maßnahme würde Storks Mahnung Rechnung tragen, dass eine „ungenügende (zu schmale) Repräsentation von Begriffen" (Stork 1988, S. 18) dazu führt, dass die Begriffe oder wie im Fall des von uns gewählten Beispiels das chemiebezogene Konstrukt der Masseerhaltung an dem Unterrichtsbeispiel haftet, an dem es erlernt wurde. Ob das Erlernen eines theoretischen Konstrukts mit so weitreichender Tragweite anhand eines singulären Versuchs es den Schülern ermöglicht, das entsprechende Konstrukt flexibel anzuwenden und auf andere Sachverhalte korrekt zu übertragen ist eher unwahrscheinlich (Kap. 3).

Bei der Deduktion werden bereits erarbeitete Theorieelemente genutzt, um Hypothesen (theoriebasierte Vermutungen bzw. theoriekonforme mögliche Antworten auf naturwissenschaftliche Forschungsfragen) zu formulieren und zu prüfen. Das Experiment dient in diesem Fall der Prüfung der vorab formulierten und aus der Theorie abgeleiteten Aussage (Schmidkunz und Lindemann 1992; Pfeifer 1997, S. 108; Kranz und Schorn 2008, S. 109 f.). Als typisches Beispiel für die deduktive Vorgehensweise kann die Anwendung von Nachweisreaktionen dienen. Eine Lerngruppe vermutet, dass eine zu untersuchende Lösung möglicherweise Glucose oder Stärke enthalten könnte; wohl wissend, dass Stärke mithilfe einer Iod-Kaliumiodid-Lösung identifiziert werden kann, wird infolgedessen die zu analysierende Lösung mit Iod-Kaliumiodid-Lösung getestet. Andere typische Beispiele für deduktives Vorgehen im Chemieunterricht sind Vorhersagen über das Reaktionsverhalten von Stoffen, die Schüler aus Strukturformeln ableiten: Der Klasse werden Strukturformeln von Glucose, Ethanol, Paraffin, Carotin und Octan präsentiert und die Aufgabe erteilt, begründet eine Vorhersage über das Löslichkeitsverhalten der durch die Strukturformeln repräsentierten Stoffe abzugeben. Anschließend können die Schüler Experimente planen, um ihre Vorhersagen zu prüfen. Solche Übungen sind gut geeignet, um die Schüler im Basiskonzept Struktur-Eigenschafts-Beziehungen (Kap. 1) zu schulen.

6.3   Offenheit beim Experimentieren

Im Zusammenhang mit Experimentierphasen im Unterricht wird häufig der Begriff der Offenheit verwendet. Meist wird er in dem Sinne gebraucht, dass ein Versuch nach Anleitung des Lehrers eine so geschlossene und strukturierte Vorgehensweise vorschreibt, die für die Schüler nichts anderes zulässt, als so, wie vorgeschrieben, vorzugehen. Dabei ist die kognitive Aktivierung aufseiten der Schüler nicht sehr hoch (Kap. 8), d. h., sie müssen nicht viel denken. Als probates Mittel gegen dieses in der Praxis (leider viel zu) oft anzutreffende geschlossene, instruktionale Vorgehen wird dann die Offenheit beim Experimentieren bzw. das „offene Experimentieren" ins Spiel gebracht: Man müsse den Unterricht öffnen und den Schülern mehr Raum geben. Doch wie kann das gehen?

Um diese Frage zu beantworten, ist zunächst die Klärung des Begriffs der Offenheit notwendig. Ganz sicher bedeutet Offenheit nicht, dass man ohne Vorüberlegungen in den Unterricht geht und dann „mal guckt, was passiert". Ganz im Gegenteil: Die Gestaltung eines offenen Unterrichts, der also Schülern diverse Möglichkeiten zum Handeln und Denken eröffnet und eine vielfältige Auswahl zum Auffinden eigener Denk- und Erkenntniswege zulässt, bedarf intensiver Vorbereitung und exakter Planung (Woest 1997a). Ähnlich wie schon im Zuge der pseudoinduktiven Erkenntnisgewinnung möchten wir auch hinsichtlich dieses Aspekts vor einer Art von Pseudooffenheit warnen, die uns oft in Einstiegsphasen begegnet, wenn Schüler im Zuge eines Brainstormings nahezu alle – zum Teil gar irrwitzig erscheinenden – Assoziationen äußern (dürfen), bis schlussendlich der Begriff fällt, der vom Lehrer antizipiert und erhofft wurde, sodass entlang des gefallenen Begriffs nun das nachfolgende Unterrichtsgeschehen vom Lehrer „schülerorientiert" vorgeschrieben wird.

Priemer (2011) nähert sich dem Begriff des offenen Experimentierens an, indem er zunächst sechs Dimensionen beim Experimentieren beschreibt, die mehr oder weniger offen oder vorgegeben praktiziert werden können. Diese Dimensionen können folglich im Grad ihrer Ausprägung spezifiziert werden. Die Dimensionen, die Priemer (2011, S. 325) benennt, um eine Experimentieraufgabe hinsichtlich ihrer Offenheit zu bestimmen, sind:

1. der Fachinhalt, dem das Experiment zugeordnet werden kann,
2. die Strategie des Vorgehens,
3. die Methode, die angewendet wird,
4. die Anzahl der möglichen Lösungen,
5. die Anzahl der möglichen Lösungswege,
6. die Phasen des Experimentierens (z. B. Hypothesenbildung, Planung, Durchführung, Auswertung).

Priemer räumt ein, dass diese sechs Dimensionen nicht unabhängig voneinander, sondern unter- bzw. miteinander verzahnt sind. Gibt der Lehrer z. B. einen Fachinhalt und die zu nutzende Methode vor, so ist meist auch der Lösungsweg festgelegt (Priemer 2011, S. 325), wie wir das von abzuarbeitenden Versuchsvorschriften her kennen (Abschn. 6.1). Nichtsdestotrotz erscheint uns das Modell von Priemer gut geeignet, um den oftmals „großen" und vor allem Berufseinsteiger manchmal überfordernden Anspruch der Öffnung des Unterrichts zu relativieren und um Optionen aufzuzeigen, die dabei helfen, das Öffnen von Experimentierphasen etwas griffiger und leichter zu gestalten, indem wir schrittweise die Öffnung mit einzelnen Dimensionen beginnen können.

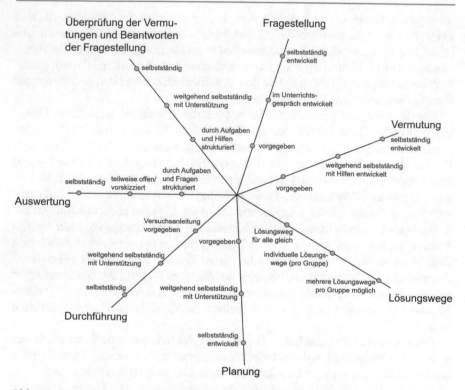

Abb. 6.1 Dimensionierung und Graduierung des offenen Experimentierens im Überblick (in Anlehnung an Priemer 2011, S. 325). Im Anhang und auf https://www.springer.com/de/book/9783662586440 finden Sie eine Aufgabe zur Vertiefung dieser Übersicht

Unseres Erachtens beschreiben die sechs von Priemer angesprochenen Dimensionen vor allem die Planungsfelder, die ein Lehrer im Zuge der Unterrichtsplanung berücksichtigen sollte. Der Fachinhalt, der in einer Stunde erarbeitet wird, wird festgelegt, oder es wird hinsichtlich des zu erschließenden Fachinhalts den Schülern eine Auswahl angeboten. Die Aufgabenstellung wird vorbereitet; sie erlaubt entweder mehrere Lösungen und/oder Lösungswege oder eben nicht. Im Falle der Strategie und Methode wird auch die Entscheidung über den Grad der Offenheit bereits im Zuge der Vorbereitung des Unterrichts getroffen. Vor diesem Hintergrund erachten wir es daher als besonders lohnenswert, uns der sechsten Dimension – den Phasen des Experimentierens – etwas ausführlicher zu widmen, um explizit herauszustellen, welche konkreten Möglichkeiten Ihnen in einzelnen Phasen des Unterrichts bzw. in den unterschiedlichen Phasen des Erkenntnisweges (Kap. 5) zur Wahl stehen, damit Sie verschiedene Experimentierphasen differenziert gestalten, vorstrukturieren, aber auch gezielt öffnen können (Kap. 10). Damit begeben wir uns aus dem Bereich der Vorbereitung in die Durchführung des Unterrichts, wohl wissend, dass natürlich beides – Unterrichtsplanung und Unterrichtsdurchführung – eng zusammenhängt.

In Abb. 6.1 haben wir in Anlehnung an Priemer (2011) die Dimension „Phase des Experimentierens" allerdings etwas stärker differenziert und eine Graduierung

vorgenommen, um Ihnen eine Gelegenheit zu geben, auf der Ebene einer Lernsequenz zu prüfen, in welcher Phase des Unterrichts eine Öffnung sinnvoll sein kann
und ermöglicht werden sollte.

Für jeden Schritt, den wir bereits weiter oben für das naturwissenschaftliche
Arbeiten als prototypisch herausgearbeitet haben (von der Fragestellung zur Überprüfung der Hypothesen und damit zur Beantwortung der Fragestellung), haben wir
versucht, Abstufungen von Offenheit abzubilden. Andere unterrichtsrelevante Aspekte, die u. E. im Vorfeld der Planung einer Stunde zu klären sind, z. B. die Wahl
der Sozialform, haben wir an dieser Stelle nicht mit aufgenommen. Anhand eines
kleinen Beispiels möchten wir Ihnen möglichst unterrichtspraktisch aufzeigen, wie
ein offener oder geschlossener Unterricht aussehen kann; dazu nutzen wir das
schon eingangs vorgestellte Beispiel, in dem es um die Klärung der Frage ging,
wovon es abhängt, wie schnell eine Kerze abbrennt.

Die Fragestellung könnten die Schüler selbst aus der Beobachtung einer brennenden Kerze entwickeln. Sie könnten die Forschungsfrage aber auch vorgeben:
Wir wollen heute untersuchen, wovon es abhängt, wie lange eine Kerze brennt.

In der Phase der Hypothesenbildung könnten die Schüler in kleinen Gruppen alle
möglichen Vermutungen dazu entwickeln (Einfluss der Dicke der Kerze oder des
Dochtes, Einfluss des Luftzuges, Einfluss der Außentemperatur, Einfluss der Wachs-
art). Die Schüler könnten aber auch eine Auswahl von Hypothesen erhalten, aus
denen sie dann eine Hypothese zur Prüfung auswählen. Am wenigsten offen wäre
das Vorgehen, wenn Sie den Schülern lediglich eine Hypothese vorgeben, die sie im
Folgenden zu prüfen hätten.

Bleiben wir beim letztgenannten Vorschlag: Wird von den Schülern im Folgenden nur die eine Hypothese geprüft, so engt das natürlich die Zahl der möglichen
Lösungswege ein. Die Prüfung mehrerer Hypothesen eröffnet hingegen auch unterschiedliche Lösungswege.

Die Phase der Planung des Experiments kann von den Schülern ganz und gar
selbstständig ausgestaltet werden, sie könnten allerdings auch durch entsprechende
Maßnahmen (z. B. durch Hilfekarten) unterstützt werden. Selbstverständlich könnte
die Planung des Experiments ausgeblendet werden, indem Sie eine entsprechende
Anleitung vorgeben. Die Planung des Experiments könnte so vorgegeben werden,
dass die Schüler eigenständig entscheiden, welches Material sie verwenden und
welche Methode sie nutzen wollen (Kuchenkerzen oder Haushaltskerzen, Messung
der Kerzenlänge oder Bestimmung der Masse), oder es wird den Schülern vorgegeben, welche Materialien ihnen zur Verfügung stehen und/oder welche Methode sie
zur Messung wählen sollen.

In ähnlicher Weise kann die Phase der Durchführung offen gestaltet werden,
z. B. indem die Schüler sich alle benötigten Materialien selbst besorgen müssen oder sie das Material bereits in vorbereiteten Körben oder Plastikboxen vorfinden.

In der Phase der Auswertung der Ergebnisse und der Überprüfung der Hypothesen stehen wieder alle methodischen Werkzeuge zur Verfügung, um Strukturierung bzw. Öffnung des Erkenntnisweges zu variieren: Vom Lehrer vorformu-
lierte und an die Schüler gerichtete Fragen können die Auswertung der Ergebnisse

vorstrukturieren und somit unterstützender Natur sein, um die einzelnen Schritte zum Erreichen des Lernziels bzw. der angestrebten Erkenntnis zu ordnen und zu strukturieren. Hilfekarten – insbesondere gestufte Lernhilfen – können Schüler entlasten (Kap. 10) und den angestrebten Erkenntnisgewinn erleichtern. Selbstverständlich kann die Verantwortung auch völlig bei den Schülern liegen, was verschiedene Erkenntniswege eröffnet und unterschiedliche Einsichten ermöglicht.

Alles in allem können wir festhalten: Je offener Sie Ihren Unterricht oder eine Phase des Unterrichtsgeschehens gestalten, desto flexibler müssen Sie selbst sein. Einerseits kann es Lehrern viel verlangen, auf besondere Wünsche und Lerninteressen von Schülern oder Schülergruppen einzugehen, andererseits steigern Sie die Selbstständigkeit Ihrer Schüler, wenn sie den Unterricht öffnen, Sie fördern auch das Kompetenzerleben, und zwar sowohl das Ihrer Schüler (Woest 1997b) als auch Ihr eigenes, wenn Sie „Ihren Unterricht" offen gestalten und erfolgreich realisieren konnten (Kap. 7). Das angemessene Abstimmen von Strukturierung und Öffnung des Unterrichts hilft Ihnen, ein kognitiv aktivierendes Lernangebot zu gestalten (Kap. 8), ein für Ihre Schüler passendes Anforderungsniveau auszuloten (Kap. 9) und einen leistungs- und binnendifferenzierten Unterricht zu realisieren (Kap. 10).

6.4 Planungshilfe zum Einsatz von Experimenten und Versuchen im Unterricht

Ob nun im Unterricht Experimente oder Versuche zur Bestätigung, zur Erarbeitung oder zur Übung (Becker et al. 1992, S. 347) eingesetzt werden, ändert nichts an der Tatsache, dass Chemielehrer über besondere fachdidaktische Expertise und Kompetenzen verfügen müssen, um ihre Schüler möglichst erfolgreich hinsichtlich ihrer Kompetenzen im Bereich „Naturwissenschaftliche Erkenntnisgewinnung" zu fördern. Unter Berücksichtigung der von der Kultusministerkonferenz geforderten Standards im Kompetenzbereich Erkenntnisgewinnung (KMK 2005) sind im Vorfeld eines experimentell ausgerichteten Chemieunterrichts eine Reihe von naturwissenschaftsdidaktischen Entscheidungen zu treffen und Begründungen in Betracht zu ziehen. So möchten wir dieses Kapitel mit einer Zusammenfassung fachdidaktisch relevanter Fragen abschließen, die zum Einsatz eines Versuchs bzw. Experiments im Zuge der Unterrichtsplanung geklärt werden sollten:

- Ist unter Berücksichtigung des Kompetenz- und Kenntnisstands der Lerngruppe hinsichtlich des zu erarbeitenden Themas und bezüglich des in Frage stehenden Experiments der induktive oder deduktive Weg naturwissenschaftlicher Erkenntnisgewinnung zu favorisieren?
- Inwiefern trägt die Unterrichtssequenz der Mahnung Rechnung, dass die zu erlernenden Begriffe und Konzepte experimentell in ausreichender Breite repräsentiert wurden?

- An welcher Stelle und mit welcher chemiedidaktischen Funktion (Gewinnung eines Problemgrunds, Bestätigung, Veranschaulichung) soll das Experiment/der Versuch eingesetzt werden?
- Soll das Experiment/der Versuch als Lehrerdemonstration vorgestellt oder von den Schülern weitgehend selbst geplant und/oder durchgeführt werden?
- Mit welchem Grad an Offenheit und in welcher Sozialform soll das Experiment in den Unterricht eingebunden werden?
- Über welches Vorwissen müssen die Schüler verfügen, damit sie das Experiment eigenständig planen, durchführen und/oder auswerten können?
- In welchem Maße könnte das gewählte Experiment die Schüler bezüglich der erforderlichen Handlungsschritte motorisch und/oder kognitiv überfordern? Welche strukturierenden und differenzierenden Hilfen wären unter diesen Umständen angemessen und notwendig (Kap. 10)?
- Inwiefern provoziert das gewählte Experiment möglicherweise Missverständnisse und „Fehlvorstellungen" (Kap. 3 und 4)? Und wenn diese unerwünschten Effekte nicht ausgeschlossen werden können, stellt sich die Frage: Welche alternativen Versuche oder Experimente bieten sich an, die anstelle der ursprünglich geplanten Maßnahmen in Erwägung gezogen werden können?
- Inwieweit ist das Experiment samt der gewählten Gestaltung förderlich für das Lernen und den Lernfortschritt der Schüler? Welche Verknüpfungen zu vorhergehenden und nachfolgenden Themen und Inhalten bestehen (Kap. 8)?
- Ist die Versuchsbeobachtung möglichst eindeutig?
- Ist der Versuch hinsichtlich der Sicherheitsanforderungen unbedenklich (KMK 2016)?
- Ist die Menge des entstehenden Abfalls vertretbar, und müssen besondere Vorkehrungen zur Entsorgung der Reaktionsprodukte getroffen werden? Sind die anfallenden Kosten vertretbar?

Literatur

Becker H-J, Glöckner W, Hoffmann F, Jüngel G (1992) Fachdidaktik Chemie, 2. Aufl. Aulis, Köln

Christen HR (1990) Chemieunterricht: eine praxisorientierte Didaktik. Springer, Basel

KMK (2016) Richtlinien zur Sicherheit im Unterricht. Empfehlung der Kultusministerkonferenz. https://www.kmk.org/service/servicebereich-schule/sicherheit-im-unterricht.html. Zugegriffen am 06.06.2018

Kranz J, Schorn J (Hrsg) (2008) Chemie Methodik. Handbuch für die Sekundarstufe I und II. Cornelsen Scriptor, Berlin, S 109–146

Kultusministerkonferenz (KMK) (2005) Bildungsstandards im Fach Chemie für den mittleren Schulabschluss. Luchterhand, München

Pfeifer P (1997) Chemie, eine experimentelle Wissenschaft. In: Pfeifer P, Häusler K, Lutz B (Hrsg) Konkrete Fachdidaktik Chemie. Oldenbourg, München, S 104–111

Priemer B (2011) Was ist das Offene beim offenen Experimentieren? ZfDN 17:315–337

Scheuermann H, Ropohl M (2017) Abhängige Variable, unabhängige Variable, Störvariable? NiU Chemie 28(158):19–23

Schmidkunz H, Lindemann H (1992) Das forschend-entwickelnde Unterrichtsverfahren: Problemlösen im naturwissenschaftlichen Unterricht. Westarp Wissenschaften, Essen

Stork H (1988) Zum Chemieunterricht in der Sekundarstufe I. Polyskript. IPN, Kiel

Streller S (2014) Seifenblasen – Vergängliche Schönheit. MNU 67(6):345–349

Streller S, Grote-Großklaus I, Schmiereck S (2012) Die schnellste Nudel. Naturwissenschaftliche Arbeitsweisen im fächerübergreifenden Unterricht. NiU Chemie 23(130/131):60–65

Wellnitz N, Mayer J (2012) Beobachten, Vergleichen und Experimentieren: Wege der Erkenntnisgewinnung. In: Harms U, Bogner FX (Hrsg) Lehr-Lernforschung in der Biologiedidaktik. StudienVerlag, Innsbruck, S 63–79

Woest V (1997a) Den Chemieunterricht neu denken. Anregungen für eine zeitgemäße Gestaltung. Leuchtturm, Alsbach

Woest V (1997b) Der „ungeliebte" Chemieunterricht? Ergebnisse einer Befragung von Schülern der Sekundarstufe II. MNU 50(1):50–57

Motivation und Chemieunterricht 7

Oft ist zu lesen, dass Schülerinnen und Schüler sich kaum für den Unterricht in den naturwissenschaftlichen Fächern im Allgemeinen und für die Fächer Chemie und Physik im Besonderen interessieren (Gardner 1987; Prenzel et al. 2007, S. 114). Dies hat zur Folge, dass sich die Schüler in diesen Unterrichtsfächern kaum engagieren, wenig lernen und vor allem wenig nachhaltig lernen (Krapp 1992). Kurzum: Es heißt, Schüler (vor allem in der Sekundarstufe I) wären wenig motiviert, Chemie zu lernen, und wenig geneigt, sich im Feld der Chemie zu bilden. Dass dies beileibe nicht so sein muss und was man als Lehrer unternehmen kann, wenn es um die Lernmotivation in einer Klasse nicht gut bestellt ist, werden wir in diesem Kapitel diskutieren.

Dazu werden wir zunächst die Begriffe Motivation und Interesse klären, indem wir zwei grundlegende Theorien – die pädagogische Interessentheorie und die Selbstbestimmungstheorie der Motivation – näher betrachten. Anleihen aus diesen beiden Theorien bilden die Grundlage für das Modell zur Analyse des motivationalen Lernklimas im Chemieunterricht, das Ihnen dabei helfen kann, möglichst viele Schüler zum nachhaltigen Lernen von Chemie zu bewegen.

7.1 Motivation, Lernmotivation und Interesse – Bedeutung und Begriffsklärung

Der besondere Stellenwert der Motivation für das Lernen ist durch zahlreiche Studien belegt (Schiefele und Schaffner 2015, S. 154). Die Ergebnisse dieser Studien zeigen übereinstimmend, dass bestimmte Formen der Lernmotivation den Lernerfolg begünstigen; auf den ersten Blick ganz unabhängig von den kognitiven Voraussetzungen der Lernenden. Die Motivation einer Person beeinflusst nicht nur bildungsbezogene Entscheidungen wie die Kurs- oder Studienfachwahl, sondern auch lernbezogene Verhaltensweisen wie die investierte Lernzeit oder die Intensität und Dauer der Konzentration auf eine Sache (Schiefele und Schaffner 2015, S. 154).

© Springer-Verlag GmbH Deutschland, ein Teil von Springer Nature 2019
S. Streller et al., *Chemiedidaktik an Fallbeispielen*,
https://doi.org/10.1007/978-3-662-58645-7_7

Motivation aufseiten der Lernenden ist aber nicht nur für den einzelnen Schüler besonders lernförderlich, sondern führt auch – betrachtet man den Unterricht in Klassen mit motivierten Schülern – zu einem konfliktfreieren und effizienteren Ablauf, damit verbunden zu einer Erhöhung der echten Lernzeit und schlussendlich zum besseren Lernerfolg der Schüler einerseits sowie zu einem positiveren Lernklima andererseits (Schiefele und Schaffner 2015, S. 154; Bolte 2004a).

Motivation und vor allem Interesse am Fach und am Unterricht im Allgemeinen sind darüber hinaus bedeutsam, weil sie die Triebfedern dafür sind, dass Schüler auch langfristig danach streben, sich mit bestimmten Inhalten und Fächern bis ins Berufsleben hinein auseinanderzusetzen (Schiefele und Schaffner 2015, S. 154).

Sieht man von den wenigen – wenngleich wichtigen – Ausnahmen ab, z. B. dass wir bestimmte Aktivitäten unwillkürlich ausführen (atmen oder mit den Augen zwinkern), so wird unser Handeln und Denken von unserer Psyche gesteuert. Dabei spielt es zunächst keine Rolle, ob wir *bewusst oder unbewusst* etwas tun oder unterlassen: Es gibt stets gute Gründe – also Motive – dafür, warum wir tun, was wir tun, selbst dann, wenn unser Tun darin besteht, dass wir augenscheinlich „nichts" tun; z. B. Handlungen unterlassen. Kurzum: Motivation ist ein zentrales Konstrukt, um Verhalten evidenzbasiert zu erklären.

Für Heckhausen (1965, S. 603) sind unter Motivation „psychische Prozesse zu verstehen, die Handlungen steuern". Rheinberg und Vollmeyer (2012, S. 15) definieren den Begriff Motivation etwas nuancierter.

▶ **Motivation** ist die „aktivierende Ausrichtung des momentanen Lebensvollzugs auf einen positiv bewerteten Zielzustand" (Rheinberg und Vollmeyer 2012, S. 15).

Dieses Zitat mag uns zunächst etwas seltsam anmuten. Übertragen auf den Unterricht im Fach Chemie würde die Aussage jedoch bedeuten, dass ein Schüler vor allem dann motiviert ist, wenn er das Ziel hat, heute (also „momentan") besonders gut mitzuarbeiten („Ausrichtung"), weil er eine gute Note im mündlichen Bereich erreichen möchte („positiv bewerteter Zielzustand"). Insbesondere die Ausdauer (wie lange eine Person etwas tut) und die Intensität (wie sehr sich eine Person bei einer Tätigkeit anstrengt) werden als motivationsabhängige Verhaltensmerkmale angesehen (Schiefele und Schaffner 2015, S. 154). Die Motivation einer Person, z. B. ein persönlich gewähltes und vor allem ein als persönlich bedeutsam erachtetes Ziel anzustreben, wird aber nicht nur von personenbezogenen Merkmalen, sondern auch von situationsbezogenen Einflüssen geprägt (Heckhausen und Heckhausen 2018, S. 4). Solche situationsbezogenen Einflüsse können und sollten Sie bereits im Zuge Ihrer Unterrichtsplanung in den Blick nehmen. Es handelt sich dabei um Planungsüberlegungen, mit denen Sie für Ihre Schüler z. B. besondere Tätigkeitsanreize schaffen, sodass sich die Schüler aktiv und lebhaft am Unterrichtsgeschehen beteiligen können.

Die Lernmotivation ist ein spezifischer Bereich in den Theorien zur Erklärung motivationaler Prozesse. Mit dem Begriff der Lernmotivation wird die „Bereitschaft, sich aktiv, dauerhaft und wirkungsvoll mit bestimmten Themen auseinanderzusetzen, um neues Wissen zu erwerben bzw. das eigene Fähigkeitsniveau zu verbessern", ausgedrückt (Krapp 2006, S. 31). In der Lernmotivationsforschung wird zwischen zwei Arten der Motivation (Schiefele und Köller 2006) unterschieden:

- Mit dem Begriff der **extrinsischen Motivation** wird die Absicht beschrieben, eine Handlung auszuführen, um positive Folgen herbeizuführen (z. B. eine gute Zensur) oder um negative Folgen (z. B. Bestrafungen) zu vermeiden. Die Folgen liegen im Falle extrinsischer Motivation außerhalb der Handlung (Schiefele und Köller 2006, S. 304), und der Lernende erlebt sich als fremdbestimmt (Krapp 2006, S. 32).
- Mit dem Begriff der **intrinsischen Motivation** wird dagegen die Absicht beschrieben, eine Handlung um ihrer selbst willen auszuführen (z. B. Lesen eines Reiseberichts), weil die Handlung selbst als spannend, herausfordernd oder irgendwie angenehm wahrgenommen wird (Schiefele und Köller 2006, S. 303).

Beide Formen der Lernmotivation schließen sich nicht gegenseitig aus; vielmehr gibt es Hinweise darauf, dass intrinsische und extrinsische Motivation gleichermaßen hoch ausgeprägt sein können (Schiefele und Schaffner 2015, S. 155). Das überrascht nicht wirklich; denn ein Schüler kann sehr wohl hoch motiviert sein, ein Protokoll zu schreiben, weil er seine Gedanken gerne strukturiert zu Papier bringt, Skizzen von Versuchsaufbauten anfertigt und/oder Ergebnisse in Form von Tabellen oder Diagrammen darstellt (intrinsisch motiviertes Handeln) – und gleichzeitig das Ziel verfolgt, durch sein Tun Anerkennung oder eine gute Note zu erhalten (extrinsisch motiviertes Handeln).

Intrinsisch motivierte Handlungen können unter besonderen Umständen auch als Handlungen aus Interesse verstanden werden (Krapp 1999, S. 388; Deci und Ryan 1993, S. 225). Eine klare Beschreibung erhielt der Begriff Interesse mit der Begründung der pädagogischen Theorie des Interesses. Diese Theorie stellen wir Ihnen im Abschn. 7.1.1 vor und gehen dort auch näher auf den Interessenbegriff ein.

Die Lernmotivation – egal ob extrinsisch oder intrinsisch – hat Einfluss auf den Ablauf einzelner Lernhandlungen und langfristig auch auf die Persönlichkeitsentwicklung. Krapp betont, dass „im Hinblick auf das Lernen und den Verlauf der individuellen Entwicklung [...] individuelle Interessen entscheidend" sind (Krapp 2006, S. 33). Sie sind wichtige personale Anreize für intrinsische Lernmotivation, und gleichzeitig kommt ihnen eine Steuerungsfunktion bei der Auswahl von Lerngelegenheiten zu. Langfristig resultiert daraus der Werdegang individueller Persönlichkeitsentwicklung (Krapp 2006, S. 33). Deshalb ist es für die Schule entscheidend, den Lernenden nicht nur Wissen zu „vermitteln", sondern sie auch in „ihrer Suche nach motivational bedeutsamen Orientierungen, darin zu unterstützen, eine für ihre individuelle Entwicklung optimale Entscheidung über persönliche Interessen zu treffen" (Krapp 2006, S. 33). Welche Möglichkeiten Sie haben, Kinder und Jugendliche dabei zu unterstützen, und welche Faktoren Einfluss auf die Entwicklung von Motivation und Interesse haben, führen wir in den nächsten Abschnitten aus.

7.1.1 Eckpfeiler der pädagogischen Theorie des Interesses

Grundlegend für die pädagogische Theorie des Interesses ist die Definition des Konstrukts Interesse als eine Person-Gegenstands-Beziehung (Schiefele et al. 1983, S. 4). Gegenstand des Interesses können Objekte, Tätigkeiten oder auch andere Personen sein (Schiefele et al. 1983, S. 8). Die Beziehung zwischen einer Person und dem Gegenstand ihres Interesses ist durch drei Merkmale gekennzeichnet: den kognitiven Aspekt, den emotionalen Aspekt und den Wertaspekt (Schiefele et al. 1983, S. 13).

- Der **kognitive Aspekt** drückt aus, dass die Interessenhandlungen mit einer Erweiterung des Wissens einhergehen. Eine Person gelangt also im Laufe der Zeit zu einem differenzierten Wissen über den Gegenstandsbereich (Schiefele et al. 1983, S. 4; Prenzel et al. 1986, S. 166).
- Der **emotionale Aspekt** betrifft die Wahrnehmung von Gefühlen, die eine Interessenhandlung begleiten. Handlungen aus Interesse werden als anregend und in der Summe von angenehmen Gefühlen begleitet wahrgenommen (Schiefele et al. 1983, S. 13 f.; Prenzel et al. 1986, S. 166). Aber auch Spannungen, die im Bemühen um Problemlösungen auftreten können, und freudvolle Kompetenzerlebnisse, die sich beim Erreichen des Handlungsziels einstellen, betrachten Prenzel et al. als wichtige Elemente des emotionalen Aspektes interessegeleiteter Handlungen (1986, S. 170).
- Der **Wertaspekt** wiederum beschreibt die herausgehobene Bedeutung des Interessengegenstands für die Person. In diesem Aspekt kommt die Selbstintentionalität zum Ausdruck: Die Auseinandersetzung mit dem Interessengegenstand ist für sich genommen wertvoll und bedarf keiner äußeren Anreize (Schiefele et al. 1983, S. 14 f.; Prenzel et al. 1986, S. 166 f.).

Doch was bedeuten nun diese theoretischen Ausführungen für Ihren Unterricht? Handlungsentscheidungen, die Ihre Schüler im Unterricht treffen, erfolgen in der Regel nach individueller Abwägung subjektiv zugedachter Bedeutungszuweisungen. Dabei mögen im Kopf der Schüler folgende Fragen auftreten: Ergibt das, was ich tun und/oder lernen soll, für mich einen Sinn, und ist das, was ich tun oder lernen soll, für mich bedeutsam und relevant? Je leichter es dem Schüler fällt, die Frage für sich mit Ja zu beantworten, umso wahrscheinlicher ist es, dass er das von ihm erwartete Verhalten auch zeigt und dass er sich mit dem Lerngegenstand intensiv(er) und engagiert(er) auseinandersetzt. Diese intensive und aktive Auseinandersetzung mit dem Lerngegenstand hätte wiederum zur Folge, dass der Schüler infolge des dann (weitgehend) selbstintentionalen und engagierten Lernverhaltens (mehr) Spaß beim Lernen erlebt und mit größerer Wahrscheinlichkeit bessere Lernerfolge erzielt.

Das soeben skizzierte Szenario veranschaulicht zusammenfassend wesentliche Eckpfeiler bzw. Variablen der pädagogischen Interessentheorie. Dort werden die Variablen persönliche Relevanz, Selbstintentionalität des Handelns, emotionale

Tönung und kognitive Differenzierung als zentrale Aspekte interessegeleiteten Handelns beschrieben.

Im Laufe der Schulzeit bis hin zur beruflichen Ausbildung geben Schüler einige Interessen auf, und andere vertiefen sie (Schiefele und Schaffner 2015, S. 169). Diese Entwicklung ist das Ergebnis normaler Differenzierungsprozesse, die auf unterschiedliche Gründe zurückgeführt werden können. Werden Alltagserfahrungen und Interessen der Schüler im Unterricht vernachlässigt und bietet der Unterricht wenig Raum für Selbstbestimmung, so muss mit einer Abnahme der intrinsischen Motivation und der Abnahme des Interesses an dieser Sache bzw. am Unterrichtsgeschehen gerechnet werden (Gräber 1995; Schiefele und Schaffner 2015, S. 169; Streller 2009). Außerdem nehmen Schüler im Laufe der Schulzeit wahr, dass sie in einigen Fächern gut und in anderen weniger gut sind. Diese Wahrnehmung der eigenen Fähigkeit ist eine weitere Determinante für die Abkehr oder Abwertung von Interessenbereichen und/oder vom Interesse an bestimmten Unterrichtsfächern (Schiefele und Schaffner 2015, S. 169). Prozesse wie diese führen zu einer Spezialisierung und zur Ausschärfung der Persönlichkeitsbildung; denn der Schüler wird sich seiner Fähigkeiten und Talente bewusst und lernt, sich bezüglich seiner Kompetenzen selbst zu erkennen. Im Zuge dessen entwickeln Schüler im Laufe der Jahre zeitlich relativ stabile schulische, aber auch außerschulische Interessen. Sowohl die schulischen und vor allem auch die außerschulischen Interessen treten durchaus in Konkurrenz zum Interesse an anderen Schulfächern (Schiefele und Schaffner 2015, S. 169). Dies ist einerseits kaum zu ändern; andererseits sind diese persönlichkeitsbildenden Entwicklungsprozesse auch durchaus positiv zu bewerten; denn das Ausdifferenzieren von persönlichen Interessen gehört zur Individualisierung und Identitätsfindung. Dies erklärt auch, dass – bzw. warum – es ganz normal ist, wenn sich nicht alle Schüler gleichermaßen für Chemie oder den Chemieunterricht interessieren. Und es ist, wenn Sie sich selbst und Ihre persönlichen Interessen betrachten, mit Blick auf die Vielzahl an Schul- und Studienfächern bei Ihnen wahrscheinlich auch nicht anders gewesen! Das soll nicht heißen, dass Chemielehrer sich nicht um die Schüler kümmern müssten, die sich offensichtlich nicht sonderlich für Chemie oder Chemieunterricht interessieren; im Gegenteil: Eine der Allgemeinbildung verpflichtete Schule würde ihren Bildungs- und Erziehungsauftrag verfehlen, wenn sie nicht dafür Sorge tragen würde, dass alle Schüler überhaupt erst einmal den Bildungswert der Naturwissenschaften im Allgemeinen und den der Chemie im Speziellen selbst erleben und erfahren könnten, damit sie später begründet entscheiden können, ob und wie sie sich auch nach ihrer Schulzeit mit Naturwissenschaften und Chemie beschäftigen wollen und ob sie sogar ein Interesse an Chemie ausbilden werden.

Die Frage, wie es mir als Lehrer gelingt, möglichst viele Schüler zum Chemielernen zu motivieren, ist damit aber noch nicht umfassend genug beantwortet. Weitere Antworten auf diese Frage bietet die Selbstbestimmungstheorie von Deci und Ryan (1993; siehe auch Ryan und Deci 2000), die gegenwärtig wohl als die bedeutsamste Theorie intrinsischer Motivation gilt (Schiefele und Schaffner 2015, S. 157) und die wir im folgenden Abschnitt vorstellen.

7.1.2 Eckpfeiler der Selbstbestimmungstheorie der Motivation

Grundlegend für die Selbstbestimmungstheorie der Motivation ist die Annahme, dass Menschen von sich aus danach streben, ihre psychischen Bedürfnisse nach Kompetenzerleben (Selbstwirksamkeit), Autonomie (Selbstbestimmung) und sozialer Eingebundenheit zu befriedigen (Deci und Ryan 1993, S. 229).

In dem Maße, in dem „eine motivierte Handlung als frei gewählt erlebt wird, gilt sie als selbstbestimmt oder autonom", wird sie als „aufgezwungen erlebt [...], gilt sie als kontrolliert" (Deci und Ryan 1993, S. 225). „Selbstbestimmt" und „kontrolliert" können daher als Pole eines Kontinuums verstanden werden, nämlich des Kontinuums zwischen intrinsischer und extrinsischer Motivation.

Mit der Selbstbestimmungstheorie rückt der Prozess der Entwicklung und der Veränderung von extrinsischer zu intrinsischer Motivation in den Mittelpunkt des Erkenntnisinteresses. Schiefele und Köller (2006) stellen in Übereinstimmung mit Deci und Ryan heraus, dass „die Entwicklung der extrinsischen Motivation als Prozess der zunehmenden Internalisierung von Handlungszielen – die [anfangs] nicht intrinsisch motiviert sind – verstanden werden" kann (Schiefele und Köller 2006, S. 308). Dieser Prozess der Internalisierung ist von den gleichen psychischen Bedürfnissen (Selbstwirksamkeit, Autonomie, soziale Eingebundenheit) angetrieben wie die Entwicklung intrinsischer Motivation (Schiefele und Köller 2006, S. 308). Im idealtypischen Verlauf der Internalisierung von „externaler Regulation" zur „intrinsischen Regulation" werden verschiedene (Zwischen-)Zustände durchlaufen, die wir in der folgenden Tabelle zur extrinsischen und intrinsischen Motivation im Kontinuum der Selbstbestimmungstheorie von Deci und Ryan (verändert nach Schiefele und Schaffner 2015, S. 159) aufzeigen, aber nicht näher ausführen werden. Zur Vertiefung verweisen wir auf Schiefele und Köller (2006) und auf Schiefele und Schaffner (2015).

Extrinsische Motivation				Intrinsische Motivation
Externale Regulation	Introjizierte Regulation	Identifizierte Regulation	Integrierte Regulation	Intrinsische Regulation
Handeln aufgrund äußeren Drucks	Internalisierung eines Handlungsziels ohne Identifizierung	Identifizierung mit einem Handlungsziel, aber vorhandene Konflikte mit anderen Zielen	Identifizierung mit einem Handlungsziel ohne Konflikte mit anderen Zielen	Handeln aufgrund von handlungsbegleitenden Anreizen
fremdbestimmt		selbstbestimmt		

Anhand eines Beispiels möchten wir die in der Tabelle dargestellte Selbstbestimmungstheorie der Motivation noch ein wenig illustrieren. Nehmen wir an, eine Klasse erhält den Auftrag, als Hausaufgabe einen Animationsfilm über die Herstellung von Salzen aus den Elementen zu drehen und dabei besonders die Bildung der Ionen zu berücksichtigen. Paul ist eher genervt, hat keine Freude an dieser Methode und findet den Einsatz digitaler Medien im Chemieunterricht störend. Er würde über Salzbildungsreaktionen lieber im Buch nachlesen. Trotzdem fertigt er einen Film an, weil dieser benotet wird und er keine schlechte Zensur bekommen will.

Pauls Handeln ist also fremdbestimmt. Nele kann dieser Aufgabe auch nichts abgewinnen, beugt sich aber und fertigt einen Film ohne Murren an. Sie denkt, dass es sich eben gehört, auch Hausaufgaben zu bearbeiten, die man nicht so mag. Nele hat das Handlungsziel internalisiert, identifiziert sich aber nicht damit. Auf der Stufe der identifizierten Regulation hat eine Person die Handlungsziele als ihre eignen akzeptiert. Und so dreht Leon den Film, weil er es für wichtig hält, hat jedoch keine rechte Freude daran. Eigentlich würde er viel lieber Fußball spielen. Lea hingegen findet den Filmdreh prima. Sie hat sich völlig mit dem Handlungsziel identifiziert und empfindet Freude bei der Bearbeitung dieser Aufgabe. Auch Tim ist glücklich über die Hausaufgabe. Er möchte Graphikdesigner werden und probiert in seiner Freizeit viel mit Programmen zur Erstellung von Animationen herum. Die Hausaufgabe kommt seinem Interesse entgegen, und er weiß, im Filmdrehen ist er super.

Für eine gelingende Internalisierung spielt die eigene Wertschätzung bzw. die Zuschreibung persönlicher Relevanz der jeweils verfolgten Handlungsziele eine entscheidende Rolle. Schlussendlich bewirkt die „engagierte Aktivität des Selbst eine höhere Lernqualität und fördert zugleich die Entwicklung des individuellen Selbst" (Deci und Ryan 1993, S. 236).

Lernumgebungen, „in denen wichtige Bezugspersonen Anteil an einer Person nehmen, die Befriedigung psychologischer Bedürfnisse ermöglichen, Autonomiebestrebungen des Lerners unterstützen und die Erfahrung individueller Kompetenz ermöglichen, fördern die Entwicklung einer auf Selbstbestimmung beruhenden Motivation. Die Erfahrung, eigene Handlungen frei wählen zu können, ist der Eckpfeiler dieser Entwicklung" (Deci und Ryan 1993, S. 236).

Aus der Verknüpfung der pädagogischen Theorie des Interesses und der Selbstbestimmungstheorie hat Bolte (1996) ein Modell erarbeitet, mit dessen Hilfe im Zuge der Planung und Durchführung von Unterricht Handlungsoptionen reflektiert werden können, die motiviertes Handeln aufseiten der Schüler unterstützen bzw. initiieren. Im Abschn. 7.2 stellen wir Ihnen dieses Modell vor.

7.2   Modell des motivationalen Lernklimas im Chemieunterricht

Bolte hat in seinem Modell zur Analyse des motivationalen Lernklimas im Chemieunterricht (kurz: MoLe-Modell) die beiden Motivationstheorien (die pädagogische Interessentheorie und die Selbstbestimmungstheorie) zu einem Modell vereint (Bolte 1996, 2004a, b). Das Modell besteht im Kern aus insgesamt sieben unterschiedlichen Variablen, nämlich:

1. die persönliche und die fachspezifische Relevanz des Unterrichtsthemas,
2. die Selbstintentionalität des Handelns bzw. die Partizipationsbereitschaft des Einzelnen,
3. die emotionale Tönung bzw. Zufriedenheit des Einzelnen mit dem Unterricht und
4. die kognitiven Differenzierungen bzw. der kognitive Lernerfolg, der sich infolge des möglichst intrinsisch motivierten bzw. interessegeleiteten Lernens einstellt.

Diese vier Variablen stammen aus der pädagogischen Interessentheorie (Abschn. 7.1.1). Sie repräsentieren wichtige Aspekte theoriegeleiteter Unterrichtsplanung. Diese vier Planungsaspekte werden um drei weitere ergänzt: So stellt sich im Zuge guter, theoriegeleiteter Unterrichtsplanung die Frage nach

5. dem Erleben von Selbstwirksamkeit (bzw. nach Kompetenzerleben) oder im Kontext unterrichtlichen Lernens die Frage nach der Verständlichkeit des Unterrichts.

Zwei weitere Fragen richten die Planungsentscheidungen zum einen

6. auf das Autonomieerleben bzw. auf das Einräumen umfassender Partizipationsmöglichkeiten für die Schüler im Unterricht und zum anderen
7. auf das Erleben sozialer Eingebundenheit, verbunden mit der Wahrnehmung, wie die Klasse im (Chemie-)Unterricht mitarbeitet (Mitarbeit der Klasse).

Die letztgenannten (insgesamt) drei Planungsaspekte stammen aus der Selbstbestimmungstheorie von Deci und Ryan (Abschn. 7.1.2).

Zwischen den genannten Variablen hat Bolte theoriekonforme und motivationstheoretisch stimmige kausale Zusammenhänge vermutet, deren Existenz in empirisch-statischen Untersuchungen weitgehend nachgewiesen werden konnte (Bolte 2004a). Da das MoLe-Modell wichtige Faktoren des unterrichtlichen Lernens beschreibt und deren Wirkungsweise durch die Erhebung von Schüleraussagen empirisch analysierbar macht, wurde es als Modell des motivationalen Lernklimas (hier im Chemieunterricht) bezeichnet.

Dieses Modell dient dem Zweck, Ihnen grundsätzliche Planungsüberlegungen deutlich und plausibel zu machen und Ihnen die Möglichkeit zu geben, bereits getroffene Planungsentscheidungen nochmals zu reflektieren (Abschn. 7.2.1).

7.2.1 Überlegungen zur Unterrichtsplanung auf der Grundlage des Modells des motivationalen Lernklimas im Chemieunterricht

Für die Planung des eigenen (Chemie-)Unterrichts sind die in Abb. 7.1 kursiv gesetzten Variablen von besonderer Bedeutung, da Sie als Lehrer an diesen Schaltstellen des Chemieunterrichts unmittelbar Einfluss auf das intendierte Unterrichtsgeschehen nehmen können.

Mit einer geschickten, an den Neigungen, Vorlieben und Interessen der Schüler orientierten Auswahl der Unterrichtsthemen und durch angemessene Kontextualisierung können Sie als Lehrer die Relevanz der Lern- und Unterrichtsgegenstände aus Sicht der Schüler sicherstellen (Bolte 2014).

Durch kluge didaktische Reduktion und plausible Strukturierung (Kap. 2) sowie durch fachdidaktisch bewährte Differenzierung und Hilfestellungen (Kap. 10) tragen Sie als Lehrer dazu bei, dass den Schülern die Lerngegenstände verständlich werden und dass sich Ihre Schüler infolgedessen als kompetent und selbstwirksam erleben können.

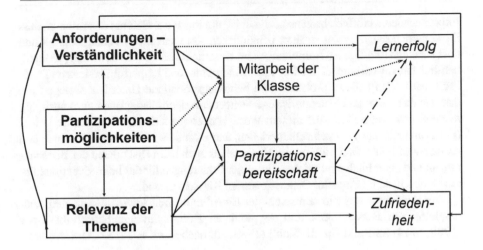

```
                              ┌──────────────┐
                              │  Lernerfolg  │
```

────────▶ signifikanter Pfad in den Berechnungen der Gesamtstichprobe (n = 589)

─ · ─ · ─▶ signifikanter Pfad nur in den Berechnungen der Teilstichprobe Realschule (n = 264)

··············▶ signifikanter Pfad nur in den Berechnungen der Teilstichprobe Gymnasium (n = 325)

Abb. 7.1 Statistisch geprüftes Modell zur Wirkungsweise des motivationalen Lernklimas (Bolte 2004a, S. 4). Im Anhang und auf https://www.springer.com/de/book/9783662586440 stellen wir Ihnen den Fragebogen zum motivationalen Lernklima im Chemieunterricht (Bolte 2016) zur Verfügung

Damit die Partizipationsbereitschaft der Schüler in aktives und erfolgreiches Lernen einmündet, müssen Sie als Lehrer dafür Sorge tragen, dass Ihre Schüler auch entsprechende Partizipationsmöglichkeiten im Unterricht erhalten. Folgt man der Auffassung der konstruktivistischen Lerntheorie, dann ist Lernen ohne eigenständige gedankliche Aktivität nicht möglich (Kap. 8); die Möglichkeit zur aktiven Teilnahme (Partizipation) am Unterrichtsgeschehen ist demzufolge eine notwendige, leider aber noch keine hinreichende Voraussetzung für erfolgreiches Lernen (Kap. 8). Unterrichtsmethodische Maßnahmen und eine abwechslungsreiche Variation sozialer Arbeitsformen, die die Handlungsmöglichkeiten der Lernenden vergrößern, sodass die Schüler weitgehend selbstständig und autonom lernen können, regen – wie oben beschrieben – die Lern- bzw. Partizipationsbereitschaft der Schüler an und steigern auf diese Weise auch die Unterrichtsqualität. In diesem Zusammenhang sei noch einmal auf das forschend-entwickelnde Unterrichtsverfahren verwiesen (Kap. 5). Es eröffnet zahlreiche Anregungen, wie sich Schüler aktiv und möglichst autonom naturwissenschaftliche Sachverhalte, aber auch die Methoden naturwissenschaftlicher Erkenntnisgewinnung erschließen und erlernen können. Das möglichst eigenständige Erforschen naturwissenschaftlicher Fragestellungen und das – wenn nötig unterstützte bzw. angeleitete – Durchführen von Versuchsreihen sind, soweit Überforderungen und Misserfolgserlebnisse vermieden werden, stets ein Pool, um weitgehend intrinsisch motiviertes Lernen zu initiieren (Kap. 9).

Wir sind der Überzeugung, dass vor allem ein problemorientierter, forschend-entwickelnder Unterricht (Kap. 5), der den Schülern Möglichkeiten zum eigenständigen

Experimentieren eröffnet, bestens geeignet ist, um ihnen das Gefühl zu vermitteln, dass ihr Unterrichtsengagement zu ihrer persönlichen Kompetenzentwicklung beiträgt und dass sie durch ihre eigenen Bemühungen im Unterricht selbst etwas bewirken (können); nämlich einen wesentlichen Beitrag zum Unterrichts- und Lernerfolg zu leisten. Darüber hinaus schafft dieser problem- und handlungsorientierte Unterricht Gelegenheit, dass sie ihre Lern- und Erkenntniswege weitgehend eigenständig (autonom) ausfindig machen und beschreiten. Auf diesem Wege können sie sich als wichtigen Teil einer (Lern- und Klassen-) Gemeinschaft erleben, und zwar sowohl beim gemeinsamen und partnerschaftlichen Durchführen der Versuche als auch beim Diskutieren der Beobachtungen und beim Finden möglichst stimmiger Erklärungen für das beim Experimentieren Beobachtete im Zuge der Diskussionen im Klassenverband.

Die Bedeutung des Moments sozialer Eingebundenheit sowie des sozialen Aushandelns von Bedeutungen und der sozialen Konsensfindung beschreibt Stork (1988, S. 14) im Einklang mit Kubli (1983; zit. nach Stork 1988, S. 14) wie folgt:

> „Die aktive Aneignung von Naturwissenschaft … führt nicht zu ‚autoritätsgläubigen Mitläufern‘. Sie unterdrückt das lernende Individuum nicht, sondern trägt zu dessen Entfaltung bei: Es wird aufgenommen in die Gemeinschaft derer, die die Naturwissenschaftssprache sprechen; es profitiert auch von Erfahrungen, die seine eigenen weit übersteigern, und es erlebt sich – nicht zuletzt – als sachverständigen und konsensfähigen Diskussionspartner" (Stork 1988, S. 14). Um diesen Standpunkt zu untermauern, lässt Stork an dieser Stelle Kubli zu Wort kommen, der betont: „Die Übereinstimmung in Sachurteilen und die damit verbundene Bestätigung des eigenen Denkens, ist eine der wertvollsten Erfahrungen, die Schule vermitteln kann … Aus der zwischenmenschlichen Beziehung, auf dem Weg über die Anerkennung durch andere, gewinnt das Ich echtes, nie übersteigertes Selbstbewußtsein, kommt der Mensch zu sich selbst".

In gleicher Weise, wie die drei weiter oben bereits genannten Variablen (Verständlichkeit des Unterrichts, Partizipationsmöglichkeiten der Schüler im Unterricht und Relevanz der Unterrichtsthemen) Einfluss auf die Partizipationsbereitschaft des Einzelnen nehmen, ist davon auszugehen, dass diese Variablen auch die Mitarbeit der Klasse als Ganzes beeinflussen. Es liegt auf der Hand, dass von der Mitarbeit der Klasse wiederum die Partizipationsbereitschaft des Einzelnen beeinflusst wird. Daher ist es so wichtig, sowohl den Einzelnen als auch die Klasse als Ganzes im Zuge der Unterrichtsplanung und Durchführung in den Blick zu nehmen. Wenn Chemieunterricht im Urteil der Schüler „cool" und aktives Mitmachen angesagt ist, zieht ein solches Klassenethos auch Unentschlossene mit. Wird Chemieunterricht dagegen als „echt ätzend" oder „uncool" attribuiert, haben es selbst solche Schüler schwer, sich im Unterricht zu engagieren und aktiv zu beteiligen, die sich eigentlich für Chemie und Chemieunterricht interessieren. Ihr Sach-, Fach- und Unterrichtsinteresse (Gräber 1992a, b, 1995) und ihre damit verbundenen Handlungsintentionen (Partizipationsbereitschaft) konkurrieren nun mit dem Meinungsbild und Wertesystem ihrer Peers und mit den Konsequenzen, die sich einstellen, wenn das Verhalten engagierter Schüler von der allgemein akzeptierten Klassennorm abweicht.

Vom Standpunkt der konstruktivistischen Lernauffassung (Kap. 8) kann also erst dann mit erhöhtem Unterrichtserfolg gerechnet werden, wenn es gelingt, dass möglichst viele Schüler motiviert sind, sich mit den Lerngegenständen aktiv zu befassen und sich engagiert mit ihnen auseinanderzusetzen. Die Partizipationsbereitschaft, also das persönliche Engagement jedes einzelnen Schülers, ist daher eine notwendige Voraussetzung dafür, dass er sich die zu erlernenden Inhalte erschließt, dass er sich im Unterricht bzw. im Fach als kompetent erlebt, dabei Spaß und Zufriedenheit empfindet – hehre Ziele! Doch mit weniger würden wir uns als ambitionierte Chemielehrer auch nicht zufriedengeben.

7.2.2 Checkliste zur Förderung von Motivation im und Interesse am Chemieunterricht

Mit der folgenden Checkliste wollen wir Ihnen einige Anregungen geben, wie Sie bei der Planung von (Chemie-)Unterricht auch motivationale Aspekte berücksichtigen können, um so die Effektivität und Qualität Ihres Unterrichts zu steigern. Mithilfe der Liste können Sie natürlich auch Unterrichtsentwürfe oder den Ablauf von Unterrichtsstunden kriteriengeleitet und fachdidaktisch fundiert reflektieren (Bolte et al. 2013, S. 88).

- Erkennen die Schüler ihren Kompetenzzuwachs, und können sie sich im Zuge des Unterrichts als fachlich kompetent erleben?
- Ergeben sich im Rahmen des Unterrichts Anlässe, in denen sich die Schüler sozial eingebunden fühlen?
- Gibt es Situationen, in denen sich die Lernenden als eigenständig bzw. autonom erleben?
- Unterstützt das Unterrichtsgeschehen die Lernenden dabei, ihr (chemiebezogenes) Fähigkeitsselbstkonzept zu stärken?
- Können die Schüler eigene Entscheidungen bezüglich der Lernwege treffen bzw. können sie die Erfahrung machen, über Lernhandlungen frei zu entscheiden?
- Bietet die Unterrichtssequenz die Möglichkeit zur Wahl eines eigenen thematischen Schwerpunkts?
- Ist der (Fach-)Inhalt in einen Kontext eingebettet, über den die Schüler mehr wissen möchten?
- Entspricht der Kontext sowohl den Neigungen von Mädchen als auch denen von Jungen?
- Verbindet das Unterrichtsthema Fachinhalte mit Aspekten aus dem alltäglichen Leben der Schüler, und besitzen die Themen, mit denen sich die Schüler im Unterricht befassen, eine soziale bzw. gesellschaftliche Relevanz?
- Sind die Aufgaben abwechslungsreich gestaltet, sodass verschiedene Schüler- bzw. Lerntypen angesprochen werden und sich entfalten können?
- Eröffnet der Unterricht Möglichkeiten, eigene Erfahrungen zu sammeln und mehr über sich selbst zu erfahren?
- Ergeben sich aus dem Unterrichtsgeschehen Anlässe zum Staunen?
- Beinhaltet die Stunde Anlässe für (kontroverse) Diskussionen und zur Reflexion sozialer und persönlich empfundener Relevanz des Gelernten?

- Steht der Inhalt in Bezug zu aktuellen naturwissenschaftlichen und/oder technischen Anwendungen?
- Bietet das Thema Verknüpfungen zur Person des Schülers im Sinne der persönlichen Identitätsbildung, indem er z. B. etwas über sich selbst oder seine Kultur erfährt?
- Können die Schüler den Nutzen und Vorteil des Erlernten für ihre persönliche Entwicklung bzw. für das gesellschaftliche Zusammenleben erkennen?
- Finden verschiedene Lern- und Unterrichtsmethoden und unterschiedliche Arbeitsformen Anwendung?

Literatur

Bolte C (1996) Analyse der Schüler-Lehrer-Interaktion im Chemieunterricht. IPN, Kiel

Bolte C (2004a) Motivation und Lernerfolg im Chemieunterricht der Sekundarstufe I. PdN ChiS 53(2):2–5

Bolte C (2004b) Motivationales Lernklima im Chemieunterricht an Realschulen und Gymnasien. PdN ChiS 53(7):33–37

Bolte C (2014) Naturwissenschaftliche Bildung im Spiegel des PROFILES Projekts. MNU 67(6):324–328

Bolte C (2016) Fragebogen zur Analyse des motivationalen Lernklimas im Chemieunterricht. FU Berlin, Berlin

Bolte C, Streller S, Hofstein A (2013) Motivation and interest. In: Eilks I, Hofstein A (Hrsg) Teaching chemistry – a studybook. Sense Publishers, Rotterdam, S 73–100

Deci E, Ryan R (1993) Die Selbstbestimmungstheorie der Motivation und ihre Bedeutung für die Pädagogik. ZfPäd 39(2):223–238

Gardner P (1987) Schülerinteressen an Naturwissenschaft und Technik – Ein internationaler Überblick. In: Lehrke M, Hoffmann L (Hrsg) Schülerinteressen am naturwissenschaftlichen Unterricht. Aulis, Köln, S 13–38

Gräber W (1992a) Untersuchungen zum Schülerinteresse an Chemie und Chemieunterricht. PdN ChiS 39(7/8):270–273

Gräber W (1992b) Interesse am Unterrichtsfach Chemie, an Inhalten und Tätigkeiten. PdN-ChiS 39(10):354–358

Gräber W (1995) Schülerinteressen und deren Berücksichtigung im STSUnterricht: Ergebnisse einer empirischen Studie zum Chemieunterricht. Empirische Pädagogik 9(2):221–238

Heckhausen H (1965) Leistungsmotivation. In: Thomae H (Hrsg) Handbuch der Psychologie. Hogrefe, Göttingen, S 602–702

Heckhausen J, Heckhausen H (2018) Motivation und Handeln: Einführung und Überblick. In: Motivation und Handeln, 5. Aufl. Springer, Heidelberg

Krapp A (1992) Interesse, Lernen, Leistung. Neue Forschungsansätze in der Pädagogischen Psychologie. ZfPäd 38(5):747–770

Krapp A (1999) Intrinsische Lernmotivation und Interesse. Forschungsansätze und konzeptuelle Überlegungen. ZfPäd 45(3):387–406

Krapp A (2006) Was bewegt Menschen zum Lernen? In: Schüler 2006. Lernen. Friedrich, Seelze, S 31–33

Kubli F (1983) Erkenntnis und Didaktik. Piaget und die Schule. Ernst Reinhardt, München

Prenzel M, Krapp A, Schiefele H (1986) Grundzüge einer pädagogischen Interessentheorie. ZfPäd 32(2):163–173

Prenzel M, Schütte K, Walter O (2007) Interesse an den Naturwissenschaften. In: PISA Konsortium Deutschland (Hrsg) PISA'06. Die Ergebnisse der dritten internationalen Vergleichsstudie. Waxmann, Münster, S 107–124

Rheinberg F, Vollmeyer R (2012) Motivation. Kohlhammer, Stuttgart

Ryan R, Deci E (2000) Self-determination theory and the facilitation on intrinsic motivation, social development, and well-being. Am Psychol 55(1):68–78

Schiefele U, Köller O (2006) Intrinsische und extrinsische Motivation. In: Rost D (Hrsg) Handwörterbuch Pädagogische Psychologie, 3. Aufl. Beltz, Weinheim, S 303–310

Schiefele U, Schaffner E (2015) Motivation. In: Wild E, Möller J (Hrsg) Pädagogische Psychologie, 2. Aufl. Springer, Heidelberg, S 153–176X–Y

Schiefele H, Prenzel M, Krapp A, Heiland A, Kasten H (1983) Zur Konzeption einer pädagogischen Theorie des Interesses. Gelbe Reihe, München

Stork H (1988) Zum Chemieunterricht in der Sekundarstufe I. Polyskript. IPN, Kiel

Streller S (2009) Förderung von Interesse an Naturwissenschaften. Peter Lang, Frankfurt am Main

Konstruktivismus und kumulatives Lernen

8

Trotz vieler Unterrichtsvorschläge, die die Selbsttätigkeit der Schüler betonen (z. B. Wagenschein et al. 1973; Schmidkunz und Lindemann 1992), ist Unterricht noch immer durch die Rollenverteilung in Lehrende, die aktiv sind, und Lernende, die eher rezeptiv tätig sind, geprägt (Mandl 2006, S. 28). Dieser Rollenverteilung liegt die Annahme zugrunde, dass Wissen von einer Person auf andere übertragen werden könnte. Vielfach wird auf diese Weise jedoch sogenanntes „träges Wissen" erzeugt, das in Anwendungssituationen nicht genutzt und in bestehende Zusammenhänge nicht integriert werden kann; es bleibt damit zusammenhanglos. Die Auffassungen zum konstruktivistischen und kumulativen Lernen bieten Ansätze, dem Entstehen trägen Wissens entgegenzuwirken. Wie das konkret im Unterricht umgesetzt werden kann, möchten wir in diesem Kapitel zeigen. Mit den Termini kognitive Aktivierung und konstruktive Unterstützung haben zwei weitere Begriffe Einzug in die Diskussion um konstruktivistisches und kumulatives Lernen gehalten. Wie diese Aspekte die Unterrichtsgestaltung prägen können, werden wir in diesem Kapitel ebenfalls beleuchten.

8.1 Die konstruktivistische Lernauffassung

Ziel der konstruktivistischen Lernauffassung ist „die Vermittlung anwendbaren Wissens, um so die oft diskutierte Kluft zwischen Wissen und Handeln zu überbrücken" (Mandl 2006, S. 28). Grundannahmen der konstruktivistischen Lernauffassung sind folgende: Lernende konstruieren ihr Wissen, indem sie ihre Wahrnehmungen in Abhängigkeit von ihrem Vorwissen, mentalen Strukturen und bestehenden Überzeugungen interpretieren. Wissen ist und wird vom Individuum selbst generiert und mit bereits erworbenem Wissen verknüpft. Fehlt den Lernenden der Bezug zu einem für sie relevanten Kontext, ist eine Information für sie nur wenig bedeutsam und kann nicht nachhaltig im Wissen verankert werden. Weiterhin ist zentral, dass Bedeutungen zwischen Lehrenden und Lernenden auf der Grundlage sozialer

© Springer-Verlag GmbH Deutschland, ein Teil von Springer Nature 2019
S. Streller et al., *Chemiedidaktik an Fallbeispielen*,
https://doi.org/10.1007/978-3-662-58645-7_8

Prozesse ausgehandelt werden. Lehrende müssen akzeptieren, dass Lernende das gleiche Objekt oder Ergebnis aufgrund ihres jeweils unterschiedlichen Vorwissens durchaus anders interpretieren können (Gerstenmaier und Mandl 1995, S. 874 f.).

Mandl (2006, S. 29) fasst in sechs Merkmalen die zentralen Aspekte der konstruktivistischen Lernauffassung zusammen:

1. Lernen ist ein aktiver Prozess; erst durch die aktive Beteiligung des Lernenden wird Lernen möglich.
2. Lernen ist ein selbstgesteuerter Prozess; der Lernende übernimmt Steuerungs- und Kontrollprozesse im Rahmen des Lernprozesses.
3. Lernen ist ein konstruktiver Prozess; neues Wissen kann nur erworben und (später) genutzt werden, wenn es in vorhandene Wissensstrukturen eingebaut und auf der Basis eigener Erfahrungen interpretiert wird.
4. Lernen ist ein emotionaler Prozess; Emotionen, z. B. Freude an und beim Lernen, üben einen starken Einfluss auf den Wissenserwerb aus. Insbesondere für die Lernmotivation ist die emotionale Komponente wesentlich.
5. Lernen ist ein sozialer Prozess; es ist fast immer ein interaktives Geschehen und wird durch soziale Komponenten beeinflusst.
6. Lernen ist ein situativer Prozess; Wissenserwerb erfolgt in einem bestimmten Kontext und ist mit diesem verbunden.

Auch wenn man all die Kennzeichen beachten und bei der Gestaltung von Lernumgebungen nach diesen Prinzipien vorgehen möchte, so ist es doch wichtig zu bedenken, dass ein völlig selbstgesteuertes Lernen für viele Lernende eine Überforderung darstellen kann (Mandl 2006, S. 29). Lernende müssen bei auftretenden Fragen und Problemen unterstützt werden; ein wohldosierter Anteil an Instruktion und Unterstützung durch Lehrende ist also auch in konstruktivistisch gestalteten Lernumgebungen unumgänglich (Mandl 2006, S. 29). Wie eine solche Unterstützung konkret aussehen kann, führen wir etwas später in diesem Kapitel aus.

Für die Gestaltung von Lernumgebungen, die den Merkmalen der konstruktivistischen Lernauffassung folgt, eignet sich laut Mandl (2006, S. 29) ein Unterrichtskonzept besonders, nämlich der problemorientierte Unterricht. Da in den naturwissenschaftlichen Unterrichtsfächern ohnehin problemorientierter Unterricht und das forschende Lernen zentraler Bestandteil sind (Kap. 5), bietet es sich nahezu an, Merkmale des Konstruktivismus in der Unterrichtsplanung zu berücksichtigen.

Eine konstruktivistische Lernumgebung sollte den Umgang mit realen Problemstellungen in möglichst authentischen Situationen ermöglichen, um so den Erwerb anwendungsbezogenen Wissens zu unterstützen (Kontextualisierung). Die Inhalte sollen dabei in verschiedenen Situationen und aus mehreren Blickwinkeln betrachtet werden (Dekontextualisierung). So soll es den Lernenden ermöglicht werden, Wissen zu transferieren und dieses Wissen in verschiedenen Situationen flexibel abrufen zu können. Gelingt es in der Gestaltung von Lernumgebungen, die aufgeführten Prinzipien und Merkmale des konstruktivistischen Lernens zu berücksichtigen, so können Lernende Wissen und Kompetenzen erfolgreich aufbauen (Kap. 1).

8.2 Kumulatives Lernen

Das kumulative Lernen (Synonyme sind: sinnstiftendes Lernen, bedeutungsvolles Lernen, „meaningful learning") ist mit der konstruktivistischen Lernauffassung eng verbunden (Bünder und Harms 1999).

Kumulatives Lernen beschreibt Lernprozesse, bei denen vorhandene Wissenselemente zum Ausgangspunkt für neu hinzukommendes Wissen gemacht werden und gleichzeitig das neue Wissen möglichst vielfältig mit dem Vorhandenen verknüpft wird. Deshalb ist es für qualitativ guten Unterricht so wichtig, die Lernvoraussetzungen der Lernenden möglichst genau zu kennen, um daran anknüpfen zu können. Wir haben in der folgenden Tabelle die Annahmen der traditionellen Lernauffassung den Leitgedanken zum kumulativen Lernen zusammenfassend gegenübergestellt.

Traditionelles Lernen	Kumulatives Lernen
- passive Rezeption	- aktive Konstruktion
- additiver, aneinanderreihender Wissensaufbau	- kumulativ vernetzender Wissensaufbau
- ungeordnetes Inselwissen	- konzeptionell und hierarchisch strukturiertes Wissen
- sinnloses „Auswendiglernen"	- sinnstiftende, nachhaltige Aneignung
- Lernen in von der Lebens- und Erfahrungswelt losgelösten Situationen	- Lernen in authentischen Kontexten
→ träge, fixierte Fähigkeiten und Kenntnisse (Schubladendenken)	→ flexibel transferierbare Kenntnisse und Fähigkeiten (Kompetenzen)

Sowohl in den Merkmalen zur konstruktivistischen Lernauffassung als auch in den Leitgedanken zum kumulativen Lernen spiegelt sich eine Kritik an der Art, wie der Wissenserwerb in der Schule häufig praktiziert wird, wider; nämlich, dass in unzureichendem Maße Bezüge zwischen dem zu lernenden und dem bereits vorhandenen Wissen der Schüler hergestellt werden. „Träges Wissen" ist die Folge: Wissen, das zwar erlernt wurde und vorhanden ist, aber nicht aktiviert wird, wenn es gebraucht würde (Klauer 2006), da es nur ungenügend in bestehendes Vorwissen integriert wurde und damit zusammenhanglos ist. Als Ursache dieser für das Lehren und Lernen zentralen Probleme identifizieren fast alle Kritiker die fehlende Einbettung der Inhalte in authentische Kontexte (Gerstenmaier und Mandl 1995). Doch wann ist ein Kontext besonders geeignet? Geeignete Kontexte berücksichtigen folgende Aspekte: Sie

- bieten Schülern authentische Gelegenheiten, Kompetenzen zu entwickeln und anzuwenden,
- tragen zur Entwicklung der Basiskonzepte bei,
- weisen Bezug zu Erfahrungen der Schüler auf und besitzen somit eine persönliche und/oder eine gesellschaftliche Relevanz,
- bieten Schülern vielfältige Handlungsmöglichkeiten für einen aktiven Lernprozess,
- verbinden Konzepte, Sichtweisen und Verfahren verschiedener Fächer (Jonas-Ahrend 2009; Kernlehrplan Chemie NRW o. J.; Barke et al. 2015; Huntemann et al. 1999).

Insbesondere für das Fach Chemie gibt es eine Reihe sehr lebensweltbezogener, aktueller und sowohl gesellschaftlich als auch persönlich relevanter Kontexte. Wir möchten hier nur einige Beispiele nennen und konzentrieren uns dabei auf solche, die alle mit dem Basiskonzept „chemische Reaktion" (KMK 2005; Donator-Akzeptor-Reaktionen, Umkehrbarkeit, Gleichgewicht, Stoffkreisläufe) verknüpft sind:

- Auf globaler Ebene: Ozeanversauerung durch Kohlenstoffdioxid und Absterben der Korallenriffe; Belastung der Meere durch Kunststoffmüll
- Auf regionaler Ebene: Verockerung von Seen und Flüssen durch Eisenhydroxid als Folge des Braunkohleabbaus; Luftbelastung durch Stickstoffdioxidemissionen aus Dieselabgasen
- Auf persönlicher Ebene: Nitratbelastung des Trinkwassers durch Überdüngung in der Landwirtschaft; Verwendung von Duschgel mit Mikroplastik als Peeling

Kontexte zu finden ist eigentlich nicht schwierig, wenn man offen aktuelle Diskussionen in den Medien verfolgt. Doch wie können nun Lernumgebungen gestaltet werden, damit die Schüler möglichst aktiv sind, sich vernetztes Wissen aneignen und auf diesem Wege Kompetenzen erwerben können? Und vor allem, was können Sie als Lehrer dafür tun?

8.3 Gestaltung von Lernumgebungen: kognitive Aktivierung und konstruktive Unterstützung

Fassen wir zunächst zusammen: Lernen ist ein aktiver Prozess, bei dem die Lernenden neue Informationen mit bereits vorhandenem Wissen vergleichen und in Beziehung setzen und damit zu vernetztem Wissen gelangen. Um eine solche Lernform zu begünstigen, müssen sich die Lernenden mit den Lerninhalten, Materialien und Aufgaben aktiv auseinandersetzen. Denn je stärker sich Lernende mit dem Lerngegenstand auseinandersetzen (Kap. 7), desto besser werden Konzepte (Kap. 1) verstanden und desto größer ist die Wahrscheinlichkeit, dass der Wissenserwerb nachhaltig ist.

Wenn wir von „aktiver" Auseinandersetzung sprechen, dann sind damit immer die kognitiven Auseinandersetzungen und keine motorischen Aktivitäten gemeint! Dieser Hinweis ist wichtig, da der Begriff „aktiv" leicht missverständlich ausgelegt werden kann. Natürlich ist ein Schüler aktiv, wenn er mit einer Schere etwas ausschneidet, doch ist die kognitive Anforderung bei dieser Aufgabe nicht besonders hoch. Kognitive Aktivierung bezeichnet den intellektuellen Anforderungsgehalt im Unterricht (Kunter und Trautwein 2013, S. 86), „die Bereitschaft der Lernenden zu wecken, sich aktiv mit dem Lerngegenstand auseinanderzusetzen, selbstständig Verbindungen zu bereits bekanntem Wissen herzustellen und gedankliche Umstrukturierungen vorzunehmen" (Kunter und Trautwein 2013, S. 90).

▶ **Kognitive Aktivierung** Kognitive Aktivierung bezeichnet das Potenzial, inwieweit Lernende zum vertieften Nachdenken und zur aktiven mentalen Auseinandersetzung mit den Lerngegenständen angeregt werden.

Kognitive Aktivierung ist nicht mit der Schwierigkeit einer Aufgabe gleichzusetzen. Denn ist eine Aufgabe zu schwierig für den Schüler, weil er über die nötigen Voraussetzungen, sie zu lösen, gar nicht verfügt, dann kann sie auch nicht kognitiv aktivierend sein, sondern führt zu Frustration (Kap. 7 und 9). Für Lehrer besteht die Herausforderung darin, Aufgaben und Vorgehensweisen zu finden, die zu den Lernvoraussetzungen der Schüler passen und für diese das richtige Maß an Anregung hinsichtlich des intellektuellen Gehalts und der Motivation besitzen (Kap. 9).

Wie kann ich eine Aufgabe kognitiv aktivierend gestalten? Eine Aufgabe, die mit einem bekannten Lösungsschema gelöst werden kann, dient sicher zur Übung – wirklich herausfordernd und kognitiv aktivierend ist sie aber nicht. Aufgaben, die kognitiv aktivieren, sind dagegen Aufgaben (Kunter und Trautwein 2013, S. 87 f.; Lipowsky 2015, S. 90), die …

- spezifische Problemlöseprozesse erfordern,
- aus mehreren Komponenten bestehen (komplexe Aufgaben),
- es erfordern, mehrere bekannte Sachverhalte zu verbinden oder bereits bekannte Sachverhalte auf neue Situationen anzuwenden,
- einen kognitiven Konflikt auslösen können,
- mehrere Lösungsmöglichkeiten haben können,
- an eigene Erfahrungen anknüpfen,
- zu Begründungen, Vergleichen und Verknüpfungen neuer Informationen mit bereits bestehendem Wissen anregen,
- Lernende anregen, ihre Gedanken, Konzepte, Ideen und Lösungswege darzulegen und die
- nicht sämtliche Informationen bereitstellen, sondern von den Lernenden gefunden werden müssen und auch gefunden werden können.

Ob eine Aufgabe kognitiv aktivierend ist, hängt also zunächst von der Art der Aufgabenstellung ab, aber eben auch davon, wie die Aufgabe in den Unterricht eingebettet ist und vom Lehrer selbst begleitet wird. Dieser Vorgang wird als Aufgabenimplementation bezeichnet (Kunter und Trautwein 2013, S. 88). Eine Möglichkeit, Lernende zur aktiven Bearbeitung einer Aufgabe anzuregen, besteht darin, für Interaktion mit anderen – seien es Mitschüler oder Lehrer – zu sorgen. Tiefere Verarbeitungsprozesse können ausgelöst werden, wenn vorhandenes Wissen hinterfragt und mit anderen diskutiert wird. Einer anderen Person einen Sachverhalt erklären zu müssen und sich den Fragen seines Gegenübers zu stellen ist deutlich schwieriger – und damit kognitiv anregender – als einfach nur einen Text zu lesen und für sich selbst zu entscheiden, ob der Inhalt verstanden wurde. Kunter und Trautwein (2013, S. 89) geben eine Reihe von Beispielen an, wie eine kognitiv aktivierende Aufgabenimplementation gelingen kann; sie empfehlen:

- Anregende und spannende Fragen stellen, bei denen die Schüler sich herausgefordert fühlen.
- Unterrichtsgespräche initiieren, in denen die Lernenden aufgefordert werden, die Gültigkeit ihrer Lösungsvorschläge zu überprüfen.

- Diskussionen zwischen den Lernenden auslösen, um möglichst viele Lösungsvorschläge zu finden.
- Diskussionen mit gegensätzlichen Meinungen provozieren.
- Schüler dazu bringen, ihre Lösungsvorschläge zu begründen und den Weg zur Lösung zu erläutern.
- für gegenseitiges Erklären sorgen und Raum für Fragen geben.
- Rückmeldungen geben, die bestimmte Aspekte hervorheben und Schüler zur Reflexion anregen.

Kurz: Zur kognitiv aktivierenden Aufgabenimplementation eignen sich alle methodischen Gestaltungsmöglichkeiten, die die Schüler zum Denken bringen. Wir hatten zu Beginn dieses Kapitels im Abschnitt über die konstruktivistische Lernauffassung bereits erwähnt, dass für Lernende eine Überforderung darin bestehen kann, ganz allein dafür verantwortlich zu sein, sich Wissen anzueignen. Das Ausmaß, mit dem ein Lehrer einen Schüler bei der Bewältigung einer Aufgabe unterstützt und den Lernprozess begleitet, wird als konstruktive Unterstützung bezeichnet (Kunter und Trautwein 2013, S. 95).

▶ **Konstruktive Unterstützung** Konstruktive Unterstützung bezeichnet das Ausmaß, in dem Lehrende die Lernenden bei der Bewältigung einer Aufgabe unterstützen.

Diese Art der Unterstützung sollte immer so angelegt sein, dass sie den Lernenden als selbstständige Person stärkt und das eigenständige Lernen fördert (Kunter und Trautwein 2013, S. 95). Dazu muss der Lehrer sensibel für die individuellen Bedürfnisse der Schüler sowie offen und aufmerksam für möglicherweise entstehende Verständnisschwierigkeiten sein. Werden solche Schwierigkeiten identifiziert, dann muss die Reaktion darauf so ausfallen, dass sie dem Schüler hilft, allein „weiterzukommen". Um das „Weiterkommen" der Schüler zu unterstützen, können Sie unterschiedliche Möglichkeiten und methodische Kniffe nutzen, z. B. das Tempo des Unterrichts verringern, einen expliziten Rückbezug auf die vorherige Stunde herstellen, eine Erinnerung an ein ähnliches Problem auslösen, die Aufgabenstellung umformulieren oder zusätzliche Erklärungen liefern. Ein vertrauensvolles Lernklima ist eine wichtige Voraussetzung für Lernumgebungen, in denen konstruktive Unterstützung möglich wird. Denn erst in einem solchen Klima werden sich Schüler trauen, offen ihre Vorstellungen und Lernschwierigkeiten zu äußern (Kap. 3 und 7).

Literatur

Barke HD, Harsch G, Marohn A, Krees S (2015) Chemiedidaktik Kompakt. Lernprozesse in Theorie und Praxis. Springer Spektrum, Heidelberg
Bünder W, Harms U (1999) Zuwachs von Kompetenz erfahrbar machen: Kumulatives Lernen. http://sinus-transfer.uni-bayreuth.de/module/modul_5kumulatives_lernen.html. Zugegriffen am 28.05.2018

Gerstenmaier J, Mandl H (1995) Wissenserwerb unter konstruktivistischer Perspektive. ZfPäd 41(6):867–888

Huntemann H, Paschmann A, Parchmann I, Ralle B (1999) Chemie im Kontext – Ein neues Konzept für den Chemieunterricht? Chemkon 6(4):191–196

Jonas-Ahrend G (2009) Kontextorientierung in der Lehrerausbildung. In: Höttecke D (Hrsg) Chemie- und Physikdidaktik für die Lehramtsausbildung. Lit, Berlin, S 469–471X–Y

Kernlehrplan Chemie NRW (o. J). https://www.schulentwicklung.nrw.de/lehrplaene/lehrplannavigator-s-i/gymnasium-g8/chemie-g8/kernlehrplan-chemie/inhaltsfelder-und-fachliche-kontexte/inhaltsfelder-und-fachliche-kontexte-fuer-das-fach-chemie.html. Zugegriffen am 28.05.2018

Klauer KJ (2006) Situiertes Lernen. In: Rost D (Hrsg) Handwörterbuch Pädagogische Psychologie, 3. Aufl. Beltz, Weinheim, S 699–705

Kultusministerkonferenz (KMK) (2005) Bildungsstandards im Fach Chemie für den mittleren Schulabschluss. Luchterhand, München

Kunter M, Trautwein M (2013) Psychologie des Unterrichts. UTB, Stuttgart

Lipowsky F (2015) Unterricht. In: Wild E, Möller J (Hrsg) Pädagogische Psychologie, 2., überarb. Aufl. Springer, Heidelberg, S 69–105

Mandl H (2006) Wissensaufbau aktiv gestalten. Schüler 2006:28–30

Schmidkunz H, Lindemann H (1992) Das forschend-entwickelnde Unterrichtsverfahren: Problemlösen im naturwissenschaftlichen Unterricht. Westarp Wissenschaften, Essen

Wagenschein M, Banholzer A, Thiel S (1973) Kinder auf dem Wege zur Physik. Klett, Stuttgart

Anforderungsniveau

Wer hat das noch nicht erlebt? Die Schüler arbeiten mal wieder nicht mit, sie sitzen nur da, sind passiv und wirken unbeteiligt. Kurzum: Die Unterrichtsstunde verläuft schleppend und macht keinem der Beteiligten wirklich Freude. Mitunter gibt es solche Unterrichtsstunden, und man denkt, dass man dagegen wohl nichts tun kann. Im Ausnahmefall mag das vielleicht auch so sein; sind solche Stunden aber die Regel, dann besteht dringender Handlungsbedarf! Engagierte Lehrer mögen sich dann fragen: Ist der Unterricht vielleicht zu einfach, oder stellt die Lernaufgabe keine lohnende Herausforderung für die Schüler dar? Oder fühlen sich die Schüler durch ein zu hohes Anforderungsniveau überfordert und haben sie sich allein deshalb innerlich schon zurückgezogen? Beides sind mögliche Gründe für das oben skizzierte Verhalten der Schüler. An die Lernenden die richtigen Anforderungen zu stellen, ist nicht nur für Berufsanfänger eine echte professionelle Herausforderung; sie hat eine zentrale Bedeutung für qualitativ guten Unterricht; denn erst wenn das Anforderungsniveau richtig – d. h. für die Lerngruppe angemessen – gewählt wurde, erfahren die Schüler Lernzuwachs bezüglich ihres Wissens und Könnens. Da Lernzuwachs ein zentrales Qualitätskriterium für gelungenen Unterricht darstellt, wird Unterricht vor allem dann als sinnvoll erlebt, wenn die Schüler bemerken, dass sie dadurch im Laufe der Zeit zu mehr Wissen und Können gelangen (Kap. 7). Gelingt dies nicht, so bewerten Schüler das Unterrichtsgeschehen als bloße Beschäftigung oder gar als Zeitverschwendung. In diesem Kapitel gehen wir daher den folgenden Fragen nach: Warum ist es wichtig, das passende Anforderungsniveau zu wählen? Wie kann ich als Lehrer das passende Anforderungsniveau so ausloten, dass meine Schüler möglichst optimal gefordert sind und gefördert werden, und wie kann ich das Anforderungsniveau im Unterricht variieren und steuern?

© Springer-Verlag GmbH Deutschland, ein Teil von Springer Nature 2019
S. Streller et al., *Chemiedidaktik an Fallbeispielen*,
https://doi.org/10.1007/978-3-662-58645-7_9

9.1   Anforderungen und Anforderungsbereiche

Unterricht ist in der Regel dadurch gekennzeichnet, dass Lehrer sich bemühen, ihre Schüler anzuregen und zu motivieren, verschiedene Tätigkeiten zu betreiben, um sich das zu Erlernende anzueignen. Dementsprechend fordern Lehrer ihre Schüler beispielsweise auf, Arbeitsaufträge und Aufgaben zu bearbeiten, Fragen zu beantworten oder chemische Versuche durchzuführen und zu protokollieren: Im Zuge dessen sollen Schüler z. B. eine geeignete Hypothese formulieren, aus einem Text ein Fließdiagramm erstellen oder Versuchsbeobachtungen auswerten. Aus der Auseinandersetzung mit diesen Aufgaben ergeben sich für den einzelnen Schüler Anforderungen, die trotz gleicher Aufgabenstellung von Schüler zu Schüler durchaus unterschiedlich herausfordernd erlebt und bewertet werden können. Wenninger (2000, o. S.) betont: „Durch die Arbeitsaufgabe werden an die ausführende Person Anforderungen herangetragen, denen sie mit ihren Leistungsvoraussetzungen entsprechen muss". Die Anforderung, die aus der gestellten Aufgabe für den Lernenden erwächst, hängt also vordergründig von seinen individuellen Leistungsvoraussetzungen, von seinem Vorwissen und seinen Kompetenzen, aber auch von seinem Fähigkeitsselbstkonzept ab. Je nach Kenntnis- und Kompetenzstand und je nachdem, wie motiviert ein Schüler ist, kann ein und dieselbe Aufgabe, beispielsweise das Ermitteln von Oxidationszahlen, den einen Schüler überfordern, den zweiten unterfordern, während der dritte Schüler dadurch optimal stimuliert und gefordert wird – die Aufgabe besitzt gerade für diesen Schüler ein besonders lernförderliches Anforderungsniveau.

Inwieweit es also gelingt, Aufgaben zu formulieren, die ein jeweils optimal lernförderliches Anforderungsniveau ansprechen, ist demzufolge nur auf der Ebene des Individuums zu beantworten Nun besuchen eine reguläre Schulklasse aber eher 30 oder gar mehr Individuen. Für jeden Schüler in jeder Stunde sein individuelles und möglichst optimales Anforderungsniveau festzulegen, würde jede Planung von Unterricht unmöglich machen und jeden Lehrer – auch den berufserfahrenen – grenzenlos überfordern. Dieser Tatsache Rechnung tragend propagieren Bildungswissenschaften und Bildungspolitik das Ausbalancieren von Anforderungsniveaus im Unterricht entlang sogenannter Bildungsstandards (Kap. 1).

9.1.1   Anforderungsbereiche in der Sekundarstufe I im Fach Chemie

Die von der Kultusministerkonferenz erarbeiteten nationalen Bildungsstandards für den Mittleren Schulabschluss wurden in verschiedene Anforderungsbereiche unterteilt, um den unterschiedlichen Leistungsniveaus von Schülern gerecht zu werden. „Um die Komplexität und den Schwierigkeitsgrad von Aufgaben bestimmen zu können, sind die Standards zunächst in Anforderungsbereiche gegliedert" (KMK 2005a, S. 17). Die Anforderungsbereiche stellen somit „eine Orientierung dar, in der sich die Leistungen von Schülerinnen und Schüler erfahrungsgemäß bewegen" (KMK 2005a, S. 17). So hilfreich die in den Bildungsstandards ausgewiesen

Anforderungsbereiche auch sein mögen, sie basierten anfangs ausschließlich auf Erfahrung und repräsentieren eine Art Konsens zwischen den an der Erarbeitung und Formulierung der Bildungsstandards beteiligten Experten. Erst gut acht Jahre später wurde auf der Basis empirisch validierter Testverfahren in der Ländervergleichsstudie 2012 des Instituts für Qualitätsentwicklung im Bildungswesen (IQB) bundesweit untersucht, inwiefern Schüler im Alter des Mittleren Schulabschlusses die Bildungsstandards im Fach Chemie auch erreichen (IQB 2018). Trotz zum Teil ernüchternder Ergebnisse lässt die Revision der 2004 verabschiedeten nationalen Bildungsstandards noch auf sich warten. Sei's drum: Für unser Anliegen, Orientierungspunkte aufzufinden, die dabei helfen, ein angemessenes und lernförderliches Anforderungsniveau im Unterricht einzustellen, bieten die in den Bildungsstandards von 2004 formulierten Anforderungsbereiche - trotz aller Einschränkungen - doch gute Dienste. Schauen wir uns die **drei Anforderungsbereiche (AFB)** zunächst im Allgemeinen an:

- Der **AFB I** ist vor allem durch Reproduktionsleistungen definiert. Aufgaben, die dem AFB I zugeordnet werden können, erfordern lediglich die Wiedergabe von Grundwissen und das Ausführen von Routinetätigkeiten, beispielsweise das Nennen der ersten zehn Vertreter der homologen Reihe der Alkane.
- Höhere Anforderungen werden an die Schüler z. B. durch Aufgaben des **AFB II** gestellt. Aufgaben dieses Anforderungsbereichs sind durch Anwendungsleistungen und die Herstellung von Zusammenhängen charakterisiert, beispielsweise das Erkennen und Erklären des Zusammenhangs zwischen der Kettenlänge eines Alkans und dessen Siedepunkt.
- Noch anspruchsvoller sind Aufgaben des **AFB III.** In diesem Anforderungsbereich geht es um Transferleistungen sowie um das Beurteilen und Reflektieren von Sachverhalten, beispielsweise die fachliche Bewertung von Kraftstoffen, die eine Mischung aus unterschiedlichen Alkanen enthalten.

Neben den drei verschiedenen Anforderungsbereichen hat die Kultusministerkonferenz im Zuge der Zusammenstellung der Bildungsstandards (z. B. für das Fach Chemie) **vier Kompetenzbereiche** ausgewiesen. Die Kompetenzbereiche Fachwissen, Erkenntnisgewinnung, Kommunikation und Bewertung werden wiederum der Unterteilung in Anforderungsbereiche folgend zusätzlich in die je drei Anforderungsbereiche gegliedert (Tab. 9.1). Diese zusätzliche bzw. grundsätzliche Unterteilung in Kompetenz- und Anforderungsbereiche ist u. E. ein hilfreiches und probates Instrument, um über die Angemessenheit von Anforderungsniveaus didaktisch sinnvoll reflektieren und abwägen zu können, ob die initiierten Anforderungen den Lernniveaus der jeweiligen Lerngruppen (auch die innerhalb einer jeweiligen Schulklasse) bestmöglich entsprechen.

So sieht beispielsweise der AFB I im Kompetenzbereich Kommunikation vor, dass Schüler bekannte Informationen in verschiedenen fachlich relevanten Darstellungsformen erfassen und wiedergeben können. Die Steigerung der Anforderung um eine Anforderungsstufe (also von AFB I zu AFB II), die an die Lernenden in diesem Bereich gestellt werden, besteht nun darin, dass auf dem Anforderungsniveau II der Aspekt der situations- und adressatengerechten Veranschaulichung der Sachverhalte von

den Lernenden gemeistert werden muss. Schüler können dementsprechend selbstständig die geeignete Darstellungsform zur möglichst optimalen Veranschaulichung der
Informationen unter Berücksichtigung der spezifischen Situationen und der Adressa-
ten auswählen. Aufgaben im AFB III sehen für den Kompetenzbereich Kommunikation vor, dass die Schüler „Informationen auswerten, reflektieren und für eigene Argu-
mentationen nutzen" können (KMK 2005b, S. 14). Bereits in dem von uns gewählten
Beispiel deutet sich schon an, dass die Differenzierung zwischen den drei Anforderungsbereichen nicht immer besonders trennscharf oder gar eineindeutig ausfällt.
Tab. 9.1 soll die Möglichkeiten zum Ausloten von Anforderungsniveaus entlang der
vier Kompetenzbereiche und der jeweils drei Anforderungsbereiche verdeutlichen.

Tab. 9.1 Charakteristische Kriterien/Orientierungshilfen zur Einordnung von Aufgaben in einen
der drei Anforderungsbereiche unter Berücksichtigung der vier postulierten Kompetenzbereiche
(KMK 2005b, S. 14)

		Anforderungsbereich		
		I	II	III
Kompetenzbereich	Fachwissen	Kenntnisse und Konzepte zielgerichtet wiedergeben	Kenntnisse und Konzepte auswählen und anwenden	komplexere Fragestellungen auf der Grundlage von Kenntnissen und Konzepten planmäßig und konstruktiv bearbeiten
	Erkenntnisgewinnung	bekannte Untersuchungsmethoden und Modelle beschreiben, Untersuchungen nach Anleitung durchführen	geeignete Untersuchungsmethoden und Modelle zur Bearbeitung überschaubarer Sachverhalte auswählen und anwenden	geeignete Untersuchungsmethoden und Modelle zur Bearbeitung komplexer Sachverhalte begründet auswählen und anpassen
	Kommunikation	bekannte Informationen in verschiedenen fachlich relevanten Darstellungsformen erfassen und wiedergeben	Informationen erfassen und in geeigneten Darstellungsformen situations-und adressatengerecht veranschaulichen	Informationen auswerten,reflektieren und für eigene Argumentationen nutzen
	Bewertung	vorgegebene Argumente zur Bewertung eines Sachverhalts erkennen und wiedergeben	geeignete Argumente zur Bewertung eines Sachverhaltes auswählen und nutzen	Argumente zur Bewertung eines Sachverhalts aus verschiedenen Perspektiven abwägen und Entscheidungsprozesse reflektieren

Tab. 9.1 verdeutlicht, dass die drei Anforderungsbereiche nicht immer eindeutig zu unterscheiden sind; zu facettenreich und vielfältig sind die individuell unterschiedlichen Kenntnisse und Kompetenzen, und ebenso vielfältig sind die unterrichtlichen Voraussetzungen, die eine Aufgabe für einen Schüler in Bezug auf das jeweilige Anforderungsniveau leichter oder schwerer machen. Reinhold (2015, S. 15) relativiert daher: „Die Intention dieser Klassifikation liegt vielmehr darin, die Lehrkräfte auf eine differenzierte Aufgabengestaltung aufmerksam zu machen", während Walther et al. (2008, S. 21) herausstellen, dass „das Wissen um die Existenz der verschiedenen Anforderungsbereiche einem vorwiegend auf Routinen und Verfahren und somit auf Reproduktion ausgerichteten Unterricht vorbeugen" könne.

Die Differenzierung der Anforderungen an die Schüler setzt sich auf der Ebene der Bundesländer in den landesspezifischen Rahmenlehrplänen fort. Zum jetzigen Zeitpunkt ist der gemeinsame Rahmenlehrplan der Länder Brandenburg und Berlin der einzige, der Niveaustufen von der ersten bis zur zehnten Jahrgangsstufe aufzeigt (SenBJF und MBJS 2016). Für unterschiedliche Niveaustufen werden darin Standards formuliert, die eine Aussage darüber treffen, welche Kompetenzen Schüler im Laufe ihrer Schulzeit im Fachunterricht erwerben (sollten), je nachdem, über welche Lernvoraussetzungen sie verfügen und welchen Abschluss bzw. Übergang sie zu welchem Zeitpunkt anstreben (SenBJF und MBJS 2016, S. 9).

9.1.2 Anforderungsbereiche in der Sekundarstufe II im Fach Chemie

Um Anforderungsniveaus für den Unterricht in der gymnasialen Oberstufe auszuloten, orientieren sich Oberstufenlehrer – da für die Sekundarstufe II im Fach Chemie (noch) keine Bildungsstandards vorliegen – an den Einheitlichen Prüfungsanforderungen für das Abitur; der sogenannten EPA. In der EPA werden die unterschiedlichen Anforderungen für Grund- und Leistungskursschüler differenziert erläutert und entsprechend konkretisiert. Wichtig erscheint uns der Hinweis, dass Grund- und Leistungskurse sich nicht vordergründig in der Quantität des Lernstoffs unterscheiden, sondern eher in qualitativer Hinsicht, d. h. in der Spezialisierung und Vertiefung des Lernstoffs, im Abstraktionsniveau und in der Komplexität (KMK 2004, S. 7 ff.). Diesen Umstand berücksichtigend wird in der EPA anhand von Beispielen veranschaulicht, wie ein und dieselbe Aufgabe unterschiedlich anspruchsvoll ausformuliert und an den Schüler gerichtet werden kann (Tab. 9.2).

Das Beispiel zeigt, wie Anforderungsniveaus variiert werden, indem man die Aufgabe z. B. komplexer gestaltet. Die Schüler erhalten entweder ein Gemisch von Halogeniden (AFB II), eine Lösung, die mehrere Salze mit verschiedenen Anionen enthält (AFB III), oder einzelne, reine Salze (AFB I).

Durch Variation der Offenheit einer Aufgabe (Kap. 6) ist es ebenfalls möglich, Aufgaben mehr oder weniger anspruchsvoll zu gestalten, sodass es auch auf diesem Wege möglich wird, Aufgaben, die ein unterschiedliches Anforderungsniveau aufweisen, an die Lernenden zu stellen. So werden den Schülern im ausgewählten

Tab. 9.2 Anforderungsbereiche (AFB) für die gymnasiale Oberstufe – illustriert am Beispiel „Nachweise von Anionen" (KMK 2004, S. 12 f.)

AFB I	AFB II	AFB III
Nachweis von Chlorid-, Bromid- und Iodid-Ionen in drei verschiedenen Proben unter Verwendung der bereitgestellten Chemikalien. Gefordert sind ein Protokoll und die Darstellung der Reaktionsgleichung in verkürzter Ionenschreibweise.	Nachweis von Chlorid-, Bromid- und Iodid-Ionen nebeneinander in einem Stoffgemisch. Planung und Protokollierung eines Lösungsweges mit Begründung für die Auswahl der Nachweismittel!	Nachweis von Halogenid-, Carbonat- und Sulfat-Ionen in einem Lösungsgemisch. Entwicklung eines Plans zur Identifizierung auf der Grundlage theoretischer Vorüberlegungen.
Hinweis	**Hinweis**	**Hinweis**
Geräte und Chemikalien werden bereitgestellt. Die Lösungen enthalten jeweils nur eine Ionenart. Die Nachweise werden entsprechend beschrieben.	Die Geräte werden bereitgestellt. Die Chemikalien müssen angefordert werden. Die Ionennachweise wurden vorher nur getrennt behandelt. Die Art der Auswahl der Nachweismittel und deren Begründung fließen in die Bewertung ein.	Ein Lösungsgemisch, das Chlorid-, Iodid-, Carbonat- und Sulfat-Ionen enthält, wird bereitgestellt. Alle anderen Materialien müssen angefordert werden. Die theoretische Vorbetrachtung muss Überlegungen und ggf. Berechnungen zur Löslichkeit enthalten. Die Korrelation von Löslichkeits- und Säure-Base-Gleichgewichten soll deutlich werden.

Aufgabenbeispiel in Tab. 9.2 die Nachweismittel im AFB I zur Verfügung gestellt, während den Schülern im AFB II eine begründete Auswahl abverlangt wird.

Damit kommen wir zu zwei Fragen, die hilfreich sind, um das Anforderungsniveau eines Arbeitsauftrags zu hinterfragen bzw. zu bestimmen:

1. Welche unterrichtlichen Voraussetzungen liegen bei den Schülern der Lerngruppe vor?
2. Was wird von den Schülern bei der Bearbeitung der Aufgabe konkret erwartet?

Beginnen wir mit der ersten Frage: Bei den Hinweisen zum AFB II lesen wir, dass die verschiedenen Halogenid-Ionen von den Schülern bislang nur getrennt voneinander behandelt wurden. Hätten die Schüler in vorausgegangenen Unterrichtsstunden bereits Salzgemische untersucht, würde diese Aufgabe eine viel geringere Herausforderung für die Schüler darstellen, und wir müssten die Aufgabe nun dem AFB I zuordnen, da die Aufgabe dann vor allem reproduzierende Anforderungen stellen und – wenn überhaupt – nur wenig Transferleistungen erfordern würde.

Was wird nun konkret erwartet? Der Hinweis zum AFB III beschreibt einen besonders anspruchsvollen Erwartungshorizont: Die Schüler werden angehalten, theorie-basierte Betrachtungen anzustellen, bevor sie mit der praktischen Lösung des Problems starten. Es wird erwartet, dass sie ggf. Berechnungen zur Löslichkeit anstellen, bevor sie mit den quantitativen Analysen beginnen. Außerdem wird verlangt, dass die Schüler den Zusammenhang zwischen Löslichkeit und chemischem Gleichgewicht zur Begründung ihres Vorgehens deutlich herausstellen. Bei derart hohen Anforderungen kann man den Schülern durchaus Unterstützung anbieten, indem man ihnen beispielsweise eine Checkliste mit den Aspekten an die Hand gibt, die sie für die Bearbeitung der Aufgabe nutzen dürfen. Sollte der Lehrer aber die Anforderung für eine besonders leistungsstarke Lerngruppe festlegen wollen, dann kann die Herausforderung gerade darin bestehen, dass die Schüler keine Hilfe zur Lösung der komplexen Aufgabe erhalten, da sie selbstständig erkennen und darlegen sollen, welche Vorgehensweise sie wählen und welche Argumentationstiefe sie bei der Bearbeitung der Aufgabe an den Tag legen können.

9.2 Bedeutung des richtigen Anforderungsniveaus

Zwei wesentliche Aspekte, warum die Wahl eines angemessenen Anforderungsniveaus von so großer Bedeutung für gelingenden Unterricht ist, haben wir im eingangs gewählten Beispiel schon angedeutet. Wird im Unterricht ein zu niedriges Anforderungsniveau gewählt, findet Lernzuwachs nicht statt; denn über das, was unter diesen Umständen gefordert wird, verfügt der Schüler offensichtlich schon. Lernen im Sinne von Kompetenzentwicklung und/oder Wissenszuwachs findet also nicht statt. Wird ein zu hohes Anforderungsniveau anvisiert, so führt dies aufseiten des Lernenden zu Überforderungen; auch hier bleibt Lernen im obigen Sinne aus. Darüber hinaus – und auch das sollte das eingangs geschilderte Beispiel veranschaulichen – hat die Wahl des Anforderungsniveaus Auswirkungen auf die Lernbereitschaft und Motivation der Schüler. Warum sollte sich ein Schüler anstrengen und engagieren, wenn er etwas lernen soll, was er bereits kann? Und welchen Sinn hätte es für einen Schüler, sich anzustrengen und zu engagieren, um etwas anzustreben, das er angesichts seiner gegenwärtigen Kompetenzen beim besten Willen nicht erreichen (bzw. erlernen) kann? Es leuchtet ein, dass in beiden Fällen weder Lernen stattfindet noch Lernmotivation ausgelöst wird.

Damit sich eine (Lern-)Aufgabe möglichst positiv auf das Kompetenzerleben und somit auf die Lernfreude des Schülers auswirken kann, muss die Aufgabe, die an den Schüler gerichtet wird, ein angemessenes Anforderungsniveau aufweisen. Das ist leichter gesagt als getan! Denn es stellt sich die Frage, was ein „angemessenes" Anforderungsniveau in jeweils spezifischen Lernsituationen ausmacht. Wir sind der Meinung, dass das von Atkinson (1957) entwickelte Risikowahl-Modell erste Antworten auf diese Frage liefert.

Das Risikowahl-Modell von Atkinson (1957) basiert auf zwei Variablen, die zusammen betrachtet eine Wahlentscheidung aufklären helfen; zu nennen sind: die Hoffnung auf Erfolg (Erfolgsmotiv) und die Furcht vor Misserfolg (Misserfolgsmotiv) (Schneider 2018). Der affektive Kern ist beim Erfolgsmotiv Stolz („pride in accomplishment") und beim Misserfolgsmotiv die Beschämung („shame and humiliation as consequence of failure",) (Atkinson 1957, S. 360). Inwiefern nun das Zusammenspiel von Erfolgs- und Misserfolgsmotiv das Verhalten eines Schülers beeinflusst, hängt wiederum wesentlich von der Erwartung darüber ab, für wie wahrscheinlich oder unwahrscheinlich der Schüler es einschätzt, dass er die Aufgabe erfolgreich bewältigen kann, oder ob er davon ausgeht, dass er daran scheitern wird. Die Erwartung, ob Erfolg oder Misserfolg eintreten wird, resultiert aus den früheren Erfahrungen und wird maßgeblich vom Fähigkeitsselbstkonzept des Schülers beeinflusst. Aus dem abwägenden Zusammenspiel von Erfolgs- und Misserfolgserwartung ergibt sich das Justieren möglichst optimaler Anforderungen, die mittels entsprechender Aufgaben an die Schüler gerichtet werden können. Es liegt quasi auf der Hand, dass Schüler Aufgaben bevorzugen – und somit optimal gefordert und gefördert werden – bei denen sie Erfolgserlebnisse erwarten und die ihnen nach erfolgreicher Bewältigung der Aufgabe Anlass geben, Stolz bezüglich der erbrachten eigenen Leistung zu empfinden. Leichte – oder gar zu leichte – Aufgaben erhöhen zwar die Erfolgserwartung, doch bleibt das Gefühl, auf das Geleistete stolz sein zu können, eher rudimentär. Komplexe Aufgaben, die zwar das Risiko des Scheiterns mit sich führen, die aber durch Anstrengung und Beharrlichkeit noch zu bewältigen sind, werden demzufolge mit größerem Glücksgefühl erlebt (Brandstätter et al. 2013, S. 31 f.).

Betrachten wir die Frage nach der Bedeutsamkeit des richtigen Kalibrierens des Anforderungsniveaus entwicklungspsychologisch, so werden wir beispielsweise in Vygotskijs Theorie der Stufe der nächsten Entwicklung fündig. Vygotskij (2005, S. 53 ff.) stellt dazu heraus, dass Lernerfolg vor allem dann besonders groß ist, wenn ein Schüler stets wohl dosiert leicht überfordert wird (Papadopoulos 2010, S. 125 ff.). Heckhausen spricht in diesem Zusammenhang von einer „dosierten Diskrepanz" (Heckhausen 1975, S. 117 ff.). Gemeint ist damit, dass der Unterschied zwischen dem gegenwärtigen Kompetenzstand und dem, der im Folgenden angestrebt wird, weder zu groß noch zu klein ausfallen darf. Um die von Heckhausen genannten „dosierten Diskrepanzerlebnisse" erzeugen zu können, die seiner Ansicht nach durchaus motivierend wirken, müssen nicht nur die Lehrer, sondern vor allem auch die Schüler lernen, das Anforderungsniveau einer Aufgabe realistisch einzuschätzen. Darüber hinaus müssen sie lernen, ihre kognitiven Kompetenzen und motivationalen Voraussetzungen korrekt zu beurteilen. Denn erst das realistische Einschätzen einer Aufgabenschwierigkeit und das selbstkritische Reflektieren der eigenen kognitiven wie auch motivationalen Möglichkeiten bewahren den Schüler vor Frustrationserlebnissen, wenn er z. B. sonst dazu neigt, sich und sein Leistungsvermögen zu überschätzen. Andersherum betrachtet: Schüler, die sowohl ihre kognitiven Fähigkeiten wie auch ihre motivationalen Ressourcen angemessen einschätzen können und die über die Fähigkeit verfügen, Aufgaben bezüglich ihrer Schwierigkeiten stimmig zu bewerten, bringen beste Voraussetzungen mit, um eigenständig erreichbare Lernziele zu formulieren, die sie auch erfolgreich meistern können. Schüler mit solchen Fähigkeiten profitieren in hohem Maße von einem differenzierenden Unterricht, in dem sie mehrere Aufgaben zur Auswahl erhalten, die sie selbst auswählen dürfen und eigenständig bearbeiten können (Kap. 10). Diese Fähigkeiten zur Selbstreflexion einerseits und zur Beurteilung des Anforderungsniveaus von Aufgaben andererseits stellen sich nicht von selbst ein; sie müssen mit und von den Schülern kultiviert und geübt werden. Ebenso selbstverständlich ist es, dass das unterrichtsmethodische Vorgehen mit den Schülern geübt werden muss, wenn die Schüler ihre

Lernaufgaben zusehends selbstständig und autonom auswählen sollen. Dazu bietet es sich an, gemeinsam oder auch in kleinen Gruppen zu erörtern, warum eine Aufgabe vom Schüler als angemessen oder als zu schwierig empfunden wurde.

Wie Sie angemessene Anforderungsniveaus auch für heterogene Lerngruppen gestalten können und welche Möglichkeiten der Variation Ihnen diesbezüglich zur Verfügung stehen, zeigen wir im folgenden Abschnitt.

9.3 Möglichkeiten zur Variation des Anforderungsniveaus

Einige Möglichkeiten, wie das Anforderungsniveau im Unterricht bzw. das der Aufgaben im Unterricht variiert werden kann, haben wir bereits gelegentlich in unsere Überlegungen einfließen lassen. Nun wollen wir uns mit dieser didaktischen Herausforderung etwas näher und ausführlicher beschäftigen.

9.3.1 Variation des Anforderungsniveaus auf der Ebene der Unterrichtsplanung

Auf der Ebene der Unterrichtsplanung ist der Lehrer mit seiner didaktischen und methodischen Expertise gefragt, wenn es darum geht, das Anforderungsniveau durch die Wahl von mehr oder minder komplexen Themen, durch die Gestaltung von Arbeitsmaterialien und durch die Formulierung von Aufgabenstellungen zu beeinflussen.

Aufgabenstellungen sollten möglichst operationalisiert formuliert werden, damit die Schüler unabhängig vom Fach oder von den Eigenheiten des Fachlehrers wissen, was genau von ihnen erwartet wird und was sie zu tun haben. Sind die Schüler ausreichend in der Nutzung der Operatoren geübt, dann stellen diese ein für den Lehrer adäquates Mittel zur Justierung des Anforderungsbereichs dar. Die KMK (2013) hat eine Liste von Operatoren zusammengestellt, die in den naturwissenschaftlichen Fächern genutzt werden sollten. Die folgende Tabelle listet diese Operatoren auf und ordnet den jeweiligen Operatoren einen entsprechenden Anforderungsbereich zu.

Anforderungsbereich	Operatoren
I	benennen, darstellen, nennen, zeichnen
II	analysieren, anwenden, berechnen, beschreiben, bestimmen, erklären, erläutern, formulieren, klassifizieren, ordnen, prüfen, überprüfen, verallgemeinern, vergleichen
III	Hypothesen aufstellen, auswerten, begründen, beurteilen, bewerten, diskutieren, interpretieren, deuten

Wir haben bereits wiederholt darauf hingewiesen, dass das Anforderungsniveau von den individuellen Leistungsvoraussetzungen der Schüler abhängt. Folgerichtig erwähnt auch die KMK (2013, S. 1), dass die „Operatoren je nach Zusammenhang und unterrichtlichem Vorlauf in jeden der drei Anforderungsbereiche (AFB) eingeordnet werden" können. Dieses Zitat erscheint auf den ersten Blick wenig zielführend, denn es öffnet im Nachhinein wieder alle Türen gemäß dem Motto: „Everything goes!" Dennoch sind wir der Meinung, dass die ursprünglich von der KMK vorgenommene Zuordnung der Operatoren zu bestimmten Anforderungsbereichen insbesondere Berufsanfängern hilfreiche Dienste erweisen kann, wenn es darum geht, ein für die Schüler angemessenes Anforderungsniveau festzulegen. Denn schlussendlich hat die KMK die Operatoren schon so differenziert, dass sie zunächst einem überwiegend in Betracht kommenden Anforderungsbereich entsprechen.

Die Notwendigkeit, beim Ausloten von Anforderungsniveaus durch Verwendung geeigneter Operatoren besondere Sorgfalt an den Tag zu legen, sei am folgenden Beispiel veranschaulicht: Nicht selten erleben wir, dass Praktikanten, Berufsanfänger oder Referendare Gefahr laufen, sich selbst, den Schülern oder uns durch die Verwendung eines „falschen gewählt" Operators einen höheren Anforderungsbereich lediglich „vorzugaukeln". Wenn die Schüler in einer Lernerfolgskontrolle aufgefordert werden, beispielsweise Hypothesen aufzustellen, wie aus Metalloxiden Metalle gewonnen werden können, dann ist das, soweit die Schüler dies im vorangegangenen Unterricht noch nicht getan haben, eine große Herausforderung. Wenn die Reduktion von Metalloxiden im Unterricht aber bereits umfassend behandelt wurde, dann handelt es sich eben nicht um eine Aufgabe aus dem Anforderungsbereich III, da die Aufgabe kaum Transfercharakter besitzt. Der korrekte Operator für diese Art einer Reproduktionsleistung wäre unter diesen Umständen die Aufforderung „Nenne" gewesen.

Grundsätzlich könnte unter der Berücksichtigung der individuellen Leistungsvoraussetzungen für jeden Schüler und in einer Unterrichtsstunde das für ihn jeweils angemessene Anforderungsniveau eingestellt werden, indem die Aufgaben und das Arbeitsmaterial entsprechend angepasst werden (Kap. 10). Ein solches Vorgehen hätte zur Folge, dass sich sowohl die Aufgaben als auch die bereitgestellten Materialien für die Schüler einer Klasse unterscheiden.

Bei der Formulierung von Wahlaufgaben, die unterschiedliche Anforderungen ansprechen sollen, können als differenzierende Maßnahme die gerade genannten unterschiedlichen Operatoren verwendet werden. Nehmen wir als Beispiel das Thema der Brandschutzmaßnahmen. Während Schüler auf einem niedrigen Anforderungsbereich lediglich verschiedene Brandschutzmaßnahmen nennen (rekapitulieren) müssen, erwartet man von einem Schüler, der Aufgaben auf einem höheren Anforderungsniveau bewerkstelligen soll, dass er zusätzlich zum Benennen von Brandschutzmaßnahmen z. B. die Funktionsweise der Maßnahmen erläutern kann. Um den höchsten Anforderungsbereich anzusprechen, bietet es sich an, die Schüler bewerten zu lassen, welche Maßnahme in einer bestimmten Situation bestmöglichen Brandschutz in Aussicht stellt.

Das Anforderungsniveau kann natürlich auch über das zur Verfügung gestellte Material variiert werden. So können sich beispielsweise die in Materialen genutzten Fachtexte hinsichtlich ihrer Länge und sprachlichen Komplexität unterscheiden (Kap. 4). Eine Einschätzung des Anforderungsniveaus bedarf hier also einer sprachlichen und inhaltlichen Analyse der verwendeten Fachtexte sowie einer differenzierten Klärung der Lernvoraussetzungen und des Sprachvermögens der

Schüler (Kap. 4). Weiterhin kann auch die Komplexität der verwendeten Abbildungen unterschiedlich ausfallen und daher unterschiedliche Leistungsniveaus ansprechen (Kap. 2). Es mag trivial erscheinen, aber selbstverständlich kann eine Differenzierung des Anforderungsniveaus auch dadurch gewährleistet werden, dass Schülern oder Gruppen von Schülern besondere oder zusätzliche Materialien zur Lösung der Aufgaben zur Seite gestellt werden (Kap. 10). Diese zusätzlichen Materialien und Lernhilfen können beispielsweise sprachliche (z. B. in Form eines Glossars) oder inhaltliche Hinweise (z. B. Karten mit Denkanstößen) enthalten.

9.3.2 Variation des Anforderungsniveaus auf der Ebene der Unterrichtsführung und Impulsgebung

Unterricht ist von sprachlicher Kommunikation geprägt. Doch sind die Sprechanteile zwischen Lehrer und Schülern im Unterrichtsgespräch in der Regel nicht ausgewogen oder gar gleich verteilt: In der Regel spricht ein Lehrer viel mehr, viel öfter und viel länger als ein einzelner Schüler, oftmals sogar viel öfter und länger als alle Schüler einer Klasse. Dabei sendet der Lehrer eine Vielzahl von Impulsen aus (Bolte 1996, S. 164; Sumfleth und Pitton 1998). Unter einem Lehrer-Impuls versteht man alle beabsichtigten unterrichtsbezogenen Verhaltensäußerungen des Lehrers, die ein bestimmtes Schülerverhalten auslösen sollen (Glöckel 2003, S. 23; Bolte 1996, S. 9 ff.). Impulse können verbal in Form von Fragen (Interrogativ), Aufforderungen (Imperativ) und Behauptungen (Indikativ) gegeben werden (Memmert 1995, S. 65). Zu den oft nicht weniger aussagekräftigen nonverbalen Impulsen gehören Gesten, Mienen, Schweigen, Warten sowie der Verweis auf Gegenstände.

Je offener oder enger Impulse formuliert werden, desto mehr Raum eröffnen sie den Schülern und regen sie zum Denken an, oder aber desto eingeschränkter werden die Antwortmöglichkeiten (Bolte 1996, S. 101). Mit eher offenen oder ganz engen Impulsen beeinflussen Lehrer im Unterrichtsgespräch deshalb das Anforderungsniveau. Ein offener Impuls „Erläutere bitte deine Vorgehensweise!" verlangt vom Schüler sowohl die Beschreibung als auch eine Erklärung, warum genau diese Vorgehensweise gewählt wurde. Dazu muss der Schüler in der Lage sein, mehrere Sätze möglichst zusammenhängend zu sprechen. Ein ganz besonders enger Impuls in der Form „Nenne eine Säure!" verlangt vom Schüler zwar Fachwissen, bleibt aber auf dem Niveau von Reproduktion und wird in der Regel als Ein-Wort-Antwort formuliert (Bolte 1996, S. 164).

Ebenso wie bei der Formulierung von schriftlichen Arbeitsaufträgen (Abschn. 9.3.1) müssen die vom Lehrer verwendeten Operatoren eindeutig und dem Niveau der Schüler entsprechend angepasst sein. In Abschn. 9.3.1 haben wir in einer Tabelle Operatoren zusammengestellt, die für ein bestimmtes Anforderungsniveau stehen. Trotz aller Klarheit, die die Verwendung von Operatoren mit sich bringt, sind die Operatoren in der gesprochenen Sprache nicht immer einfach zu verwenden. Würde ein Lehrer nur in Form von Aufforderungen sprechen und den Imperativ voranstellen, erhielte seine Lehrersprache leicht den Duktus eines Befehlstons. In der gesprochenen Sprache können auch umgangssprachlichere Formulierungen angewendet werden; wie: „Ihr habt jetzt ja bei der Versuchsdurchführung alle eine etwas unterschiedliche Vorgehensweise gewählt. Marika, schildere doch bitte mal, wie ihr in eurer Gruppe vorgegangen seid..." Formulierungen dieser Art sind durchaus klar und eindeutig und werden von den Schülern emotional viel positiver empfunden.

Neben Aufforderungen machen Fragen einen wesentlichen Anteil des Unterrichtsgesprächs aus, und auch sie beeinflussen das Anforderungsniveau erheblich (Bolte 1996, S. 99 ff.). Im Rahmen einer Videostudie wurde das Anforderungsniveau in Unterrichtsgesprächen im Mathematikunterricht der Oberstufe untersucht. Die Analyse ergab eine durchschnittliche Fragefrequenz von 1,3 Fragen pro Minute (Kuntze und Reiss 2004, S. 369), die unterschiedliche Anforderungsniveaus abbildeten.

Bezüglich der Dynamik der Unterrichtsgespräche im Chemieunterricht berichtet Bolte (1996, S. 164), dass er allein in einer Unterrichtsstunde bis zu 428 Unterrichtsaktivitäten beobachten konnte. Davon entfielen 40,0–73,5 % aller Aktivitäten auf den Lehrer. Sowohl die Sprachakte der Schüler als auch die des Lehrers waren in der Regel von nur kurzer Dauer. Äußerungen von Schülern dauerten im Mittel 3,6 Sekunden (Bolte 1996, S. 168); die einzelnen Sprachakte des Lehrers variierten im Mittel zwischen 1,2 Sekunden (beim Feedbackgeben) und 9,7 Sekunden (beim Referieren bzw. Informieren/Erklären). Für einen Impuls benötigte der Lehrer im Mittel 3,5 Sekunden (Bolte 1996, S. 165; S. 167). Impulse, die der Steuerung des Unterrichts und der Unterrichtsorganisation dienten, waren die am häufigsten im Chemieunterricht zu beobachtenden Aktivitäten (25,9 % aller Unterrichtsaktivitäten; Bolte 1996, S. 167). Phasen, in denen keine spezifischen Aktivitäten zu beobachten waren und die die Schüler zum Überlegen und Nachdenken nutzen konnten, waren selten (4,9 % in der Unterrichtszeit) und, wenn überhaupt, nur kurzzeitig (4,7 Sekunden im Mittel) zu verzeichnen (Bolte 1996, S. 165). Auch wenn die Beobachtungsbefunde von Bolte nicht den Anspruch erheben, repräsentative Ergebnisse widerzuspiegeln, so sprechen sie doch für eine hohe sprachliche Dynamik, die im Chemieunterricht anzutreffen ist. Diese Dynamik geht mit einem hohen kognitiven Anforderungsniveau einher. Von einem anderen Standpunkt aus betrachtet kann geschlussfolgert werden: Wenn man als Lehrer versucht, das Anforderungsniveau im Chemieunterricht zu reduzieren, dann hilft nicht selten, sich zunächst einmal der Dynamik des Unterrichtgesprächs zu vergewissern und das Gesprächstempo zu drosseln, um den Schülern Gelegenheit zu geben, mit der nötigen Muße und Ruhe über den Impuls nachzudenken und sich eine Lösung oder Antwort gedanklich zurechtlegen zu können.

Das Fragenstellen bzw. die Impulsgebung bringt – wie wir sehen konnten – eine Vielzahl von Problemen mit sich, denn Lehrer beeinflussen das Anforderungsniveau im Unterrichtsgespräch nicht nur über die Anzahl der Fragen, sondern auch durch die Art der Fragestellung bzw. der Impulsgebung (Bolte 1996; Sumfleth und Pitton 1998). Deshalb möchten wir abschließend einen Blick auf die Schwierigkeiten beim Fragenstellen werfen.

Entscheidend für das Anforderungsniveau einer Frage ist, welcher Handlungsspielraum sich daraus für die Schüler ergibt. So können Fragen entsprechend dem Anforderungsniveau in die Kategorien leicht, mittel und schwer eingeteilt werden, wenn die notwendigen Gedankenschritte zur Beantwortung der Frage herangezogen werden (Kuntze und Reiss 2004, S. 364). Je mehr Denkschritte zur Beantwortung einer Frage notwendig sind, desto höher ist das Anforderungsniveau zur Beantwortung der Frage. Cecil teilt deshalb Fragen in drei Ebenen ein (2008, S. 17 f.):

- Ebene-I-Fragen (Wissen und Begriffsvermögen),
- Ebene-II-Fragen (Anwendung und Analyse) sowie
- Ebene-III-Fragen (Schlussfolgerung und Anwendung).

Diese drei Ebenen entsprechen im Prinzip den einzelnen Anforderungsbereichen I bis III (Abschn. 9.1). So erfordert das Sammeln von Fakten noch kein komplexes Denkvermögen. Für die Schlussfolgerung und Anwendung dagegen müssen die Schüler die neuen Erkenntnisse abstrahieren und in Transferaufgaben anwenden, was dem Anforderungsbereich III entspricht.

Problematisch sind auch solche Frageformen, die den Schülern nur sehr eingeschränkte Antwortmöglichkeiten lassen. Das betrifft vor allem die Frageformen: Ergänzungsfragen (bei Ergänzungsfragen müssen nur ein oder wenige Wörter ergänzt werden, z. B.: „Kochsalz dissoziiert in Natrium-Ionen und …?"), Suggestivfragen (hier wird die erwartete Antwort impliziert gleich mitgeliefert; z. B.: „Die anderen haben gerade gesagt, die Flamme ist ausgegangen. Hast du das auch gesehen?") sowie die Entscheidungsfragen (bei Entscheidungsfragen ist die Antwort allein durch Erraten möglich, z. B.: Ist das nun ein Salz oder eine Säure?) (Meyer 1989, S. 208 f.). Problematisch sind die gerade genannten Frageformen deshalb, weil sie in der Regel ein überaus geringes Anforderungsniveau besitzen und meist Ein-Wort-Antworten provozieren. Schon durch das Umformulieren einer Entscheidungsfrage in eine Aufforderung zur Beurteilung eines Sachverhalts kann das Anforderungsniveau bereits leicht erhöht werden. Statt „Ist das nun ein Salz oder eine Säure?" wäre die Aufforderung „Nenne bitte Gründe, die dafür oder dagegensprechen, dass es sich bei diesem Stoff hier um ein Salz handelt" deutlich anspruchsvoller.

Neben der genauen bzw. ungenauen Formulierung einer einzelnen Frage kann das Anforderungsniveau im Unterrichtsgespräch auch durch die Aneinanderreihung mehrerer Fragen beeinflusst werden. In der eingangs beschriebenen Videoanalyse des Mathematikunterrichts fanden Kuntze und Reiss zwei Figuren von aneinandergereihten Fragen (2004, S. 373): die „Schwer-einfach-Zyklen" und das „Frage-Insistieren". Die sicher allen bekannten „Schwer-einfach-Zyklen" sind die erste Figur, die sich im „Kleinarbeiten" einer zu komplexen Frage in mehrere leichte Teilfragen äußert. Das so zusehends kleinschrittiger werdende Unterrichtsgespräch führt natürlich auch zu einem Absenken des Anforderungsniveaus. Das ist oft auch notwendig, vor allem, wenn offensichtlich wird, dass die Schüler die (zu) komplexe Frage nicht beantworten können. „Frage-Insistierungen" nehmen von einer fehlerhaft gestellten Frage ihren Ausgang. Doch das Insistieren und Wiederholen der stets selben Frage (erst recht, wenn die Fragen nicht umformuliert werden) befähigt die Lernenden nicht zu einer intensiveren Auseinandersetzung mit den avisierten Inhalten (Kuntze und Reiss 2004, S. 377).

„Schwer-einfach-Zyklen" stellen im Prinzip zumindest ein schrittweises Anpassen des Anforderungsniveaus an die Lerngruppe dar und sind im Unterrichtsalltag häufig anzutreffen. Durch die Formulierung weiterer Fragen mit geringerem Anforderungsniveau können die einzelnen zu absolvierenden Denkschritte der Schüler strukturiert werden. Soll beispielsweise die Frage geklärt werden „Warum kann Waschbenzin einen Fettfleck beseitigen?", dann werden die Schüler voraussichtlich Denkschritte durchlaufen, die mit den folgenden Fragen angeregt werden:

- Aus welchen Bestandteilen bestehen Waschbenzin und Fettflecke?
- Welche physikalischen bzw. chemischen Eigenschaften besitzen Waschbenzin und ein Fettfleck?
- Wie lautet die Regel für die Löslichkeit von Stoffen?
- Wie kann man die Polarität von Stoffen wie Waschbenzin und Fett bestimmen?
- Sind die Moleküle bzw. bestimmte Teile des Moleküls polar oder unpolar?
- Welche Wechselwirkungen können die Moleküle bzw. Teile des Moleküls eingehen?
- Rückbezug zur Ausgangsfrage: Warum kann Waschbenzin einen Fettfleck beseitigen?

Schlussbemerkung Eingangs haben wir die Tristesse einer Unterrichtssituation skizziert, die sich einstellt, wenn es dem Lehrer nicht gelingt, ein anregendes – d. h. ein die Schüler wohl heraus- aber nicht überforderndes – Anforderungsniveau im Unterricht einzustellen. Wir hoffen sehr, dass das Durcharbeiten dieses Kapitels und die Berücksichtigung der dabei erarbeiteten Empfehlungen zur Variation des Anforderungsniveaus im eigenen Unterricht dazu beitragen wird, dass derartige Unterrichtssituationen (so sie überhaupt schon mal in Ihrem Unterricht in Erscheinung getreten sind) endgültig der Vergangenheit angehören.

Literatur

Atkinson JW (1957) Motivational determinants of risk-taking behavior. Psychol Rev 64(6):359–372
Bolte C (1996) Analyse der Schüler-Lehrer-Interaktion im Chemieunterricht. Ergebnisse aus empirischen Studien zum Interaktionsgeschehen und Lernklima im Chemieunterricht. IPN, Kiel
Brandstätter V, Schüler J, Puca RM, Lozo L (2013) Motivation und Emotion, 2. Aufl. Springer, Berlin
Cecil NL (2008) Mit guten Fragen lernt man besser. Verlag an der Ruhr, Mühlheim a. d. Ruhr
Glöckel H (2003) Vom Unterricht, 4. Aufl. Klinkhardt, Bad Heilbrunn
Heckhausen H (1975) Fear of failure as a self-reinforcing motive system. In: Sarason AJS, Spielberger C (Hrsg) Stress and anxiety. Hemisphere, Washington, DC, S 117–128
IQB – Institut für Qualitätsentwicklung im Bildungswesen (2018) Ländervergleich in Mathematik und den Naturwissenschaften 2012. https://www.iqb.hu-berlin.de/bt/lv2012. Zugegriffen am 03.08.2018
KMK (2004) Einheitliche Prüfungsanforderungen in der Abiturprüfung Chemie. https://www.kmk.org/fileadmin/veroeffentlichungen_beschluesse/1989/1989_12_01-EPA-Chemie.pdf. Zugegriffen am 26.06.2018
Kultusministerkonferenz (KMK) (2005a) Bildungsstandards der Kultusministerkonferenz. Erläuterungen zur Konzeption und Entwicklung. Luchterhand, München

Kultusministerkonferenz (KMK) (2005b) Bildungsstandards im Fach Chemie für den mittleren Schulabschluss. Luchterhand, München

Kultusministerkonferenz (KMK) (2013) Operatorenliste Naturwissenschaften (Physik, Biologie, Chemie). (Stand Februar 2013). https://www.kmk.org/fileadmin/Dateien/pdf/Bildung/Auslandsschulwesen/Kerncurriculum/Auslandsschulwesen-Operatoren-Naturwissenschaften-02-2013.pdf. Zugegriffen am 26.06.2018

Kuntze S, Reiss K (2004) Unterschiede zwischen Klassen hinsichtlich inhaltlicher Elemente und Anforderungsniveaus im Unterrichtsgespräch beim Erarbeiten von Beweisen. Unterrichtswissenschaft 32(4):357–379

Memmert W (1995) Didaktik in Tabellen und Graphiken, 5. Aufl. Klinkhardt, Bad Heilbrunn

Meyer H (1989) UnterrichtsMethoden, 2. Praxisband, 2. Aufl. Cornelsen Scriptor, Berlin

Papadopoulos D (2010) L. S. Wygotski Werk und Rezeption. ICHS 33. Lehmanns, Berlin

Reinhold M (2015) Lehrerfortbildungen zur Förderung prozessbezogener Kompetenzen. In: Dortmunder Beiträge zur Entwicklung und Erforschung des Mathematikunterrichts (24). Springer Spektrum, Heidelberg

Schneider M (2018) Risikowahl-Modell. In: Wirtz MA (Hrsg) Dorsch – Lexikon der Psychologie. https://m.portal.hogrefe.com/dorsch/risikowahl-modell/. Zugegriffen am 25.06.2018

Senatsverwaltung für Bildung, Jugend, Familie (SenBJF) Berlin, Ministerium für Bildung, Jugend und Sport (MBJS) Land Brandenburg (2016) Rahmenlehrplan Chemie. http://bildungsserver.berlin-brandenburg.de/rlp-online/c-faecher/chemie/kompetenzentwicklung/. Zugegriffen am 21.11.2017

Sumfleth E, Pitton A (1998) Sprachliche Kommunikation im Chemieunterricht: Schülervorstellungen und ihre Bedeutung im Unterrichtsalltag. ZfDN 4(2):4–20

Vygotskij LS (1932-34/2005) Das Problem der Altersstufen. In: Ausgewählte Schriften (Hrsg) Joachim Lompscher, Berlin, Lehmanns Media, Band 2, S 53-90

Walther G, Selter C, Neubrand M (2008) Die Bildungsstandards Mathematik. In: Walther G, van den Heuvel-Panhuizen M, Granzer D, Köller O (Hrsg) Bildungsstandards für die Grundschule: Mathematik konkret. Cornelsen Scriptor, Berlin, S 16–38

Wenninger G (2000) Lexikon der Psychologie. Springer Spektrum, Heidelberg. https://www.spektrum.de/lexikon/psychologie/anforderungen/921. Zugegriffen am 06.08.2018

Differenzierung im Chemieunterricht 10

Die Schule soll „optimale Lernmöglichkeiten für *alle* Kinder, und das heißt: für *jedes* Kind schaffen" (Klafki und Stöcker 1976, S. 498). Damit aber auch tatsächlich jede Schülerin und jeder Schüler optimal gefördert werden kann, müssen Lehrer ihren Unterricht so anlegen, dass sie Unterschiede auch erkennen und berücksichtigen können – sie müssen also einen differenzierenden Unterricht planen und gestalten. Wir möchten in diesem Kapitel klären, was mit Differenzierung gemeint ist und welche Auswirkungen differenzierende Maßnahmen in der Planung und in der Durchführung von Unterricht haben, sowie anhand von zwei Beispielen Möglichkeiten eines differenzierenden Unterrichts illustrieren.

10.1 Differenzierung und Individualisierung

Differenzierung im Rahmen von Schule kann auf zwei Ebenen erfolgen: auf einer äußeren und auf einer inneren Ebene. Mit äußerer Differenzierung ist die Aufteilung (und damit Trennung) von Schülerinnen und Schülern nach ihrem Alter, ihrem Leistungsvermögen oder auch nach ihrem Geschlecht in unterschiedliche Schulformen, Jahrgangsklassen und Kurse gemeint. Die innere Differenzierung dagegen bezieht sich auf die stets vorhandenen Unterschiede innerhalb einer Lerngruppe und beschreibt Ansätze und Wege, diesen Unterschieden möglichst gerecht zu werden. Innere Differenzierung dient also dazu, Chancenungleichheiten abzubauen und die Qualitäten einzelner Schüler im Lernprozess wirksam werden zu lassen (Klafki und Stöcker 1976, S. 498). Klafki und Stöcker (1976, S. 503) betonen:

> „Wenn Unterricht jeden einzelnen Schüler optimal fördern will, wenn er jedem zu einem möglichst hohen Grad von Selbsttätigkeit und Selbständigkeit verhelfen und Schüler zu sozialer Kontakt- und Kooperationsfähigkeit befähigen will, dann muss er im Sinne Innerer Differenzierung durchdacht werden."

© Springer-Verlag GmbH Deutschland, ein Teil von Springer Nature 2019
S. Streller et al., *Chemiedidaktik an Fallbeispielen*,
https://doi.org/10.1007/978-3-662-58645-7_10

10.1.1 Innere Differenzierung: Lerninhalte und Ziele

Wenn wir von Differenzierung im Unterricht hören oder lesen, sind häufig der Einsatz verschiedener Methoden sowie unterschiedlich schwierige Arbeitsblätter und Aufgaben gemeint; die Lernziele und Lerninhalte bleiben jedoch für alle Schüler gleich. Damit wird intendiert, dass eigentlich alle Schüler einer Lerngruppe zwar genau dieselben Ziele – diese aber auf unterschiedlichen Wegen – erreichen sollen. So wünschenswert dieses Anliegen auch sein mag, so unrealistisch wäre es, darauf zu hoffen, dass es funktioniert. Klafki und Stöcker (1976) haben bereits vor mehr als 40 Jahren auf diesen Punkt hingewiesen: Einerseits würde im Unterricht so getan, dass die Ziele verbindlich für die gesamte Lerngruppe seien, faktisch würden aber keineswegs alle Schüler diese Ziele erreichen können. Dieser Sachverhalt wird aber in der Lehrplankonstruktion und der konkreten Unterrichtsgestaltung als „vermeintlich unveränderlicher, wenngleich bedauernswerter Tatbestand hingenommen" (Klafki und Stöcker 1976, S. 504) und findet seinen Ausdruck vor allem in den verschiedenen Notenstufen. Wollte man auf der Ebene der Lernziele und Lerninhalte mit der Differenzierung beginnen, müsste ein Curriculum mindestens zweifach aufgegliedert werden: Klafki und Stöcker regten schon damals an, eine für alle Schüler verbindliche Basis (ein Fundamentum) und zusätzliche Ziele (ein Additum) zu formulieren. Heute würde man das Fundamentum wohl als Mindeststandard bezeichnen (KMK 2005). Der für die Länder Berlin und Brandenburg seit dem Schuljahr 2017/18 gültige Rahmenlehrplan greift diese Form der inneren Differenzierung in Form verschiedener Niveaustufen auf (SenBJF 2016).

In der Unterrichtsplanung kann diese Form der inneren Differenzierung im Stundenentwurf umgesetzt werden, indem die konkretisierten Standards für eine Stunde auf unterschiedlichem Niveau formuliert werden (vgl. auch Kap. 9). Im Folgenden ist aus dem Kompetenzbereich Kommunikation ein Beispiel für Formulierungen angestrebter Kompetenzen auf unterschiedlichem Niveau (in Anlehnung an Wellensiek und Sliwka 2013, S. 8) angegeben:

Gegenstandsbezogene Äußerung	Adressatenbezogene Äußerung	Diskursive Reflexion
Schülerinnen und Schüler …		
können Sachverhalte, Einsichten oder Eindrücke aus der eigenen Perspektive formulieren	können eine eigene sprachliche Äußerung in den Dialog einbringen und sich auf andere Äußerungen beziehen	können von der eigenen Position aus auch andere Positionen wahrnehmen/ würdigen und in ihren Äußerungen berücksichtigen

10.1.2 Innere Differenzierung: Methoden und Materialien

Inneres Differenzieren lässt sich im Unterricht über die verschiedensten Variablen realisieren. Das unterschiedliche Leistungsvermögen von Schülern haben wir bereits im vorherigen Abschnitt angesprochen. Hier bietet es sich also an, auf dem jeweiligen Anforderungsniveau individualisierte Ziele bzw. anzustrebende Kompetenzen zu formulieren. Doch nicht nur das Anforderungsniveau ist entscheidend (Kap. 9); viele weitere Facetten machen die individuelle Persönlichkeit der Schüler aus. So unterscheiden sich Schüler in ihren Interessen (Kap. 7), im Lerntempo, im Lesetempo, im Textverständnis, generell in der Sprachverwendung (Kap. 4), im Konzentrationsvermögen und auch in ihrem Arbeitsstil. Einige lernen lieber und besser allein, andere besser, wenn sie mit anderen zusammenarbeiten.

Exkurs: Diversität versus Heterogenität
Unterschiede zwischen Individuen wurden und werden meist in dem Begriff Heterogenität gefasst. Dabei bezieht sich Heterogenität auf die soziale Herkunft, religiöse und kulturelle Unterschiede, auf Sprache, Geschlecht und Leistung. Der Begriff der Heterogenität ist eher negativ konnotiert: Heterogenität zu begegnen ist eine „Herausforderung" oder wird als „problematisch" empfunden (Sliwka 2012, S. 272). Mit dem Begriff der Diversität – auch Vielfalt – soll eine eher positive Bedeutung etabliert werden: „Der Weg, der dem deutschen Bildungssystem in den nächsten Jahren bevorsteht, führt vom Verständnis der Heterogenität als Problem bzw. Herausforderung zu einem Verständnis von Diversität als Bildungsgewinn und als Bildungsressource" (Sliwka 2012, S. 273).

Führt man sich nun all diese individuellen Unterschiede vor Augen, fällt es gar nicht so schwer, auf tragfähige und erfolgversprechende Möglichkeiten der Differenzierung zu kommen; wir geben hier einige Beispiele:

- Kürzere oder längere Texte
- Texte in einfacher oder eher komplexer Sprache
- Bereitstellen von Glossaren oder Nachschlagewerken
- Einfachere oder schwierigere Aufgaben (mit unterschiedlicher fachlicher Tiefe)
- Menge/Anzahl der Aufgaben
- Aufgaben zu verschiedenen Themengebieten
- Strukturiertere bzw. offenere Arbeitsanweisungen (z. B. beim Experimentieren)
- Zulassen individuell gestalteter Lernleistungen (z. B. Portfolios, Facharbeiten)
- Eröffnen von Lernaktivitäten in unterschiedlichen Sozialformen
- Individuelle Arbeitspläne
- Gestufte Lernhilfen

Diese Liste lässt sich fortsetzen, und dabei sind der Kreativität keine Grenzen gesetzt. Außerdem gibt es zahlreiche Publikationen, die Tipps und Vorschläge bereithalten (z. B. Stäudel 2008; 2009; 2014; Sorrentino et al. 2009; Abels und Markic 2013). Unser Rat ist, sich von der Welt der methodischen Vorschläge und Anregungen nicht verführen zu lassen, sondern zunächst die eigenen Schüler genau zu beobachten, um herauszufinden, wann wer, mit wem und mit welchem Material erfolgreich gearbeitet und gelernt hat, um dann solche methodischen Varianten, die sich bewährt haben, vorzuhalten.

Ein zweiter Rat richtet den Blick auf den Sachverhalt, dass Methoden zur Differenzierung – wie alle anderen Methoden auch – mit den Schülern eingeübt werden müssen. Es ist nicht selbstverständlich, dass als Unterstützung und Hilfe geplante Materialien auch sofort in diesem Sinne von den Schülern genutzt werden können.

Unser dritter Rat lautet: Antizipieren Sie Denk- und Lernschritte Ihrer Schüler so genau und dezidiert wie möglich! Versetzen Sie sich gedanklich in Ihre Schüler: Wo könnten Schwierigkeiten im Lernprozess auftreten, und wie bzw. mit welchen Mitteln könnten Sie ihnen begegnen? Grundsätzlich empfehlen wir, einfach mit den Schülern zu sprechen! Oft wissen die Lernenden sehr genau, welche Lernarrangements ihnen helfen und welche Rahmenbedingungen ihnen guttun oder unter welchen Umständen sie besonders abgelenkt sind und ineffektiv agieren. Das gemeinsame Ausprobieren und anschließende Reflektieren von binnendifferenzierenden Methoden und lernförderlichen Sozialformen sind für Lehrende und Lernende eine fruchtbare Möglichkeit, um zu optimierten Lernbedingungen zu gelangen.

10.1.3 Innere Differenzierung und Diagnostik

Mit differenzierenden Angeboten im Unterricht kann ein Beitrag geleistet werden, um Schüler möglichst optimal und individuell zu fördern. Um dies zu ermöglichen, müssen Lehrer sicher feststellen können, auf welchem Stand die Lernenden sind und welche Schwierigkeiten (noch) auftreten. Differenzierung und Diagnostik im Unterricht sind also eng miteinander verwoben. Häufig wird im Unterricht eine Lernstandserhebung mit einem Test und anschließender Benotung gleichgesetzt (Stäudel 2009, S. 10). Diese Form der Leistungsüberprüfung – zumeist am Ende einer Unterrichtsreihe – gibt ohne Frage eine Rückmeldung für Lehrende und Lernende, ist aber nicht zwingend als diagnostisches Instrument geeignet, wenn es darum geht, Lernprozesse zu optimieren. Wollen sich Lehrer einen Eindruck verschaffen, was der Einzelne schon kann und wie der weitere Unterricht am Können und an den Bedürfnissen der einzelnen Schüler ausgerichtet werden kann, dann sind verschiedene Formen der sogenannten formativen Evaluation geeignet, um dies herauszufinden. Formative Evaluation (auch diagnostische Evaluation) bezeichnet die Bewertung während eines Prozesses mit dem Ziel, diesen zu verbessern. Formative Evaluation wird von summativer Evaluation abgegrenzt, denn damit ist eine abschließende Überprüfung und Bewertung (Test, Klassenarbeit, Vergleichsarbeiten) am Ende eines Lernprozesses gemeint. Zur formativen Evaluation gehören deshalb unbenotete Testaufgaben, Beobachtungen während einer Versuchsdurchführung, Kontrolle von Hausaufgaben, das Anfertigen von Zeichnungen (Kap. 3) und/oder Mind-oder Concept-Maps (samt Bestimmung der Zahl von Begriffen und Verknüpfungen, Kap. 8). Aber auch Selbsteinschätzungen von Schülern sind geeignet, um Rückschlüsse auf den Differenzierungsbedarf vorzunehmen und somit die Lernprozesse zu optimieren (Abb. 10.1).

Die Informationen, die Lehrer aus den Antworten und den Ergebnissen solcher Einschätzungen und Aufgaben erhalten, sind wertvoll, da sie Anhaltspunkte bieten,

	Themenfeld Säuren und Laugen	sicher	ziemlich sicher	unsicher	ganz unsicher
1	Ich kann Dissoziationsgleichungen aufstellen.				
2	Ich kann Säurerest-Ionen benennen.				
3	Ich kann anhand des Periodensystems Summenformeln von Hydroxiden formulieren.				
4	Ich kann Reaktionsgleichungen zur Neutralisation aufstellen.				
5	Ich kann Reaktionsgleichungen ausgleichen.				

Abb. 10.1 Beispielhafter Auszug aus einem Katalog zur Selbsteinschätzung für Schüler zum Themenfeld Säuren und Laugen (in Anlehnung an GdCh 2008, S. 6). Im Anhang und auf https://www.springer.com/de/book/9783662586440 finden Sie eine weiterführende Aufgabe zur Erstellung eines Diagnosebogens zum Thema Alkane

wie der weitere Unterricht effektiv, individuell und kompetenzorientiert geplant werden sollte. Einige Anregungen für solche diagnostischen Verfahren finden Sie in einer Zusammenstellung von Lutz Stäudel (2014, S. 163 ff.).

10.2 Beispiele für Differenzierung im Chemieunterricht

Anhand zweier konkreter Beispiele möchten wir veranschaulichen, wie im Chemieunterricht differenziert werden kann. Im ersten Beispiel zeigen wir eine Methode zur Differenzierung im Sinne eines Pflichtbereichs, also eines Fundamentums, und im zweiten Beispiel eine Methode im Sinne eines Zusatzangebots, also eines Additums. Da häufig mit dem Begriff Differenzierung die Unterstützung langsamerer oder schwächerer Schüler assoziiert wird, möchten wir uns explizit im zweiten Beispiel einem Angebot für schnellere und motiviertere Schüler zuwenden.

Beispiel 1: Die Aufgabenleiter
Bei dieser Methode gibt es eine zentrale Aufgabe, die Pflichtaufgabe, die von allen Schülern gelöst werden muss. Gemeinsam mit der Pflichtaufgabe stellt man Wahlaufgaben. Einige der Wahlaufgaben sind leichter als die Pflichtaufgabe, andere sind schwieriger. Die einfacheren Wahlaufgaben sollen die schwächeren Lernenden auf die Pflichtaufgabe vorbereiten und sie so bei der Lösung der Pflichtaufgabe unterstützen. Die schwierigeren weiterführenden Aufgaben sind für die Schüler gedacht, die in der Lage sind, sofort die Pflichtaufgabe korrekt zu bearbeiten. Von jedem Schüler müssen insgesamt drei oder vier Aufgaben bearbeitet werden; eine davon muss die Pflichtaufgabe sein, die restlichen und ergänzenden Aufgaben wählen die Lernenden frei nach ihrem individuellen Bedarf, Lernvermögen und Interesse.

Das folgende Beispiel zeigt eine Aufgabenleiter zum Thema Oberflächenspannung von Wasser. Die Schüler kennen bereits den Dipolcharakter von
Wasser sowie das Konzept der Wasserstoffbrückenbindungen.

*Arbeitsauftrag: Löse mindestens drei Aufgaben aus der folgenden Aufga-
benleiter. Eine der Aufgaben, die du lösen sollst, muss Aufgabe 5 sein.*

1. Erkläre, wodurch Wassermoleküle ihren Dipolcharakter erhalten. Zeichne
   das Modell eines Wassermoleküls und kennzeichne die Teilladungen.
2. Erkläre den Begriff „Wasserstoffbrückenbindung". Formuliere dazu einen
   kurzen Text und fertige eine Zeichnung an.
3. Stelle die Wechselwirkungen von drei Wassermolekülen, die sich an der
   Grenzfläche zwischen Wasseroberfläche und Luft befinden, untereinander
   sowie mit weiteren benachbarten Wassermolekülen zeichnerisch dar.
4. Erkläre das Zustandekommen des Phänomens „Oberflächenspannung".
5. **Erläutere, warum eine Büroklammer auf dem Wasser schwimmen
   kann.**
6. Ein Tropfen Geschirrspülmittel genügt, um die auf der Wasseroberfläche
   schwimmende Büroklammer zu versenken. Formuliere eine Begründung
   dazu.
7. Welche Beobachtung erwartest du, wenn statt eines Tropfens Spülmittel
   ein Tropfen Benzin zu der auf dem Wasser schwimmenden Büroklammer gegeben würde? Erkläre, wie du auf deine Vorhersage gekommen
   bist.

Für Berufsanfänger bringt diese Methode u. E. einen wesentlichen Vorteil mit
sich; denn die Methode provoziert die bewusste und konkrete Auseinandersetzung mit möglichen Denkschritten der Lernenden (Stäudel 2009). Beim
Erarbeiten einer Aufgabenleiter muss man sich darüber bewusst werden, welche fachlichen und methodischen Voraussetzungen für die Bearbeitung der
Pflichtaufgabe nötig sind. Mit den weiterführenden Aufgaben werden die leistungsstärkeren Schüler bedacht: Maßnahmen zur inneren Differenzierung
sollen stets auch genügend Anregungen für die Stärkeren und Schnelleren
bereitstellen.

Beispiel 2: Zusatzangebote

Mit unserem zweiten Beispiel wenden wir uns den schnelleren und besonders lernmotivierten Schülern zu, um diese so lange sinnvoll zu beschäftigen,
bis ihre Mitschüler ihre Aufgaben beendet haben. Es ist uns ein Anliegen,
darauf hinzuweisen, dass auch solche Zusatzaufgaben als Differenzierungs-
form anspruchsvoll und motivierend zu gestalten sind. Dabei ist darauf zu

achten, dass die Schüler die ergänzenden – leistungsdifferenzierenden – Aufgaben nicht als „Strafe" oder als „Beschäftigungstherapie" missverstehen. Empfehlenswert erscheint es uns, die gewissenhafte Auseinandersetzung mit den Zusatzangeboten in angemessener Form zu honorieren, beispielsweise durch eine kurze Präsentation der Aufgabenlösungen im Anschluss an die Sicherungsphase. Vor allem bei Transferaufgaben kann die ganze Klasse von einer solchen Präsentation durch die leistungsstärkeren Schüler profitieren.

Unser Beispiel zeigt eine Zusatzaufgabe im Rahmen von „Lernen an Stationen" zum Thema Wasser. Trotz der Bemühung um ähnlich umfangreiche Stationen sind leistungsstärkere Schüler oft vor der vorgesehenen Zeit mit ihren Arbeitsaufträgen fertig. Sie können nun an einem *concept cartoon* (Keogh und Naylor 1999, Abb. 10.2) zum Thema Eigenschaften von Wasser und Löslichkeit weiterarbeiten und somit die Zeit bis zum Wechsel der Stationen sinnvoll und bestenfalls intrinsisch motiviert überbrücken (Kap. 7 und 8). Die ausgewählte Zusatzaufgabe verlangt den Schülern neben chemiebezogenem Fachwissen auch solide Sprach- und Englischkenntnisse (Kap. 4) sowie ein hohes Maß an Kreativität ab.

Zusatzaufgabe zum Wasserpraktikum

1. Lege ein Glossar (Englisch-Deutsch) für die im Cartoon vorkommenden Substantive, Adjektive und Verben an.
2. Erkläre den Cartoon (Abb. 10.2) mithilfe deines chemiebezogenen Grundlagenwissens.
3. Beurteile, inwieweit eine deutsche Übersetzung des Cartoons möglich wäre.

Abschließend zeigen wir exemplarisch die Lösung dieser Aufgabe durch eine Schülerin:

1. *dissolving* – auflösen, *bear/s* – Bär/en, *Help!* – Hilfe!, *insoluble* – unlöslich, *polar bear* – Eisbär, *but* – aber, *easy* – leicht, *that's* – Das ist, *are* – sind, *for* – für, *you* – du, *not* – nicht
2. Da der Eisbär im Englischen „polar (bear)" heißt und polare Stoffe sich in Wasser auflösen, denkt der Eisbär, er würde sich nach dem Hineinfallen auflösen, und bittet deshalb den Braunbären um Hilfe.
3. Im Deutschen wäre dieser Cartoon nicht möglich. Denn „polar bear" heißt ja im Deutschen „Eisbär", so wäre das Ganze im Deutschen unlustig und auch sinnlos.

Die drei Aufgaben ließen sich sogar noch erweitern. So könnte eine weitere Aufgabe darin bestehen, selbst einen Cartoon zu einem Thema aus dem Wasserpraktikum zu entwickeln.

Abb. 10.2 *Concept cartoon* zum Thema Eigenschaften von Wasser und Löslichkeit (nach Tyler Larsen 2006. https://tijil.deviantart.com/art/Chemistry-Cartoons-43393938. Zugegriffen am 24.05.2018)

Literatur

Abels S, Markic S (Hrsg) (2013) Themenheft Diversität und Heterogenität. NiU Chem 135
Gesellschaft Deutscher Chemiker (GDCh) (2008) Diagnostizieren und Fördern im Chemieunterricht. GDCh, Frankfurt am Main
Keogh B, Naylor S (1999) Concept cartoons, teaching and learning in science: an evaluation. Int J Sci Ed 21(4):431–446
Klafki W, Stöcker H (1976) Innere Differenzierung des Unterrichts. Z f Päd 22(4):497–523
Kultusministerkonferenz KMK (2005) Bildungsstandards der Kultusministerkonferenz. Erläuterungen zur Konzeption und Entwicklung. Luchterhand, Berlin
Larsen T (2006) Concept Cartoon. https://tijil.deviantart.com/art/Chemistry-Cartoons-43393938. Zugegriffen am 24.05.2018
SenBJF – Senatsverwaltung für Bildung, Jugend, Familie Berlin und Ministerium für Bildung, Jugend und Sport Land Brandenburg (2016) Rahmenlehrplan Chemie. http://bildungsserver. berlin-brandenburg.de/rlp-online/c-faecher/chemie/kompetenzentwicklung/. Zugegriffen am 21.11.2017
Sliwka A (2012) Soziale Ungleichheit – Diversity – Inklusion. In: Bockhorst H, Reinwand VI, Zacharias W (Hrsg) Handbuch Kulturelle Bildung. kopaed, München, S 269–273
Sorrentino W, Linser HJ, Paradies L (2009) 99 Tipps: Differenzieren im Unterricht. Cornelsen, Berlin

Stäudel L (2008) Aufgaben mit gestuften Hilfen für den Chemie-Unterricht. Friedrich Verlag, Seelze

Stäudel L (2009) Differenzieren im Chemieunterricht. NiU Chem 111/112:8–11

Stäudel L (2014) Lernen fördern Naturwissenschaften. Unterricht in der Sekundarstufe I. Klett Kallmeyer, Seelze

Wellensiek A, Sliwka A (2013) Unterschiedlichkeit als Chance. Kompetenzorientierte Unterrichtsplanung mit dem Ziel der Inklusion. NiU Chem 135:7–9

Teil II

Fallbeispiele

In diesem Kapitel möchten wir Sie einladen, selbst aktiv zu werden und sich mit rekonstruierten Fallbeispielen aus der Unterrichtspraxis auseinanderzusetzen. Wir haben achtzehn Beispiele aus unserer eigenen Praxis gewählt und zusammengestellt. Es handelt sich also um Unterrichts- oder Gesprächssituationen, die tatsächlich so stattgefunden haben. Selbstverständlich haben wir alle Namen von Personen und Schulen anonymisiert. So haben wir die Nachnamen der Akteure in unseren Fallbeispielen aus einer Liste der häufigsten Nachnamen Deutschlands entnommen. Die von uns verwendeten Vornamen entstammen der Liste der häufigsten Vornamen von Jungen und Mädchen in Deutschland im Jahr 2001.

Jeder Fall beginnt mit einer kurzen Einleitung, in der wir Ihnen die Klasse und/ oder die Schule vorstellen und Ihnen weitere für die Bearbeitung des Falls wichtige Informationen an die Hand geben. Darüber hinaus erhalten Sie ganz konkrete Arbeitsmaterialien wie Tafelbilder, Arbeitsblätter oder Versuchsanordnungen, und wir schildern Dialoge, die tatsächlich so in der Unterrichtssituation stattgefunden haben. Jedes Beispiel endet mit Aufgaben, die Ihnen dabei helfen sollen, die geschilderten Situationen strukturiert zu analysieren und zu reflektieren.

Elektronisches Zusatzmaterial Die Online-Version dieses Kapitels (https://doi.org/10.1007/978-3-662-58645-7_11) enthält Zusatzmaterial, das für autorisierte Nutzer zugänglich ist.

Wir haben uns in der Auswahl der Fallbeispiele an verschiedenen Kriterien orientiert:

A. Alle Fallbeispiele weisen mindestens einen oder auch mehrere Anknüpfungspunkte zu den Ausführungen in den Theoriekapiteln im ersten Teil dieses Buches auf. Wenn Sie die Theoriekapitel kritisch gelesen haben, dann sollte es Ihnen nicht schwerfallen, in den Beispielen die problematischen Stellen sicher und schnell aufzufinden. Selbst wenn Sie aber den Theorieteil dieses Buches vorher nicht gelesen haben, können Sie ganz unvoreingenommen an die Analyse der Fallbeispiele herangehen und später in den Theorieteil zurückblättern.

B. Chemieanfangsunterricht ist einzigartig, dennoch gibt es durchaus sogenannte Klassiker. Damit sind Lernanlässe und vor allem Versuche gemeint, die „man zu diesem oder jenem Unterrichtsthema eben immer macht". Wir haben einige solcher Klassiker in unsere Fallbeispiele aufgenommen (Abschn. 11.1), z. B. den Kerzenversuch und den Kupferbrief (Abschn. 11.2), weil wir Sie auffordern möchten, auch gerade diese Klassiker, die so oft als quasi selbstverständlich im Unterricht genutzt und praktiziert werden, kritisch zu hinterfragen und didaktisch zu reflektieren.

C. Die Anordnung der Fallbeispiele folgt einerseits den Jahrgangsstufen und andererseits einer steigenden Komplexität. Die ersten Beispiele sind noch recht plakativ, die späteren werden vielschichtiger und sind in ihrem didaktischen Gehalt anspruchsvoller. Aber auch in den ersten Beispielen werden Sie merken, dass nicht nur ein didaktischer oder methodischer Aspekt berührt wird. Unterricht ist stets überaus komplex, und so werden Sie auch in den ausgewählten Fallbeispielen diverse Schwierigkeiten, aber auch Stärken auffinden können, die die Planung oder Durchführung des Unterrichts ausmachen. Uns sind keine Unterrichtsbesuche in Erinnerung geblieben, die ausnahmslos als unbefriedigend und unzureichend zu beurteilen gewesen wären, und wir erinnern auch keine Unterrichtsstunde, an der man nichts hätte finden können, was nicht anders hätte geplant oder besser hätte gemacht werden können. Unsere eigenen Stunden bilden da keine Ausnahme!

Im Anschluss an die geschilderten Situationen finden Sie jeweils Aufgaben, mit denen wir Sie anregen wollen, über den Fall nachzudenken. Nutzen Sie das Potenzial des Arbeitsbuches und reflektieren Sie zunächst selbst über das, was Ihnen im jeweiligen Fallbeispiel aufgefallen ist. Was hätten Sie getan, wie hätten Sie entschieden, wenn Sie in der geschilderten Situation gesteckt hätten? Oder fragen Sie sich: Was hätten Sie Ihrem Kollegen oder Ihrer Kollegin geraten, wenn Sie bezüglich dessen, was im Fallbeispiel behandelt wird, um Rat gefragt worden wären? Kurzum: Lesen Sie nicht unbedingt sofort weiter, sondern bilden Sie sich zunächst Ihre eigene Meinung.

Jedes der achtzehn Fallbeispiele wurde von uns in vielen Treffen sehr intensiv diskutiert. Die Essenz dieser Diskussion stellen wir im Anschluss an das jeweilige Fallbeispiel dar. In der Diskussion zeigen wir die Bezüge zu den Theoriekapiteln explizit auf.

Wir möchten darauf hinweisen, dass wir unsere Diskussionsbeiträge nicht als *die* Lösung auf die Fragen und Aufgaben verstanden wissen wollen, die wir Ihnen am

Ende eines jeden Beispiels gestellt haben. Sie wissen längst, dass es für Unterricht keine allgemeingültigen Rezepte und damit in vielen Fragen – von fachlicher Richtigkeit einmal abgesehen – oft auch kein eindeutiges Richtig oder Falsch gibt. Aber es gibt immer bessere oder schlechtere Begründungen und Argumente, und es gibt auch immer besser oder schlechter geeignete Alternativen. Wir wollen auch das „Bauchgefühl", das unser Verhalten und unsere Entscheidungen so manches Mal leitet, nicht verteufeln. Gleichwohl sind wir der Überzeugung, dass solides fachdidaktisches Know-how, pädagogisch-psychologisches Geschick und fachwissenschaftliche Kenntnisse stets die besseren Berater sind als die Kollegen, die uns mahnen: „Das haben wir doch schon immer so gemacht!" oder „Das haben wir aber noch nie so gemacht!". Deshalb möchten wir Sie ermuntern, unsere Sicht auf die in den Fallbeispielen beschriebenen Situationen zu lesen, unsere Argumente und Überlegungen kritisch zu hinterfragen und sich selbst dazu zu positionieren.

11.1 Der Kerzenversuch

Frau Schmidt absolviert ihr Unterrichtspraktikum an einer Oberschule. Sie unterrichtet in einer 8. Klasse das Thema „Luft". In einer Unterrichtsstunde der Reihe „Luft als Gasgemisch" beabsichtigt sie, die Schüler explizit im Kompetenzbereich Erkenntnisgewinnung zu fördern, da sie die Auswertung von Beobachtungen sowie die grafische Darstellung der Zusammensetzung von Luft in Form eines Diagramms in den Mittelpunkt stellen möchte. Sie entscheidet sich dafür, in der Stunde „Zusammensetzung von Luft" die Schüler einen Versuch zur Bestimmung des Sauerstoffanteils im Luftgemisch durchführen zu lassen. Die Durchführung gibt Frau Schmidt vor.

Nach der Durchführung des Versuchs beginnt Frau Schmidt mit der Sicherung der Ergebnisse. Dazu zeigt sie zunächst eine Folie (Abb. 11.1) und eröffnet damit das Unterrichtsgespräch wie folgt:

Frau Schmidt:	Beschreibt die Beobachtungen!
Tom:	Die Kerze verbraucht den Sauerstoff und geht aus, der Wasserpegel steigt.
Frau Schmidt:	Du sollst erstmal nur beschreiben, du siehst ja keinen Sauerstoff! Nochmal bitte.
Tom:	Hm … die Kerze brennt zuerst, dann geht sie aus, dabei steigt das Wasser in das umgestülpte Becherglas hoch.
Frau Schmidt:	So ist gut, jetzt bin ich auf eure Erklärung dieses Phänomens gespannt!
Lena:	Das Wasser steigt, weil die Kerze bei der Verbrennung den Sauerstoff verbraucht, es nimmt sozusagen den Platz des Sauerstoffs ein. Unser Becherglas war hinterher mit ungefähr 20 mL Wasser und mit nur noch 80 mL Luft gefüllt.
Frau Schmidt:	Sehr gut! Und was schließt ihr daraus?
Lena:	Sauerstoff macht ein Fünftel der Luft aus, also 20 %.

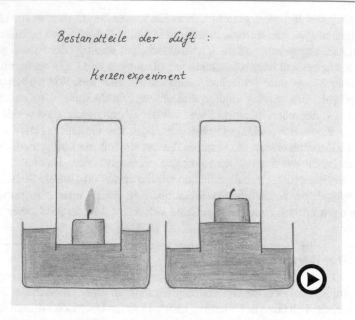

Abb. 11.1 Folie zur Visualisierung der Beobachtungen beim Kerzenversuch. Mithilfe der Multimedia-App können Sie einen Film zum Kerzenversuch aufrufen

---

Aufgaben

1. Diskutieren Sie den Einsatz dieses Versuchs aus fachlicher und fachdidaktischer Sicht.
2. Entwickeln Sie möglichst eine alternative Versuchsanordnung, und entscheiden Sie, ob der Versuch, den Frau Schmidt gewählt hat, verworfen werden sollte bzw. unter welchen Umständen der Versuch didaktisch sinnvoll im Unterricht eingebunden werden könnte.
3. Stellen Sie die Ihres Erachtens gelungenen Aspekte der Unterrichtsplanung und die gelungenen Ansätze im Unterrichtsgespräch, das Frau Schmidt mit den Schülern führt, heraus.

11.1.1 Diskussion des Versuchs aus fachlicher und fachdidaktischer Perspektive

Das von uns gewählte Fallbeispiel verdeutlicht gleich mehrere Schwierigkeiten und Stolpersteine, die beim Einsatz von Experimenten und Versuchen auftreten können. Selbst wenn der Versuch zunächst als recht anschaulich beurteilt werden kann, ist er u. E. fachlich und auch fachdidaktisch als sehr bedenklich einzustufen.

Betrachten wir zunächst die fachliche Ebene: Während die Kerze brennt, wird das Kerzenwachs (also Stearin, Paraffin oder Bienenwachs) mit dem Sauerstoff aus der Luft im Becherglas zu Kohlenstoffdioxid und Wasserdampf umgesetzt. Diese beiden Produkte nehmen natürlich zunächst auch ein Volumen ein. Gleichzeitig werden auch die anderen im Glas befindlichen Gase durch die brennende Kerze erwärmt. Nach kurzer Zeit erlischt die Flamme, und der Wasserpegel im Becherglas steigt an. Dies geschieht, wenn man genau beobachtet, aber erst, wenn die Flamme erlischt! Mehrere Effekte tragen also dazu bei, dass der Wasserpegel steigt:

- Die Gasphase im Glas kühlt ab,
- der entstandene Wasserdampf kondensiert und
- ein Teil des entstandenen Kohlenstoffdioxids löst sich im Wasser.

All diese Prozesse führen zu einer Abnahme des Gesamtgasvolumens im Becherglas und damit zu einem Unterdruck (Barke 2006, S. 46). Dieser Druckunterschied wird durch das Ansteigen des Wasserpegels im Glas ausgeglichen. Zu bedenken ist außerdem, dass die Kerze bereits erlischt, wenn der Sauerstoffgehalt bei einem Volumenanteil von ca. 15–17 % liegt. Es ist also eher ein Zufall und der Messungenauigkeit geschuldet, dass die oben beschriebenen Vorgänge trotzdem zu einem Anstieg des Wasserpegels von ungefähr 20 % führen. Dieser so passende Effekt ist wahrscheinlich der Grund, weshalb Generationen von Lehrern an diesem Versuch festgehalten haben (Kap. 2). Diesen Versuch mit dem Argument der didaktischen Reduktion legitimieren zu wollen, wäre u. E. hier nicht tragfähig, da – wie geschildert – die Ursachen für den Anstieg des Wasserpegels ganz andere sind.

Betrachten wir nun die fachdidaktische Ebene: Schüler äußern oft die Beobachtung, dass der Wasserpegel steigt, *während* die Kerze brennt, da die Erwartung, dass die Kerze erlöschen wird, sobald der Sauerstoff „verbraucht" wurde, die Wahrnehmung leitet (Barke 2006, S. 46). Zum Umgang mit Phänomenen und Beobachtungen verweisen wir auf die Ausführungen im Theorieteil (Kap. 3 und 5).

Bei Schülern ist oft sogar auch ohne die Beobachtung des Versuchs sofort eine Erklärung verfügbar: „Die Kerze braucht den Sauerstoff auf – der Luftdruck im Glas nimmt ab – das Wasser steigt." Schon allein dass der Wasserpegel erst nach dem Erlöschen der Flamme steigt, ist ein Indiz dafür, dass der „Sauerstoffverbrauch" als Erklärung (eigentlich) ausgeschlossen werden müsste. In einem interessanten Projekt zum Kerzenversuch wurden gemeinsam mit Schülern die Ursachen für den Anstieg des Wasserpegels untersucht (PRISMAS).

Die Vorstellung, Verbrennungen gingen mit Stoffvernichtungen einher (hier also: Sauerstoff wird „verbraucht"), wird u. E. durch diesen Versuch eher noch verstärkt als ausgeräumt (Barke 2006, S. 46; Kap. 3). Da wir aber anstreben, dass die Schüler im Sinne des Satzes von der Erhaltung der Masse chemische Reaktionen als Vorgänge verstehen, bei denen sich zwar die Bindungsverhältnisse der Teilchen ändern (Barke et al. 2015, S. 10 ff.), die Masse jedoch erhalten bleibt, sollte auf den Einsatz dieses Versuchs zur Bestimmung des Sauerstoffgehalts der Luft aus fachdidaktischen Überlegungen eigentlich verzichtet werden.

11.1.2 Alternative Versuchsanordnungen

Wie könnten nun die von der Lehrerin intendierten Aspekte didaktisch stimmig unterrichtet werden? Sinnvoll wäre u. E. an dieser Stelle, ein Alternativexperiment zu
überlegen, das bei gleichbleibender Zielsetzung (Bestimmung des Sauerstoffanteils
der Luft) keine Fehlvorstellungen provoziert oder bestätigt. Nach unserem Dafürhalten bietet sich dazu folgender Versuch an, der auch von Schülern durchgeführt
werden kann: Einige Kupferspäne (ca. 1,5 g) oder auch eine Portion Eisenwolle
(ca. 1,5 g) werden in ein Reagenzglas gegeben. Das Glas wird mit einem Gummistopfen
verschlossen und anschließend vorsichtig erwärmt. Dabei muss der Stopfen ganz
leicht festgedrückt werden, damit er bei Vergrößerung des Gasvolumens im Zuge der
Erwärmung der Luft im Gas nicht abspringen kann., Sobald sich nach ca. 1 Minute
schwarze Reaktionsprodukte zeigen, kann dann kräftiger erhitzt werden. Wenn keine
weitere Veränderung mehr beobachtet werden kann, wird das nach wie vor ver-
schlossene Reagenzglas abgelegt. Nach ungefähr 5 Minuten sollte es abgekühlt sein.
Nun hält man das kalte Reagenzglas mit der Öffnung und dem Stopfen nach unten in
eine pneumatische Wanne oder eine Schüssel. Unter Wasser wird das Reagenzglas
aufgerichtet und der Stopfen vorsichtig entfernt: Wasser dringt nun in das Reagenzglas ein und füllt einen Teil seines Innenvolumens. Dabei kann es passieren, dass die
Kupferspäne herausfallen, die Eisenwolle dagegen bleibt im Reagenzglas.

Bei diesem Versuch entstehen praktischerweise keine gasförmigen Reaktionsprodukte. Die Erklärung, dass der Sauerstoff „vernichtet" wurde, drängt sich nicht so auf,
wie dies im eingangs geschilderten Versuch der Fall ist. Vielmehr scheint es plausibel,
dass Sauerstoff im Kupferoxid bzw. Eisenoxid gebunden ist. Inwieweit die Schüler
dies wirklich verstanden haben, lässt sich leicht überprüfen, indem sie bei der Auswertung aufgefordert werden, die Reaktion unter Verwendung des Teilchenmodells
auch grafisch darzustellen. Da die Schüler im Verlauf der Unterrichtsreihe im Themenfeld Feuer schon Reaktionen von Metall mit Sauerstoff kennengelernt haben,
z. B. die Oxidation am Beispiel von Kupfer zu Kupferoxid (Abschn. 11.2) oder die
Massezunahme bei der Verbrennung von Eisenwolle (Abschn. 11.5), bietet dieser Versuch eine Möglichkeit der Wiederholung und Vernetzung des Gelernten (Kap. 8).

Wir geben zu bedenken, dass diese alternative Versuchsanordnung jedoch in der
Handhabung deutlich anspruchsvoller ist als der Kerzenversuch. Wir haben dazu die
potenziellen Schwierigkeiten im Versuch selbst, wie das Festhalten des Stopfens, das
langsame Erwärmen und das ausreichend lange Abkühlen-Lassen bereits dargestellt.
Für die Wartezeit während des Abkühlens ist es sinnvoll, den Schülern eine Aufgabe
zu geben, um Leerlauf und die damit oftmals verbundene Unruhe im Unterricht zu
vermeiden. Die Schüler könnten z. B. in der Zwischenzeit das Versuchsprotokoll anlegen und so die Lehr-Lern-Zeit optimal nutzen. Eine Schwierigkeit in der Auswertung des Versuchs besteht darin, dass sich in der Regel weniger als ein Fünftel des
Innenvolumens des Reagenzglases mit Wasser gefüllt hat. Bekommen die Schüler
für die Auswertung ein Kreisdiagramm zur Zusammensetzung des Luftgemisches an
die Hand, so können sie trotzdem erkennen, dass ihre Beobachtung im Vergleich zu
den anderen Luftbestandteilen am ehesten dem Anteil von Sauerstoff in der Luft entspricht. Daran anschließend drängt sich eine Fehlerbetrachtung geradezu auf. Für die

Abweichung vom erwarteten Ergebnis können folgende Gründe in Betracht gezogen werden:

- Kupferspäne und auch Eisenwolle haben evtl. nicht den ganzen Sauerstoff gebunden, weil zu wenig Metall ins Reagenzglas gegeben wurde;
- die Metalle waren teilweise an der Oberfläche schon oxidiert; oder
- das restliche Luftgemisch im Reagenzglas war noch warm und nahm deswegen ein größeres Volumen ein, als dies bei Zimmertemperatur der Fall gewesen wäre.

Für die Ermittlung des Sauerstoffanteils in der Luft bieten sich noch zwei weitere Versuche an, bei denen ebenfalls keine gasförmigen Reaktionsprodukte entstehen und die als Lehrerdemonstrationsversuche vorgeführt werden können. Zum einen kann dazu wieder Eisenwolle und zum anderen roter Phosphor genutzt werden (Barke 2006, S. 46).

Im ersten Fall wird Eisenwolle in ein Verbrennungsrohr gegeben, an das an jedem Ende ein Kolbenprober angeschlossen ist (Barke 2006, S. 62). Einer der beiden Kolbenprober enthält eine definierte Menge Luft. Erhitzt man nun die Eisenwolle, reagiert sie mit dem Sauerstoff der Luft, die von einem Kolbenprober in den anderen über die erhitzte Eisenwolle geleitet wird. Schlussendlich kann man an der Skalierung die Volumenänderung ablesen. Als zweite Möglichkeit beschreibt Barke die Verbrennung von Phosphor im geschlossenen System. Dieser Versuch basiert auf einem ähnlichen Prinzip. Dazu wird roter Phosphor in einem Verbrennungslöffel entzündet und in eine Müllersche Gasmessglocke eingebracht, die zu einem Drittel mit Wasser als Sperrflüssigkeit gefüllt ist. Das entstehende Phosphoroxid löst sich im Wasser, und der Wasserpegel steigt an. An der Skalierung kann die Volumenänderung direkt abgelesen werden.

Sollte der Kerzenversuch aus dem Unterricht verschwinden?

Wir würden diese Frage mit „Ja" beantworten, wenn es vorrangig um die Zielsetzung „Bestimmung des Sauerstoffgehalts der Luft" geht. Dieser Versuch hat aber viel Potenzial für einen fächerverbindenden naturwissenschaftlichen Unterricht. Sobald klargestellt wird, dass der Wasserpegel erst nach dem Erlöschen der Kerze ansteigt, scheidet die Erklärung aus, wonach das Wasser den Platz des „verbrauchten" Sauerstoffs einnehmen würde. Jetzt könnte sich aber die Forschungsfrage stellen: Was führt eigentlich dazu, dass nach dem Erlöschen der Kerze der Wasserpegel ansteigt? Anregungen liefert hierzu das oben bereits erwähnte Projekt PRISMAS.

Da der Anstieg des Wasserpegels hauptsächlich auf den entstehenden Unterdruck im Glas zurückzuführen ist, der durch das Erkalten nach dem Erlöschen der Kerze entsteht, sind verschiedene Versuche denkbar, um diese Vermutung zu prüfen – oder aber je gewähltem Gang der Erkenntnisgewinnung im Unterricht zu genau dieser Erklärung zu gelangen. Man kann beispielsweise die thermischen Effekte auf das Volumen der Luft im Glas ohne das Teelicht untersuchen. Dazu würde man das Glas, das man im Kerzenversuch über das Teelicht stülpt, mit einem Föhn erwärmen und dann mit der Öffnung nach unten in eine Schale mit Wasser stellen. Kühlt man nun die Wände des Glasgefäßes mit Eiswürfeln, kontrahiert die darin befindliche Luft, und der Wasserpegel steigt.

Andere Vermutungen bzw. mögliche Ursachen können arbeitsteilig von verschiedenen Teams untersucht werden, z. B.:

a) Um nachzuweisen, dass sich Kohlenstoffdioxid im Wasser gelöst hat, müsste Kalkwasser statt Wasser im Versuch eingesetzt werden.

b) Über die Identifikation des Kondenswassers an den Innenwänden des Standzylinders kann gefolgert werden, dass es sich tatsächlich um Wasser handelt und der dort durch die Verbrennung entstandene Wasserdampf kondensiert ist. Dieser Wassernachweis erfolgt mithilfe von WATESMO-Papier oder wasserfreiem Kupfersulfat.

c) Um nachzuweisen, dass das Kondenswasser aus der Verbrennung der Kerze stammt und nicht aus dem Wasserdampf des im Versuch verwendeten Wassers, kann man das Becherglas mithilfe eines Föhns erwärmen und mit der Öffnung nach unten in die mit Wasser gefüllte Schale stellen. Bei dieser Anordnung bildet sich kein Kondenswasser an der Becherglaswand. Es muss sich folglich aus dem Wasserdampf als Reaktionsprodukt bei der Verbrennung des Wachses gebildet haben.

11.1.3   Stärken und Schwächen des Unterrichts

Positiv an dieser Unterrichtsplanung anzumerken ist, dass die Studentin einen klaren Schwerpunkt für die Stunde gewählt hat, nämlich die Förderung von Kompetenzen im Bereich Erkenntnisgewinnung. Jedoch ist der Versuchsaufbau so speziell, dass wahrscheinlich kein Schüler ohne starke Einhilfe auf die Idee käme, den Sauerstoffgehalt der Luft mit einer Kerze und Wasser zu bestimmen. Außerdem ist zu loben, dass Frau Schmidt im Unterrichtsgespräch darauf besteht, dass Beobachtungen und Auswertung nicht vermischt werden. Da sie diese Unterrichtsstunde eigenständig geplant hat und demzufolge hinter ihrer Planung steht, wundert es nicht, dass es ihr schwerfällt, die fachlichen und fachdidaktischen Probleme dieses Versuchs im Auswertungsgespräch zu erkennen. Das führt dazu, dass sie letztlich die Schüler in ihrer Vorstellung bestätigt, dass der Sauerstoff im Becherglas tatsächlich „verbraucht" wurde, was nun den Anstieg des Wasserpegels erklärt und ausschlaggebend für den Sauerstoffanteil der Luft ist.

Auch die Visualisierung der Beobachtungen als Grundlage für die Besprechung ist als eine gute Idee herauszustellen. Mithilfe der Skizze kann sichergestellt werden, dass alle Schüler über dasselbe Ergebnis reden, unabhängig davon, welche abweichenden Beobachtungen bei der einen oder anderen Gruppe ggf. gemacht oder eben nicht gemacht wurden.

11.2 Der Kupferbrief

Herr Meyer unterrichtet eine 7. Klasse im Chemieanfangsunterricht und möchte mithilfe eines Schülerexperiments den Reaktionstyp der Oxidation einführen. Dazu hat er den klassischen Versuch „Kupferbrief" gewählt. Die Schüler sind im Umgang mit dem Bunsenbrenner geübt. Sie haben in den vorangegangenen Stunden bereits die Bedingungen für Feuer und die Kennzeichen einer chemischen Reaktion kennengelernt.

Herr Meyer beginnt die Stunde, indem er eine Folie mit dem Titel „Wanted!!!" auflegt. Die Schüler sollen den Steckbrief lesen und das gesuchte Metall benennen:

WANTED!!!
Gesucht wird ein Metall, das …

- in der Natur selten rein vorkommt,
- ein sehr guter elektrischer Leiter ist,
- oft in der Elektrotechnik verwendet wird,
- für die Herstellung von Münzen verwendet wird,
- glänzend ist und eine rötliche Farbe besitzt.

| **Hannah:** | Kupfer. |
| **Herr Meyer:** | Kupfer, genau. Wir wollen heute untersuchen, was passiert, wenn man Kupfer erhitzt. |

Herr Meyer notiert dieses Ziel als Stundenfrage an der Tafel (Abb. 11.2) und fordert die Schüler auf, Vermutungen dazu zu nennen. Die von den Schülern formulierten

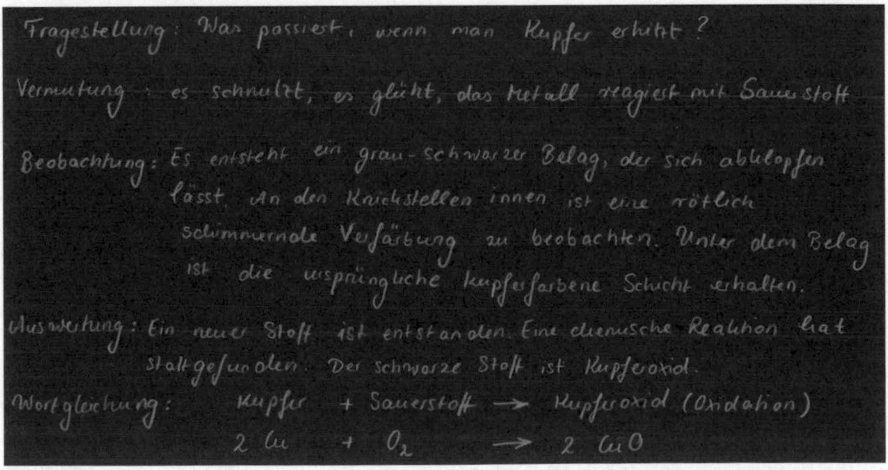

Abb. 11.2 Tafelbild zur Stunde „Der Kupferbrief"

Vermutungen schreibt Herr Meyer ebenfalls an die Tafel. Nachdem die Schüler das Tafelbild abgeschrieben haben, erhalten sie ein Arbeitsblatt mit dem Versuch „Kupferbrief" und führen ihn in kleinen Gruppen durch. Bei dem Kupferbrief-Versuch wird ein Kupferblech in der Mitte fest gefaltet, anschließend werden die Ränder umgeknickt und fest zugedrückt. Diesen „Brief" bringen die Schüler mittels einer Tiegelzange in der Bunsenbrennerflamme zum Glühen. Nach dem Abkühlen wird der Brief geöffnet, und es werden Innen- und Außenseite miteinander verglichen. Die Schüler nennen ihre Beobachtungen, die Herr Meyer an der Tafel notiert (Abb. 11.2). Anschließend beginnt Herr Meyer ein Gespräch zur Erklärung der Beobachtungen.

Herr Meyer:	Kommen wir zur Auswertung.
Niklas:	Da ist ein neuer Stoff entstanden, also hat eine Reaktion stattgefunden.
Marie:	Aber kann das Schwarze nicht auch Ruß sein?
Herr Meyer:	Nein. Schließlich geht es heute um Kupfer.

Aufgaben

1. Der Versuch „Kupferbrief" ist ein Klassiker im Chemieanfangsunterricht. Erörtern Sie die Vor- und Nachteile dieses Versuchs.
2. Diskutieren Sie die Schwächen und Stärken in der Unterrichtsdurchführung von Herrn Meyer. Entwickeln Sie Handlungsalternativen insbesondere für die Antwort auf Maries Einwand, aber auch für den gesamten Stundenablauf.

11.2.1 Vor- und Nachteile des Kupferbrief-Versuchs

Der Versuch „Kupferbrief" ist ein klassischer, häufig im Anfangsunterricht Chemie anzutreffender Versuch. Durch die einfache Versuchsdurchführung mit geringem Gefährdungspotenzial kann dieser Versuch von den Schülern selbst durchgeführt werden. Außerdem können die Schüler eine (vermeintlich) eindeutige Beobachtung (außen ist das Blech schwarz, innen nicht) mit dem vorher erlernten Wissen über die Kennzeichen einer chemischen Reaktion verknüpfen (Kap. 8). An diesem Beispiel können sie den Begriff der Oxidation erlernen, der im Anfangsunterricht als Reaktion eines Stoffes mit Sauerstoff definiert wird, denn bei dem Versuch wird der Einfluss des Sauerstoffs aus der Luft anschaulich gezeigt (außen hat das Kupfer Kontakt zur Luft und zur Flamme, innen nicht). Das Konzept der Oxidation der Metalle durch Sauerstoff wird mit diesem Beispiel (pseudo-)induktiv eingeführt (Kap. 5). Außerdem bietet die Durchführung des Versuchs die Möglichkeit, Schülervorstellungen zu diagnostizieren (Kap. 3). Diesen Aspekt wollen wir aber erst in Abschn. 11.2.2 diskutieren.

Zunächst möchten wir auf einen Nachteil dieses Versuchs hinweisen: Der genaue Blick auf den „Kupferbrief" offenbart, dass die Versuchsbeobachtung nur im ersten Moment eindeutig erscheint. In Abb. 11.3 ist zu erkennen, dass die Innenseite des Blechs (rechts) nach dem Versuch nicht nur kupferfarben ist, sondern an einigen

Abb. 11.3 Der „Kupferbrief" nach dem Erhitzen mit dem Bunsenbrenner (links: Innenseite, rechts: Außenseite). Einen Film zum Kupferbriefversuch können Sie mithilfe der Multimedia-App aufrufen

Stellen regenbogenartige Farbschattierungen zu erkennen sind. Diese Regenbogenfarbe stammt aus der unvollständigen Oxidation des Kupfers mit einer kleinen Restmenge Luftsauerstoff zu Kupfer(I)-oxid. Je nach Schichtdicke des gebildeten Kupfer(I)-oxids erscheint uns dieses unterschiedlich farbig. Die Farbe variiert mit zunehmender Schichtdicke von gelb über orange bis dunkelrot (Markina et al. 2016).

Insbesondere Schüler im Anfangsunterricht nehmen es mit dem Beobachten von Versuchen sehr genau – und das zu Recht! – und beschreiben Beobachtungen überaus detailreich. Da die Verfärbung im Innern des Kupferbriefs auch besonders auffällig ist, nennen Schüler diese Farberscheinung so gut wie immer als Beobachtung. Natürlich will der Lehrer in der Regel lediglich auf die Beobachtungen „außen schwarz" und „innen unverändert" hinaus, was zur Folge hat, dass die Beobachtung der schillernden Farben im Innern des Briefs oft unter den Teppich gekehrt wird. Hier stellt sich also die Frage, ob die Regenbogenfarbe im Unterrichtsverlauf thematisiert werden sollte. Unserer Meinung nach sollte die Versuchsbeobachtung auf jeden Fall notiert werden, da es sich tatsächlich um eine reproduzierbare und ernst zu nehmende Beobachtung handelt. Dass die Luft nie vollständig aus dem Innern des Kupferbriefs herausgepresst werden kann und kleinste Mengen übrigbleiben, ist für die Schüler meist die naheliegende Ursache dafür, dass eben im Innern doch auch eine Reaktion stattgefunden hat. Und dass hauchdünne Kupferoxidschichten farbig erscheinen, könnte der Lehrer anschließend ergänzen. In jedem Fall sollte eine Versuchsbeobachtung der Schüler nie deshalb eingeschränkt werden, weil sie nicht zum geplanten und erhofften Unterrichtsverlauf des Lehrers passt.

11.2.2 Schwächen und Stärken in der Unterrichtsdurchführung und Handlungsalternativen

Herr Meyer hat einen – wie wir meinen – didaktisch sinnvollen Schülerversuch gewählt und dennoch eine sich aus dem Unterrichtsverlauf ergebende Möglichkeit, eine Schüleräußerung wertzuschätzen, leider verpasst. So ist Maries Einwand, dass es sich bei dem schwarzen Belag auch um Ruß handeln könnte, durchaus berechtigt und stellt eine ernsthafte und ernst zu nehmende Vermutung dar, die leicht überprüft werden könnte. Hätte Herr Meyer die Vermutung von Marie aufgegriffen, so hätte man gemeinsam mit der Klasse überlegen können: a) ob die Vermutung plausibel ist, b) wie Marie auf ihre Vermutung kommt, c) welche Stoffeigenschaften für die Vermutung und welche dagegen sprechen und d) wie Maries Vermutung überprüft werden könnte. Dazu muss zunächst mit den Schülern geklärt werden, dass es sich bei Ruß um einen schwarzen Feststoff handelt, der zu einem überwiegenden Anteil aus Kohlenstoff besteht. Da der Ruß nach Maries Aussage aus dem Bunsenbrenner stammen muss, könnte Herr Meyer die Schüler dahin lenken, dass sie vorschlagen, den Kontakt des Kupferblechs mit der Flamme zu vermeiden, indem das Blech beispielsweise in einem Reagenzglas erhitzt wird. Dabei würde man zunächst feststellen, dass sich am Reagenzglas kein Ruß niederschlägt, die vermeintliche „Rußentwicklung" am Kupferblech aber erneut zu beobachten ist. Damit könnte Maries Vermutung, dass es sich um eine Rußablagerung auf dem Kupfer handelt, widerlegt werden.

Eine weitere Alternative bestünde darin, den Stoff, der vom Kupferblech abblättert, in einer Magnesiarinne zu sammeln und in die rauschende Bunsenbrennerflamme zu halten: Wäre das schwarze Pulver Ruß, müsste es verbrennen. Das wird aber nicht passieren. Somit wäre auch mit diesem Experiment die Vermutung widerlegt, es handele sich bei dem Belag um Ruß. Das würde aber die Frage provozieren, woraus der schwarze Stoff denn dann besteht? Maries Vermutung schlägt somit eine Brücke zur Untersuchung solcher chemischen Reaktionen, mit denen einem Stoff (hier Kupferoxid) der Sauerstoff mittels eines anderen Reaktionspartners entzogen wird (Abschn. 11.3.2) – und letztlich zur Einführung der Reduktion bzw. des Redoxbegriffs. Hier zeigt sich u. E. wieder, wie fruchtbringend von Schülern geäußerte Vorstellungen sind – auch wenn oder gerade weil sie nicht immer zum anvisierten Lernziel der Stunde führen. In jedem Fall sollten Fragen und Aussagen von Schülern, wie in diesem Beispiel geschehen, nicht einfach ignoriert werden, da die gezeigte Bereitschaft von Marie, sich einzubringen und verstehen zu wollen, auf längere Sicht abnehmen würde – ein Effekt, der durchaus auch andere Schüler in ihrer Mitarbeit beeinflussen könnte (Partizipationsbereitschaft; Kap. 7). Geäußerte Vorstellungen wie die von Marie weisen auf einen kognitiven Konflikt hin und damit auf eine echte Bereitschaft, sich mit dem Problem, um das es eigentlich geht, auseinanderzusetzen. Dieses Potenzial für echten schülernahen und kognitiv aktivierenden Unterricht darf nicht vergeudet werden (Kap. 7 und 8).

Aussagen wie die von Marie sind in diesem Zusammenhang durchaus typisch. Hadfield nennt in Bezug auf die Frage nach dem schwarzen Belag bei der Oxidation von Kupfer drei typische Schülervorstellungen (Hadfield 1995):

1. Es handelt sich um den von der Flamme erzeugten Ruß.
2. Die Schicht kommt aus dem Kupfer.
3. Die Schicht hat etwas mit der Umgebungsluft zu tun.

Diese Schülervorstellungen zum Konzept der chemischen Reaktion können also durch den Versuch Kupferbrief diagnostiziert werden. Um nachhaltiges Lernen im konstruktivistischen Sinne und damit Konzeptverständnis zu ermöglichen, müssen im Chemieunterricht Schülervorstellungen explizit aufgegriffen und thematisiert werden (Kap. 3 und 8). Durch die bereits genannten Möglichkeiten zum Umgang mit Maries Einwand kann hier also eine Konzepterweiterung bzw. ein Konzeptwechsel forciert werden (Kap. 3). Neben der Bildung eines neuen Stoffes mit neuen Eigenschaften ist ein weiterer möglicher Hinweis, dass beim Erhitzen von Kupfer eine chemische Reaktion abläuft, die Bestimmung der Masse des Kupferbriefs vor und nach dem Versuch.

Als einen weiteren diskussionswürdigen Aspekt möchten wir gern den Einstieg herausstellen. Ein Unterrichtseinstieg ist u. E. dann besonders funktional, wenn das gezeigte Phänomen oder die aufgeworfene Problemfrage zum weiteren Stundenverlauf passt und zum Kern der Unterrichtsstunde führt. In der von Herrn Meyer gezeigten Unterrichtsstunde sehen wir jedoch keinen wirklich plausiblen Zusammenhang zwischen den Eigenschaften von Kupfer und dem Erhitzen eines Kupferbriefs in einer Bunsenbrennerflamme. Daher leuchtet uns die Verwendung eines Steckbriefs über Kupfer in der Einstiegsphase dieser Unterrichtsstunde nicht ein. Eine u. E. zielführendere Alternative wäre, die Untersuchungsfrage einfach vorzugeben. Auch zu einer vom Lehrer vorgegebenen Fragestellung lassen sich dann Schülervermutungen formulieren. Wenn man bedenkt, dass die Fragestellung „Was passiert, wenn man Kupfer erhitzt?" eigentlich keine Frage ist, die von Schülern in das Unterrichtsgespräch eingebracht wird, wäre es ehrlicher, wenn diese Untersuchungsaufgabe vom Lehrer vorgegeben wird – wie Herr Meyer das letztlich auch getan hat.

11.3 Die Geschichte vom Hund, der den Knochen will

Frau Becker unterrichtet eine 8. Klasse an einem Gymnasium, die bereits seit der 7. Klasse Chemieunterricht hat. In dieser Unterrichtsstunde sollen die Schüler Teile der Redoxreihe der Metalle experimentell bestimmen. Sie besitzen aus den vorangegangenen Unterrichtsstunden Kenntnisse zu Oxidationsreaktionen. Die Oxidation wurde bisher als eine Reaktion eines Stoffes mit Sauerstoff definiert. Nach dem Einstieg leitet Frau Becker die Experimentierphase ein, in der die Schüler die Reaktivität verschiedener Metalle mit Sauerstoff untersuchen sollen. Dazu erhalten sie folgende Versuchsvorschrift:

Die Sauerstoffaffinitätsreihe der Metalle
Versuchsdurchführung:

1. Befülle eine Tüpfelplatte mit den Metallpulvern Kupfer, Eisen, Aluminium und Magnesium.
2. Schließe den Bunsenbrenner an und entzünde die Bunsenbrennerflamme.
3. Gib eine Spatelspitze des Kupferpulvers in die Bunsenbrennerflamme.
4. Beobachte, wie heftig die Reaktion abläuft.
5. Wiederhole dieses Vorgehen mit den Metallpulvern Eisen, Aluminium und Magnesium.

Nachdem die Schüler die Versuchsreihe durchgeführt und ein Kurzprotokoll geschrieben haben, sammelt Frau Becker die verschiedenen Versuchsbeobachtungen der Schüler und schreibt sie an die Tafel. Sie notiert dabei die Metalle entsprechend ihrer Reaktivität entlang eines Pfeils, dessen Pfeilspitze den Begriff
„Sauerstoffaffinität" trägt. Nachdem die Metalle in der Reihenfolge Kupfer, Eisen, Aluminium und Magnesium an der Tafel stehen, kommt es zu folgendem
Unterrichtsgespräch:

Tim:	Also bei uns hat Eisen heller gebrannt als Aluminium.
Lukas:	Bei uns war das nicht so.
Frau Becker:	Mit Meldung bitte! Was sagen denn die anderen dazu?
Hannah:	Wir konnten gar keinen Unterschied zwischen Aluminium und Ei-sen beobachten.
Frau Becker:	Dann schaut doch mal in eurem Lehrbuch nach, welche Lösung die richtige ist.

Die Schüler sehen in ihr Lehrbuch und notieren die Reihenfolge der Metalle gemäß
ihrer Reaktivität mit Sauerstoff in ihren Heftern.

Am Ende der Unterrichtsstunde möchte Frau Becker thematisieren, dass die un-
terschiedliche Sauerstoffaffinität der Metalle genutzt werden kann, um Metalle aus
Metalloxiden zu gewinnen. Dazu zeigt sie am Smartboard das folgende Bild
(Abb. 11.4):

Frau Becker:	Wenn wir nun die unterschiedliche Sauerstoffaffinität der Metalle nutzen wollen, um aus Metalloxiden Metalle zu gewinnen, wie könnte man das machen? Nutzt für eure Erklärung das Bild.
Lukas:	Na, die Hunde sind verschiedene Metalle, und der Knochen ist der Sauerstoff. Das heißt, Metalle können sich gegenseitig den Kno-chen, also Sauerstoff, klauen.
Frau Becker:	Richtig. Und genau das wollen wir in der nächsten Stunde unter-suchen.

Abb. 11.4 Hund-Knochen-Analogie von Frau Becker. Eine weiterführende Aufgabe zu dieser
Analogie finden Sie im Anhang und auf https://www.springer.com/de/book/9783662586440

1. Nennen Sie Vor- und Nachteile des von Frau Becker gewählten Versuchs zur Bestimmung der Redoxreihe der Metalle.
2. Beschreiben Sie eine Alternative zur Bestimmung der Redoxreihe der Metalle.
3. Diskutieren Sie die Funktionalität der von Frau Becker gewählten Hund-Knochen-Analogie.

11.3.1 Vor- und Nachteile des Versuchs „Verbrennung von Metallpulvern"

Die Bestimmung der Redoxreihe der Metalle ist ein wahrer Klassiker des Chemieunterrichts. Daher findet man in nahezu allen Schulbüchern eine Versuchsanleitung, um die Reaktivität einiger ausgewählter Metalle mit Sauerstoff zu bestimmen. Bevor wir mit der Analyse des von Frau Becker gewählten Versuchs beginnen, ist es zunächst wichtig, einige Begrifflichkeiten klarzustellen.

Frau Becker verwendet sowohl in ihrem Tafelbild als auch im Unterrichtsgespräch den Begriff der Sauerstoffaffinität, um Unterschiede zwischen Metallen bezüglich ihrer Reaktion mit Sauerstoff herauszuarbeiten. Dabei will sie letztlich auf edle und unedle Metalle sowie auf das unterschiedliche Reduktionsvermögen der Metalle hinaus.

Beim Begriff Sauerstoffaffinität handelt es sich um einen Begriff, der zwar häufig in der Schule verwendet wird, der in der chemischen Fachliteratur in diesem Zusammenhang jedoch nicht zu finden ist. Der Begriff Affinität ist aus dem Lateinischen abgeleitet und bedeutet so viel wie Anziehungskraft, Ähnlichkeit oder Verwandtschaft (Dudenredaktion 2009). Wenn wir von Sauerstoffaffinität sprechen, ist das Bestreben gemeint, Sauerstoff (dauerhaft) zu binden bzw. mit diesem zu reagieren. In der medizinischen und biochemischen Fachliteratur findet man zwar den Begriff der Sauerstoffaffinität, hier beschreibt er jedoch die reversible Bindung des Sauerstoffs beispielsweise an das Hämoglobin im Blut. Gemeint sind damit Gleichgewichtsreaktionen, die je nach Partialdruck des Sauerstoffs die Sättigung des sauerstoffmolekülbindenden Stoffes beschreiben (Klinke et al. 2010, S. 278).

Vor diesem Hintergrund also von einer hohen Sauerstoffaffinität von Metallen zu sprechen erscheint zumindest diskussionswürdig. In der Fachliteratur der Allgemeinen und Anorganischen Chemie wird dagegen der Begriff der elektrochemischen Spannungsreihe verwendet, in der die Metalle so angeordnet sind, dass „ein dort aufgeführtes Metall in der Lage ist, die Kationen aller in der Tabelle unter ihm stehenden Metalle zu reduzieren" (Atkins und Beran 1996, S. 123). In der Reihe wird also das Vermögen eines Metalls, die Ionen anderer Metalle zu reduzieren, widergespiegelt. Bezogen auf die Metalle findet man deshalb auch den Begriff „Redoxreihe der Metalle". Frau Becker steht – wie viele andere Lehrer auch – vor dem Dilemma, dass die Schüler bisher die chemischen Reaktionen Oxidation und Reduktion lediglich als Aufnahme bzw. Abgabe von Sauerstoff kennengelernt haben, nicht aber als Reaktionen, bei denen Elektronenübertragungen stattfinden. Außerdem ist den Schülern der Bau von Ionen in der Regel noch nicht bekannt. Dies ist der Grund, warum die Begriffe elektrochemische Spannungsreihe und auch Redoxreihe im Unterricht noch keine Anwendung finden können. Wir lesen deshalb in Schulbüchern den Begriff der Sauerstoffaffinität als eine Annäherung an die elektrochemische Spannungsreihe, indem die Metalle nach ihrem Vermögen, Sauerstoff zu binden, angeordnet werden (Kap. 2).

Nur der Vollständigkeit halber: Wenn man in Chemiefachbüchern den Begriff „Affinität" liest, dann im Zusammenhang mit Elektronen: Unter Elektronenaffinität versteht man die Energie, die benötigt oder frei wird, um ein Elektron auf ein Atom zu übertragen (Atkins 2001, S. 76). Vor diesem Hintergrund sehen wir die Verwendung des Begriffs der Sauerstoffaffinität in dieser Unterrichtsstunde kritisch, insbesondere wenn es heißt, dass „die unterschiedliche Affinität der Metalle zu Sauerstoff genutzt werden soll, um [später] aus Metalloxiden Metalle zu gewinnen". Hierbei handelt es sich weder um eine Gleichgewichtsreaktion, noch geht es um die Bindung von molekularem Sauerstoff (O_2). Wir werden also in der weiteren Analyse des Fallbeispiels konsequent den Begriff der Redoxreihe der Metalle verwenden und vom Reduktionsvermögen, also der Stärke eines Metalls als Reduktionsmittel, sprechen.

Frau Becker hat sich zusammenfassend für einen Schülerversuch entschieden, bei dem verschiedene Metalle in der Bunsenbrennerflamme verbrannt werden sollen. Anhand der Heftigkeit der Reaktion dieser Metalle mit Sauerstoff sollen die Schüler in erster Näherung die Redoxreihe der Metalle bestimmen. Die verschiedenen Metallpulver werden dazu in eine Bunsenbrennerflamme gegeben. Anschließend anschließend wird beobachtet, welches Metall besonders hell leuchtet oder gar funkelt. Aus den Beobachtungen schließen die Schüler auf die Reaktivität.

Die Unterscheidung der Metalle Magnesium und Kupfer anhand der Heftigkeit der Reaktion ist noch einfach möglich, die Unterscheidung der anderen Metalle dagegen schon deutlich schwieriger. Auf jeden Fall handelt es sich bei der Einschätzung der Helligkeit und des Funkelns um recht subjektive Beobachtungskriterien, was im schulischen Alltag jedoch manchmal unumgänglich ist und zu Recht in Kauf genommen wird. Die fehlende Eindeutigkeit zeigt sich im Unterrichtsgespräch während der Auswertungsphase. In dieser Phase gibt es eine kontroverse Diskussion über die korrekte Einordnung der Metalle in die Redoxreihe. Zunächst lässt Frau Becker die Klasse darüber diskutieren, allerdings wird diese Diskussion unserer Meinung nach viel zu schnell dadurch beendet, dass die Schüler die „richtige Lösung" dem Lehrbuch entnehmen sollen. Doch wie kann man als Lehrer mit einer solchen „unerwünschten" Versuchsbeobachtung nun umgehen?

Die Frage nach „richtigen" oder „falschen" Beobachtungen stellt sich eigentlich nicht, da Beobachtungen eben subjektiv sind (Kap. 5). So kann die Versuchsbeobachtung von Tim, dass die Reaktion des Eisens heftiger als die des Aluminiums war, durchaus richtig sein. Dafür sind verschiedene Gründe denkbar. Drei mögliche Ursachen seien an dieser Stelle genannt: Eine wichtige Rolle spielt bei dieser Reaktion sowohl erstens die Menge als auch zweitens der Zerteilungsgrad des Metalls. Je mehr Metallpulver verwendet wird bzw. je feiner die Körnung des

Pulvers ist, desto heftiger ist die zu beobachtende Reaktion. Drittens: Je nachdem, wie alt das Metall ist, kann sich außerdem eine leichte Oxidschicht gebildet haben (Passivierung), die das Metall in der Bunsenbrennerflamme weniger heftig reagieren lässt. Eine kritische Betrachtung dieser Versuche lässt sich also durchaus mit den Schülern durchführen, da die hierfür benötigten Vorkenntnisse vorhanden sein sollten. Für die Diskussion bietet es sich an, die Reaktion mit den vier Metallpulvern zuvor gefilmt zu haben, um sie im Falle einer Diskussion über die divergierenden Versuchsbeobachtungen in der Auswertungsphase noch einmal zeigen zu können.

Die Aufforderung an die Schüler „Beobachte, wie heftig die Reaktion abläuft" ist (vielleicht ja auch ganz absichtlich) recht offen gehalten, sodass die Schüler möglicherweise gänzlich unterschiedliche Maße für „Heftigkeit" anlegen. Hier kann es in einigen Klassen hilfreich sein, den Schülern den Vergleich der verschiedenen Beobachtungen dadurch zu vereinfachen, dass die Heftigkeit der Reaktion mit einer Zahl (1 … unreaktiv bis 10 … sehr reaktiv) oder einem Symbol (+++, ++, +, 0) beschrieben werden soll. Das kritische Reflektieren des eigenen Versuchs stellt eine wichtige Kompetenz dar. Unseres Erachtens bietet sich eine ausführliche Fehlerdiskussion an dieser Stelle an und ist in jedem Fall dem Abschreiben „der" Lösung aus einem Lehrbuch vorzuziehen.

Wenn Sie diesen Versuch mit Ihren Schülern durchführen möchten – und dafür gibt es gute Gründe –, empfehlen wir Ihnen, folgende praktische Tipps zu berücksichtigen:

1. Bei diesem Versuch können schnell große Mengen an Abfällen entstehen. Aus diesem Grund ist es sinnvoll, die für die Schüler zur Verfügung stehenden Mengen an verschiedenen Metallpulvern zu begrenzen. Auf diese Weise können Sie auch verhindern, dass die Schüler aus Spaß (und sicherlich auch aus Neugier) verschiedene Metalle in großen Mengen gleichzeitig in die Bunsenbrennerflamme geben.
2. In jedem Fall ist es wichtig zu verhindern, dass die Metalle in den Bunsenbrenner gelangen, damit dieser nicht auf Dauer verunreinigt oder auch beschädigt wird. Spätestens wenn in einer anderen Unterrichtsstunde mit diesem Bunsenbrenner Kationen anhand der Flammenfärbung nachgewiesen werden sollen, wäre die Beobachtung durch die Rückstände gestört. Um solche Verschmutzungen zu vermeiden, empfehlen wir, den Bunsenbrenner mithilfe eines Stativs schräg einzuspannen.
3. Die Metallpulverrückstände sollten nicht auf den Tischen landen. Daher ist es mehr als nur empfehlenswert, Bleche als Unterlage zu verwenden. Auf diese Weise lässt sich der Chemieraum nach der Durchführung des Versuchs schneller reinigen.
4. Achten Sie darauf bzw. weisen Sie darauf hin, dass die Schüler vergleichbare Mengen an verschiedenen Metallpulvern in die Flamme geben. Als Hilfsmittel zur Dosierung bieten sich beispielsweise simple Salzstreuer an. Eine *Low-cost*-Variante stellen kleine Plastikgefäße wie die gelben Spielzeughüllen in Überraschungseiern dar, in die mit einer Nadel zwei bis drei Löcher gebohrt wurden.

5. Neben den Pulvermengen beeinflusst vor allem auch die Körnung der Metallpulver die Reaktivität. Je kleiner die Körnung ist, desto größer ist die Oberfläche
   der Pulver und damit die Heftigkeit der Reaktion. Verwenden Sie also möglichst
   Metallpulver mit einer ähnlichen Körnung, um die Vergleichbarkeit zu gewährleisten (Kap. 6).
6. Gerade ältere Metallpulverbestände zeigen eine verringerte Reaktivität, da diese
   bereits passiviert sind. So bilden die einzelnen Körnchen an ihrer Oberfläche
   eine Oxidschicht aus, die die Reaktion behindert.
7. Da Magnesium mit einer grellen Flamme verbrennt, sollten die Schüler außerdem nie direkt in die Flamme blicken.
8. Halten Sie für den Fall der Fälle ein Video bereit, das den Versuch zeigt.

11.3.2   Erhitzen verschiedener Metall-Metalloxid-Kombinationen – eine Alternative?

Die Möglichkeit, Metall-Metalloxid-Mischungen zur Reaktion zu bringen, eignet
sich u. E. eigentlich ganz besonders gut zur Anwendung und zur Überprüfung der
Ergebnisse aus dem Versuch der Verbrennung von Metallpulvern und würde sich
somit an den zuvor diskutierten Versuch anschließen. Die Schüler könnten aus
den – vielleicht ja auch widersprüchlichen – Ergebnissen der bisher ermittelten Redoxreihe eine Vorhersage ableiten (deduktives Verfahren, Abschn. 6.2), welches
Metall welches Metalloxid zu reduzieren vermag, und so die bisher aufgestellte
Redoxreihe ggf. korrigieren.

Nichtsdestotrotz könnten die Ergebnisse aus den Reaktionen verschiedener Me-
talle und Metalloxide auch dazu genutzt werden, auf die Redoxreihe schließen zu
lassen. Diese Möglichkeit möchten wir Ihnen hier vorstellen. Um beispielsweise
Kupfer darzustellen, kann Eisen mit Kupfer(II)-oxid umgesetzt werden. Nach dem
Erhitzen wird das Reagenzglas vorsichtig in ein Tuch eingewickelt und mit einem
Hammer zerschlagen. Im Produktgemisch können die Schüler kleine Kupferstücke
entdecken, die sich bei der Reaktion gebildet haben. Damit die Schüler nun einen
Ausschnitt der Redoxreihe ermitteln können, müssten mehrere Kombinationen aus
Metall und Metalloxid erhitzt werden. Mögliche Ansätze sind in Tab. 11.1 dargestellt:

Anhand der Versuchsergebnisse (Tab. 11.1) können die Metalle mit zunehmen-
dem Reduktionsvermögen in die Reihenfolge Kupfer, Eisen und Zink gebracht werden, wobei Kupfer das geringste Reduktionsvermögen besitzt. Bei einem solchen
Vorgehen sollte man auf die unedleren Metalle wie beispielsweise Magnesium verzichten, da die Reaktion besonders heftig ausfällt. Auch eine Mischung aus Eisenoxid und Aluminium, als Thermit bekannt, darf nicht von Schülern im Reagenzglas
zur Reaktion gebracht werden, da dies zu gefährlich ist.

Wie könnte man nun eine solche Versuchsreihe im Unterricht organisieren?
Wenn jeder Schüler alle Metall-Metalloxid-Mischungen untersuchen soll, dann
wird die Menge des gebildeten Abfalls schnell recht groß (Abschn. 6.4). Daher erscheint es sinnvoll, dass die Schüler in verschiedene Gruppen eingeteilt werden und
je nur zwei Metall-Metalloxid-Kombination (z. B. eine mit positivem/negativem

Tab. 11.1 Mögliche Versuchsansätze zur Gewinnung von Metallen aus ihren Oxiden

	Zink (Zn)	Eisen (Fe)	Kupfer (Cu)
Zink(II)-oxid ZnO		–	–
Eisen(II)-oxid FeO	+		–
Kupfer(II)-oxid CuO	+	+	
.+: Metalldarstellung ist aus dem Oxid möglich.			
– : Darstellung ist nicht möglich.			

Ergebnis) untersuchen. Dies muss jedoch so organisiert werden, dass die Versuchsbeobachtungen auch durch eine ausreichende Anzahl an Experimentatoren pro Versuch abgesichert sind. In der Sicherungsphase können die Ergebnisse dann in einer Tabelle (wie oben gezeigt) gesammelt werden. Im Anschluss können die Schüler die Metalle entsprechend ihrem Reduktionsvermögen in einer Reihe ordnen.

Zu den Vorteilen dieses Ansatzes gehört sicherlich, dass es sich im Gegensatz zum Versuch der Verbrennung von Metallpulvern um eine objektivere Versuchsbeobachtung handelt. Wenn die Schüler das Reagenzglas aus der Flamme nehmen, dann können sie im Fall einer Reaktion das Durchglühen der Reaktionsmischung beobachten. Außerdem kann das gebildete Metall häufig bereits an der Reagenzglaswand erkannt werden, sodass auf das Auskippen der Mischung (bzw. das Zerschlagen des Reagenzglases) auch verzichtet werden kann. Beachten Sie in jedem Fall, dass bei der Durchführung dieses Versuchs feuerfeste Reagenzgläser verwendet werden. Zusätzlich lässt sich anhand der verschiedenen Versuchsansätze das Aufstellen von Reaktionsgleichungen und das korrekte Verwenden der Begriffe Oxidations- und Reduktionsmittel konsequent üben.

11.3.3 Die Hund-Knochen-Analogie

Anstelle einer Fehlerbetrachtung hat Frau Becker sich entschieden, einen Ausblick auf die nächste Stunde zu geben. Dazu lässt sie die Schüler das Gelernte in einem u. E. recht großen Transferschritt auf die Reaktion zwischen Metallen mit Metalloxiden übertragen: Die Schüler sollen eine Möglichkeit nennen, wie aus Metalloxiden Metalle gewonnen werden können. Um mit den Schülern ins Gespräch zu kommen, wählt sie als Material eine Analogie, in der zwei Hunde um einen Knochen konkurrieren (Abb. 11.4). Bereits Wilhelm Ostwald verwendete zu Beginn des 20. Jahrhunderts zur Erklärung von Redoxreaktionen eine Knochenanalogie für den Sauerstoff (zit. nach Rossa 2012, S. 191):

„Ich will dir ein Gleichnis sagen. Der Sauerstoff ist ein Knochen, den hat zuerst die Katze Wasserstoff. Dann kommt der Hund Eisen und nimmt der Katze den Knochen fort, und die Katze Wasserstoff muss ohne den Knochen fortlaufen".

Ähnliche Analogien dieser Art zum Thema Redoxreaktionen zwischen Metallen und Metalloxiden findet man noch heute in den Arbeitsmaterialien verschiedener Schulbuchverlage (z. B. Asselborn et al. 2013; Frank et al. 2016). So spannt beispielsweise Erich Eisen Karl Kupfer die Freundin Susi Sauerstoff aus, da diese auf unedlere Typen steht (Frank et al. 2016).

Obgleich wir der Meinung sind, dass der Transfer auf die Reduktion von Metalloxiden von Frau Becker besser als Einstieg in die nächste Unterrichtsstunde geeignet ist, erscheint uns die Verwendung einer Analogie zunächst nachvollziehbar. So eröffnen Analogien die Möglichkeit, chemische Sachverhalte auch mit geringem Vorwissen zu erarbeiten (Sumfleth und Kleine 1999, S. 53).

Unabhängig davon, welche Analogie man wählt, empfehlen wir Ihnen, zwei wichtige Dinge zu beachten:

1. Zum einen sollte die Zuordnung wie in der von Frau Becker gewählten Analogie eindeutig sein. Lukas stellt im Unterrichtsgespräch treffend fest, dass die Hunde Metalle darstellen und der Knochen den gebundenen Sauerstoff symbolisiert. Ein solches Bild ist ein gedankliches Modell, das wie andere Modelltypen auch eine Modellkritik erfordert. Eine Gegenüberstellung von Modell und Analogie ist eine einfache Möglichkeit, den Modellcharakter herauszustellen (Treagust 1993) und die Grenzen des Modells auszuloten (Abschn. 11.8).
2. Zum anderen muss der Umgang mit Animismen im Unterricht kritisch erfolgen, damit sich bei den Schülern diesbezüglich keine Fehlvorstellungen verfestigen (Thiele und Treagust 1991). So spricht Lukas davon, dass das eine Metall dem anderen den „Sauerstoff klauen" kann. Eine solche animistische Sprechweise ist zwar typisch für den Chemieanfangsunterricht, dennoch ist es u. E. wichtig, die Schüler für die korrekte Verwendung der Sprache im Chemieunterricht zu sensibilisieren (Kap. 4). So haben Atome keinen „Willen", sie verhalten sich nicht moralisch korrekt oder inkorrekt, und sie besitzen auch keine Motive, die ihr „Verhalten" oder gar ihre Verbindung leiten. Die einzigen Triebkräfte für chemische Reaktionen stellen die Größen Energie und Entropie dar.

11.4   Wir wollen heute Kupfer aus Kupferoxid gewinnen …

Herr Müller unterrichtet eine 8. Klasse mit 30 Schülern. Diese haben bereits einfache Versuche unter Anleitung durchgeführt und sind mit den Sicherheitsregeln im Umgang mit Chemikalien vertraut. Im Rahmen einer Unterrichtsreihe zu den Metallen und ihren Eigenschaften sollen die Schüler nun lernen, Vermutungen selbstständig zu formulieren und einfache Versuche mit Hilfestellungen selbstständig zu planen. In den vorangegangenen Unterrichtsstunden wurden bereits das Vorkommen der Metalle in Form ihrer Erze und die Redoxreihe der Metalle besprochen. In dieser Unterrichtsstunde sollen die Schüler nun Vermutungen dazu aufstellen, wie man aus dem Erz Kupferoxid das Metall Kupfer gewinnen könnte. Anschließend sollen die Schüler die Reduktion von Kupfer(II)-oxid mit Eisen selbst durchführen.

Die Schüler sind zum Unterricht bereit, die Schülerversuche sind auf einem Wagen bereits in Boxen vorbereitet, und die Begrüßung hat soeben stattgefunden. Herr Müller beginnt die Stunde:

Herr Müller: Wir wollen heute Kupfer aus Kupferoxid gewinnen. Wie lässt sich das machen? Dazu wollen wir nun gemeinsam Hypothesen an der Tafel formulieren.

An der Tafel steht bereits die Fragestellung der Stunde: Wie kann Kupfer aus Kupferoxid gewonnen werden?

Herr Müller wählt für den Unterrichtseinstieg die *„Think-pair-and-share"*-Methode, nach der die Schüler zunächst allein nachdenken, sich dann zu zweit austauschen und letztlich im Unterrichtsgespräch ihre Ideen äußern. Trotz des Vorlaufs melden sich zunächst nur sehr wenige Schüler zu Wort.

Paul: Erhitzen mit dem Bunsenbrenner.

Herr Müller notiert die Antwort an der Tafel.

Herr Müller: Was soll das bringen?
Paul: Dann wird der Sauerstoff durch die hohe Temperatur abgespalten.
Herr Müller: Was sagen die anderen dazu?
Sarah: Durch das Erhitzen von Metallen kann man doch erst Oxide erhalten. Die Metallatome wollen sich lieber mit Sauerstoff verbinden. Das kann also nicht die Lösung sein.
Paul: Ja, aber ich meinte auch viel höhere Temperaturen. Die Temperatur muss so hoch sein, dass der Sauerstoff verdampft wird und das Kupfer abgeschmolzen wird.
Herr Müller: Nein, Sarah hat da vollkommen Recht. Was haben die anderen für Ideen? Das ist doch gar nicht so schwierig.
Laura: Vielleicht kann man das Metall aus dem Oxid herauslösen. Das hatte doch bei dem Salz-Sand-Gemisch auch geklappt. Vielleicht braucht man hier etwas Stärkeres – eine Säure oder so?
Katharina: Also, wir hatten uns überlegt, dass man einen anderen Stoff hinzugeben könnte.

Herr Müller notiert die Hypothesen an der Tafel.

Herr Müller: Also, das Herauslösen mit einer Säure oder so geht nicht, ist aber eine gute Idee. Nehmen wir mal Katharinas Idee auf. Was könnte das für ein Stoff sein?

Viele Schüler murmeln vor sich hin. Herr Müller interveniert, weil er denkt, dass keiner eine zielführende Idee hat.

Herr Müller:	Na, man könnte zum Beispiel Eisen nehmen. Was könnte das Eisen denn nun machen?
Luca:	Das Kupferoxid zu Kupfer umwandeln.
Herr Müller:	Und was passiert dabei noch?
Sarah:	Das Eisen will vielleicht lieber mit dem Sauerstoff verbunden sein als das Kupfer.
Herr Müller:	Vollkommen richtig. Ich habe ein Arbeitsblatt vorbereitet, und wir führen jetzt den Versuch auf dem Arbeitsblatt durch.

Aufgaben

1. Überprüfen Sie das gerade dargestellte Unterrichtsgespräch hinsichtlich seiner Stärken und Schwächen sowohl in Bezug auf die Planung als auch hinsichtlich der Durchführung der Unterrichtsstunde.
2. Entwickeln Sie Alternativen, mit denen Sie den planerischen Schwächen der Unterrichtsstunde begegnen könnten.

11.4.1 Stärken und Schwächen dieser Unterrichtsstunde

Beginnen wir die Diskussion des Fallbeispiels mit den Stärken in der Unterrichtsplanung. Das von Herrn Müller ausgewählte Beispiel der Gewinnung von Metallen aus den Erzen bietet sich eigentlich hervorragend dafür an, das Aufstellen von Vermutungen mit den Schülern zu üben. So haben die Schüler in den vorangegangenen Unterrichtsstunden bereits gelernt, dass verschiedene Metalle mit Sauerstoff unterschiedlich heftig reagieren. Durch eine geschickte Gesprächsführung oder durch visuelle Hilfsimpulse könnten die Schüler auf die Idee kommen, dass Metalle, die besonders heftig mit Sauerstoff reagiert haben, solchen Metalloxiden den Sauerstoff entziehen könnten, die deutlich weniger heftig mit Sauerstoff reagierten. Gemeint ist damit die Eigenschaft eines Metalls, die Ionen eines anderen Metalls zu reduzieren; zur Begriffsklärung verweisen wir auf das Fallbeispiel „Die Geschichte vom Hund, der den Knochen will" (Abschn. 11.3).

Das Unterrichtsthema ist auch deshalb gut gewählt, weil einerseits mit dem Aufstellen von Hypothesen das naturwissenschaftliche Arbeiten geübt wird (Kap. 1 und 5), andererseits die geäußerten Vermutungen auch ein hervorragendes Diagnoseinstrument für Herrn Müller darstellen, um zu prüfen, ob das in den vorangegangenen Unterrichtsstunden Erarbeitete von den Schülern auch erlernt wurde und auf neue Fragestellungen (wie der hier formulierten) übertragen werden kann.

Die Vermutung von Paul, dass bei hohen Temperaturen der Sauerstoff im Kupferoxid „verdampft", deutet darauf hin, dass seine Vorstellung bezüglich der Begriffe „Verbindung" und „Gemisch" noch nicht der naturwissenschaftlichen Sicht entspricht (Abschn. 3.2). Es könnte aber genauso gut sein, dass Paul – woher auch immer – sich erinnert haben mag dass Silberoxid tatsächlich beim Erhitzen in die Elemente zerfällt. Sollte er dies gewusst haben, dann hätte er mit seiner Antwort

eine beeindruckende Transferleistung gezeigt. Aber wie auch immer Paul auf seine
Vermutung gekommen ist, u. E. hätte Herr Müller genau dies in Erfahrung bringen
sollen. Die Reaktion von Herrn Müller in Form der Frage „Was soll das bringen?"
wird von Paul ganz offensichtlich nicht als ehrliche Frage verstanden; im Gegenteil:
Da Paul seine Vermutung nicht näher ausführt, scheint er das Feedback als Zurück-
weisung verstanden zu haben. Respektvolle Kommunikation funktioniert anders.

Eine ähnliche Mischungsvorstellung wie die von Paul äußert auch Laura: Sie
vermutet, dass es wie bei der Trennung eines Salz-Sand-Gemisches doch gelingen
müsste, eine Komponente durch ein Lösungsmittel „herauszulösen" (Abschn. 3.2).

Eine weitere Schülervorstellung tritt in Sarahs Aussagen zutage: Sie spricht
gleich zweimal davon, dass die Metallatome einen „Willen" haben, da sie sich ja
lieber mit Sauerstoff verbinden. Wir erkennen, dass die Unterrichtsplanung und der
von Herrn Müller gewählte Stundeneinstieg eigentlich wertvolle Einblicke in die
Vorstellungen und Kenntnisse der Schüler eröffnet, die für die weitere Planung und
Durchführung des Unterrichts in der Klasse wichtig wären (Kap. 3). Der weitere
Verlauf des Unterrichtsgesprächs lässt aber Zweifel daran aufkommen, ob Herr
Müller die offenkundigen Schülervorstellungen tatsächlich zur Kenntnis genommen hat; zumindest greift er die von diesen Schülern genannten Vorstellungen in
dieser Stunde – bedauerlicherweise – nicht weiter auf.

Auf diese Weise verpufft das Potenzial, das die Unterrichtsplanung eigentlich
beinhaltet. Vielmehr werden weitere – durchaus vermeidbare – Schwächen in der
Durchführung der Stunde offenbar. Dafür, dass die Schüler in dieser Stunde das
Aufstellen von Vermutungen üben sollen, sind viele Kommentare und Rückmeldungen von Herrn Müller bezüglich der Schülerantworten leider von wenig Wertschätzung geprägt. Berücksichtigt man die, gemessen an der Altersstufe, sogar
hohe Qualität der geäußerten Vermutungen und das zuvor genannte Potenzial des
geplanten Unterrichtseinstiegs zur Diagnose und Reflexion von Schülervorstellungen, so würden wir Herrn Müller empfehlen, seinen Umgangston zu überdenken
und missverständliche Aussagen wie „Was soll das bringen?" zu vermeiden. Einerseits führt ein nicht wertschätzender Umgang mit Schüleräußerungen aufseiten der
Lernenden schnell zu Frustration, die wiederum mit einer Abnahme der Bereitschaft, sich am Unterricht zu beteiligen, einhergehen kann (Kap. 7), und zwar nicht
nur aufseiten des Betroffenen, sondern gleichwohl auch bei den Mitschülern, die
sich mit dem Betroffenen identifizieren. Andererseits ist die Berücksichtigung von
Schülervorstellungen insbesondere vor dem Hintergrund nachhaltigen Lernens besonders bedeutsam (Kap. 3 und 8). Werden die fachlich noch unzureichenden Vorstellungen der Lernenden ignoriert, dann kann kein Konzeptwechsel stattfinden,
und Verstehensprozesse unterbleiben. Da Vorstellungen und Verstehen über Sprache vermittelt sind, muss gerade im Anfangsunterricht großer Wert auf die Versprachlichung der Vorstellungen im Zuge der Begriffsbildung gelegt werden
(Kap. 4). Erst das Schaffen von Redeanlässen ermöglicht es dem Lehrer, Einblick
in die Vorstellungswelten und Gedanken der Lernenden zu erhalten, um dann ggf.
auf die identifizierten Verständnisschwierigkeiten seiner Schüler einzugehen und
diesen argumentativ zu begegnen.

Trotz des bereits lobenswert erwähnten Potenzials des von Herrn Müller geplanten Unterrichtsziels, das Formulieren von Vermutungen explizit zu üben, sehen wir bezüglich des Einstiegs durchaus Reflexions- und Diskussionsbedarf. Wir erinnern uns – Herr Müller legt wie folgt los: „Wir wollen heute Kupfer aus Kupferoxid gewinnen. Wie lässt sich das machen? Dazu wollen wir nun gemeinsam Hypothesen an der Tafel formulieren." Angesichts der Informationsdichte vermuten wir, dass der praktizierte Einstieg möglicherweise eine Überforderung für die Klasse gewesen ist. Diese Überforderung wird – trotz der durchgeführten *Think-pair-and-share*-Methode – in einem zunächst geringen Meldeverhalten der Schüler deutlich. Ohne Anknüpfung an Bekanntes aus den vorangegangenen Unterrichtsstunden, ohne Einbindung in einen Kontext, der den Schülern deutlich macht, warum es wert oder relevant sein könnte, über die Frage nachzudenken, beginnt Herr Müller den Unterricht. Herr Müller weiß natürlich, „wohin er möchte". Das gilt jedoch nicht für seine Schüler; für sie ist der Unterrichtsverlauf nicht transparent (Kap. 7 und 8). Aufgrund seines Vorgehens erreicht Herr Müller nicht das von ihm selbst gesetzte Ziel der Stunde.

Eine weitere Schwäche besteht unserer Auffassung nach in der Vorgabe des Schülerversuchs auf dem Arbeitsblatt. Trotz letztlich vielfältiger Vermutungen der Schüler zur möglichen Gewinnung von Kupfer aus Kupferoxid ist der durchzuführende Versuch bereits auf einem Arbeitsblatt genauestens vorgegeben und mittels der zusammengestellten Experimentierboxen schon vorbereitet. Dabei wären die von den Schülern eingangs genannten Vermutungen durchaus leicht mit Schüler- oder Demonstrationsexperimenten zu prüfen gewesen. An dieser Stelle lässt Herr Müller leider eine gute Möglichkeit aus, den Schülern die naturwissenschaftliche Arbeitsweise, nämlich das Formulieren von Vermutungen und das Planen von Experimenten zur Prüfung dieser Vermutungen, nahezubringen. Wir sind davon überzeugt, dass ein experimentelles Überprüfen der von den Schülern genannten Vermutungen einen wertvollen Beitrag zu einem motivationsfördernden Lernklima geleistet hätte (Abschn. 7.2), da sich die Schüler ernst genommen gefühlt sowie als selbstwirksam und kompetent erlebt hätten. Selbst wenn nicht jeder Vorschlag bzw. jede Vermutung zur Lösung geführt hätte, hätten die Schüler eine Förderung im Kompetenzbereich Erkenntnisgewinnung erfahren (Kap. 1 und 5); denn jeder, der schon in einem Labor gestanden hat, weiß, dass nicht jeder Versuch gelingt, nicht jeder Nachweis zielführend ist und Rückschläge zum naturwissenschaftlichen Alltag gehören. Dass die Auswertung der Experimente und der Vergleich der Ergebnisse mit den eingangs formulierten Vermutungen darüber hinaus die Sprachbildung im Chemieunterricht unterstützt hätten, liegt außerdem auf der Hand (Kap. 4).

11.4.2 Alternativen, die den Schwächen der Unterrichtsstunde begegnen

Aus der Beschreibung der Unterrichtssituation geht hervor, dass sich nur wenige Schüler zu Stundenbeginn melden. Daraus schließen wir, dass ihnen entweder das notwendige Vorwissen fehlte, um sich aktiv und zielführend beteiligen zu können, oder dass sie sich so überrumpelt fühlten, dass sie ihr eigentlich vorhandenes Vorwissen so schnell nicht aktivieren konnten. Um solchen Überforderungen entgegenzuwirken, sollte genau geprüft werden, über welches Vorwissen die Schüler verfügen und ob dieses Wissen ausreicht, um sinnvolle und zielführende Vermutungen aufstellen zu können. Ist dem nicht so, dann wären Informationen für die Schüler bereitzustellen, die es ihnen erlauben, mögliche Antworten auf die Stundenfrage zu finden. Wir denken dabei an Informationen in Form eines Arbeitsblatts, z. B. zur Gewinnung von Eisen aus Eisenerz oder zur Herstellung einer Reduktionsschmelze. Informationen über die Schmelztemperaturen von Kupfer und Kupferoxid könnten ebenso hilfreich sein wie ein Rückgriff auf die Redoxreihe der Metalle, die im vorangegangenen Unterricht experimentell erarbeitet wurde. Zur Nutzung der Informationen könnte auch die von Herrn Müller bereits verwendete *Think-pair-and-share*-Methode ein weiteres Mal Anwendung finden, damit den Schülern zunächst ein geschützter Lernraum zum Austausch über ihre Ideen eröffnet wird.

Als Alternative zum geplanten Unterrichtsverlauf von Herrn Müller hätten wir es begrüßt, wenn die Vermutungen, die die Schüler eingangs geäußert haben, auch aufgegriffen und experimentell geprüft worden wären. In Tab. 11.2 haben wir Beispiele zusammengestellt, die veranschaulichen mögen, wie die von den Schülern genannten Vermutungen im Unterricht hätten geprüft werden können:

Wenn man sich an dieser Stelle für Schülerexperimente entscheidet, dann wäre es zur effektiven Nutzung der Lehr-Lern-Zeit hilfreich, wenn die einzelnen Vermutungen

Tab. 11.2 Vermutungen und Vorschläge zu deren Überprüfung bezüglich der Frage: Wie kann man Kupfer aus Kupferoxid herstellen?

Vermutungen der Schüler	Experiment zur Überprüfung der Vermutung (Beobachtung, Erklärung)
„Das Kupferoxid muss erhitzt werden."	Erhitzen von Kupferoxid im Reagenzglas (Es bleibt ein schwarzes Pulver, obwohl bei Temperaturen über 800 °C auch Sauerstoff abgegeben wird und dann rötlich-braunes Kupfer-(I)-oxid im Rückstand entdeckt werden kann.)
„Der Sauerstoff kann durch das Schmelzen der Verbindung beseitigt werden."	Erhitzen von Kupferoxid im Reagenzglas, Nachweis des evtl. entweichenden Sauerstoffs mit Glimmspanprobe (Die Glimmspanprobe fällt negativ aus; Sauerstoff entweicht nicht in nachweisbaren Mengen.)
„Das Metall muss durch eine Säure oder einen anderen Stoff herausgelöst werden."	Zugabe einer Säure zu Kupfer-(II)-oxid (Kupferoxid löst sich in verdünnter Salzsäure, es entsteht eine dunkelgrüne Lösung von Kupfer(II)-chlorid, Hinweise auf die Bildung von Kupfer sind nicht zu erkennen.)
„Der Sauerstoff muss von einem anderen Stoff aufgenommen werden."	Kupferoxid wird z. B. mit Eisenpulver gemischt und erhitzt (Rote, glänzende Stückchen sind im Rückstand zu erkennen, man kann darauf schließen, dass Kupfer entstanden ist.)

arbeitsteilig von einzelnen Schülergruppen überprüft würden. In der Sicherungsphase könnten die Gruppen dann ihren jeweiligen Versuch mit der dazugehörigen Auswertung präsentieren. Auf diese Weise kann auch eine Diskussion der Schüler über die Durchführung der Versuche angeregt werden, was stärker der intendierten Kompetenzförderung im Bereich der naturwissenschaftlichen Erkenntnisgewinnung von Herrn Müller entspräche und besonders das selbstständige Planen von Versuchen in der Unterrichtsreihe fördern würde.

11.5   Wenn ich einen Stoff verbrenne, wird er schwer

In einer Sekundarschule unterrichtet Herr Richter eine 8. Klasse in Chemie. Die Schüler dieser Klasse sind eher leistungsschwach, zeichnen sich aber durch einen rücksichtsvollen Umgang miteinander aus. Die Klasse hat seit 8 Wochen Chemieunterricht. In dieser Zeit wurden Stoffeigenschaften sowie der Aufbau der Materie aus Teilchen thematisiert und Verbrennungen als chemische Reaktion mit Sauerstoff eingeführt. Die Schüler können Wortgleichungen aufstellen, die Formelsprache ist ihnen noch nicht bekannt.

In der vergangenen Stunde hat Herr Richter mit der Klasse Schülerversuche zur Verbrennung von Eisenwolle durchgeführt. Dazu wurde ein kleines Büschel Eisenwolle mithilfe einer Tiegelzange an einer Kerze entzündet und die Massen vor und nach der Verbrennung bestimmt. Die Ergebnisse der verschiedenen Gruppen fielen durchaus unterschiedlich aus; so zeigte sich in einzelnen Gruppen eine Massezunahme, in anderen eine Masseabnahme. Ausgehend von den divergenten Ergebnissen der vorangegangenen Stunde wollte Herr Richter in dieser Stunde auf das Gesetz von der Erhaltung der Masse schließen lassen.

Herr Richter: Wiederholt bitte, was wir in der letzten Stunde gemacht haben.

Mehrere Schüler melden sich und berichten von der Verbrennung der Eisenwolle. Im Zuge dessen ergänzen sie sich gegenseitig.

Herr Richter: Prima. Dann möchte ich euch bitten, eure Ergebnisse in die Tabelle (legt eine Folie auf) einzutragen.

Herr Richter fasst im Folgenden die Ergebnisse selbst zusammen und stellt klar, dass eigentlich in allen Gruppen eine Massezunahme hätte beobachtet werden müssen, weil Eisen mit Sauerstoff reagiert.

Herr Richter: Formuliert nun bitte einen Merksatz zur letzten Stunde.
Antonia: Wenn man Stoffe verbrennt, werden sie schwerer, weil sich der Stoff mit Sauerstoff vermengt.
Herr Richter: Ja, das kann man so formulieren. Bitte schreibt den Satz auf.

Antonia wiederholt mehrfach den Satz, die Klasse schreibt.

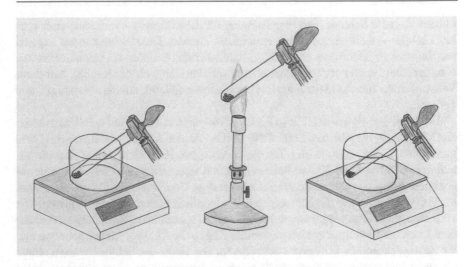

Abb. 11.5 Zeichnung auf Arbeitsblatt zum Versuch „Verbrennung von Streichholzköpfchen"

Herr Richter (legt Folie mit dem Bild eines brennenden Streichholzes auf): Schreibt bitte eine Stundenfrage für heute auf.

Die Klasse ist ganz leise, doch niemand schreibt etwas auf. Auch Herr Richter bemerkt, dass die Klasse mit der Aufgabe offenbar nichts anfangen kann, und hilft ein.

Mit seiner – zum Teil sehr starken Steuerung – wird gemeinsam die folgende Frage formuliert: Nimmt die Masse zu oder ab, wenn Streichhölzer verbrannt werden?

Ein Arbeitsblatt mit der Versuchsvorschrift zur Verbrennung von Streichholzköpfchen und der nachfolgend dargebotenen Abb. 11.5 wird verteilt. Die Klasse beginnt zu arbeiten.

Aufgaben

1. Diskutieren und beurteilen Sie den gewählten Ansatz der Problematisierung.
2. Der gewählte Schülerversuch „Verbrennung von Streichholzköpfchen im geschlossenen System" gilt als ein Klassiker. Stellen Sie Vor- und Nachteile dieses Versuchs heraus.

11.5.1 Gesetz von der Erhaltung der Masse – Ansätze der Problematisierung

Die Intention, das Gesetz von der Erhaltung der Masse problemorientiert einzuführen, ist zweifelsohne wertzuschätzen. Herr Richter möchte gezielt den Kompetenzbereich Erkenntnisgewinnung in den Blick nehmen (Kap. 1 und 5). Er versucht, die Ergebnisse der vorangegangenen Stunde aufzugreifen, und regt die Schüler an, ihre Kenntnisse im Vergleich mit einer weiteren Verbrennung so zu nutzen, dass die Schüler eine Fragestellung für diese Stunde – wenn auch mit starker Einhilfe – weitgehend selbst entwickeln können. Unterrichtsstunden explizit miteinander zu verbinden ist wichtig, damit für die Schüler die intendierten Zusammenhänge auch entstehen können und verständlich werden (Kap. 8). Auf diese Weise werden Inhalte nicht losgelöst voneinander gelernt, sondern verknüpft und vernetzt.

Doch wie gut eignet sich Herrn Richters Vorgehen in Bezug auf sein Unterrichtsziel? Zunächst werden die Ergebnisse (Differenz der Masse von Eisenwolle und verbrannter Eisenwolle) in eine Tabelle eingetragen. Herr Richter lässt aber die Ergebnisse nicht von der Klasse beschreiben und interpretieren, sondern übernimmt sogleich selbst die seines Erachtens notwendige Ergebniskorrektur dahingehend, dass er verkündet, wie die Messergebnisse eigentlich hätten ausfallen müssen. Wir vermuten, dass er so vorgegangen ist, um Zeit zu sparen und Verwirrung zu vermeiden. Doch damit vergibt er sich und seiner Klasse die Chance, Messergebnisse und ihr Zustandekommen kritisch zu reflektieren. Die Frage der Schüler, warum einige Gruppen Massezunahme festgestellt haben und andere eine Masseabnahme, steht doch noch im Raum. Als die Schüler anschließend einen Merksatz zum Versuch der letzten Stunde formulieren sollen, nutzen sie verständlicherweise die Worte ihres Lehrers, der ja gerade gesagt hat, wie das Ergebnis eigentlich hätte ausfallen sollen – und so schreiben sie den von Antonia diktierten Merksatz in ihr Heft:

Wenn man Stoffe verbrennt, werden sie schwerer, weil sich der Stoff mit Sauerstoff vermengt.

Aus der Perspektive der Schüler ist es völlig nachvollziehbar, dass sie aufgrund der Messergebnisse zu dieser falschen Aussage gelangen. Leider aber bestätigt Herr Richter das Gesagte, und das ist in mehrfacher Hinsicht problematisch.

1. Der Lehrer akzeptiert im Merksatz die Generalisierung „Stoffe", obwohl sich das Ergebnis nur auf einen einzigen Versuch (Verbrennung von Eisenwolle) bezieht (Abschn. 6.2).
2. Die Aussage „Wenn man Stoffe verbrennt, werden sie schwerer" ist fachlich falsch.
3. Herr Richter unterstützt damit – sicher nicht absichtlich – die Vorstellung, dass es sich beim Produkt immer noch um *die Stoffe* handelt, die anfangs betrachtet wurden (Abschn. 3.2.2). Stoffe (hier das Eisen) werden zu Trägern von Eigenschaften. Das kommt in der Formulierung „werden *sie* schwerer" zum Ausdruck. In einer chemischen Reaktion entstehen aber neue Stoffe mit neuen Eigenschaften.
4. Eine weitere Vorstellung, nämlich die Mischungsvorstellung (Stoff mit Sauerstoff *vermengt*), wird ebenfalls mit diesem Satz bedient (Abschn. 3.2.3).

Die hier offen zutage getretenen Schülervorstellungen werden im Stundenverlauf leider nicht wieder aufgegriffen, thematisiert oder gar ausgeräumt. Indem der Lehrer die anderen Schüler auffordert, Antonias Satz zu übernehmen, ist das für die gesamte Klasse die Bestätigung, dass dieser Satz vollständig und fachlich korrekt sein müsste.

Aus diesem Geschehen heraus entsteht eine nächste Hürde, denn Herr Richter möchte nun zur Problematisierung kommen, indem er die Folie mit dem brennenden Streichholz auflegt. Natürlich hat er erwartet, dass die Schüler erkennen, dass das Verbrennungsprodukt eines Streichholzes doch leichter ist als das Streichholz, bevor es abgebrannt wurde. Doch dieser Widerspruch stellt sich für die Schüler nicht, nachdem der Verbrennungsmerksatz doch soeben für alle festgehalten wurde.

Die Folie als stummen Impuls einzusetzen ist gut gemeint, er verliert aber in unserem Beispiel nun seine Wirkung. Ohne an die ursprünglichen und alltagsgemäßen Erfahrungen, die die Schüler mit Verbrennungen gemacht haben, anzuknüpfen und ohne sie aufzufordern, ihre Erfahrungen beizusteuern, die sie bezüglich der Massenverhältnisse beim Verbrennen von Stoffen gemacht haben, finden die Schüler nicht zum Stundenziel zurück. Ihr kognitiver Konflikt liegt jetzt vielmehr im Bereich der Schüler-Lehrer-Kommunikation. Denn warum auch sollten die Schüler noch eine Frage zum Thema Verbrennungen formulieren? Sie haben ja gar keine Fragen mehr, weil Antonias Satz ja schon aussagte, dass alle Stoffe beim Verbrennen schwerer werden.

Da Herr Richter an seiner Stundenplanung festhält und er ja noch einen Schülerversuch vorgesehen hat, bleibt ihm kaum etwas anderes übrig, als die Frage mehr oder weniger vorzugeben. Unseres Erachtens ist das schade, denn eigentlich hätten sowohl die vorangegangene Stunde als auch der Vergleich mit den Alltagserfahrungen der Schüler viel Potenzial für eine gelungene Problematisierung und für ein lebhaftes, von den Schülern getragenes Unterrichtsgespräch geboten.

Herr Richter hatte bei der Planung dieser Stunde eigentlich ein Luxusproblem. Denn oft suchen selbst erfahrene Lehrer lange nach einer für die jeweilige Klasse geeigneten Problemsituation (Kap. 5), die die Klasse ins Nachdenken bringt, und Herrn Richter stehen gleich zwei solcher Situationen zur Verfügung (1. die unterschiedlichen Ergebnisse aus der Stunde zuvor und 2. der Vergleich der Erfahrungen, die die Schüler beim Verbrennen von Eisenwolle gemacht haben und die sie vom Abbrennen eines Streichholzes kennen).

Tatsächlich beobachten wir, dass es insbesondere für Berufsanfänger und Studierende im Praktikum schwierig ist, sich für einen problemorientierten Einstieg zu entscheiden, weil sie am liebsten alle Ideen „unterbringen" möchten. Das führt aber oft nicht zu den gewünschten Effekten, und die Schüler können den roten Faden nicht erkennen. Weniger ist eben manchmal mehr!

Und noch etwas erscheint uns an dieser Stelle wichtig herauszustellen: Wir sind als Lehrer dafür da, dass unsere Schüler im Unterricht etwas lernen. Wenn Lernen im konstruktivistischen Sinne an die Eigenaktivität der Lernenden gebunden ist und wenn Lernen vor allem sprachlich initiiert und vollzogen wird, dann sollten wir als Lehrer alles daran setzen, mit unseren Schülern ins Gespräch zu kommen oder – noch besser – unsere Schüler untereinander in unterrichtsbezogene Gespräche und kontroverse Diskurse zu versetzen (Kap. 4 und 8).

Schauen wir uns beide Problematisierungsgründe und einen möglichen Verlauf des Unterrichts an. Die unterschiedlichen Ergebnisse des Versuchs „Verbrennung von Eisenwolle" der vergangenen Stunde liefern den ersten Problemgrund (Abschn. 5.1), der zweite liegt im Vergleich zwischen der Verbrennung von Eisenwolle und einer vermeintlichen Massenzunahme sowie einer vermeintlichen Masseabnahme bei der Verbrennung eines Streichholzes.

Differierende Ergebnisse aus einem Versuch, die dazu keine klare Tendenz aufweisen, sondern sowohl eine Massezunahme als auch eine Masseabnahme zeigen, eignen sich besonders gut als Ausgangspunkt für forschendes Lernen (Kap. 5). Zunächst würde sich eine Fehlerbetrachtung anbieten: Welche Erklärungsansätze haben die Schüler selbst, um diese Abweichungen zu erklären? Ist den Schülern vielleicht bei der Versuchsdurchführung etwas aufgefallen, das einen Massenverlust könnte? Erfahrungsgemäß ist sehr wahrscheinlich beim Durchführen des Versuchs Folgendes passiert: Es kommt immer wieder vor, dass einzelne Fäden der Eisenwolle bei der Verbrennung abfallen und dass diese Fäden als sprühende Funken sogar so weit weggeflogen sind, dass sie deshalb bei der Abschlusswägung nicht mehr zur Verfügung stehen.

Aber in welche Richtung auch immer die Fehlerbetrachtung geht: Den Schülern müsste klar geworden sein, dass es bei dem Versuch entweder eine Massenzunahme oder -abnahme gibt. Nicht auszuschließen ist im Übrigen, dass es auch Gruppen hätte geben können, deren Messergebnisse für eine konstant gebliebene Masse beim Eisenwolleversuch gesprochen hätten. Gleichwohl wurden solche Versuchsergebnisse im von uns beobachteten Unterricht nicht genannt. Unserer Erfahrung nach regt dieser Umstand der Ergebnisdifferenzen zwischen den Gruppen die Schüler an, herausfinden zu wollen, welches Ergebnis denn nun „das richtige" ist. Allein mit dieser Problematisierung hätte Herr Richter erfolgversprechend eine Stunde zur Förderung der Experimentierkompetenz (Kap. 1 und 5) einleiten und durchführen können. Die Klasse hätte Zeit erhalten, eigene Ergebnisse zu überprüfen, indem sie einen von ihnen selbst verbesserten Experimentieransatz entwickelt und durchgeführt hätte. Denkbar ist auch, dass die Schüler den Versuch wiederholen dürfen und angehalten werden, besonders darauf zu achten, dass auch abgefallene Teile zusammen mit dem restlichen Reaktionsprodukt gewogen werden.

Tipp für den Versuch „Verbrennung von Eisenwolle"
Die Menge der zu verbrennenden Eisenwolle sollte mindestens 0,3 g betragen. Die Eisenwolleportion sollte etwas zusammengedrückt werden, sodass möglichst wenige Fäden aus dem Knäuel herausragen. Damit wird das Funkensprühen vermindert, und die Masse des Verbrennungsprodukts liegt deutlich über der der eingangs eingesetzten Eisenwolle.

Gesetzt den Fall (und dieser wird umso wahrscheinlicher, je akkurater und gewissenhafter die Versuche durchgeführt werden), dass schlussendlich alle Schülergruppen zu dem Ergebnis gelangen, dass die Masse der verbrannten Eisenwolle immer größer ausfällt als die Masse der Eisenwolle, dann hätte Herr Richter die Verbrennung von Streichhölzern danebenstellen und Unstimmigkeiten oder Ungereimtheiten von den Schüler diskutieren lassen können. Dieses aus dem Alltag bekannte

Phänomen, dass Verbrennungsprodukte scheinbar leichter sind als die eingangs eingesetzen Brennmaterialien, hätte gewiss bei den Schülern einen kognitiven Konflikt ausgelöst. Dies wäre also der zweite mögliche und erfolgversprechende Problemgrund gewesen (Abschn. 5.1).

Wir kommen nun noch einmal darauf zurück, dass ein (vor möglicher) Funkenflug dazu geführt haben mag, dass von einigen Gruppen keine Massenzunahme bei der verbrannten Eisenwolle festgestellt werden konnte. Der Fokus hätte auf die Frage gerichtet werden müssen, ob denn auch alles – also alle verbrannte Eisenwolle – gewogen wurde. Auch bei der Verbrennung von Streichhölzern müsste die Aufmerksamkeit der Schüler auf die Verbrennungsprodukte und auf die Frage, ob denn beim Abbrennen der Streichhölzer alle Verbrennungsprodukte gewogen wurden, gelenkt werden. Die genaue Betrachtung aller Verbrennungsprodukte ist angesichts der fehlerhaften Messung zuvor für die Schüler einleuchtend. Dass „alle Verbrennungsprodukte" in diesem Fall auch bedeutet, dass alle Verbrennungsgase zu berücksichtigen sind, ist auch für leistungsschwächere Schüler naheliegend – spätestens wenn wir ihre Aufmerksamkeit auf die Verbrennungsprodukte beim Verbrennen von Kerzen, Holz oder Autokraftstoffen lenken. Ebenso einleuchtend und plausibel dürfte der Hinweis für die Schüler sein, dass man, um Verbrennungsvorgänge umfassend erklären zu können, nicht nur alle Verbrennungsprodukte, sondern auch alle Ausgangsstoffe betrachten muss.

Wenn die Schüler die Rahmenbedingungen für Verbrennungsvorgänge geklärt und vor Augen haben, so ist der Schritt nicht mehr so groß, um das Problem zu lösen, wie es denn gelingen könnte, keinen Stoff, der bei einer Verbrennung entsteht, zu verlieren und alle Stoffe, die eingangs benötigt werden, in die Messung einzubinden. Auch wenn der Begriff des geschlossenen Systems sicher nicht fallen wird, so könnten die Schüler doch den Vorschlag unterbreiten, dass man die Verbrennung in einem geschlossenen Gefäß durchführen müsste. Damit wäre der Versuch, den Herr Richter auf dem Arbeitsblatt vorgibt (Abb. 11.5), im Prinzip von den Schülern geplant worden – der Unterrichtsverlauf würde eine stärkere kognitive Aktivierung der Schüler aufweisen (Abschn. 8.3) und deutlicher der experimentellen Methode (Kap. 5) entsprechen. Trotz der möglicherweise umfassenden und wiederholten Einhilfe durch den Lehrer sind wir zuversichtlich, dass die Schüler den Eindruck bekommen können, das naturwissenschaftlich nicht trivale Problem gemeinsam und weitgehend eigenständig gelöst zu haben. Alle drei Komponenten der Selbstbestimmungstheorie (Abschn. 7.1.2) scheinen berührt zu sein: Die Schüler haben das experimentelle Verfahren mitbestimmt (Autonomieerleben), sie waren schlussendlich erfolgreich (Kompetenzerleben), und sie haben das Problem gemeinsam als Klassengemeinschaft bewerkstelligt (Erleben sozialer Eingebundenheit); sowohl aus fachdidaktischer als auch aus lern- und motivationstheoretischer Sicht wäre dies eine runde und erfolgversprechende Unterrichtsplanung.

Abschließend möchten wir eine praktikable Variante für die Verbrennung von Eisenwolle im geschlossenen System vorschlagen: Eisenwolle wird in einen 500-ml-Rundkolben gegeben, mit zwei Drähten verbunden, die am Stopfen austreten und mittels eines 9-Volt-Blocks von außen gezündet (Abb. 11.6). Die Masse des Kolbens ist vor und nach der Reaktion identisch.

Tipp für den Versuch „Verbrennung von Eisenwolle im geschlossenen System"
Die Menge der zu verbrennenden Eisenwolle sollte maximal 0,3 g betragen.
Die Wollportion darf keineswegs zusammengedrückt werden, sondern muss
sehr locker sein, um eine große Oberfläche und somit Kontakt zum Luft-Sauerstoff im Gefäß zu gewährleisten. Die Drahtenden sollten recht nah aneinander plaziert werden, damit ein Kurzschluss entstehen kann und die Funkenbildung ausgelöst wird. Sollte der Versuch nicht zuverlässig klappen, dann
hilft es, wenn Sie die Luft im Kolben mit ein wenig Sauerstoff anreichern.
Eine weitere Möglichkeit besteht darin, den Kolben etwas zu bewegen, so wie
wir es im Video (Abb. 11.6) zeigen.

Abb. 11.6 Reaktion von
Eisenwolle mit Sauerstoff
im geschlossenen System.
Diese Reaktion können Sie
als Film mithilfe der
Multimedia-App aufrufen

11.5.2   Vor- und Nachteile zum Versuch „Verbrennen von Streichholzköpfchen"

Die Verbrennung von Streichhölzern oder dem vorderen Teil von Streichhölzern ist ebenfalls ein Versuch, den wir den „Klassikern des Chemie-Anfangsunterrichts" zurechnen. Fast immer wird dieser Versuch im Zusammenhang mit der Einführung des Gesetzes von der Erhaltung der Masse durchgeführt. Ein großer Vorteil des Versuchs liegt in seiner Schlichtheit und den leicht zugänglichen Materialien. Das Versuchsergebnis ist durchaus eindrucksvoll, da der Luftballon sich deutlich aufbläst und die Entstehung der Gase als Verbrennungsprodukte somit „(quasi) sichtbar" wird. Doch so anschaulich und scheinbar einfach der Versuch in der Durchführung auch sein mag, er birgt unter Umständen einige Tücken, auf die wir an dieser Stelle kurz hinweisen möchten.

Bei diesem Versuch müssen zwei Dinge beachtet werden, damit der gewünschte Effekt eintritt und tatsächlich keine Massenveränderung zwischen Edukten und Produkten feststellbar ist. Die erste Maßnahme ist: warten. Nach der Zündung der Streichholzköpfchen muss einige Minuten gewartet werden, bevor erneut die Masse bestimmt wird. Denn tut man es nicht, verleiht der mit den warmen, gasförmigen Reaktionsprodukten aufgeblasene Luftballon dem Reagenzglas einen auf einer Präzisionswaage durchaus messbaren Auftrieb, sodass die Schüler zu dem Schluss kommen würden, dass die Masse durch die Verbrennung abgenommen habe.

Die zweite Maßnahme besteht darin, Waagen mit nur einer Nachkommastelle zu verwenden, denn in diesem Präzisionsbereich machen sich Abweichungen nicht so stark bemerkbar. Diese Abweichungen können ebenfalls durch den Auftrieb und auch durch den Luftdruck, die auf den Luftballon wirken, verursacht werden. Wenn Sie präzisere Waagen benutzen, sind auftretende Abweichungen natürlich ein guter Anlass, um Fehlerbetrachtung zu üben. Im Anfangsunterricht ist das Verstehen der Ursachen dieser Fehler für die Schüler aber u. E. doch recht abstrakt und komplex und würde vom Kern der Sache, nämlich der experimentellen Erarbeitung des Gesetzes von der Erhaltung der Masse, vielleicht zu sehr ablenken.

11.6   Mord in der Cafeteria

Herr Schneider unterrichtet eine 8. Klasse in einem Gymnasium. Die Schüler dieser Klasse sind dem Fach Chemie gegenüber mehrheitlich aufgeschlossen und wirken interessiert. Es ist die zweite Stunde einer Unterrichtsreihe, die mit Stoffen und ihren Eigenschaften beginnt und in der es im weiteren Verlauf um die Themen chemische Reaktion und Feuer gehen wird. Die Seminarleiterin hat Herrn Schneider in Anbetracht dieser leistungsstarken und arbeitswilligen Lerngruppe beim vorherigen Unterrichtsbesuch ermutigt, den Schülern mehr Selbstständigkeit beim Experimentieren zuzutrauen. Da in dieser Stunde seine Fachseminarleiterin erneut zum Unterrichtsbesuch anwesend war, versuchte Herr Schneider, ihre Anregungen explizit umzusetzen.

In seinem Stundenentwurf hat Herr Schneider folgende Begründungen für seine Planungsentscheidungen formuliert:

> Die Schüler kennen einige einfache Stoffe, haben diese bereits unterschieden und in Stoffgruppen geordnet. Sie haben erste Experimente zu Eigenschaften von Stoffen durchgeführt und dabei die elektrische Leitfähigkeit, magnetische Anziehung und Wärmeleitfähigkeit von verschiedenen Stoffen untersucht. [...] Ziel der bevorstehenden Stunde ist es, bekannte Stoffe über entsprechende Eigenschaften zu identifizieren. [...] Es wird in dieser Unterrichtsstunde das erste Mal die Möglichkeit gegeben, dass die Schüler die Experimente selbstständig planen können. Sie dürfen selbstständig entscheiden, welches Leistungsniveau sie wählen.

Herr Schneider hat die Stunde mit einem Bericht über einen vermeintlichen Mord in der Cafeteria begonnen. Es gibt drei verdächtige Personen, die Salz, Mehl oder Zucker an die Cafeteria liefern. In der Küche ist eine „verräterische Spur" – genauer gesagt ein weißer Stoff – hinterlassen worden; es könnte sich dabei um Salz, Mehl oder Zucker handeln. Die drei verdächtigen Personen tragen Namen von Lehrern, die in dieser Klasse unterrichten und angeblich als Nebenjob die Cafeteria beliefern. Aufgabe der Schüler ist es nun, der Polizei bei den Ermittlungen zu helfen. Herr Schneider hat dazu für die Experimentierphase zwei leicht unterschiedliche Arbeitsblätter vorbereitet. Die Schüler dürfen eigenständig entscheiden, ob sie entweder das Arbeitsblatt A, wie es auf der nächsten Seite abgebildet ist (einfacheres Niveau), bearbeiten oder ob sie das Arbeitsblatt B verwenden, das keine Angaben zur Versuchsdurchführung enthält.

In der Experimentierphase haben alle Schüler, egal welche Variante des Arbeitsblatts sie gewählt haben, sofort angefangen zu arbeiten; ohne ihre Planungsvorschläge – wie gewünscht – zunächst aufzuschreiben. Wenige Schüler haben die Durchführung ihres Versuchs notiert. Schlussendlich kamen alle Schüler zu den vorgesehenen Ergebnissen. Die Stunde an sich verlief störungsfrei und glatt.

Arbeitsblatt A zur Stunde „Mord in der Cafeteria" – einfache Version
(Das Arbeitsblatt B in der schwierigeren Version enthält zwar die Fragen zu den Versuchen 1 bis 3, aber keine näheren/weiteren Versuchsanleitungen.)

Mord in der Cafeteria

Das kriminalistische Labor der Berliner Polizei bittet dich um Mithilfe. Um den Mord in der Cafeteria aufzuklären, muss ein unbekannter Stoff, der auf dem Boden entdeckt wurde, identifiziert werden. Untersuche die vier Stoffproben, welche die Polizei mithilfe der Lieferantenliste zusammengestellt hat, und vergleiche diese anschließend mit der unbekannten Stoffprobe, um den Mörder zu identifizieren.

Versuch 1: Wie sieht der Stoff aus?
Schau dir die Stoffe mithilfe einer Lupe genau an und beschreibe ihr Aussehen (Farbe und Form der Teilchen). Notiere dein Ergebnis in der Tabelle. Achte vor allem auf die Unterschiede.

Versuch 2: Löst sich der Stoff in Wasser?
Gib von jedem Stoff jeweils eine Spatelspitze in ein mit Wasser gefülltes Becherglas und rühre ungefähr 1 Minute um.

Versuch 3: Wie verändert sich der Stoff beim Erhitzen?
Gib in ein Reagenzglas eine Spatelspitze des Stoffes und erhitze diesen mithilfe eines Bunsenbrenners. Trage die Beobachtungen in die Tabelle ein. Achte vor allem auf die Farbe und den Aggregatzustand.

++ *Hinweis der Polizei: Die Stoffproben sind Beweismittel und dürfen nicht in Kontakt mit Händen kommen, um mögliche Spuren nicht zu verwischen. Außerdem müssen alle Versuche mit jedem Stoff durchgeführt werden, damit die Untersuchungen vor Gericht auch anerkannt werden.* ++

Eigenschaften	Puderzucker	Kochsalz	Mehl	Unbekannter Stoff
Aussehen (Lupe)				
Wasserlöslichkeit				
Veränderungen beim Erhitzen				

Ergebnis:
Zusatzaufgabe für schnelle Analytiker: Verfasse einen Brief an die Berliner Polizei, in dem du ausführlich anhand der Ergebnisse erklärst, welcher Lieferant laut deinem Ergebnis der Mörder sein müsste.

Aufgaben

1. Nennen Sie zwei bis drei Aspekte, die Ihnen als Schwächen in der Planung oder der Durchführung aufgefallen sind und die Sie mit Herrn Schneider diskutieren würden.
2. Schlagen Sie Verbesserungen vor, und entwickeln Sie Alternativen, wie Sie die von Ihnen ausgemachten Schwächen vermeiden würden.

11.6.1 Schwächen in Planung und Durchführung

Die Analyse einer Unterrichtsstunde gestaltet sich oftmals vor allem dann besonders schwierig, wenn der Unterricht eigentlich glatt und erwartungsgemäß verläuft und Planungsfehler auf den ersten Blick nicht sonderlich in Erscheinung treten. Potenzielle Planungsfehler könnten aber schon im Vorfeld des Unterrichts identifiziert werden, wenn man seine Stundenplanung z. B. mit Kollegen bespricht. Herr Schneider hätte u. E. gut daran getan, im Vorfeld seine Planung im Sinne eines kollegialen Coachinggesprächs z. B. mit einem Mitreferendar zu besprechen, um seine Ideen noch einmal kritisch zu hinterfragen (Kreis und Staub 2013). Tut man dies nicht, ist man als Unterrichtender nach einer anscheinend unproblematischen

Unterrichtsstunde in der Regel mit sich und seiner Stunde zufrieden: Die Schüler haben offensichtlich, wie es in unserem Beispiel der Fall gewesen ist, selbstständig gearbeitet, die Aufgaben ohne Schwierigkeiten bewältigt und sind auch zeitlich mit dem Ende der Stunde ans anvisierte Ziel gekommen. Von außen betrachtet ist der Stunde also eine hohe Schüleraktivität zu bescheinigen. Wenn aber in einer Unterrichtsstunde gar keine Schwierigkeiten auftreten bzw. im Vorfeld gar keine Schwierigkeiten zu antizipieren sind, dann sollte man sich doch fragen, ob das Anforderungsniveau für die entsprechende Klasse oder Lerngruppe nicht evtl. zu niedrig ist: Intellektuelle Herausforderungen und Anstrengungen und damit verbunden die eine oder andere kognitive Klippe gehören nämlich zum Lernprozess und zu einer wirklich gelungenen Unterrichtsstunde dazu (Kap. 9).

Die zentrale Frage, die man sich immer bei der Analyse einer Unterrichtsplanung oder auch bei der Reflexion von durchgeführtem Unterricht stellen muss, ist: Was wissen und was können die Schüler nach der Unterrichtsstunde und infolge der Intervention, was sie vor dem Unterricht nicht schon wussten, schon konnten oder zumindest noch nicht sicher beherrschten? Mit anderen Worten: Inwiefern und in welchem Maße fördert der Unterricht einen Kompetenzzuwachs aufseiten der Lernenden?

Auf diese zentrale Frage der Unterrichtsreflexion möchten wir an diesem Beispiel näher eingehen. Im Entwurf deklariert Herr Schneider, dass die Schüler bezüglich der Kompetenz „selbstständige Planung von Experimenten" erste Erfahrungen sammeln sollten. Dieses Ziel und die damit angestrebte Kompetenzförderung ist für die Schüler im Fach Chemie dermaßen wichtig (Kap. 1), dass der ansonsten in dieser Stunde eher geringe inhaltsbezogene Lernzuwachs durchaus vertretbar gewesen wäre; aber eben nur gewesen wäre. Und dies auch nur so lange, wie eine Kompetenzentwicklung im Bereich Erkenntnisgewinnung zu verzeichnen gewesen und das forschende Lernen in den Mittelpunkt der Unterrichtsstunde gestellt worden wäre (Kap. 5). Das anvisierte Stundenziel der Kompetenzförderung im Bereich Erkenntnisgewinnung erscheint für diese Lerngruppe durchaus angemessen, da die Schüler nicht nur motiviert und leistungsorientiert sind, sondern auch weil sie in der vorausgegangenen Unterrichtsstunde bereits angeleitet wurden, Stoffeigenschaften zu untersuchen. Das Ausmaß an Instruktion und Anleitung sollte nun geringer werden, sodass den Schülern mehr Gelegenheit zum Denken im Sinne kognitiver Aktivierung gegeben wird (Kap. 8), indem sie Experimente eigenständig planen lernen.

Schauen wir uns die beiden Versionen des Arbeitsblatts genauer an. Anhand der beiden Versionen wurde der Arbeitsauftrag für die Schüler auf zwei Niveaus differenziert, was man als anleitender Mentor prinzipiell als eine Möglichkeit zur Binnendifferenzierung begrüßen und loben kann (Kap. 10). Wir haben das einfache(re) Niveau des Arbeitsblatts gezeigt, um darauf aufmerksam zu machen, dass mit diesem Arbeitsblatt alles, was die Schüler zur Lösung des Problems benötigen, vorgegeben wird! An keiner Stelle müssen die Schüler planerische Überlegungen anstellen; die Diskrepanz zwischen dem intendierten Lernziel (Förderung von Autonomie und Selbstständigkeit bei der Versuchsplanung und beim Experimentieren) und der kleinschrittigen Steuerung durch das Arbeitsblatt A ist kaum zu übersehen. Selbst die Schüler, die auf ihrem Arbeitsblatt nur die Überschriften der Versuche hatten (Arbeitsblatt B – Niveau II), mussten nicht wirklich viel nachdenken. Sie sind ebenso wie alle anderen Schüler, ohne davor das Vorgehen miteinander besprechen zu müssen, sofort zur Durchführung der Versuche übergegangen. Auch bei dieser vermeintlich „schwierigeren" Variante haben die Lernenden eigentlich keinen Versuch selbstständig geplant, denn auch hier war jede notwendige Information bereits vorgegeben.

Nehmen wir als Beispiel den ersten Versuch: Aus der Frage „Wie sieht der Stoff aus?" und aus der Angabe in der Tabelle „Aussehen (Lupe)" ergibt sich zwangsläufig und ohne die Notwendigkeit oder auch nur die Möglichkeit jeglicher planerischer Abwägungen, dass die Stoffproben unter der Lupe genau angeschaut und das Aussehen der Stoffe notiert werden sollten. Diese Anleitung besitzt also keinerlei Freiheitsgrade bezüglich der Versuchsplanung (Abschn. 6.3). Das Verfassen eines kurzen Textes zur Durchführung fördert bestenfalls die schriftliche Kommunikationskompetenz, aber keinesfalls den Aspekt „Planung von Versuchen" des Kompetenzbereichs Erkenntnisgewinnung, der im Unterrichtsentwurf als Zielsetzung explizit angestrebt wurde.

Erschwerend kommt hinzu, dass die Schüler laut Stundenentwurf *einige einfache Stoffe* bereits kennengelernt und untersucht haben. Abgesehen davon, dass unklar bleibt, was einfache Stoffe sind, ist die Auswahl von Zucker, Mehl und Salz für eine leistungsstarke und motivierte 8. Klasse eines Gymnasiums eher unterfordernd (Kap. 9). Unseres Erachtens hätte man das Anspruchsniveau der Aufgabe erhöhen können, indem man noch einen oder zwei weitere Stoffe vorgegeben oder einen Wettbewerb zwischen den „Laboren" im folgenden Sinne ausgeschrieben hätte: Welches Labor schafft es, in möglichst wenigen Schritten den Stoff zu identifizieren, der den vermeintlichen Täter überführt? Wichtig ist dabei der Hinweis, dass die Versuchsplanungen ausführlich zu begründen sind.

Noch eine kleine Anmerkung zum Arbeitsblatt, bevor wir weitere Alternativen diskutieren: In der Anleitung zu Versuch 1 lesen die Schüler, sie sollen Farbe und Form der Teilchen beschreiben. Diese Formulierung erachten wir als unglücklich gewählt, da der Teilchenbegriff in der Chemie primär verwendet wird, wenn stoffliche Betrachtungen auf der submikroskopischen Ebene diskutiert werden. Wir möchten darauf hinweisen, dass Lehrer es sprachlich unbedingt vermeiden sollten, die makroskopische Ebene der Phänomene mit der mikroskopischen Ebene der Teilchen zu vermischen, weil diese Art unterrichtssprachlicher Ungenauigkeit zu einer Verstärkung von unerwünschten Schülervorstellungen führen kann (Kap. 3).

Müssten wir uns bei der Beratung von Herrn Schneider auf zwei Themen beschränken, dann würden wir neben dem Hauptthema des gewählten Anforderungsniveaus als zweiten Schwerpunkt den gewählten Kontext in den Blick nehmen. Dazu ein kurzer Rückblick in das Kapitel Konstruktivismus und kumulatives Lernen (Kap. 8): Ein Merkmal des Lernens nach der konstruktivistischen Lernauffassung ist, dass Lernen ein situativer Prozess ist, der auf Vorwissen und Vorstellungen basiert. Damit Lernen erfolgreich wird, sollen die Unterrichtsinhalte in einen für die Schüler bedeutungsvollen, schülernahen, sinnstiftenden, authentischen und motivierenden Kontext eingebettet werden Abschn. 8.1.

In der Einstiegsphase hat Herr Schneider offensichtlich versucht, diesen Anforderungen an einen geeigneten Kontext gerecht zu werden. In welchem Maße mag

ihm das gelungen sein? Die Schulcafeteria befindet sich gegenüber dem Chemieraum, eine große Nähe zum Alltag der Schüler ist damit so oder so gegeben. Der
Einstieg erscheint uns dennoch einerseits recht stark konstruiert (um nicht zu sagen: an den Haaren herbeigezogen), andererseits ist er emotional zu hinterfragen.
Auch Schüler der 8. Jahrgangsstufe werden nicht wirklich glauben, dass – quasi
nebenan – ein Mord tatsächlich stattgefunden hat; und das ist auch gut so. Dass der
vermeintliche Mörder einer der Lehrer ist und dass die Verdächtigen allesamt so
mittellos sind, dass sie zusätzlich noch in der Schulcafeteria jobben (müssen),
spricht für eine von Herrn Schneider an den Tag gelegte Art von Humor, die von
Teilen des Kollegiums – insbesondere von den betroffenen Kollegen – wahrscheinlich nicht ausnahmslos geteilt wird. nicht geteilt wird.

Kurzum: Wir gehen davon aus, dass alle Schüler den fiktiven Charakter der Ge-
schichte erkennen. Dadurch bietet der Einstieg aber keinen glaubwürdigen, authentischen oder sinnstiftenden Kontext mehr. Im besten Fall sind die Schüler über den
Einfall des Lehrers amüsiert, einige Lernende können sich aber auch auf den Arm
und damit nicht ernst genommen fühlen. Und was denken wohl die verdächtigten
Kollegen, die in der Geschichte eines Mordes bezichtigt werden? Eine davon, die
Klassenlehrerin, ist sogar am Ende nach der Auflösung der Geschichte die Täterin.
Welchen Sinn hätte es, wollte man bei den Schülern solche Assoziationen zu den
eigenen Lehrern anregen, sei es auch spielerisch?

11.6.2 Alternativen

Wenn der Kern dieser Unterrichtsstunde die selbstständige Planung von Versuchen
ist, sollte man die Aufgabenstellungen und die Arbeitsmaterialien so offen gestalten, dass die Schüler die Notwendigkeit und die Freiheit erleben, den Versuch eigenständig zu planen. Da die Schüler in diesem Bereich ja noch sehr unerfahren
sind, ist es durchaus adressatengerecht und sinnvoll, ihnen dabei – wie geschehen –
Hilfestellungen anzubieten. Eine Einschränkung und damit Erleichterung bei der
Planung würde man bieten, wenn die Schüler nur eine Liste der Materialien bekä-
men, die sie dann tatsächlich für die Versuche benötigen. Eine etwas schwierigere
Variante wäre die, wenn die Liste auch Materialien umfassen würde, die die Schüler
zum Lösen des Problems nicht benötigen. Außerdem sind wir der Meinung, dass die
Aufgabenstellung etwas offener gestaltet sein sollte; sie könnte z. B. folgenderma-
ßen formuliert werden:

> Das kriminalistische Labor verlangt eine eindeutige Identifikation des Stoffes: Das heißt,
> der Stoff muss ggf. durch mehrere Nachweisverfahren erkannt werden können. Euch stehen
> für Planung und Durchführung Lupe, Wasser und Bunsenbrenner (und angesichts der alter-
> nativen Variante ggf. auch weitere Materialien und Geräte) zur Verfügung.

Durch diese Aufgabenstellung würden sich die engen Vorgaben, die schon allein
durch die Überschriften der drei Versuche die Problemlösungen provozieren, erüb-
rigen. Auch die im Arbeitsblatt A formulierten Anleitungen und die vorgefertigte

Tabelle sind u. E. überflüssig und störend, wenn man erreichen will, dass die Schüler miteinander über die Planung ins Gespräch kommen.

Doch zurück zur Stunde von Herrn Schneider. Würden die Schüler alle Versuche zur Identifikation der weißen Stoffe so durchführen, wie Herr Schneider sie geplant hat, dann ergäbe sich die folgende Beobachtungsmatrix:

Eigenschaften	Puderzucker	Kochsalz	Mehl
Aussehen (Lupe)	Pulver	Kristalle	Pulver
Wasserlöslichkeit	+	+	–
Veränderungen beim Erhitzen	Verkohlung	–	Verkohlung

Ein Blick auf diese Tabelle zeigt, dass abhängig vom gewählten unbekannten Stoff und der zunächst gewählten Untersuchungsmethode ein oder zwei Versuche für eine Zuordnung notwendig sind. Im Zuge der Diskussion der Versuchsplanung sind nun zwei Fragen von besonderem Interesse:

- Wie viele Versuche muss ich durchführen, um ein eindeutiges Ergebnis zur Unterscheidung der Stoffe zu erhalten?
- Mit welchem Versuch beginne ich, um möglichst zeit- und ressourcenschonend ans Ziel zu gelangen?

Beide Fragen sind im wissenschaftlichen Laborbetrieb von großer Bedeutung, sodass eine Sensibilisierung der Schüler für diese beiden Punkte durchaus sinnvoll erscheint. In unserem Beispiel würde sich zunächst der Einsatz des Mikroskops als besonders ressourcenschonend erweisen. Um schließlich eine eindeutige Zuordnung zu erhalten, könnte danach die Wasserlöslichkeit untersucht werden. Aus Zeit- und Ressourcengründen erscheint der Einsatz des Bunsenbrenners als erste Untersuchungsmethode weniger sinnvoll.

Zur Förderung der Planungskompetenz gehört natürlich auch eine tragfähige Verschriftlichung der Versuchsplanung, und zwar aus unterschiedlichen Gründen. Zur Erinnerung: Es geht hier um einen Unterricht in der 8. Klasse eines Gymnasiums. Da der Zuwachs an Fachwissen in der Unterrichtsstunde eher gering ist, könnte das Anforderungsniveau dadurch gesteigert werden, dass eine sinnvolle Verschriftlichung der Versuchsdurchführung von den Schülern gefordert wird (Kap. 9). Hierfür bieten sich verschiedene Möglichkeiten an: Die Schüler könnten beispielsweise eine klassische Versuchsdurchführung selbst schreiben. Dazu müssen wichtige Kriterien wie die angemessene Länge, die Fachsprache und mehr beachtet werden. Da es sich um eine 8. Klasse handelt, ist es möglich, dass das Schreiben von Versuchsdurchführungen bisher im Unterricht noch nicht behandelt worden ist; es könnte also sinnvoll sein, dies an dieser Stelle einzuführen. Selbst wenn die Schüler schon einmal eine Versuchsdurchführung schriftlich festhalten mussten: Unserer Erfahrung nach ist das Formulieren solcher Protokolle ein herausforderndes Unterfangen – und zwar nicht nur für Schüler, deren Muttersprache nicht Deutsch ist. Es empfiehlt sich daher, insbesondere in Stunden wie der geschilderten, das Protokollieren von Versuchsreihen wiederholt und variantenreich zu üben (Kap. 4).

Sollten die Schüler bereits darin geübt sein, Versuchsdurchführungen eigenständig zu schreiben, dann könnten sie ihre Planungsüberlegungen auch in Form eines Fließdiagramms skizzieren und darstellen. Der Vorteil des Fließdiagramms liegt auf der Hand: Durch die Visualisierung der Planung könnten in einer Art Zwischensicherungsphase Planungsüberlegungen verschiedener Gruppen leicht miteinander verglichen werden. Auf diesem Wege könnten die oben genannten Aspekte der Effektivität, Eindeutigkeit und Nachhaltigkeit der Versuchsplanungen herausgearbeitet und untereinander bewertend verglichen werden; denn Folgendes gilt didaktisch als sicher: Planungskompetenz aufseiten der Schüler kann nur dann effektiv gefördert werden, wenn die Schüler in einem – wie auch immer gewählten – Unterrichtssetting miteinander über alternative Versuchsplanungen und Experimentiervarianten ins Gespräch kommen. Kontroverse Auffassungen von Schülern, die anschließend zu prüfen wären, erweisen sich dabei oftmals als besonders lernwirksam (vgl. Abschn. 11.4).

Wir sind der Überzeugung, dass sich das Anforderungsniveau im Unterricht und damit auch die Denkleistung der Schüler über mehr Offenheit und durch mehr Variantenreichtum deutlich steigern lassen (Abschn. 6.3; Kap. 9).

Am Ende noch ein kleiner Änderungsvorschlag für den Kontext und, damit verbunden, für den Einstieg in die Unterrichtsstunde. Es ist nicht von der Hand zu weisen, dass kriminalistische Geschichten ein hohes Motivationspotenzial besitzen. Wie aber eingangs schon erwähnt, sollte man dabei auch stets die emotionalen Empfindlichkeiten von Schülern im Blick behalten und auf die Glaubwürdigkeit der Geschichte achten. In diesem Fall wäre u. E. ein Diebstahl in der Schulcafeteria oder in einem Klassenzimmer mit verräterischen Spuren ausreichend funktional, weitaus glaubwürdiger und emotional sicherlich weniger belastend. Es gibt viele gute und glaubhafte Gründe, unbekannte Stoffe vergleichend zu analysieren – es muss nicht immer gleich um Mord und Totschlag gehen.

11.7   Wasser, Eis und Wasserteilchen

Frau Wagner unterrichtet eine 8. Klasse an einem Gymnasium. Im Themenfeld Wasser hat sie bereits eine Stunde zur Dichteanomalie des Wassers durchgeführt und versucht, dieses Phänomen der Klasse mithilfe eines einfachen Teilchenmodells zu erklären. In der nun folgenden Stunde möchte sie das Thema wiederholen und gibt zu Stundenbeginn ein Arbeitsblatt aus, das von den Schülern in Einzelarbeit bearbeitet werden soll.

Arbeitsblatt: Dichteanomalie des Wassers
Dichte: physikalische Größe zur Beschreibung des Verhältnisses zwischen Masse und Volumen

$$\rho = \frac{m}{v}$$

In der Regel:

- Temperaturerhöhung: Dichte nimmt ab.
- Temperaturerniedrigung: Dichte nimmt zu. → Feste Stoffe haben die höchste Dichte.
- Heißes Wasser hat eine niedrigere Dichte als kaltes Wasser.

Dennoch ist bei Wasser etwas anders:

- Wasser hat in seiner festen Form (Eis) eine niedrigere Dichte als im flüssigen Zustand!
- Die Teilchen sind zwar regelmäßig angeordnet, haben aber einen größeren Abstand zueinander als im flüssigen Zustand.
- Bei 4 °C hat Wasser die höchste Dichte.

Wasser im Teilchenmodell
Zeichne jeweils die Anordnung von neun Wasserteilchen in a) einen Eiswürfel und b) ein Glas mit Wasser ein.

Nachdem die Klasse das Arbeitsblatt bearbeitet hat, bittet Frau Wagner zum Vergleich der Ergebnisse Finn und Jannick an das Whiteboard, um dort ihre Ergebnisse in die projizierten Bilder einzutragen (Abb. 11.7). Als die beiden fertig sind, beginnt ein kurzes Unterrichtsgespräch.

Abb. 11.7 Anordnung von Wasserteilchen in Eis und Wasser: Ergebnisse zweier Schüler

Leonie (unaufgefordert): Letzte Woche haben sich die Teilchen im Wasser berührt, jetzt berühren sie sich nicht. Was ist denn nun
richtig?

Frau Wagner: Ja, sie dürfen sich berühren. Müssen nicht, dürfen ja.

Aufgaben

1. Beraten Sie Frau Wagner hinsichtlich der formalen Gestaltung des Arbeitsblatts.
2. Diskutieren Sie die von Frau Wagner gewählte Art der Teilchendarstellung und formulieren Sie die Aufgabenstellung auf dem Arbeitsblatt so um, dass eine Aufgabe mit diagnostischer Funktion entsteht (Abschn. 5.3).
3. Erörtern Sie die Frage von Leonie: „Berühren sich die Wasserteilchen oder nicht?" und nehmen Sie Stellung zum Feedback von Frau Wagner.

11.7.1 Gestaltung des Arbeitsblatts

Zur Gestaltung von Arbeitsblättern gibt es verschiedene Anforderungen, die berück-sichtigt werden sollten (siehe z. B. Becker et al. 1992, S. 428). Dazu gehören eine Überschrift und ggf. eine Einordnung in die Unterrichtsreihe oder in das Themenfeld, ein klarer Aufbau und eine übersichtliche Gestaltung, die angemessene Größe von Schrift und Bildern sowie die Angaben der genutzten Quellen für Text und Bild. Da-mit ein Arbeitsblatt zu einem solchen wird und Schüler mit ihm auch selbstständig arbeiten können, muss es einen oder mehrere Arbeitsaufträge enthalten. Wie detailliert diese Arbeitsaufträge sind, ist natürlich von der Klassenstufe und vom Leistungsstand der Schüler abhängig. In der Regel empfiehlt es sich, die Aufträge zu Beginn des Blat-tes (also möglichst weit oben) zu notieren, damit die Schüler sofort wissen, was zu tun ist bzw. was von ihnen erwartet wird. Das bedeutet nicht, dass sofort alle Aufgaben zu nennen sind, sondern im einfachsten Fall der folgende Auftrag formuliert wird:

Lies den folgenden Text aufmerksam und bearbeite anschließend die Aufgaben!

Damit wäre der Handlungsauftrag eindeutig formuliert und eine Unsicherheit aufseiten der Schüler („Was sollen wir machen?") vermieden.

Sollten Arbeits- und Unterrichtsmethoden allerdings schon ausreichend eingeübt sein, wie beispielsweise das Ausfüllen eines vorstrukturierten Protokolls, dann muss natürlich nicht auf das Ausfüllen des Protokolls explizit hingewiesen werden, denn das versteht sich dann von selbst.

Das Arbeitsblatt im vorliegenden Beispiel beinhaltet keinen anfänglichen Arbeits-auftrag. Tatsächlich ging es uns selbst beim ersten Lesen so, dass wir uns nach den ersten beiden Zeilen („Dichte: physikalische Größe zur Beschreibung des Verhält-nisses zwischen Masse und Volumen …") fragten, warum und wozu jetzt diese Infor-mationen nötig sein sollten. Wie sich im weiteren Verlauf des Blattes herausstellt, ist dies tatsächlich lediglich eine Information, von der wir annehmen, dass sie der Leh-rerin so wichtig erschien, dass die Ausführungen unbedingt auf dem Blatt fixiert und gesichert werden sollten. Möglicherweise handelt es sich bei all den Aussagen, die mit einem Spiegelstrich gekennzeichnet sind, um eine Art Zusammenfassung dessen, was in der vergangenen Stunde bearbeitet wurde. Wenn dies der Fall sein sollte, dann wäre es aber folgerichtig gewesen, das Blatt auch genauso zu benennen. Nichts spricht grundsätzlich dagegen, Schülern eine Zusammenfassung der Inhalte vergangener Stunden auszuteilen; die Gründe dafür können vielfältig sein. Doch sollte dies durch eine entsprechende Überschrift auf einem solchen Arbeitsblatt auch gekennzeichnet werden.

Davon abgesehen entspricht das Blatt in der Gestaltung einigen der formalen Kriterien, die der einschlägigen fachdidaktischen Literatur zu entnehmen sind. Die Schrift und die Bilder sind im Original (DIN A4) ausreichend groß und der Text ist frei von Tippfehlern. Ungünstig ist u. E. die Mischung von Stichworten und ausformulierten Sätzen. Wir vertreten die Auffassung, dass man sich entscheiden und eine einheitliche Form wählen sollte.

11.7.2 Diskussion der Aufgabenstellung und des gewählten Modells

Nehmen wir also an, es handelt sich bei diesem Blatt um eine Zusammenfassung und nicht um ein Arbeitsblatt im eigentlichen Sinne des Wortes, mit dem neue Inhalte erarbeitet werden. So lesen wir am Ende der Seite die letzte fett gedruckte Teilüberschrift: Wasser im Teilchenmodell. Wie sich aus dem folgenden Unterrichtsgespräch ergibt, ist der der Überschrift folgende Arbeitsauftrag, jeweils neun Wasserteilchen in einen Eiswürfel und in ein Glas mit Wasser einzuzeichnen, ebenfalls eine Art Wiederholung dessen, was in der vergangenen Stunde bereits besprochen worden ist.

Schauen wir uns die Formulierung der Aufgabenstellung genauer an (Abschn. 9.3.1): Sie beginnt mit dem Operator „Zeichne"; der Operator ist eindeutig. Dem Operator folgt nun der Hinweis, was gezeichnet werden soll, nämlich: „die Anordnung von neun Wasserteilchen …". Wir wissen natürlich, was gemeint ist (und die Schüler scheinen auch zu wissen, was sie zu tun haben). Nichtsdestotrotz möchten wir auf die sprachlichen und fachdidaktischen Unzulänglichkeiten zu sprechen kommen. Denn weder wir noch die Lehrerin oder ihre Schüler können: „Wasserteilchen" zeichnen, sondern lediglich Modelle oder besser gesagt Modellannahmen, die dabei helfen, unsere Vorstellungen zu verbildlichen (Kap. 3 und 4). Unklar bleibt auch, warum ausgerechnet neun „Teilchen" gezeichnet werden sollen und nicht zehn oder elf oder warum sich die Schüler die Anzahl nicht selbst aussuchen dürfen. Der dritte Teil der Aufgabenstellung beschreibt, wohin diese Modellteilchen gezeichnet werden sollen, nämlich **in** einen Eiswürfel und **in** ein Glas (mit Wasser). Auch diese Anweisung halten wir – fachdidaktisch betrachtet – für problematisch, da Äußerungen und Formulierungen wie diese zu einer Vermischung von Betrachtungs- und Interpretationsebenen führen, nämlich zur Vermischung der makroskopischen Ebene (Eis und Wasser) mit der submikroskopischen Ebene der Teilchen (Kap. 3). Eine besonders typische und schwer zu verändernde Schülervorstellung, die dem naturwissenschaftlichen Konzeptverständnis vom Aufbau der Materie entgegensteht, ist, dass der Stoff sich in kontinuierlicher Form zwischen den Teilchen befindet (Abschn. 3.2.1).

Durch die in diesem Arbeitsblatt gestellte Aufgabe, Teilchen in eine Abbildung, die den Stoff zeigt, einzutragen, wird diese Vorstellung geradezu provoziert und gefestigt. Mehr noch: Als schriftlich fixierte Aufgabenstellung wird die fehlerhafte Modellvorstellung quasi legitimiert. Solche Darstellungen und Aufgabenstellungen sind deshalb unbedingt zu vermeiden.

Der wenig sensible Umgang von Frau Wagner mit den fachdidaktischen Erkenntnissen aus der Schülervorstellungsforschung wird noch unterstrichen, wenn wir uns die Vorlage genau anschauen, in die die Schüler das Modell einzeichnen sollen: Der Eiswürfel besitzt klare Kanten (gezeichnet als durchgehende Linie) und damit ein klar umrissenes kontinuierliches Volumen, und auch das mit Wasser gefüllte Glas zeigt ein deutlich definierbares Flüssigkeitsvolumen. Der wenig professionelle Umgang mit dieser Art von Lern- und Verständnisschwierigkeiten – er kommt bereits in der Überschrift: „Wasser im Teilchenmodell" zum Ausdruck – ist u. E. auch nicht damit zu entschuldigen, dass solche Abbildungen und wenig fachsprachlich sensible Formulierungen selbst in gängigen Schulbüchern zu finden sind (Abschn. 3.2.1).

So, wie die Aufgabe auf dem Blatt gestellt ist, hat sie offensichtlich wiederholenden Charakter und erfüllt keine diagnostische Funktion (Abschn. 3.3). Frau Wagner hatte das wohl auch nicht beabsichtigt. Das finden wir bedauerlich, denn gerade an dieser Stelle könnte man als Lehrer Informationen über das Verständnis des Teilchenkonzepts und somit im Sinne der formativen Evaluation Informationen über den Lernprozess aufseiten der Schüler erhalten, um den anschließenden Unterricht zu optimieren. Und selbst als Leonie spontan und unaufgefordert ihre Verwirrung ausdrückt, indem sie darauf hinweist: „Letzte Woche haben sich die Teilchen im Wasser berührt, jetzt berühren sie sich nicht" und wissen will „Was ist denn nun richtig?" verpasst Frau Wagner den pädagogisch und didaktisch so bedeutsamen Moment zu erkennen, dass sowohl Leonie als auch die Schüler Finn und Jannick, die die Teilchen fachlich nicht korrekt in die Vorlage eingezeichnet haben, durchaus noch Lernbedarf zeigen. Ignoranz und/oder Unwissenheit ist dem Feedback von Frau Wagner zu entnehmen, wenn sie Leonie entgegnet: „Ja, sie [die Teilchen] dürfen sich berühren. Müssen nicht, dürfen ja!" Etwas überspitzt könnte man glauben, Frau Wagner unterliegt selbst der Schülervorstellung des Animismus, demzufolge Teilchen eine Art Eigenleben führen. Gedanklich könnte man die Aussage so weiterspinnen: Wer sollte es ihnen (den Teilchen) auch verbieten (sich zu berühren), und warum sollten sie (die Teilchen) sich daran halten? Das Überhören von fachlich unzulänglichen Schüleräußerungen ist das eine, das Übersehen von fehlerhaften Darstellungen im Tafelbild oder an einer Whiteboard-Oberfläche ist das andere; beides kann im Eifer des Gefechts in einem Klassengespräch schon mal passieren. Aber welchem Zweck diente dann überhaupt die Wiederholung? Und mit wie viel fachlichem Sachverstand ist Frau Wagner in diese Unterrichtsstunde gegangen? Das Feedback von Frau Wagner an Leonie – samt den darin ausgedrückten fachwissenschaftlichen und fachdidaktischen Unzulänglichkeiten – und auch die mangelhafte fachdidaktische Sensibilität in Bezug auf die diskussionswürdige Performanz der beiden Schüler, die Frau Wagner nicht kommentiert, erweckt den Eindruck, dass Frau Wagner, was die professionelle Planung einer Unterrichtsstunde betrifft, noch viel zu lernen hat oder zumindest mehr Zeit und Gewissenhaftigkeit an den Tag legen müsste.

Dass Frau Wagner die Wiederholung nicht nutzt, um in Erfahrung zu bringen, was die Schüler von dem in der letzten Stunde behandelten Inhalt auch wirklich verständnisvoll gelernt haben, erachten wir als ernst zu nehmenden Kunstfehler. Daher möchten wir hier die Gelegenheit nutzen, Ihnen unsere Gedanken vorzustellen, wie die Aufgabe auf dem Arbeitsblatt von Frau Wagner in eine Aufgabe mit diagnostischem Charakter verändert werden könnte. Zwei Möglichkeiten möchten wir vorschlagen. Die erste Möglichkeit besteht darin, die Aufgabe offener zu stellen, sodass die Schüler tatsächlich aufgefordert werden, ihre eigenen Ideen zu formulieren.

1. Offene Aufgabenstellung
Wie stellst du dir den Aufbau von Wasser vor? Zeichne zwei Bilder, in denen du den Aufbau von flüssigem Wasser und von festem Wasser (Eis) darstellst!

2. Geschlossene Aufgabenstellung
Für eine andere Version einer Aufgabe mit diagnostischer Funktion könnte eine Liste mit Zeichnungen, wie ansatzweise in Tab. 11.3 dargestellt, Verwendung finden; die Frage bzw. Aufgabe könnte dementsprechend lauten:

Tab. 11.3   Mögliche zu erwartende Antworten von Schülern und Schülerinnen

	Wasser	Eis	entspricht naturwissenschaftlicher Sichtweise
Keine Teilchendarstellung (Kontinuum)			✗
Diskontinuierliche Darstellung – vermischt mit Kontinuum und makroskopischer Ebene			✗
Diskontinuierliche Darstellung – verformte Teilchen, Linie um Zeichnung unklar			✗
Diskontinuierliche Darstellung – Vergrößerung aus makroskopischer Ebene heraus			✓

Welches Bild gibt deiner Meinung nach den Aufbau von Wasser und Eis aus kleinsten Teilchen am besten wieder? Kreuze an!

Wir fragen in der Aufgabenstellung explizit nach Vorstellungen und/oder Meinungen, weil die Schüler in solchen diagnostischen Aufgaben nicht den Eindruck haben sollen, sie müssten das Gefragte wissen. Es geht hier also weniger um summative Evaluation, also um das Überprüfen von Wissen (im Sinne von richtig oder falsch), sondern darum herauszufinden, über welche Vorstellungen die Schüler (bereits) verfügen und wie Lehrer diese im folgenden Unterricht aufgreifen können und müssten.

11.7.3 Fachliche Richtigkeit

Abschließend zur Aussage von Frau Wagner im Unterrichtsgespräch, die der Frage von Leonie: *„Letzte Woche haben sich die Teilchen im Wasser berührt, jetzt berühren sie sich nicht. Was ist denn nun richtig?"* folgte. Im Grunde ist diese Frage von Leonie toll und ein Gewinn für die Unterrichtsstunde, denn ihr fällt hier eine fachliche Diskrepanz auf, und sie möchte gern wissen, was denn nun richtig ist. Leider ist die Antwort von Frau Wagner für Leonie und alle anderen in der Klasse nicht hilfreich: „Ja, sie dürfen sich berühren. Müssen nicht, dürfen ja."

Die Frage, was denn nun richtig sei, bleibt somit unbeantwortet im Raum. Wie oben bereits thematisiert, kommt u. E. in dieser Aussage von Frau Wagner ihre fachliche Unsicherheit zum Ausdruck. Professionell betrachtet hätte Frau Wagner sich ausführlicher als offensichtlich geschehen einer fachwissenschaftlichen Sachanalyse widmen müssen. Wir betonen hier explizit, dass wir unter fachwissenschaftlicher Sachanalyse das Studium fachwissenschaftlicher Literatur verstehen; dass das Studium von gängigen Schulbüchern nicht zwingend ausreicht, haben wir weiter oben schon erwähnt. Auch Internetquellen bedürfen hinsichtlich ihrer sachlichen und fachwissenschaftlichen Richtigkeit der kritischen Überprüfung, und dies erfordert fachwissenschaftliche Kompetenz. In einem Standardwerk der Allgemeinen und Anorganischen Chemie, „dem Holleman und Wiberg" (1995, S. 530 f.), finden wir zum Aufbau von Wasser und Eis sowie zur Dichteanomalie Folgendes: Die Dichte von Eis beträgt bei 0 °C 0,9168 g/cm^3 und die von Wasser (ebenfalls bei 0 °C)[1] 0,9999 g/cm^3. Die Dichte von Wasser sinkt beim Gefrieren, da die über Wasserstoffbrücken miteinander verknüpften Wassermoleküle eine „weitmaschige, von zahlreichen Hohlräumen durchsetzte Kristallstruktur" bilden. In flüssigem Wasser ist diese Kristallstruktur teilweise zerstört, da etwa 15 % der Wasserstoffbrückenbindungen aufbrechen und die vorliegenden Aggregate nun dichter gepackt sind (Holleman und Wiberg 1995, S. 530 f.).

Jüngere Untersuchungen zeigen, dass der mittlere Abstand zwischen den Sauerstoffatomen zweier Wassermoleküle in der Gasphase 2,98 Å, in flüssigem Wasser

---

[1] Zur Erinnerung: Der Schmelzpunkt eines Stoffes ist definiert als der Punkt, an dem ein Stoff vom festen in den flüssigen Zustand übergeht, d. h., am Schmelzpunkt liegen beide Aggregatzustände vor.

2,85 Å und in Eis 2,74 Å beträgt (Ludwig und Paschek 2005, S. 168). Diese Ergebnisse lassen auf den ersten Blick den Schluss zu, dass sich zwei Wassermoleküle im Eis näher sind als in flüssigem Wasser, da ja der Abstand zwischen zwei Sauerstoffatomen im Wassermolekül kleiner ist. Dem ist aber nicht so, da im Wasser ein ungeordnetes und dynamisches Netzwerk von Wassermolekülen vorliegt. In diesem „raumerfüllenden Zufallsnetzwerk" ist jedes Wassermolekül von vier bis fünf anderen umgeben, die über Wasserstoffbrücken miteinander verbunden sind (Ludwig und Paschek 2005, S. 171). Diese Wasserstoffbrückenbindungen fluktuieren aber, sodass Wassermoleküle sehr eng – gleichsam in den Lücken zwischen anderen – vorliegen können. Im Eis dagegen sind die Wasserstoffbrückenbindungen so ausgebildet, dass sie nicht mehr fluktuieren, sondern die Wassermoleküle geordnet vorliegen. Darüber hinaus konnte nachgewiesen werden, dass es verschiedene Formen von Eis gibt (13 Phasen sind bislang bekannt), die sich je nach Druck- und Temperaturverhältnissen ausbilden (Ludwig und Paschek 2005, S. 169). Wichtig für das Verständnis der Dichteanomalie ist, dass die hohe Ordnung im Kristall mit der Ausbildung von größeren Hohlräumen einhergeht, sodass im Vergleich zum flüssigen Wasser eine Volumenzunahme erfolgt.

Im Eis liegen also Wasserstoffbrücken vor, die die Wassermoleküle miteinander zu einer Kristallstruktur verbinden. Im Wasser sind diese Kristallstrukturen zum Teil aufgehoben. „Berühren" sich die einzelnen Moleküle nun mehr oder weniger? Ab wann könnte man überhaupt von „berühren" sprechen? Vielleicht, wenn sich Orbitale überlappen, doch wäre eine solche Argumentation für den Anfangsunterricht überzogen. „Berühren" ist schwer zu definieren, da es ein Wort ist, das eher der Alltagssprache zugeordnet werden kann (Kap. 4). Daher sollte man auf diese Formulierung möglichst gänzlich verzichten. Fachlich richtig wäre es, davon zu sprechen, dass Wassermoleküle im Eis eher fixiert und in einem Kristallgitter mit größeren Hohlräumen angeordnet sind, während sie in flüssigem Wasser ungeordnet und deutlich weniger fixiert vorliegen.

11.8   Die Suche nach dem richtigen Platz für die Elektronen

Herr Schäfer unterrichtet eine 8. Klasse. In den zurückliegenden Unterrichtsstunden haben die Schüler das Bohrsche Atommodell und das Periodensystem kennengelernt. Die Schüler können bereits über die Ordnungszahl eines Elements im Periodensystem auf die Anzahl seiner Elektronen schließen. Außerdem sind sie in der Lage, das Bohrsche Atommodell so weit zu nutzen, dass sie die Elektronen in der richtigen Anzahl auf die einzelnen Schalen verteilen können.

Die Schüler hatten die Hausaufgabe, in kleinen Gruppen je ein unterschiedliches Element aus einer beliebigen Hauptgruppe der zweiten Periode zu wählen und ein Anschauungsmodell für den Atombau dieses Elements anzufertigen. Die Wahl der Materialien wurde offengelassen, und es gab lediglich die Vorgabe, dass die korrekte Verteilung der Elektronen gemäß dem Modell von Bohr erkennbar sein muss. Zu Beginn der Unterrichtsstunde findet das folgende Unterrichtsgespräch statt:

Herr Schäfer:	Heute wollen wir eure Atommodelle bewerten, und die Gruppe mit dem besten Modell erhält einen kleinen Preis. Bevor wir damit beginnen können, müssen wir aber noch klären, worauf wir bei der Bewertung der Modelle achten müssen. Nennt mir bitte Kriterien für die Bewertung.
Tim:	Die Modelle müssen gut aussehen.
Sophie:	Die Modelle müssen richtig sein.
Emily:	Kreativität ist auch wichtig.

Herr Schäfer notiert die drei Aussagen der Schüler Tim, Sophie und Emily an der Tafel und erklärt den Ablauf der nächsten Unterrichtsphase. In der Erarbeitungsphase sollen die Schüler entsprechend der Methode des *gallery walk* durch das Klassenzimmer gehen und Klebepunkte für ihrer Meinung nach gelungene Modelle verteilen. In dieser Unterrichtsphase ist es erwartungsgemäß recht unruhig. Außerdem ist festzustellen, dass die Schüler nicht ausschließlich mit Unterrichtsinhalten beschäftigt sind. Nach 20 Minuten kehren die Schüler wieder auf ihre Plätze zurück. Abschließend wird das Modell mit den meisten Klebepunkten auf den Lehrertisch gestellt, um seine Stärken und Schwächen gemeinsam kritisch zu bewerten (Abb. 11.8).

Herr Schäfer:	Das Modell von Maries Gruppe hat offensichtlich gewonnen, da es die meisten Klebepunkte erhalten hat. Marie, kannst du uns euer Modell bitte einmal vorstellen?
Marie:	Wir haben Stickstoff als Element gewählt. Es hat insgesamt sieben Elektronen. Zwei davon in der K-Schale, fünf auf der L-Schale.
Herr Schäfer:	Super! Gibt es noch Fragen dazu?

Abb. 11.8 Modell mit der größten Zustimmung

Lena: In Maries Atommodell sind die Elektronen ja mal auf und mal zwischen den Linien. Was ist denn jetzt richtig?

Herr Schäfer: Das geht beides. Es ist ja schließlich ein Modell.

Damit endet die gemeinsame Würdigung des Modells, im Anschluss an dieses Unterrichtsgespräch teilt Herr Schäfer noch ein Übungsblatt aus, das die Schüler bis zum Ende der Stunde bearbeiten sollen.

Aufgaben

1. Überlegen Sie aus fachlicher und fachdidaktischer Sicht, welche Positionierung der Elektronen (auf oder zwischen den Bahnen) bei der Verwendung des Bohrschen Atommodells richtig ist.
2. Diskutieren Sie die Stärken und Schwächen des von Herrn Schäfer durchgeführten Unterrichts, und entwickeln Sie mögliche Alternativen zur Förderung der Modellkompetenz.

11.8.1   Wohin denn nun mit den Elektronen im Bohrschen Atommodell?

Erfahrene Lehrkräfte kennen den Einwand von Lena nur zu gut. Sobald man im Unterricht das Zeichnen von Atommodellen für Elemente aus den ersten zwei bis drei Hauptgruppen mithilfe des Bohrschen Atommodells übt, stellen sich die Schüler die Frage, ob die Elektronen nun auf die Linien oder dazwischen zu zeichnen sind. Sucht man in Schulbüchern nach Bildbeispielen, so findet man tatsächlich beide Darstellungsmöglichkeiten (dazwischen: Arnold 2016, S. 63; auf den Linien: Obst und Rossa 2006, S. 146). Doch was ist nun eigentlich richtig bzw. welche Schreibweise ist aus fachdidaktischer Sicht vielleicht angemessener? Um diese Fragen zu beantworten, wollen wir im Folgenden einige Grundlagen zur Entwicklung des Atommodells und dessen Erweiterungen skizzieren und versuchen, daraus fachdidaktische Schlussfolgerungen zu ziehen.

Niels Bohr hat im Jahr 1913 das nach ihm benannte Atommodell formuliert (Bohr 1913a). Dazu machte er sich zunächst Gedanken über das Wasserstoffatom, das nur ein Elektron besitzt. Er postulierte, dass sich das Elektron auf einer Kreisbahn (im Original: „orbit"; Bohr 1913a) um den Atomkern bewegt. Daher muss die Zentrifugalkraft des Elektrons genauso groß wie die Coulomb-Anziehung zwischen dem Elektron und dem Atomkern sein. Weiterhin postulierte er, dass sich das Elektron auf dieser Bahn ohne Energieverlust bewegen muss, da es ansonsten in den Kern „stürzen" würde. In Kombination mit Planckschen Quantentheorie erhielt er durch Gleichsetzen der entsprechenden der Terme eine Formel für die Energie des Elektrons. Nach dieser Formel ist die Energie des Elektrons abhängig vom Abstand zum Atomkern. Diese Abstände sind dabei nicht beliebig, sondern durch die sogenannte Quantenzahl n festgelegt und können als unterschiedlich große Kreisbahnen um den Atomkern verstanden werden. Die große Leistung Bohrs bestand vor allem darin, dass mithilfe dieses Modells das Emissionsspektrum des

Wasserstoffs zu großen Teilen erklärt werden konnte. Betrachten wir also das Atom in Bohrs erster Theorie, dann müssten die Elektronen genau auf die Bahnen, die ja die postulierten Kreisbahnen darstellen, gezeichnet werden.

Bohr verwendete in seinen Publikationen aus dem Jahr 1913 zu seinem Atommodell noch nicht den Begriff der Schale (Bohr 1913a, b, c). Der Begriff Schale (im Original: „shell") ist vielmehr ein Ergebnis der Arbeiten von Barkla (1911). Barkla untersuchte das Phänomen der Röntgenfluoreszenz, die auftreten kann, wenn Elemente Röntgenstrahlung ausgesetzt werden. Zwei Jahre später verfeinerte der britische Physiker Moseley die Ergebnisse von Barkla, indem er die Abhängigkeit der Röntgenfluoreszenz zur Ordnungszahl der Elemente untersuchte (Moseley 1913). Fortan wurde in der Literatur, die sich um spektroskopische Forschungsarbeiten und deren Ergebnisse kümmert, der Begriff der K- bzw. L-Schale verwendet. Die Buchstaben K und L stammen dabei von Barkla, der seinerzeit schon vorschlug, in der Mitte des Alphabets zu starten, da er davon ausging, dass es weitere Röntgenfluoreszenzserien – und zwar in beide Richtungen – geben könnte (Jensen 2003).

1916 erweiterte Sommerfeld das Bohrsche Atommodell (Sommerfeld 1916). Dabei nahm Sommerfeld an, dass sich die Elektronen nicht auf Kreisbahnen um den Atomkern, sondern auf Ellipsen – ähnlich wie die Planeten um unsere Sonne – bewegen. Da eine Ellipse mathematisch über zwei Halbachsen beschrieben wird, wurde eine weitere Quantenzahl notwendig – die sogenannte Nebenquantenzahl l. Auch in der Erweiterung des Bohrschen Atommodells von Sommerfeld befinden sich die Elektronen also auf definierten Bahnen von Ellipsen, sodass in diesem Modell das Zeichnen auf den Linien ebenfalls richtig zu sein scheint.

Weitere Entdeckungen in der Mitte der 1920er-Jahre, wie beispielsweise der Welle-Teilchen-Dualismus, führten schließlich dazu, dass das Orbitalmodell entwickelt wurde. Der Wellencharakter des Elektrons wurde von Schrödinger in der nach ihm benannten Gleichung berücksichtigt. Die Lösung der Schrödinger-Gleichung ergibt für das Wasserstoffatom Aufenthaltsbereiche der Elektronen (sogenannte Orbitale), innerhalb derer sich die Elektronen mit einer gewissen Wahrscheinlichkeit befinden. Die Lösung der Schrödinger-Gleichung für das Wasserstoffatom war die Geburtsstunde des Orbitalmodells.

Das Schalenmodell der Elektronenhülle stellt also sowohl eine gewisse Erweiterung des Bohrschen Atommodells als auch eine Vereinfachung des Orbitalmodells dar. Innerhalb einer Schale befinden sich die entsprechenden Orbitale, und jede nächste Schale umschließt die vorherigen Orbitale vollständig. Aufgrund der unterschiedlichen Formen der Orbitale, die in den Raum hineinragen, ist innerhalb des Schalenmodells das Zeichnen der Elektronen zwischen den Kreisbahnen durchaus sinnvoll.

Je nach verwendeter Theorie – ob man also das Bohrsche Atommodell oder das erweiterte Schalenmodell zur Erklärung des Atombaus der Elemente heranzieht – ist also die eine oder die andere Schreibweise die jeweils „richtigere" bzw. zutreffendere. Diese kleinen (aber feinen) Unterschiede herauszustellen, ist uns wichtig, da die Diskussion den Schülern den Charakter von Modellen zu verdeutlichen vermag; sie sind Ausdruck der Bemühungen, abstrakte Sachverhalte plausibel zu veranschaulichen, und stellen stets nur Annährungen an so etwas wie die Wirklichkeit dar (siehe auch Abschn. 11.8.2). Was anhand unseres hier nur skizzierten historischen Rückblicks den Schülern auch deutlich werden kann, ist, dass Modelle nicht in Stein gemeißelt werden und für immer und ewig Bestand haben, sondern historisch gewachsen sind und zeitlichen Veränderungen unterliegen. Außerdem sind Modelle oft an Konventionen gebunden; man verständigt und einigt sich – zumindest solange man über keine erklärungsmächtigeren oder anschaulicheren verfügt – auf ein entsprechendes Modell. Auch fachdidaktisch betrachtet kann die Verständigung über und auf ein zu präferierendes Modell sinnvoll sein.

Beachten wir z. B. eine typische Teilchenvorstellung von Schülern, dann erscheint das Zeichnen der Elektronen auf die Bahnen besonders funktional. Nach der unter der Bezeichnung „horror vacui" bekannten Fehlvorstellung haben Schüler bekanntermaßen Schwierigkeiten, sich einen völlig leeren Raum vorzustellen (Kap. 3). Sowohl im Bohrschen Atommodell als auch im moderneren Orbitalmodell gibt es Räume innerhalb der Atomhülle, in denen sich das Elektron gar nicht oder mit verschwindend geringer Wahrscheinlichkeit befindet. In welcher Schreibweise wird dies nun deutlicher? Wenn die Schüler die Elektronen auf die Kreisbahnen zeichnen, dann sind deutliche Lücken für sie zwischen den Bahnen erkennbar. Wenn die Schüler dagegen die Elektronen dazwischen einzeichnen, dann kommt das zwar der modernen Vorstellung über die Struktur des Atoms näher, jedoch würden dann lediglich die Linien der Bahnen zwischen den Schalen die leeren Räume darstellen. Außerdem ist das Vorhandensein diskreter Energieniveaus, also die Vorstellung von für Elektronen nicht zugänglichen Räumen um den Atomkern, für das spätere Verständnis der Entstehung einer Flammenfarbe besonders hilfreich. In diesem Zusammenhang lernen die Schüler, dass die Elektronen durch thermische Anregung auf eine vom Kern weiter entfernte Bahn „springen". Bei der Rückkehr auf die energetisch günstigere Bahn wird Licht einer bestimmten Wellenlänge abgegeben. Diese Wellenlänge entspricht der Energiedifferenz zwischen den Bahnen. Das Zeichnen der Elektronen auf Bahnen kann sich positiv auf das Verständnis von Flammenfarben auswirken. So gesehen spricht einiges dafür, im Anfangsunterricht zunächst auf das Atommodell, wie es von Bohr vorgeschlagen wurde, zurückzugreifen.

Später aber, wenn mithilfe der Atommodelle das Entstehen einer chemischen Bindung erklärt werden soll, ist das Zeichnen der Elektronen zwischen die Bahnen (also in die Schalen) und damit verbunden das Argumentieren gemäß dem Schalenmodell sinnvoller. Im Zuge der Einführung des Konzepts der chemischen Bindung wird den Schülern die Auffassung nahegebracht, dass chemische Bindungen durch Überlappung von Orbitalen – also von Räumen (Aufenthaltsbereichen) um den Atomkern –, in denen sich je ein Elektron befindet, ausgebildet werden. Dieser Vorstellung kommt man mit der Überlappung von Schalen näher, zumal sich die Elektronenpaare einer Bindung in einem Raum zwischen den Atomen befinden.

Wie Sie sehen, haben beide Repräsentationsvarianten ihre Vor- und Nachteile. Unabhängig davon, für welche Variante Sie sich in Ihrem Unterricht entscheiden, empfehlen wir Ihnen lediglich, den Schülern deutlich zu machen, dass das Zeichnen zwischen die Bahnen nicht mehr dem Bohrschen Atommodell, sondern dem Schalenmodell entspricht.

11.8.2   Stärken und Schwächen des Unterrichts und sich daraus ableitende Alternativen zur Förderung der Modellkompetenz

Das Arbeiten am wie auch der korrekte Umgang mit Modellen stellen wichtige Tätigkeiten zur Förderung der Modellkompetenz im naturwissenschaftlichen Unterricht dar (Kap. 1). Das eigenständige kreative Erarbeiten von Atommodellen stellt nicht nur eine haptische Herausforderung dar, sondern regt auch zum Nachdenken über das Modell an und ermöglicht den Schülern eine tiefere aktive Auseinandersetzung mit den Unterrichtsinhalten (Kap. 7). Im Zuge der Methode des *gallery walk* werden in unserem Beispiel zunächst die Atommodelle aller Schüler betrachtet, was dem Aufwand der Erstellung der Lernprodukte sicher gerecht wird. Die Begrenzung der Auswahl der Elemente für die Schüler auf die zweite Periode ist ebenfalls sinnvoll, da die Schüler zunächst einmal die Oktettregel verstehen und die Modelle nicht zu komplex werden sollen. Elemente aus einer höheren Periode weisen deutlich mehr Elektronen auf und sind damit nicht nur schwieriger anzufertigen, sondern erfüllen auch nicht mehr zwangsläufig die Oktettregel. Dadurch, dass die Schüler jedoch Elemente aus den verschiedenen Hauptgruppen wählen, müssen sie in der Auseinandersetzung mit den Modellen in Bezug auf die fachliche Richtigkeit diese jeweils neu mit der Stellung im Periodensystem abgleichen. Auf diese Weise werden sie kognitiv angeregt, aber nicht überfordert (Kap. 8). Auf den ersten Blick hat Herr Schäfer also viele Aspekte gut beachtet und seine Planung erfolgversprechend ausgerichtet.

Betrachten wir das Unterrichtsgespräch, so stellen wir zunächst fest, dass ein aus Schülersicht besonders gelungenes Atommodell von Marie insgesamt zwar knapp, fachsprachlich aber korrekt beschrieben wird. Außerdem stellt Lena eine interessante Frage, nämlich zur genauen Positionierung der Elektronen im Bohrschen Atommodell. Dass man über diese Frage ausführlich sprechen kann, haben Sie im ersten Teil der Diskussion dieses Fallbeispiels gesehen (Abschn. 11.8.1). Eine solche ausführliche Diskussion ist allerdings mit den Schülern der 8. Jahrgangsstufe nicht anzustreben, da das benötigte Wissen nicht erwartet werden kann und Schüler dieser Jahrgangsstufe die Vor- und Nachteile der jeweiligen theoretischen Perspektiven (noch) nicht kritisch erörtern können. Da wir – wie Herr Schäfer übrigens auch – nicht genau wissen können, was die Schüler während der *Gallery-walk*-Phase besprochen haben, stellt sich die berechtigte Frage, worin der Lernzuwachs der Schüler in dieser Stunde besteht und ob das Verhältnis von eingesetzter Zeit und Aufwand zu dem zu erwartenden Lernerfolg ausgewogen ausfällt (Kap. 9).

Wie wir eingangs schon erwähnt haben, sehen wir es durchaus positiv, dass in einem solchen Setting wie dem *gallery walk* die Lernprodukte aller Schüler ausreichend gewürdigt werden; schließlich mussten die Schüler der 8. Jahrgangsstufe erheblichen Arbeitsaufwand, viel Zeit und Mühe investieren, um ihr Modell zu erarbeiten. Allerdings ist es während dieser Unterrichtsphase recht laut, und bei genauem Hinhören wird deutlich, dass nicht ausschließlich über Unterrichtsinhalte gesprochen wird. Wie kann man nun aus Sicht von Herrn Schäfer mit dieser Situation umgehen? Die *Gallery-walk*-Methode erfordert aufseiten der Schüler die Fähigkeit, selbstständig arbeiten zu können (und zu wollen). Diese Fähigkeit kann bei Schülern der 8. Klassen nicht einfach vorausgesetzt werden; manche Schüler oder Gruppen von Schülern müssen dies mit der Zeit erlernen. Daher ist es hilfreich, zuvor andere, weniger offene Arbeitsformen zu erproben. Wenn Herr Schäfer schon jetzt die Methode des *gallery walk* mit seiner Klasse praktizieren will, so hätten wir ihm geraten, am Ende dieser Unterrichtsphase mit den Schüler ins Gespräch zu kommen und zu reflektieren, was ihnen am *gallery walk* möglicherweise gefallen und was sie vielleicht gestört hat, um ihnen Stärken und Schwächen der Methode vor Augen zu führen und metakognitive Kompetenzen zu stärken. In unserem Fall ist auch damit zu rechnen, dass Herr Schäfer Rückmeldungen von den Schülern erhalten hätte, die ihm beim nächsten Mal durchaus hätten helfen können; denn die Unruhe, die sich eingestellt hat, kann ein Indikator dafür sein, dass die Lerngruppe nicht ausreichend motiviert werden konnte, sich in gewünschter Weise mit den Lerngegenständen und vor allem mit den unterschiedlichen Lernprodukten (Modellen) ihrer Mitschüler zu beschäftigen (Kap. 7 und 9).

Welche alternativen Strategien könnten unter Umständen dazu beitragen, diese Unterrichtsphase effektiv(er) zu gestalten? Wir sind der Meinung, dass eine Anmoderation, die den sozialen Charakter der Arbeitsphase herausstellt, im Sinne: „Wie ich sehe, habt ihr sehr kreative und tolle Modelle gebastelt, in die ihr – wie ich denke – viel Zeit und Arbeit investiert habt. Wir nehmen uns jetzt 20 Minuten Zeit, um uns alle Modelle genau anzuschauen …" ein erster erfolgversprechender Schritt in die richtige Richtung hätte sein können.

Die von Herrn Schäfer gewählte kriterienorientierte Beurteilung der einzelnen Atommodelle könnte beispielsweise dadurch intensiviert werden, dass die Schüler auf einem Blatt neben den Modellen schriftliche Kommentare verfassen, sodass jede Gruppe ein Feedback von den Mitschülern erhält. Dieses Feedback wäre aussagekräftiger als die Klebepunkte, die unter Umständen auch aufgrund von Sympathie oder anderen sozialen Faktoren untereinander vergeben werden. Ein Austausch über die Kommentare könnte zusätzlich das sich anschließende Unterrichtsgespräch beleben. Der kritische Umgang mit mehr als einem Modell und der Vergleich verschiedener Modelle hätte im sich anschließenden Unterrichtsgespräch erfolgen sollen, um das Lerngeschehen zu bereichern. Es stellt sich an dieser Stelle jedoch eine weitere Frage: Weshalb wurden die Kriterien nicht vor der Bearbeitung der Hausaufgabe verhandelt und formuliert? Hätte Herr Schäfer schon im Vorfeld dafür gesorgt, hätten die Schüler bewusst beim Erarbeiten des Modells auf diese Aspekte achten können, und das Feedback wäre „nicht einfach so vom Himmel gefallen". Gleichwohl sehen wir es als durchaus sinnvoll an, dass Herr Schäfer die Schüler die Kriterien selbst formulieren lässt. Schließlich könnten die Schüler sich durch die Mitbestimmung möglicherweise stärker motiviert fühlen, da sie die Kriterien als transparent und gerecht beurteilen und akzeptieren (Kap. 7). Von den Schülern wurden in der Unterrichtsstunde die Kriterien Ästhetik, fachliche Korrektheit und Kreativität genannt. Während über die fachliche Richtigkeit im Unterricht weitgehend objektiv geurteilt werden kann, stellen die Kriterien Ästhetik und Kreativität recht subjektive Parameter dar, die nur begrenzt eine fachlich tiefer gehende Diskussion ermöglichen. Hätte Herr Schäfer verschiedene Modelle vor diesem Hintergrund diskutieren lassen, so wäre eine Eignung anhand dieser beiden Kriterien von den Schülern sicherlich im einen oder anderen Fall infrage gestellt worden.

Neben dem Zeitpunkt der Kriterienfestlegung und der Einigung auf die genannten Kriterien sehen wir als hauptsächliche Schwäche dieser Unterrichtsstunde den zu geringen bzw. zu unklaren Lernzuwachs an. Eine methodische Variante, nämlich während des *gallery walk* das Feedback einzufordern, haben wir weiter oben bereits kurz erläutert. Aber welche weiteren Tätigkeiten zur Förderung der Modellkompetenz und zur Steigerung des Lernzuwachses bieten sich darüber hinaus an?

Modelle stellen ein wichtiges Forschungswerkzeug dar. Sie werden entwickelt und angewendet, um Phänomene und Prozesse in Natur und Technik zu erklären. Damit sind sie zugleich auch ein Kommunikationsmittel, um naturwissenschaftliche Sachverhalte zu erörtern, Interpretationen zu veranschaulichen und um Wissen zu Informationen transformieren zu können (Bolte et al. 2005, S. 430). Damit die Schüler die Bedeutung von und das Arbeiten mit Modellen besser nachvollziehen können, ist es notwendig, dass die Lehrer über einen tragfähigen Modellbegriff verfügen (Saballus et al. 2007, S. 319). Daher wollen wir im Folgenden auf den Modellbegriff nach Stachowiak (1973) eingehen und Ihnen zwei alternative Ansätze für die Planung von Unterricht vorschlagen, die zumindest u. E. einen ausreichend großen Lernzuwachs aufseiten der Schüler in diesem Themenfeld in Aussicht stellen.

Nach der allgemeinen Modelltheorie von Stachowiak (1973, S. 131 f.) müssen Modelle mindestens die drei folgenden Merkmale erfüllen:

1. Das Abbildungsmerkmal: „Modelle sind stets Modelle von etwas, nämlich Abbildungen, Repräsentationen, natürliche oder künstliche Originale, die selbst wieder Modelle sein können."
2. Das Verkürzungsmerkmal: „Modelle erfassen im Allgemeinen nicht alle Attribute des durch sie repräsentierten Originals, sondern nur solche, die den jeweiligen Modellschaffern und/oder Modellnutzern relevant erscheinen."
3. Das pragmatische Merkmal: „Modelle sind ihren Originalen nicht eindeutig zugeordnet. Sie erfüllen ihre Ersetzungsfunktion a) für bestimmte erkennende und/oder handelnde (Modell benutzende) Subjekte, b) innerhalb bestimmter Zeitintervalle und c) unter Einschränkung auf bestimmte gedankliche und tatsächliche Operationen."

Unserer Meinung nach können insbesondere die letzten beiden Kriterien genutzt werden, um die Auseinandersetzung mit den Modellen im Unterricht intensiver zu gestalten.

Dass Modelle stets verkürzt sind, eröffnet die Möglichkeit einer Diskussion der selbstgebauten Modelle in Bezug auf die Frage, worin diese Reduktion besteht und inwieweit das Original stimmig dargestellt wird. Eine Möglichkeit zum kritischen Umgang mit den von den Schülern gebauten Modellen stellen beispielsweise die folgenden Fragestellungen dar:

- Welche Vorstellungen haben wir von der Struktur eines Atomkerns? (Hierüber wird von Bohr noch keine Aussage gemacht, sodass die Diskussion hier über das Bohrsche Atommodell hinausginge.)
- Inwiefern ist das Größenverhältnis zwischen Atomkern und Atomhülle sowie zwischen Atomkern und Elektronen richtig gewählt bzw. wie müsste ein Modell aussehen, wenn ein korrekter Maßstab berücksichtigt worden wäre?
- Ist eine farbige Darstellung des Atomkerns oder der Elektronen eigentlich fachlich richtig?
- Müssten die Elektronen sich nicht eigentlich um den Kern bewegen? Stellen die Modelle damit nicht Momentaufnahmen der Realität dar?

Letztlich reiht sich hier auch die Frage von Lena aus dem Unterrichtsgespräch ein, wenn sie wissen will: „Was ist denn jetzt richtig?" Dass Herr Schäfer ein wichtiges, ernst zu nehmendes und legitimes Unterrichtsziel ausgewählt hat, indem er seine Schüler zur kritischen Auseinandersetzung mit Modellen animieren will, wird auch mit Blick auf die von der KMK (2005, S. 12) geforderten Bildungsstandards deutlich (Kap. 1):

> „Die Schülerinnen und Schüler nutzen geeignete Modelle (z. B. Atommodelle, [...]) um chemische Fragestellungen zu bearbeiten".

Wie in diesem Fallbeispiel gesehen, wird eine solche Modellkritik vonseiten der Schüler jedoch vom Lehrer nicht explizit eingefordert. Umso wichtiger ist es u. E. genau hinzuhören, wenn Schüler sich zu bestimmten Modellen oder zu den Modellen im Allgemeinen äußern. Wenn Lehrer genau hinhören und sensibel auf Nachfragen wie die von Lena reagieren, dann können sie mit ihren Klassen sehr wohl über Sinn und Unsinn – besser gesagt: über Stärken und Schwächen – von Modellen und ihren Anwendungen ins Gespräch kommen. Die Frage, was ist (fachlich) richtig oder falsch oder wer hat (fachlich) Recht oder Unrecht, interessiert Schüler dieser Altersstufe, da sie – wenn auch in der Regel unbewusst – damit beschäftigt sind, ihr jeweils eigenes, individuelles Wertesystem zu entwickeln. Möglichkeiten und Grenzen wie auch Stärken und Schwächen naturwissenschaftlich geprägter Erkenntnisse kritisch zu hinterfragen gehört dazu, wenn es darum geht, sich ein möglichst belastbares Weltbild zu schaffen, das dem Einzelnen hilft, zu verantwortungsvollen und reflektierten Entscheidungen zu gelangen.

Neben der Fragestellung, ob ein Modell geeignet ist, sollen nach dem KMK-Standard außerdem chemische Fragestellungen mit den Modellen bearbeitet werden. Diesen Punkt finden wir auch in der allgemeinen Modelltheorie (Stachowiak 1973) wieder. Modelle stehen für etwas und dienen einem Zweck. Hier: Die Atommodelle sollen uns chemische Eigenschaften von Elementen aus Ursachen bzw. Grundannahmen des Modells plausibel machen. An dieser Stelle sehen wir daher eine weitere Alternative zur Planung der Unterrichtsstunde von Herrn Schäfer. So könnten die Modelle im Folgenden eingesetzt werden, um für einen Prozess der Erkenntnisgewinnung genutzt zu werden. Bleiben wir beim Bohrschen Atommodell, dann ließen sich durch die Konstruktion unterschiedlicher Modelle Vorhersagen zur unterschiedlichen

Masse und Größe von Atomen, also über Atommassen und Atomradien treffen. Des Weiteren könnten die Modelle nach diversen Kriterien geordnet und auf diese Weise Abschnitte aus dem Periodensystem der Elemente nachgebaut werden. Dafür dürften die Schüler beim Bau der Atommodelle natürlich nicht auf die zweite Periode allein beschränkt werden.

11.9   Mit Neutralisation gegen Sodbrennen

Frau Klein unterrichtet eine 9. Klasse im Fach Chemie und hat sich vorgenommen, eine problemorientierte Unterrichtsstunde zur Vertiefung des Themas Neutralisation durchzuführen. Dabei möchte sie Anregungen aus ihrem chemiedidaktischen Seminar aufgreifen und in der kommenden Stunde zusätzlich zum problemorientierten Einstieg auch das forschend-entwickelnde Unterrichtsverfahren nutzen. In der vorherigen Unterrichtsstunde hat sie mit der Klasse bereits die Neutralisationsreaktion einführend erarbeitet. Dazu haben die Schüler Salzsäure mit Natronlauge neutralisiert. Die Schüler kennen also bereits den Universalindikator zur pH-Wert-Bestimmung und können die entsprechenden Farbumschläge dem sauren, dem neutralen oder dem basischen Bereich zuordnen. In der Phase des Unterrichtseinstiegs in die nun folgende Stunde stellt sie den Schülern das Medikament Maaloxan® gegen Sodbrennen vor. Ausgehend von der Fragestellung „Wie wirkt Maaloxan?", die Frau Klein nach der Vorstellung des Produkts formuliert hat, beginnt sie das Unterrichtsgespräch:

Frau Klein: Stellt Vermutungen darüber auf!
Jan: Maaloxan neutralisiert die Magensäure.
Frau Klein: Geht es ein bisschen genauer? Magensäure ist Salzsäure.
Jan: Maaloxan enthält eine Base, zum Beispiel Natriumhydroxid, und reagiert mit der Salzsäure im Magen zu Salz und Wasser.
Frau Klein: Genau, das haben wir letztes Mal auch gemacht! Das überprüfen wir jetzt.

Im Anschluss an diese kurze Gesprächssequenz erhalten die Schüler ein relativ offen gestaltetes Arbeitsblatt, auf dem die Versuchsanleitung eher skizziert als ausführlich dargestellt ist. Auf diese Weise werden die Schüler angehalten, die für den Versuch nötigen Geräte selbst auszuwählen. Auf dem Lehrertisch stehen eine Flasche mit Salzsäurelösung und Maaloxan®-Tabletten bereit. Von der Salzsäurelösung sollen die Schüler im Versuch „einige Milliliter" und vom Maaloxan®-Pulver eine „Spatelspitze" verwenden. Folgerichtig mörsern die Schüler zunächst eine Maaloxan®-Tablette, mischen eine Spatelspitze des Pulvers im Reagenzglas mit Wasser und testen mit Universalindikator auf den pH-Wert. Der Indikator zeigt einen Farbumschlag nach dunkelgrün (pH 8–9) an. Anschließend untersuchen sie die vorgelegte Salzsäurelösung; es zeigt sich ein Farbumschlag nach dunkelrot (pH 1). Die Lösung, in die die Schüler sowohl eine kleine Portion Salzsäure als auch eine Spatelspitze Maaloxan®-Pulver hineingegeben haben, verfärbt sich orange-rosa (pH 4–5).

Frau Klein (geht unruhig wäh- Mehr Maaloxan rein, es muss grün werden,
rend des Experimentierens durch sonst haben wir keine Neutralisation!
den Klassenraum):

Die Schüler geben noch ein bisschen Maaloxan® zur Lösung hinzu; grün wie im
Versuch der vorangegangenen Unterrichtsstunde, in der mit Salzsäure und Natronlauge verwendet wurden, wird die Mischung aber nicht …

Jan: Muss Maaloxan die ganze Säure im Magen neutral machen?
Frau Klein: Klar, wir führen eine Neutralisation durch!

Aufgaben

1. Identifizieren Sie positive Aspekte der Unterrichtsplanung.
2. Diskutieren Sie die Probleme, die für Frau Klein in der Unterrichtsstunde entstanden sind, und finden Sie mögliche Ursachen dafür.

11.9.1 Maaloxan® gegen Sodbrennen – gelungene Planungsüberlegungen

Beginnen möchten wir mit dem Kontext, den Frau Klein gewählt hat. Sie hat sich für
die Verwendung eines frei verkäuflichen Medikaments entschieden, das gegen Sodbrennen eingesetzt wird. Sodbrennen mag zwar kein Leiden sein, das das Gros der
Schüler selbst betrifft, aber „sauer aufgestoßen" hat sicher jeder schon einmal. So
gesehen haben die Schüler eine Vorstellung davon, was Sodbrennen bedeutet und
wie es sich anfühlt. Frau Klein hat also einen alltagsnahen, lebensweltbezogenen
und authentischen Kontext gewählt (Kap. 8). Maaloxan® eignet sich unter allen Medikamenten gegen Sodbrennen im thematischen Bereich der Neutralisation wohl am
besten für den Chemieunterricht der 9. Klasse, da es laut Beipackzettel als Hauptbestandteil Magnesium- und Aluminiumhydroxid ($Mg(OH)_2$, $Al(OH)_3$) enthält. So
liegt auch hier – wie beim Versuch in der vorangegangenen Stunde – eine Reaktion
zwischen Wasserstoff-Ionen und Hydroxid-Ionen vor. Andere übliche Mittel gegen
Sodbrennen beinhalten als Hauptwirkstoffe meist ein Gemisch aus Calcium -und
Magnesiumcarbonat oder Natriumhydrogencarbonat (Wolf und Flint 2000). Allerdings sind die mit den basischen Salzen ablaufenden neutralisierenden Reaktionen
für den Anfangsunterricht zu komplex und für Schüler der 9. Jahrgangsstufe kaum
geeignet; insofern hat Frau Klein durch Wahl des Medikaments Maaloxan® ein besonders gutes Präparat ausgewählt, und der Einstieg ist ihr u. E. sehr gut gelungen.

Außerdem möchten wir die eher offene Gestaltung des Arbeitsblatts positiv hervorheben, das den Schülern Spielraum bei der Durchführung des Versuchs lässt und
sie damit auch kognitiv stärker fordert (Kap. 7 und 8). Da die Schüler in der vorangegangenen Stunde bereits selbst eine Neutralisationsreaktion durchgeführt haben,
sollte es ihnen eigentlich auch gelingen, den Versuchsaufbau auf den aktuellen Versuch zu übertragen. Frau Klein hat hier die Lernvoraussetzungen ihrer Klasse gut
und mit didaktischem Augenmaß eingeschätzt.

11.9.2   Probleme in dieser Unterrichtsstunde

Die im Anschluss an den Einstieg auffälligste Schwierigkeit in dieser Stunde äußert sich in Frau Kleins Unruhe während der Experimentierphase. Ihre Aufforderung an die Schüler, mehr Maaloxan® zur Salzsäure zu geben (denn „es muss grün werden, sonst haben wir keine Neutralisation!") führt offensichtlich nicht zum erhofften experimentellen Erfolg.

Es stellt sich die Frage: Ist überhaupt zu erwarten, dass der Einwurf von Frau Klein zum Erfolg, also zur Neutralisation der vorgelegten Salzsäure führt? Betrachten wir zunächst einmal die fachliche Ebene, die in dieser Unterrichtssituation zum Tragen kommt. Der Magen stellt neben anderen Sekreten Salzsäure her. Die Salzsäure aktiviert im Magen Eiweiß verdauende (aufspaltende) Enzyme (z. B. Pepsin, Gastricin) und tötet Bakterien, die mit der Nahrung in den Magen gelangen, ab (Betz et al. 2001, S. 423). Der Gehalt an Salzsäure liegt im Magensaft bei ca. 0,5 % (Betz et al. 2001, S. 423). Ungefähr zwei bis drei Liter Magensaft bildet ein Mensch täglich. Ein Rückfluss von Mageninhalt in die Speiseröhre kann zu Sodbrennen führen, sobald der pH-Wert in der Speiseröhre unter pH = 4 sinkt (Betz et al. 2001, S. 420). Sodbrennen nehmen wir als einen brennenden Schmerz im Brustraum wahr. Als Medikamente gegen Sodbrennen werden sogenannte Antazida eingesetzt, die nur einen Teil (!) der überschüssigen Magensäure neutralisieren sollen. Ein solches Antazidum ist Maaloxan®. Eine Kautablette enthält 400 mg Magnesiumhydroxid und 400 mg Algedrat (Aluminiumhydroxid) (SANOFI 2018). Vier bis sechs Tabletten werden als maximale Tagesdosis angegeben; eine Tablette besitzt eine Neutralisationskapazität von 25 mmol (SANOFI 2018). Übertragen wir diese Informationen nun auf das von Frau Klein gewählte Modellexperiment:

Gibt man eine Tablette Maaloxan® in Wasser oder in 0,1-molare Salzsäure, so kann man beobachten, dass sich die Tablette oder das Pulver sehr langsam löst und dass ein weißer, kristalliner Rückstand entsteht. Der Effekt langsamer Löslichkeit – besonders der des kristallinen Aluminiumhydroxids – ist im Zuge der Entwicklung des Medikaments bewusst eingesetzt, da dieser Effekt die Wirkungsdauer des Medikaments verlängert. Im Modellexperiment führt es aber dazu, dass zunächst einmal nichts oder kaum etwas Nennenswertes zu passieren scheint. Doch genau wegen dieser schweren Löslichkeit ist Frau Kleins Einwand „mehr Maaloxan rein" nicht zielführend. Im menschlichen Körper würde dieses Vorgehen einer erheblichen Überdosierung gleichkommen. Überschlagen wir einmal: Zwei bis drei Liter Magensaft, vier bis sechs Tabletten maximal pro Tag … Schon die Spatelspitze Maaloxan®-Pulver in 10 mL Salzsäure entspräche im Körper einer Überdosierung. Darüber hinaus würde ein tatsächlich neutraler Magensaft zu einem Verlust der sogenannten Säurebarriere in Magen führen, das Pepsin im Magensaft würde inaktiviert. Das hätte zur Folge, dass damit die Eiweißverdauung gestört wäre und eine bakterielle Infektion möglich würde (Wolf und Flint 2000, S. 17).

Betrachten wir nun noch den zweiten Teil von Frau Kleins Kommentar: „Sonst ist es ja keine Neutralisation!" Im Allgemeinen bilden sich bei einer Neutralisationsreaktion zwischen einer Säure und einem Metallhydroxid Wasser und ein Salz (Brown et al. 2007, S. 159). Bei der Neutralisation einer starken Säure mit einer

starken Base liegen am Neutralpunkt (die fachwissenschaftlich korrekte Formulierung wäre am Äquivalenzpunkt) gleich viele – d. h. stöchiometrisch äquivalente
Mengen an – Hydronium- und Hydroxid-Ionen vor, der pH-Wert liegt (wie im Beispiel der vorangegangenen Stunde) bei pH = 7. Bei der Reaktion einer starken Säure
oder Base mit einer schwachen Säure oder Base sind am Äquivalenzpunkt zwar
stöchiometrisch äquivalente Hydronium- und Hydroxid-Ionen vorhanden, aber der
pH-Wert liegt eben nicht bei 7, da die Stärke der Säure bzw. die Stärke der Base eine
bedeutende Rolle dafür spielt, welcher pH-Wert sich am Äquivalenzpunkt einstellt
(Brown et al. 2007, S. 179). Das Konzept der Säurestärke ist allerdings erst Thema
der Oberstufe, sodass das Konzept der Säure- bzw. Basenstärke zu diesem Zeitpunkt nicht thematisiert oder ausführlich erarbeitet werden sollte. Vielmehr halten
wir es für angemessen, aufgrund der Komplexität der theoretischen Grundlagen das
Phänomen einer didaktischen Reduktion zu unterziehen. Um die didaktische Reduktion aber nicht zu weit zu treiben, würden wir dafür plädieren, bei der Mischung
von Maaloxan® und Salzsäure von einer unvollständigen Neutralisation zu sprechen (Kap. 2). Denn tatsächlich hat ja sehr wohl eine Neutralisation – wenngleich
auch nur in Teilen und somit unvollständig – stattgefunden. Frau Klein verfügt aber
offenbar über die Vorstellung, dass eine Neutralisationsreaktion zwingend mit einem pH-Wert von 7 einhergehen muss.

Wie schon an anderer Stelle unterstreicht auch dieses Beispiel unsere Mahnung,
dass Lehrer vor allem dann gut vorbereitet in ihren Unterricht gehen, wenn sie –
selbst bei vermeintlich simplen Sachverhalten – sich der im Unterricht zu behandeln-
den theoretischen Konzepte durch eine gewissenhafte fachwissenschaftliche und
fachdidaktische Sachanalyse versichern. Das Beispiel zeigt darüber hinaus, dass
auch Versuche – so sachlogisch und einfach sie in ihrer Durchführung erscheinen
mögen – selbst ausprobiert werden sollten, bevor man sie im Unterricht von der
Klasse durchführen lässt. Hätte Frau Klein dies getan, so wären ihr die Überraschung
im Unterricht und der dadurch entstandene Handlungsdruck sicherlich erspart geblieben. Womöglich hätte sie sich auch gefragt, warum der erwartete Effekt – die
Verfärbung der Lösung nach grün – sich trotz zunehmender Maaloxan®-Zugabe
nicht einstellt. Wir sind uns sicher, dass ihr die Lösung des Problems eingefallen
wäre bzw. sie die Ursache des Problems erkannt hätte, wenn sie mehr Muße zum
Nachdenken gehabt oder Möglichkeiten zum Nachschlagen genutzt hätte.

Abschließend noch ein kleines Rechenexempel: Wie bereits erwähnt, beträgt die
Neutralisationskapazität einer Maaloxan®-Tablette 25 mmol (SANOFI 2018).
Die Neutralisationskapazität gibt an, wie viele Millimol Salzsäure durch 1 g eines
Antazidums neutralisiert werden; wobei der Wirkungsgrad der Antazida im Körper
bei nur 50–80 % liegt (Estler und Schmidt 2007, S. 610). Das heißt, dass eine Tablette
maximal 250 mL einer Salzsäurelösung mit der Konzentration c = 0,1 mol/L
(ω = 0,4 %) neutralisieren kann, was der Säurekonzentration von Magensaft entspräche. Probieren Sie den Versuch selbst mal aus! Sie werden feststellen, dass die
Lösung nach einer Stunde maximal einen pH-Wert von 4 besitzt (Abb. 11.9); und das
ist aus den beschriebenen Gründen für die Funktionsweise unseres Magens auch gut
so und mit dem Anteil von Aluminiumhydroxid als Zusatz in den Medikamenten
bewusst so gesteuert (Wolf und Flint 2000).

Abb. 11.9 Maaloxan® in
Salzsäure: Ergebnis des
Versuchs nach 15 Minuten.
Mithilfe der Multimedia-
App können Sie einen Film
zu diesem Versuch
aufrufen

Im Zuge ihrer anwachsenden Nervosität nimmt Frau Klein im Unterricht nicht nur ein Ergebnis vorweg, sondern sie verweist sogar auf ein falsches Resultat, das sich nicht einstellen wird, weil es sich nicht einstellen kann. Indem sie die Schüler auffordert, so lange Maaloxan® hinzuzugeben, bis sich die Lösung grün verfärbt, gibt sie eine Handlungsanweisung, die ihren Stress erhöht und ihre Nervosität noch vergrößert. Dabei hätten die Beobachtungen der Schüler durchaus als Lernanlass genutzt werden können, um zu neuen Erkenntnissen zu gelangen. Die Schüler hätten erste semiquantitative Überlegungen anstellen können, die in der weiteren Unterrichtsreihe – z. B. beim Thema Titration und natürlich im Unterricht der Oberstufe – wieder hätten aufgegriffen werden können (Kap. 8); denn das Phänomen der Farbveränderung (von Rot nach Orange) war ja im Zuge der Versuchsdurchführung durchaus zu erkennen, und die daraus zu schließende Annahme, dass sich eine pH-Verschiebung abzeichnet, lag zumindest in der Luft.

Frau Kleins Intention, den Unterricht im Sinne des forschend-entwickelnden Unterrichtsverfahrens zu gestalten, möchten wir als zweiten Diskussionspunkt ansprechen. Frau Klein bemüht sich durchaus darum, Elemente des forschend-entwickelnden

Unterrichtsverfahrens zu nutzen (Kap. 5). So gibt es eine Fragestellung, die im Folgenden untersucht (erforscht) werden soll. Auch werden die Schüler ermutigt, Vermutungen zu äußern. Des Weiteren führen die Schüler auch einen Versuch durch, mit dessen Hilfe die eingangs formulierte Forschungsfrage beantwortet und die aufgestellte Vermutung geprüft werden sollen. Letzteres setzt eine gewissenhafte Auswertung der Beobachtungsbefunde voraus. Und dennoch erscheint uns der Unterrichtsverlauf nicht flüssig und nicht dem Paradigma des forschend-entwickelnden Unterrichtsverfahrens zu genügen. Schauen wir genauer hin:

Die Fragestellung der Stunde gibt Frau Klein vor: Das ist u. E. etwas schade und wäre nicht nötig gewesen, da wir der Meinung sind, dass die Schüler in der Auseinandersetzung mit dem Produkt die Forschungsfrage auch selbst hätten formulieren können. Die Vermutungen, die die Schüler nennen, beruhen natürlich auf ihrem theoretisch-konzeptionellen Vorwissen über chemische Neutralisationsreaktionen; die entsprechenden Kenntnisse hatten sie sich in der vorangegangenen Stunde erarbeitet. Vor diesem Hintergrund ist Jans Äußerung, dass in Maaloxan® eine Base enthalten sein müsste, lobend hervorzuheben. Er geht in seiner Hypothesenbildung sogar einen Schritt weiter und schlägt darüber hinaus eine ihm bekannte Base, nämlich Natriumhydroxid, vor. Frau Klein kommentiert diesen Vorschlag mit: „Genau, das haben wir letztes Mal auch gemacht! Das überprüfen wir jetzt."

Durch diese Unachtsamkeit kommt es, dass die Vermutung von Jan eigentlich nur insoweit betrachtet und geprüft wird, als dass der pH-Wert einer Maaloxan®-Lösung bestimmt und somit gezeigt wird, dass Maaloxan® basisch reagiert. Ob es sich bei Maaloxan® aber um „Natriumhydroxid" handelt oder ob zumindest „Natriumhydroxid" in Maaloxan® enthalten ist, wird nicht weiter geprüft und fällt somit unter den Tisch. Schade eigentlich!

Darüber hinaus hat der Versuch selbst, d. h. der „Versuch", Salzsäurelösung durch Zugabe von Maaloxan® zu neutralisieren, keinerlei Anbindung an eine vorab von den Schülern formulierte Vermutung. Frau Klein wirkt fast erleichtert, dass ein Schüler das Stichwort „Base" nennt, und leitet sofort zur nächsten Phase über, ohne die Vermutung konkretisieren zu lassen oder einen weiteren Lösungsvorschlag einzufordern. Frau Klein hatte offenbar die Absicht, den Versuch zur Wirkung von Maaloxan® in dieser Stunde als Anwendung und Bestätigung des bereits Gelernten zu nutzen und eigentlich nicht als Weg, um zu neuen Erkenntnissen zu gelangen (Kap. 5). Kurzum: Der Anteil der Schüler, die Wege des forschenden Vorgehens im Unterricht mitzubestimmen, erscheint uns als zu gering. Forschen bedeutet stets eigenständiges Tun, sei es in Einzelarbeit oder in (kleineren) Gruppen. Man kann Schüler guten Gewissens Versuche durchführen (nachmachen) lassen – despektierlich spricht man in der Praxis dann schon mal vom Nachkochen – und am Nachkochen an sich ist nichts auszusetzen. Schüler wären grenzenlos überfordert, müssten sie all die Erkenntnisse der Chemie selbst erforschen! Dessen sollte man sich als (Jung-)Lehrer durchaus bewusst sein. Man kann aber die Forschungsaktivitäten einer Unterrichtsstunde auch nicht vorgeben, um dann guten Gewissens zu behaupten, die Schüler hätten in dieser Stunde eigenständig geforscht; daran sollte man denken, um didaktischen Etikettenschwindel zu vermeiden.

Wie hätte die Unterrichtsplanung aber aufgewertet werden können?

Wie wir im Zuge unserer Sachanalyse deutlich machen wollten, hätte es sich u. E. angeboten, den Unterricht in dieser Stunde nicht nur problemorientiert, sondern auch fachübergreifend zu gestalten. So hätten die Funktion der Magensäure und die des Medikaments im Körper anhand der Modellversuche erarbeitet und Bezüge zur Biologie und Biochemie hergestellt werden können. Der vergebliche Versuch, durch Maaloxan®-Zugabe eine Salzsäurelösung zu neutralisieren, hätte zur Erkenntnis führen können, dass nicht jede Säure durch jede beliebige Base neutralisiert werden kann (und umgekehrt) und dass es so etwas wie unvollständige Neutralisationsreaktionen gibt. Solche unvollständigen Neutralisationsreaktionen nutzt man in der pharmakologischen Forschung und Produktentwicklung (Pharmazie) mit dem Ziel, Wirkstoffe für Medikamente herzustellen, die wie in unserem Fall die Effekte des Sodbrennens lindern (Medizin), ohne den Magen in seinen Funktionen zu beeinträchtigen. Ein phänomenologischer Vergleich der Reaktionskinetik (der Vergleich, wie schnell sich pH-Wert-Verschiebungen bei Verwendung von Maaloxan® bzw. bei der von Natronlauge einstellen) hätte darüber hinaus deutlich gemacht, dass ein Medikament wie Maaloxan® nicht nur behutsam wirkt, sondern seine Wirksamkeit langsam entwickelt und über eine nennenswert lange Zeitspanne zeigt (Physikalische Chemie). Wie Sie erkennen, sind die disziplinären Grenzen der Bezugswissenschaften fließend und nicht wirklich trennscharf; aber auch das lohnt sich, mit den Schülern zu diskutieren, wenn es darum geht, dass sich die Schüler ein möglichst zeitgemäßes Bild über die Naturwissenschaften und die Natur der Naturwissenschaften machen können.

11.10 So viele Reiniger für einen Raum!

Frau Wolf unterrichtet eine leistungsstarke 9. Klasse eines großen Gymnasiums. Vor einigen Stunden hat sie mit dem Themenbereich Salze begonnen. Säuren, Basen und Neutralisationsreaktionen kennen die Schüler bereits. Sie hat sich für die heutige Stunde vorgenommen, ihren Schülern die idealtypischen Schritte des Weges naturwissenschaftlicher Erkenntnisgewinnung am Thema „Putzmittel für die Badreinigung" nahezubringen. Der Schwerpunkt der heutigen Stunde liegt nach der im Stundenentwurf angegebenen Intention im Formulieren von Forschungsfragen sowie im Aufstellen von Hypothesen. Die Schüler erhalten eine Anleitung zur Durchführung eines Versuchs. Auf die Formulierung der Ergebnisse in Form von Reaktionsgleichungen möchte Frau Wolf verzichten.

In der Einstiegsphase zeigt Frau Wolf das Bild eines Eimers, der zahlreiche unterschiedliche Badreiniger enthält. Im Hintergrund des Eimers ist ein glänzendes Marmorbad zu sehen. Folgendes Unterrichtsgespräch findet eingangs statt:

Frau Wolf: Wie sieht es bei euch zu Hause aus? Habt ihr auch so viele verschiedene Reiniger?

Einige Schüler nicken und stimmen kurz zu.

Frau Wolf: Formuliert eine Forschungsfrage!
Johanna: Was enthalten Reinigungsmittel?
Frau Wolf: Andere Fragen?

Maximilian:	Welches Putzmittel ist das stärkste?
Frau Wolf:	Schaut mal hier hin (sie zeigt dabei auf das Einstiegsbild). So viele Reiniger für einen Raum! Welche ist die Forschungsfrage?
Lea:	Warum gibt es so viele unterschiedliche Reiniger?
Frau Wolf:	Perfekt. Das wollen wir heute untersuchen. Um Hypothesen zu bilden, bekommt ihr von mir einen Informationstext sowie eine Checkliste. Die Checkliste ist euer Fahrplan, darauf sind die Schritte wissenschaftlicher Arbeit aufgeführt (Tab. 11.4).

Auszug aus dem Informationstext, den Frau Wolf ausgegeben hat

Der im Berliner Trinkwasser am meisten gelöste Stoff ist Kalk; chemisch betrachtet handelt es sich hierbei um die Ionensubstanz Calciumcarbonat ($CaCO_3$). Kalkflecken im Bad sind auf Dauer nicht nur unschön, sondern sie können auch Wasserhähne und andere Armaturen durch mechanische Belastung beschädigen. Daher empfiehlt es sich, diese Flecken regelmäßig zu entfernen. [...]

Aufgrund seiner mechanischen Robustheit und seiner Ästhetik wird Marmor gerne und häufig in Bädern verwendet. Auf Etiketten von sauren Reinigern für Toiletten und auch weiteren Reinigern wie z. B. Entkalkern ist folgender Warnhinweis zu finden: Nicht für Marmor oder säureempfindliche Materialien geeignet.

Tab. 11.4 Checkliste von Frau Wolf zur Stunde „So viele Reiniger für einen Raum!"

Lernschritt	Aufgaben
Schritt 1 (Problemfrage entdecken)	Formuliert die Forschungsfrage mit eigenen Worten.
Schritt 2 (Vorstellungen entwickeln)	- Holt euch das Arbeitsblatt „Bad- und WC-Reiniger". - Lest die Informationstexte und den Warnhinweis auf WC-Reinigern.
Schritt 3 (Hypothesen formulieren)	- Formuliert mithilfe der Informationen eine zur Forschungsfrage passende Hypothese und Gegenhypothese.

Schritt 4 (Planung)	- Lest die Versuchsanleitung.
	 Teilt die folgenden Aufgaben auf:
	   - Holt die Experimentierkiste und bereitet alles für den Versuch vor.
	   - Prüft, ob ihr alle notwendigen Sicherheitsvorkehrungen getroffen habt.

Schritt 5 (Durchführung)	- Führt den Versuch durch. - Weist das entstandene Gas nach. - Notiert eure Beobachtungen. - Räumt den Platz und die Kisten auf.
Schritt 6 (Interpretation der Ergebnisse)	- Erklärt eure Beobachtungen auf der phänomenologischen Ebene.
Schritt 7 (Rückbezug zur Hypothese)	- Nehmt Bezug auf eure Hypothesen, um diese zu bestätigen oder zu widerlegen. Geht dabei auf eure Erkenntnisse aus den einzelnen Schritten ein. - Erläutert die Notwendigkeit verschiedener Reiniger im Bad.

Die Schüler formulieren in Einzelarbeit, basierend auf den Informationen im Text, Vermutungen und arbeiten weiter nach Fahrplan (Checkliste, Tab. 11.4). Nach der Experimentierphase werden die Ergebnisse im Unterrichtsgespräch gesichert. Davon präsentieren wir Ihnen folgenden Auszug:

Frau Wolf: Beschreibt eure Beobachtung!

Tobias: In beiden Reagenzgläsern haben sich die Stoffe teilweise aufgelöst, und es hat geblubbert. Als wir den Holzspan in die Reagenzgläser reingeschoben haben, ging die Glut aus, bei beiden.

Frau Wolf: Was erkennen wir durch diese Beobachtungen?

Lara (leise und unsicher): Ich glaube, Calciumcarbonat und Marmor sind nicht dasselbe. Calciumcarbonat hat ja viel mehr und schneller geblubbert.

Auf diese Aussage geht Frau Wolf nicht ein.

Johanna: Dass Calciumcarbonat und Marmor beide vom Entkalker angegriffen werden und dabei Kohlenstoffdioxid absondern. Sie sind derselbe Stoff.

Frau Wolf: Und was bedeutet es in Bezug auf die Forschungsfrage?

Johanna: Es gibt mehrere Reiniger, weil man zum Beispiel den Entkalker auf Marmor nicht verwenden soll.

Aufgaben

1. Beschreiben Sie einige Stärken und Schwächen dieser Unterrichtsstunde. Richten Sie ein besonderes Augenmerk darauf, inwieweit Schritte naturwissenschaftlicher Erkenntnisgewinnung – wie es Frau Wolf als Intention und Schwerpunkt der Stunde ausgewiesen hat – erfolgreich berücksichtigt worden sind.
2. Entwickeln Sie Alternativen für die problematischen Stellen des Unterrichts.

11.10.1   Stärken und Schwächen der Unterrichtsstunde

Wir möchten zu Beginn Aspekte herausstellen, die u. E. gelungen sind oder zumindest gute Ansätze für eine erfolgversprechende Unterrichtsplanung beinhalten. Das Thema Putzmittel bettet die inhaltlichen Schwerpunkte der Stunde in einen alltäglichen Kontext ein. Somit wird den Schülern ein Zugang zum Stundenthema angeboten, der an Erfahrungen aus ihrer Lebenswelt anknüpft (Kap. 8). Die Wahl eines Alltagskontextes ist allerdings nur *ein* Gütekriterium; Alltagskontext allein bietet noch keine Garantie für einen insgesamt gelingenden Einstieg oder eine erfolgreich verlaufende Stunde.

Weiterhin erachten wir die fokussierte Schwerpunktsetzung, nur einige der unterschiedlichen Phasen naturwissenschaftlicher Erkenntnisgewinnung konzentriert zu erarbeiten, für angemessen und sinnvoll (Kap. 5). Frau Wolf wählt die Phasen

„Formulieren einer Forschungsfrage" und „Aufstellen von Hypothesen" als zentrale Phasen naturwissenschaftlicher Erkenntnisgewinnung aus und fokussiert somit vor allem auf die Kompetenzförderung in diesem Kompetenzbereich. Die anderen Phasen naturwissenschaftlicher Erkenntnisgewinnung gestaltet sie hingegen deutlich geschlossener (Abschn. 6.3). So bekommen die Schüler eine Versuchsanleitung vorgegeben, die sie im weiteren Verlauf der Unterrichtsstunde abarbeiten; das erachten wir grundsätzlich als legitim und in vielen Fällen als unumgänglich.

Einen weiteren grundsätzlich gelungenen Planungsaspekt sehen wir darin, dass Frau Wolf den Schülern eine Checkliste mit den Schritten naturwissenschaftlicher Erkenntnisgewinnung an die Hand gibt. Dass sie mit jedem Schritt eine Aufgabe verbindet, verstehen wir als Hilfestellung für die Schüler. Ein solcher „Fahrplan" sorgt für Transparenz bezüglich der für den weiteren Verlauf der Stunde geplanten Abläufe und stellt eine unterstützende Maßnahme insbesondere für die schwächeren Schüler einer Klasse dar (Kap. 10). Ferner erhalten die Schüler damit eine Art Übersicht über die Schritte der Erkenntnisgewinnung, auf die sie in den Folgestunden zurückgreifen können (Kap. 5).

Diese durchaus gelungenen Aspekte sind es oft, die Referendare und Praktikanten in den Beratungsgesprächen nach dem Unterricht dazu verleiten, die Stunde ausschließlich positiv zu bewerten. Manchmal breitet sich jedoch während des Analysegesprächs im Anschluss an einen Unterrichtsbesuch bei den Referendaren der zunächst diffuse, unbehagliche Eindruck aus, die Unterrichtsplanung sei nicht stimmig. Eine solche Unzufriedenheit ist oft ein Indikator dafür, dass die Phasen des Unterrichts ungenügend aufeinander abgestimmt sind, dass es logische Brüche gibt, die nur mittels starker Lenkung durch den Lehrer überwunden werden können. Oder man stellt fest, wie sich eine Inkongruenz zwischen den in der Unterrichtsplanung deklarierten Intentionen und ihrer Realisierung bemerkbar macht. Schauen wir uns die problematischen Stellen im Einzelnen an.

Im Einstiegsgespräch lenkt Frau Wolf sehr stark. Die Vorschläge von Johanna und Maximilian erscheinen eigentlich ganz naheliegend, viel naheliegender als die Fragestellung, auf die Frau Wolf zusteuern will. Als die Schüler ihren Gedankengängen und Intentionen nicht folgen, glaubt sie, mit suggestiver Betonung ausgewählter Wörter aus dem ihr gewählten Stundenthema nachsteuern zu müssen: *„So viele Reiniger für einen Raum! Welche ist die Forschungsfrage?"*. Wie wir am kurzen Dialog zwischen den Schülern und Frau Wolf erkennen, führt ihr Versuch zum Nachsteuern nicht zum erhofften Erfolg (Abschn. 9.3.2). Für uns als Außenstehende sind die Ursachen dafür, dass Schüler und Lehrerin hier aneinander vorbei kommunizieren, verständlich; für konkret Betroffene ist das – vor allem im Zuge der Unterrichtsdynamik – viel schwieriger!

Das hätte Frau Wolf auch vorher überlegen müssen: Wie kann sie sich sicher sein, dass alle Schüler der Klasse angesichts des Einstiegsimpulses einhellig die gleiche Forschungsfrage formulieren? Welche Strategie hält Frau Wolf in der Hinterhand, wenn Schüler andere Forschungsfragen als die von ihr erhoffte und intendierte formulieren sollten und wenn die formulierten Fragen und Hypothesen der Schüler möglicherweise nicht zum Versuch passen, den Frau Wolf vorgesehen und vorbereitet hat?

Das Bild, das Frau Wolf der Klasse präsentiert, zeigt viele Reinigungsmittel; darüber kann man sich schnell einig werden. Dass diese vielen Reiniger aber „nur für einen Raum da sind", erklärt sich nicht von selbst. Zum einen kann ich damit mehr als einen Raum reinigen, zum anderen – und darauf läuft die Stunde ja auch hinaus – geht es hier nicht um die Reinigung eines Raumes, sondern um unterschiedliche Materialien für einen Raum (hier ein Badezimmer), für dessen Reinigung man jeweils spezifische Reinigungsmittel benötigt. Doch am Ende soll die schonende, aber effektive Reinigung von Marmor im Mittelpunkt stehen. Dafür mag es zwar auch viele unterschiedliche Produkte geben; aber das ist ja wieder nicht das, worauf Frau Wolf eigentlich hinaus will. Kurzum: Es stellt sich die Frage, ob das (durchaus gut gemeinte) Stundenthema auch wirklich gut gewählt ist oder ob es die Schüler sogar vom Kern der Stunde wegführt.

Die zweite Einhilfe, die Frau Wolf wählt, ist u. E. noch verwirrender: „Welches ist die Forschungsfrage?" Die Betonung auf dem bestimmten Artikel *„die* Forschungsfrage", lässt die Schüler glauben, dass es nur eine richtige geben kann. Man könnte uns unterstellen, wir betrieben hier Wortklauberei und würden Frau Wolf bewusst missverstehen. Das ist überhaupt nicht unser Anliegen. Wir möchten vielmehr engagierte Lehrer dafür sensibilisieren, dass selbst gut gemeinte Formulierungen ihre Wirkung verfehlen können, vor allem dann, wenn die Äußerungen, Fragen oder Impulse nicht vom Empfänger ausgehend gedacht und für den Empfänger formuliert werden (Kap. 4; Abschn. 9.3.2). Natürlich wissen Sie – wie wir auch – worauf Frau Wolf eigentlich hinaus will; denn Sie sind in der Lage zu antizipieren, worauf Frau Wolf mit ihrem Unterrichtseinstieg eigentlich abzielt. Über dieses Wissen bzw. über diese Unterrichtserfahrungen verfügen aber die Schüler nicht; Missverständnisse sind die konsequente Folge.

Oder anders ausgedrückt: Es sind manchmal Kleinigkeiten, die im Unterrichtsgespräch über gelingende oder misslingende Kommunikation entscheiden. Deshalb erachten wir es für so wichtig, dass insbesondere Berufsanfänger sich über die Formulierung sogenannter „Schlüsselimpulse" im Rahmen ihrer Unterrichtsplanung explizit Gedanken machen und diese am besten sogar schriftlich formulieren. Insbesondere Berufsanfängern, die noch nicht über die Vielzahl von Routinen und Automatismen verfügen, fällt es im Zuge der Dynamik des Unterrichtsgesprächs schwer, alternative und für die Schüler verständliche Impulse spontan zu formulieren.

Die Notwendigkeit einer starken Nachsteuerung durch die Lehrerin weist u. E. darauf hin, dass das Bild nicht das passende Medium war, um zur geplanten Fragestellung zu gelangen. Für die Schüler ist diese Frage offenbar keine logische Schlussfolgerung aus der Auseinandersetzung mit dem Bild oder schlichtweg nicht von Interesse.

Ebenso wie die Unterrichtskommunikation vom Schüler (als Empfänger) her gedacht werden sollte, ist es auch bei der Wahl eines Problemgrundes ratsam, sich explizit auf den Standpunkt der Schüler einzulassen. Da, wo der Lehrer einen Problemgrund sieht, aus dem eine Frage entstehen soll, sehen die Schüler oft gar keine Notwendigkeit für eine Fragehaltung. Das macht die Gewinnung eines geeigneten Problemgrundes für Lehrer oft so schwierig. Die von Frau Wolf angestrebte Fragestellung lautet: „Warum gibt es so viele unterschiedliche Reiniger?" Diese Frage

ist – wie wir im Unterrichtsgespräch gesehen haben – nicht nur nicht sonderlich
naheliegend, sondern führt die Schüler darüber hinaus zu Vermutungen, die nur bedingt überprüfbar sind, wie beispielsweise: „Es gibt viele Putzmittel wegen der
Konkurrenz zwischen den Herstellern", „Weil manche Kunden gewisse Düfte bevorzugen und andere möglicherweise geruchsneutrale Reiniger lieber haben" oder
auch „Sie bedienen verschiedene Preisklassen" usw.

Wir sehen hier also eine erste Unstimmigkeit im Übergang zwischen Problemgrund (Bild) und Fragestellung sowie eine weitere Unstimmigkeit beim Schritt von
der Fragestellung zu den Vermutungen. Frau Wolf hatte sich als Ziel gesetzt, aus
dem Kompetenzbereich der Erkenntnisgewinnung das Formulieren von Fragestellungen und Aufstellen von Hypothesen intensiver zu fördern. Diese Fokussierung
hat jedoch in der Durchführung des Unterrichts nicht stattgefunden: Eine einzige
Fragestellung wurde schlussendlich suggestiv den Schülern in den Mund gelegt, ob
Hypothesen entwickelt wurden, konnten wir nicht beobachten. Die Schüler haben
zwar individuell etwas aufgeschrieben, ohne eine Austauschphase darüber blieb allerdings unklar, wie die Qualität der individuellen Hypothesen war und vor allem
inwieweit sie zur Fragestellung und zu dem ja vorgegebenen Versuch logisch pass-
ten oder überhaupt passen konnten.

Richten wir unsere Aufmerksamkeit nun auf den Informationstext und auf das
Auswertungsgespräch. Mithilfe des Informationstextes sollten die Schüler offenbar
zu der Vermutung hingeführt werden, Marmor und Calciumcarbonat könnten beide
durch manche Reiniger beschädigt werden. Deshalb können bestimmte Reiniger
zwar zur Entfernung von Kalkflecken gut geeignet sein, jedoch auch Marmor an-
greifen, wenn sich die Kalkflecken z. B. auf Marmorflächen befinden. Folgerichtig
wären solche Reiniger, die Kalkflecken entfernen, für Marmorflächen wiederum
ungeeignet. Aus dem Auswertungsgespräch entnehmen wir, dass Frau Wolf darauf
hinaus möchte, dass Marmor aus Calciumcarbonat besteht. Unseres Erachtens
steckt hier eine weitere Schwierigkeit in der Stundenplanung von Frau Wolf, denn
weder aus dem Informationstext noch aus dem Versuch heraus lässt sich logisch
schlussfolgern, dass Kalk und Marmor chemisch betrachtet „das Gleiche" sind. Der
Einwand von Lara bringt dies deutlich zum Ausdruck: Der Zerteilungsgrad vom
pulverigen Calciumcarbonat führt zu einer viel größeren Oberfläche, als es bei einem Stückchen Marmor der Fall ist. Die unterschiedliche Beschaffenheit der Ausgangsstoffe (Marmorstückchen und Calciumcarbonatpulver) erklärt die heftigere
Gasentwicklung im Reagenzglas, das mit Calciumcarbonat bestückt wurde. Dass
es sich aufgrund der Heftigkeit der Reaktionen um zwei verschiedene Stoffe handelt, wie es Lara schlussfolgert, ist u. E. daher ernst zu nehmen und mindestens zu
hinterfragen. Die Strategie, einen anderen Schüler aufzurufen, der dann das Gegenteil behauptet, ist leider oft zu beobachten. Dass alle möglichen Carbonate zu den
hier diskutierten Beobachtungen führen und nicht alle Carbonate als Marmor oder
Kalkstein zu klassifizieren sind, sei nur der Vollständigkeit halber erwähnt. Davon
abgesehen ist sogar die Frage erlaubt, ob es sich denn bei Marmor und Kalkstein
tatsächlich um ein und denselben Stoff handelt. Wenn wir Stoffe an ihren Eigenschaften erkennen und dieselben Stoffe dieselben Eigenschaften zeigen, dann wären Laras und Johannas Antworten es wert gewesen, etwas ausführlicher diskutiert

zu werden. Streng genommen lassen die Versuchsbeobachtungen lediglich die Schlussfolgerung zu, dass beide Stoffproben mit Entkalker unter Entwicklung eines Gases reagieren. Da die Schüler das entstehende Gas zwar nachweisen sollen (Schritt 5 der Checkliste; Tab. 11.4), sie sich aber wohl lediglich der Glimmspanprobe bedienen, ist auch der Schluss, dass es sich bei dem entstehenden Gas um Kohlenstoffdioxid handeln könnte, zwar legitim, aber nicht eindeutig.

Abschließend möchten wir noch einmal darauf hinweisen, wie wichtig es ist, auf die Angemessenheit der verwendeten Sprache und Fachsprache der Schüler zu achten. Im Auswertungsgespräch verwenden die Schüler Begriffe wie „blubbern" oder „Kohlenstoffdioxid absondern". Ohne einen Schüler explizit zu korrigieren oder gar zurechtzuweisen, besteht die Möglichkeit, Aussagen umzuformulieren, um auf diese Weise dem Schüler eine möglichst wertneutrale Rückmeldung bezüglich seines Sprachgebrauchs zu geben, z. B. indem der Lehrer sich vergewissert, ob der Schüler es womöglich im folgenden Sinne gemeint haben könnte: „Verstehe ich dich richtig? Du meinst also, dass du eine *Gasentwicklung* beobachtet hast." Wir haben die Erfahrung gemacht, dass die Schüler nach und nach Formulierungen mit den entsprechenden Fachtermini wählen werden und Fachbegriffe in ihren aktiven Sprachgebrauch einbinden, um sich präzise auszudrücken und um umgangssprachliche oder gar naive Formulierungen (z. B. „blubbern") zu vermeiden (Kap. 4).

11.10.2 Vorschläge für Alternativen

Wie eingangs dargelegt, hatte sich Frau Wolf für die hier erörterte Stunde vorgenommen, ihren Schülern prototypische Schritte naturwissenschaftlicher Erkenntnisgewinnung nahezubringen. Der Schwerpunkt der Stunde sollte im Formulieren von Forschungsfragen sowie im Aufstellen von Hypothesen liegen.

Das erste Problem, das zu Schwierigkeiten in der Durchführung des Unterrichts geführt hat, ist u. E., dass Frau Wolf zwar das Formulieren naturwissenschaftlicher Fragestellungen mit ihren Schülern üben will, aber offensichtlich eine konkrete Frage vor Augen hat, um zu dem von ihr geplanten und vorbereiteten Versuch zu kommen. Es war leicht zu erkennen, dass die Fragen, die Schüler bewegten, nicht mit der von Frau Wolf in Deckung zu bringen waren. Erschwerend kommt hinzu, dass die von Frau Wolf erwartete Fragestellung „Warum gibt es so viele Reiniger für einen Raum?" vielfältig zu interpretieren gewesen ist – und, wenn man genau hinschaut, nicht einmal im Kern auf die eigentliche Intention von Frau Wolf hinausläuft. So wie wir Frau Wolfs Stundenplanung verstehen, hätten wir entweder eine andere Fragestellung erwartet oder angesichts der von Frau Wolf aufgeworfenen Frage mit ganz anderen Versuchsreihen zur Untersuchung der vielen verschiedenen Reinigungsmittel gerechnet. Naheliegend wäre es für uns gewesen, wenn Frau Wolf im Schwerpunkt die Wirkung unterschiedlicher Reinigungsmittel auf unterschiedliche Materialien, die man in Badezimmern vorfinden kann, hätte untersuchen lassen. Aufgrund der Tatsache, dass es sehr viele unterschiedliche Reinigungsmittel für nahezu ebenso viele Anwendungsfelder gibt und wegen des zu betreibenden experimentellen Aufwands hätte sich u. E. für diese Untersuchung eine arbeitsteilige

Gruppenarbeit angeboten. Bleiben wir allein im Bereich der Reinigungsmittel für Badezimmer, so hätten sich zur experimentellen Untersuchung die folgenden Reinigungsmittel angeboten: Scheuermilch, Essigreiniger und Glasreiniger. Als Materialien, die wir in Badezimmern vorfinden und die gereinigt werden müssen, hätten sich Marmor (Boden- und Wandfliesen), Glas (Spiegel), Porzellan bzw. Keramik (Fliesen, Waschbecken und Toiletten) oder Metall (Armaturen) angeboten. Wir erkennen leicht, wie viel Arbeit in diesem Vorhaben gesteckt hätte; dennoch würde eine solche Untersuchung deutlich besser zur Fragestellung von Frau Wolf nach den Gründen für die Vielzahl unterschiedlicher Reinigungsmittel passen und wäre – auch für die Schüler – deutlich stimmiger gewesen.

Welche Alternativen hätte es außerdem gegeben, um ohne allzu starke Lenkung zu naturwissenschaftlichen Fragestellungen zu gelangen, die von den Schülern selbst formuliert werden? Ein Vorschlag dazu geht in die Richtung, den Schülern Etiketten verschiedener Reinigungsmittel zur Verfügung zu stellen, auf denen sowohl Angaben zu den Inhaltsstoffen als auch Gebrauchshinweise zur Eignung oder Nichteignung für bestimmte Oberflächen stehen. Die Auswahl der Produkte sollte dabei so getroffen werden, dass eine Fokussierung z. B. auf Marmoroberflächen sich bereits aus der selbstständigen Auseinandersetzung mit den Etiketten der Reinigungsmittel ergibt. Auf diese Weise sollen von den Schülern naturwissenschaftlich motivierte Fragen formuliert werden, wie beispielsweise die folgenden:

- Woran liegt es, dass man mit Reinigungsmitteln nicht alles gleich gut reinigen kann?
- Weshalb sind manche Reiniger für Marmorflächen geeignet, andere aber nicht?

Im Sinne des idealtypischen Weges der Erkenntnisgewinnung, den die Schüler in dieser Stunde ja ganz bewusst gehen sollen, wäre es u. E. kontraproduktiv, den Schülern eine fertige Anleitung zum Experimentieren vorzusetzen, mit der sich manche Hypothesen ggf. nicht überprüfen ließen. Für einen logisch stimmigen Ablauf mit entsprechender Schülerbeteiligung empfehlen wir: Entweder bespricht und diskutiert man die von den Schülern genannten Fragen und Hypothesen mit dem Ziel, sich zum Ende der Verhandlungen auf eine Versuchsreihe zu einigen, oder man gibt den Schülern die nötige Zeit und räumt ihnen den Freiraum ein, ihrer eigenen Fragestellung nachzugehen und ihre je eigenen Hypothesen zu prüfen. Das hätte zur Folge, dass den Schülern auch die Gelegenheit gegeben werden müsste, einen möglichst geeigneten Versuchsplan zu entwickeln und später selbst durchzuführen (Kap. 5 und 6).

Wir haben schon erwähnt, dass Frau Wolf ihre „Beweisführung" u. E. etwas großzügig betreibt. Aus diesem Grund möchten wir abschließend eine mögliche Alternative zur Diskussion stellen: Um die Vermutung zu prüfen, Marmor bestünde aus Calciumcarbonat, reicht es nicht aus, den Nachweis zu erbringen, dass beide Proben mit Essigreiniger unter Blasenbildung reagieren. Auch die Glimmspanprobe ist zu unspezifisch, um – wie in unserem Beispiel berichtet – Kohlenstoffdioxid zu identifizieren. Alternativ zur Glimmspanprobe hätte die Identifizierung des Gases durch Kalkwasser erfolgen können. Mittels der Verwendung eines Gärröhrchens wäre der experimentelle Aufwand nicht viel größer gewesen. Aber selbst dieser Nachweis hätte nicht ausgereicht. Denn um die von Frau Wolf erwünschten Schlussfolgerungen tatsächlich ziehen zu können, reicht es eben nicht aus, nur das Anion über die Bildung von Kohlenstoffdioxid nachzuweisen. Wir empfehlen deshalb, bei der Untersuchung von Marmor, Kalk und Calciumcarbonat auch jeweils das Kation nachzuweisen. Dies gelingt sogar in der Schule recht gut und mit wenig Aufwand über die Flammenfärbung. Aufgrund der gewissenhaften und differenzierten Betrachtung der jeweiligen Komponenten, aber auch durch eine reflektierte Fehlerbetrachtung können die Schüler erleben, wie wichtig die Trennung von Variablen und wie komplex und zeitintensiv eine belastbare experimentelle Beweisführung ist (Kap. 5 und 6).

11.11 Ionen auf der Spur

Herr Bauer unterrichtet an einem Gymnasium mit naturwissenschaftlichem Schwerpunkt eine sehr aufgeweckte, leistungsstarke 9. Klasse im Fach Chemie. Die Lerngruppe hatte in den Klassenstufen 5 und 6 pro Woche je eine Stunde zusätzlichen Unterricht im Fach Naturwissenschaften. Zu Beginn dieser Unterrichtsreihe haben die Schüler bereits verschiedene Salze kennengelernt und Steckbriefe dazu angefertigt. In der heutigen Stunde sollen die Schüler in Gruppenarbeit verschiedene Ionen identifizieren, die ihnen in drei Salzmischungen als unbekannte Proben gereicht werden. Jede Mischung enthält zwei verschiedene Salze. Die nötigen Anweisungen, wie diese Salze eindeutig zu identifizieren sind, gibt Herr Bauer in Form eines Lehrervortrags mit Tafelbildern vor. Im Anschluss an den Lehrervortrag untersuchen die Schüler in Gruppen ihre jeweiligen Proben.

Aufgaben

1. Diskutieren Sie die Tafelbilder (Abb. 11.10).
2. Unterbreiten Sie Vorschläge, wie die Erarbeitungsphase mit deutlich mehr Aktivität aufseiten der Schüler hätte gestaltet werden können.

11.11.1   Diskussion der Tafelbilder

Alle drei Tafelbilder (Abb. 11.10) sind auf den ersten Blick sehr übersichtlich und klar gegliedert; sie besitzen eine Überschrift, haben Zwischenüberschriften und weisen unterteilende und strukturierende Nummerierungen auf. Herr Bauer hatte vor Unterrichtsbeginn die Tafel gut gewischt; sie ist sauber, sodass Schrift und Skizzen sehr gut lesbar sind (vgl. Becker et al. 1992, S. 390 f.). Wahrscheinlich hat Herr Bauer den Tafelanschrieb vorher geübt. Auf jeden Fall erscheint das Tafelbild sehr gut geplant und sehr gelungen; denn die jeweiligen Skizzen und Stichworte passen gut auf eine Tafelseite, ohne dass es während des Tafelanschriebs an einer Stelle der Tafel eng geworden wäre. Bei näherem Hinsehen zeigen sich jedoch Schwächen und Unstimmigkeiten in den Tafelbildern.

Alle drei Tafelbilder sind jeweils mit „Arbeitstechnik" überschrieben. Mit den Arbeitstechniken sind Filtration, Dekantieren und Flammenfärbung gemeint.

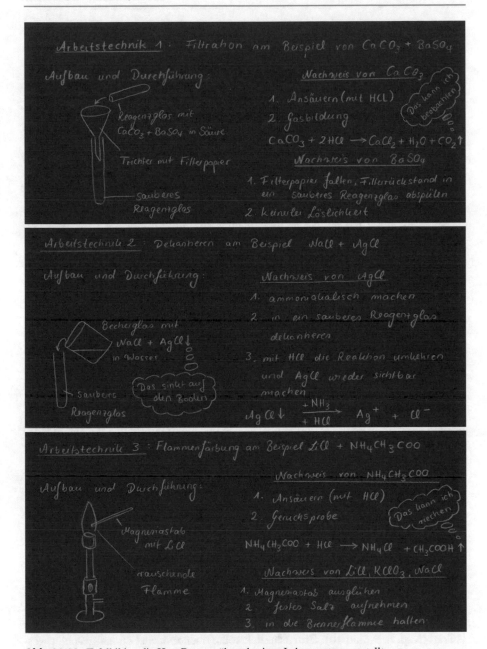

Abb. 11.10   Tafelbilder, die Herr Bauer während seines Lehrervortrags erstellt

Eigentlich müssten diese drei sehr grundlegenden Arbeitstechniken dieser 9. Klasse
aus dem vorangegangenen Unterricht in Naturwissenschaften und des Chemieunterrichts in den Jahrgangsstufen 7 und 8 längst bekannt sein. Herr Bauer stellt die
Wiederholung der Arbeitstechniken in der heutigen Stunde aber in einen anderen –
für die Schüler noch unbekannten – Kontext: Er strebt nämlich an, die Schüler mit

den chemischen Arbeitstechniken der analytischen Stofftrennung und den Methoden zum Nachweis von Ionen vertraut zu machen. Deutlich wird dies vor allem aus den rechten Spalten der Tafelbilder, denn hier passen die Zwischenüberschriften gut zu den nachfolgenden Texten, da Zwischenüberschrift und Text jeweils auf eine bestimmte Nachweisreaktion abzielen. Ungünstig an der Formulierung aller Überschriften ist u. E. jedoch, dass Herr Bauer den Text mit den Summenformeln der Salze vermischt. Diese Vermischung sollte man vermeiden, da leicht der Eindruck entstehen könnte, dass eine chemische Summenformel einer Abkürzung gleichkäme (Kap. 4). Mit den Formelzeichen bzw. der chemischen Symbolsprache versuchen wir aber, entweder ein bzw. bestimmte Teilchen der entsprechenden Verbindung und/oder aber eine bestimmte Stoffmenge an Teilchen und Teilchensorten (Elementen) zu repräsentieren.

Doch kommen wir zurück zu den Inhalten der Tafelbilder. Jeder der fünf Abschnitte auf der rechten Seite der Tafelbilder beginnt mit der Beschreibung der Durchführung des entsprechenden Nachweises. Daran anschließend folgen jedoch Beobachtungen, die die Schüler voraussichtlich machen werden, dargestellt in Form von Kurzaussagen wie „keinerlei Löslichkeit" oder – in einer Gedankenblase – „Das kann ich riechen". Neben den vorweggenommenen Beobachtungen hat Herr Bauer auch schon zu dreien der durchzuführenden Nachweisreaktionen die entsprechenden Reaktionsgleichungen formuliert. Damit nimmt er einerseits erneut zu erwartende Beobachtungen vorweg (z. B. weist der senkrechte und nach oben gerichtete Pfeil am Kohlenstoffdioxid-Symbol im ersten Tafelbild explizit auf das Entweichen eines Gases hin), andererseits gibt Herr Bauer mit seinem Tafelbild auch schon die Auswertung der Versuche und damit die Erklärung der Beobachtungen preis. Beide Vorwegnahmen wären u. E. angesichts der leistungsstarken Lerngruppe nicht nötig gewesen und mindern nach unserem Dafürhalten die Qualität der Unterrichtsplanung von Herrn Bauer (sehr), da die Denkleistungen, die die Schüler im Anschluss an die Untersuchung ihrer Salzproben selbst hätten erbringen können, damit hinfällig werden.

Wenn wir uns den auf der linken Tafelseite dargestellten Skizzen zuwenden, erkennen wir, dass Herr Bauer offensichtlich Aufbau und Durchführung (so wie es die Überschrift vorgibt) mit zu erwartenden Beobachtungen vermischt. In weniger leistungsstarken Klassen bzw. in Klassen mit wenig praktischer Erfahrung im Experimentieren mag es durchaus von Vorteil sein, auf bestimmte Bereiche des Versuchs besonders hinzuweisen und auf mögliche Beobachtungen bereits vorab die Aufmerksamkeit zu lenken (z. B. „Achtet vor allem auf die Farbe zu Beginn und zum Ende des Versuchs"). Damit kann man einer Überforderung der Schüler vorbeugen, Unachtsamkeiten vermeiden oder aber den Unterrichtsprozess – wenn nötig – stärker lenken (Kap. 6, 9, und 10). Grundsätzlich sollte aber zunächst darauf geachtet werden, die Phasen Durchführung, Beobachtung und Auswertung von Versuchen und Experimenten klar und so eindeutig wie möglich voneinander zu trennen, vor allem auch deshalb, weil wir dies auch von den Schülern in Protokollen verlangen. So kann gewährleistet werden, dass die Schüler die einzelnen Phasen beim naturwissenschaftlichen Arbeiten – z. B. das genaue Beobachten – erkennen und erlernen können und dass diese Kompetenzen aufseiten der Schüler zusehends gefestigt werden

(Kap. 1). Gerade die Vermischung von Beobachtungen auf der einen Seite mit Erklärungen und Interpretationen im Zuge der Auswertungen auf der anderen Seite führt oft zu Missverständnissen im Verlauf des Unterrichtsgesprächs und damit verbunden zu Lernhemmnissen. Die verschiedenen Phasen naturwissenschaftlicher Arbeitsweisen trennscharf auseinanderzuhalten und als je eigenständige Phasen zu verstehen (Kap. 5) ist in mehrerlei Hinsicht besonders bedeutsam, unter anderem um…

a. … voreilige Schlüsse aufseiten der Schüler zu vermeiden (z. B. „Da hat sich Kohlendioxid gebildet" statt „Ich konnte eine Gasbildung beobachten") und wirklich auch alle Beobachtungen zu erfassen sowie sich nicht bereits voreilig von der Vielzahl möglicher Beobachtungen beim Experimentieren oder beim Durchführen eines Versuchs abzuwenden (Kompetenzbereich Erkenntnisgewinnung; Kap. 1 und 5).
b. … Schülervorstellungen konstruktiv zu begegnen. Barke betont vor dem Hintergrund der Hartnäckigkeit von Schülervorstellungen, dass die Trennung von Beobachtung und Erklärung wichtig sei, um die verschiedenen Betrachtungsebenen (makroskopisch, submikroskopisch und symbolisch) nicht zu vermischen und um sie somit besser verstehen zu können (Barke 2006, S. 31). Barke weist explizit darauf hin, dass Beobachtungen unbedingt auf der makroskopischen, stofflichen Ebene ohne jede modellhafte Interpretation beschrieben werden sollten, um so Fehlvorstellungen zu vermeiden. Erst in der Auswertung der Beobachtungen wären dann Fragen zu den an der Reaktion beteiligten Teilchen zu stellen, bevor auf der symbolischen Ebene die Erstellung der Reaktionsgleichung erfolgt (Barke 2006, S. 31; Kompetenzbereich Fachwissen; Kap. 1).
c. … um in Fragen der Beurteilung von Fakten und der Bewertung von Sachverhalten zwischen Fakten (z. B. Beobachtungen und Ergebnisse) sowie deren Interpretation und Bewertung unterscheiden zu können (Kompetenzbereiche Kommunikation und Bewertung; Kap. 1).

Im Tafelbild 3 (Abb. 11.10) fallen uns noch weitere fachliche und fachdidaktisch relevante Unstimmigkeiten auf. Das Tafelbild 3 ist überschrieben mit „Flammenfärbung am Beispiel des $LiCl + NH_4CH_3COO$". Im weiteren Verlauf des Tafelbildes wird deutlich, dass die Flammenfärbung von drei Salzen – nämlich Lithiumchlorid, Kaliumchlorat und Natriumchlorid – durchgeführt werden soll; zum Nachweis von Ammoniumacetat soll aber eine Geruchsprobe nach Ansäuern mit Salzsäure erfolgen. Neben dieser Ungenauigkeit in der Formulierung der Überschrift besteht eine fachliche Schwierigkeit in der Verwendung von Kaliumchlorat zum Nachweis von Kalium-Ionen mittels Flammenfärbung: Das Verwenden von Kaliumchlorat unterliegt laut der Stoffliste zur Regel „Unterricht in Schulen mit gefährlichen Stoffen" der gesetzlichen Unfallversicherung bestimmten Einschränkungen (DGUV 2017). So dürfen Schüler überhaupt nicht mit Kaliumchlorat arbeiten, und selbst für Lehrer gibt es eine Tätigkeitsbeschränkung mit dem Zusatz, dass eine Ersatzstoffprüfung erfolgen soll (DGUV 2017, S. 70). Herr Bauer hätte für diesen Versuch genauso gut – oder mit Blick auf die Stoffliste – sogar noch besser einfach Kaliumchlorid oder Kaliumcarbonat verwenden sollen.

Abgesehen von all den bislang diskutierten Aspekten gilt es bei so ausführlich erarbeiteten Tafelbildern zu bedenken (und Gleiches gilt für die Verwendung eines inter-
aktiven Whiteboards), dass ein lange andauernder Tafelanschrieb die Aufmerksamkeit
der Lehrkraft von der Klasse nimmt und die Klasse nicht zwingend dem Tafelanschrieb wortwörtlich folgt. Hinzu kommt, dass Herr Bauer eine der drei Tafeln noch
wischen musste, bevor er das dritte Tafelbild anschreiben konnte. Herr Bauer stand
insgesamt dreimal für jeweils ca. 6 Minuten mit dem Rücken zur Klasse; seinen
eigentlich geplanten Vortrag konnte er parallel zum Tafelanschrieb gar nicht halten,
da er stets nur zur Tafel gesprochen hätte. Da er sich dafür entschieden hat, zuerst
das Wesentliche an die Tafel zu schreiben und dann das Geschriebene der Klasse zu
erläutern, führte die Reihenfolge dazu, dass das Gros der Klasse selbst noch am Abschreiben war, als Herr Bauer mit seinen Erläuterungen begann. Abgesehen davon,
dass diese Phase sehr lehrerzentriert gewesen ist, konnten wir feststellen, dass nicht
wenige Schüler eher unaufmerksam wirkten und andere gezwungenermaßen vom
Abschreiben gelangweilt schienen. Insgesamt dauerten die Anweisungen für die
danach anstehende Gruppenarbeit ungefähr 25 Minuten. Diese Zeitspanne hätte
u. E. effektiver genutzt werden können; sie hat zumindest einigen Schülern als echte
Lernzeit gefehlt. Insbesondere bei einer so leistungsstarken Klasse hätten wir Herrn
Bauer dazu geraten, eine zügigere Vorgehensweise zu wählen. Darüber hinaus hätten wir Herrn Bauer angesichts des Unterrichtsgeschehens im Allgemeinen sowie
der Leistungsfähigkeit und Lernbereitschaft seiner 9. Klasse im Besonderen ein
Vorgehen empfohlen, das den Schülern mehr Verantwortung für den eigenen Lernprozess eröffnet hätte (Kap. 7 und 8).

11.11.2 Möglichkeiten zur Erhöhung der Schüleraktivitäten in der Stunde von Herrn Bauer

In diesem Abschnitt möchten wir zwei Möglichkeiten beleuchten, wie Herr Bauer
die Klasse stärker ins Unterrichtsgeschehen hätte einbeziehen können.

Eine Möglichkeit, den Schülern mehr Verantwortung im Lernprozess zu übertragen,
hätte dadurch eröffnet werden können, dass sie selbst Versuchsanleitungen für die Nachweise und Trennung von Ionen erarbeiten. Dazu könnte die Klasse in z. B. acht Gruppen
eingeteilt werden, die arbeitsteilig experimentieren. Mithilfe von Schulbüchern oder
vorbereitetem Material würden sich vier Gruppen mit der Trennung von Erdalkali-Ionen
beschäftigen und die Aufgabe erhalten, eine Versuchsanleitung zu erstellen, nach der
diese Trennung später durchgeführt werden kann. Diese Versuchsanleitung könnte vorstrukturiert sein, um so zu gewährleisten, dass alle nötigen Aspekte (Geräte, Chemikalien, Sicherheitshinweise, Durchführung …) Berücksichtigung in den Anleitungen finden (Kap. 10). Die anderen vier Gruppen erstellen ebenfalls Anleitungen, z. B. für die
Nachweise von Anionen. In der anschließenden Experimentierphase würden dann alle
Gruppen nach diesen beiden Anleitungen arbeiten.

Die anderen vier Gruppen hätten den Auftrag erhalten, ebenfalls eine Anleitung zu
erarbeiten. Diese vier Gruppen hätten sich um die Möglichkeiten kümmern müssen,
Nachweisverfahren zur Identifikation von Anionen aufzuzeigen. Auch für diese Gruppen hätten wir vorstrukturierende Aufgabenhilfen vorbereitet. In der abschließenden

Experimentierphase (die zugegebenermaßen wohl erst in der nächsten Unterrichtsstunde folgt) würden dann alle Gruppen die Analysen nach den von den Schülern erarbeiteten Anleitungen durchführen.

Für die zweite Möglichkeit möchten wir uns auf den Trennungsvorgang von Calciumsulfat und Bariumsulfat, den Herr Bauer im ersten Tafelbild vorgegeben hat, konzentrieren. Diese Variante ist u. E. insbesondere für eine leistungsstarke Klasse gut geeignet. Die Schüler könnten demnach selbst herausfinden, worin Unterschiede in den Eigenschaften von Calciumcarbonat und Bariumsulfat bestehen, und Vorschläge unterbreiten, wie diese Unterschiede zur Trennung eines Gemischs beider Salze genutzt werden könnten. Bei diesem Vorgehen wird verstärkt das Basiskonzept Struktur-Eigenschafts-Beziehungen in den Blick genommen (Kap. 1). Recherchen der Schüler führen zu dem Ergebnis, dass Bariumsulfat eine extrem geringe Löslichkeit in Wasser besitzt, wie Calciumcarbonat allerdings auch. Bezüglich der Löslichkeit in einer Säure ergeben sich aber deutliche Unterschiede. So ist Calciumcarbonat bereits in Essigsäure leicht löslich, Bariumsulfat dagegen nicht. Durch eine Filtration können beide Erdalkali-Ionen getrennt werden. Die Zugabe einer Säure würde also einerseits durch die sichtbare Gasentwicklung Aufschluss über das Salz geben, andererseits könnten auch die so gelösten Calcium-Ionen mittels Flammenfärbung nachgewiesen werden. Eine andere Nachweismöglichkeit für die gelösten Calcium-Ionen besteht darin, sie mithilfe von Schwefelsäure als Calciumsulfat (Gips) zu fällen. Calciumsulfat ist in Essigsäure nicht löslich. Da eine freie Recherche durch die Schüler in der Regel recht zeitintensiv ist, könnten die Gruppen natürlich auch vorbereitetes Arbeits- und Informationsmaterial vom Lehrer erhalten. Im Beispiel der Trennung und Identifizierung von Calciumcarbonat und Bariumsulfat würden allein schon die Angaben zur Löslichkeit in Wasser und Säuren eine hinreichende Hilfestellung sein.

11.12 Feuerwerk im Klassenzimmer

Frau Fischer unterrichtet eine Klasse mit sogenannten Schnelllernern (Jahrgang 8) an einem naturwissenschaftlich orientierten Gymnasium. Die Klasse hat im zweiten Jahr Chemieunterricht. In der Unterrichtsstunde sollen die Schüler die Entstehung unterschiedlicher Flammenfarben durch verschiedene Salze untersuchen. Frau Fischer hat sich vorgenommen, in dieser Stunde mit den Schülern das naturwissenschaftliche Vorgehen der Erkenntnisgewinnung zu üben und die Schüler zum Formulieren von Hypothesen und deren Überprüfung anzuregen. Sie hat sich für ein deduktives Vorgehen entschieden.

Frau Fischer beginnt die Unterrichtsstunde mit einer kleinen Erzählung. Auf dem Kindergeburtstag ihres Neffen wurden im Garten zwei verschiedenfarbige Feuerwerksfontänen entzündet. Dabei ist ihr als Chemielehrerin eine – wie sie meint – interessante Frage in den Sinn gekommen. Zur Veranschaulichung präsentiert sie ein selbstgedrehtes Video, das das Abbrennen zweier Feuerwerksfontänen zeigt. Die Schüler formulieren daraufhin die folgende Fragestellung:

„Wieso haben die beiden Fontänen verschiedene Farben?"

Im anschließenden Unterrichtsgespräch schlagen die Schüler überraschend schnell vor, auf der Verpackung nachzusehen, ob sich dort ein Hinweis findet, warum die eine Fontäne gelbe und die andere rote Funken erzeugt. Frau Fischer zeigt daraufhin die folgende Tabelle. Die dort aufgeführten Inhaltsstoffe der beiden Fontänen hat sie im Rahmen der Vorbereitung auf die Unterrichtsstunde beim Hersteller erfragt.

Gelbe Fontäne	Rote Fontäne
Xylokoll	Xylokoll
Titan (Ti)	Titan (Ti)
Natriumchlorid (NaCl)	Kaliumnitrat (KNO_3)
Natriumoxalat ($Na_2C_2O_4$)	Strontiumcarbonat ($SrCO_3$)

Ausgehend von den Informationen in der Tabelle schließen die Schüler Xylokoll und Titan aus, da diese beiden Inhaltsstoffe in beiden Fontänen enthalten sind; die beiden Stoffe können daher keine unterschiedlichen Eigenschaften der Fontänen erzeugen. Die Schüler konzentrieren sich im Folgenden also auf die zu unterscheidenden Inhaltsstoffe und formulieren die Vermutung: „Die verschiedenen Salze sorgen für die unterschiedliche Farbe der Fontänen."

Frau Fischer gibt nun ein Arbeitsblatt aus, auf dem eine Anleitung für die Untersuchung der Flammenfärbung der Salze Natrium-, Strontium-, Lithium-, Kalium- und Calciumchlorid zu finden ist.

Aufgaben

1. Erläutern Sie die Stärken des von Frau Fischer durchgeführten Unterrichts.
2. Diskutieren Sie eine Alternative, die der Intention von Frau Fischer, den deduktiven Weg der Erkenntnisgewinnung zu fördern, stärker gerecht wird.

11.12.1 Stärken des durchgeführten Unterrichts

Unseres Erachtens weist die Unterrichtsstunde von Frau Fischer mehrere Stärken auf. Wir konzentrieren uns auf den Einstieg und auf den letztlich daraus resultierenden Verlauf der Stunde, den Frau Fischer als deduktiven Weg naturwissenschaftlicher Erkenntnisgewinnung gestalten wollte. Frau Fischer hat u. E. einen gelungenen Unterrichtseinstieg gewählt. Das Betrachten eines Feuerwerks hat einen starken Lebensweltbezug, da Jung und Alt fasziniert sind, wenn sie einem Feuerwerk beiwohnen. Das Abspielen des Videos mit dem „Gartenfeuerwerk" sichert eingangs die Aufmerksamkeit und weckt die Neugier der Lerngruppe. Mit der Erzählung über die Geburtstagsfeier zeigt Frau Fischer darüber hinaus, dass überall in unserem Alltag interessante Phänomene zu beobachten sind, die naturwissenschaftlich hinterfragt werden können und die es lohnt, mit den Methoden der Naturwissenschaften zu untersuchen.

Das von Frau Fischer ausgewählte Ziel der Unterrichtsstunde, das Erkennen und Formulieren naturwissenschaftlicher Fragestellungen, ist didaktisch sinnvoll, weil es einen wichtigen Aspekt naturwissenschaftlicher Grundbildung thematisiert

(Bolte 2003; Bolte und Schulte 2014; Kap. 1). Dass der Unterrichtseinstieg von Frau Fischer gut und funktional vorgetragen wurde, ist daran zu erkennen, dass die Schüler die für die Unterrichtsstunde entscheidende Fragestellung selbst spontan formuliert haben.

Frau Fischer hatte sich vorgenommen, den Gang naturwissenschaftlicher Erkenntnisgewinnung mit den Schülern deduktiv einzuüben. Wir erinnern in diesem Zusammenhang an die Kapitel „Forschender Unterricht" (Kap. 5) und „Didaktische Funktion von Experimenten" (Kap. 6), in denen wir Wege naturwissenschaftlicher Erkenntnisgewinnung vorgestellt und deren Bedeutung für den Chemieunterricht thematisiert haben. Im Zuge der deduktiven Vorgehensweise, die Frau Fischer in dieser Stunde anstrebt, werden theoriebasierte Vermutungen als mögliche Antworten auf die Forschungsfrage formuliert. Dieses Ableiten von Vermutungen aus der Theorie ist der Kern des deduktiven Vorgehens im Erkenntnisprozess (Abschn. 6.2). Im weiteren Verlauf werden dann die (bestenfalls von den Schülern selbst) formulierten Vermutungen mithilfe geeigneter Experimente geprüft und ggf. bestätigt oder widerlegt. Frau Fischer gelingt es an dieser Stelle u. E. geschickt, die den Schülern fehlenden Informationen über die Inhaltsstoffe der verwendeten Feuerwerkskörper durch die Präsentation der vorbereiteten Liste an die Hand zu geben. Damit eröffnet sie ihnen die Gelegenheit, möglichst eigenständig auf die Idee zu kommen, dass die unterschiedlichen Salze als mögliche Ursache für die verschiedenartigen Flammenfarben infrage kommen.

Mit der sich nun anschließenden experimentellen Überprüfung gelingt es Frau Fischer zwar, die von den Schülern formulierte Vermutung (verschiedene Salze sind für die unterschiedliche Farbe der Fontänen verantwortlich) zu überprüfen. Leider nimmt sie aber durch die Vorgabe der Salze, die die Schüler im Folgenden untersuchen sollen, eine starke lehrerinitiierte Einschränkung vor. Für die Schüler naheliegend und für die Ausgangsfrage völlig ausreichend wäre es gewesen, wenn die Schüler die Salze von der Liste auf Flammenfärbung und Funkenflug geprüft hätten.

Da es sich bei der von Frau Fischer getroffenen Auswahl der zu prüfenden Salze ausschließlich um Chloride handelt, gibt sie (zumindest implizit) vor, dass für die Flammenfarbe nur das Kation verantwortlich ist. Damit vereitelt Frau Fischer die Option, im Anschluss an die nun folgende Untersuchung die vertiefende Frage zu stellen, ob die Salze selbst oder nur bestimmte Bestandteile der geprüften Salze die unterschiedlichen Flammenfarben bewirken. Da auf der vorgelegten Liste Natriumchlorid und Natriumoxalat einerseits sowie Kaliumnitrat und Strontiumcarbonat andererseits zu finden sind, wäre es für die leistungsstarken Schüler durchaus möglich gewesen zu erkennen, dass sowohl Natriumchlorid als auch Natriumoxalat die Flamme des Brenners gelb färben, während Kaliumnitrat und Strontiumcarbonat zu jeweils unterschiedlichen Färbungen der Brennerflamme führen. Gesetzt den Fall, dass auf der Liste von Frau Fischer anstelle von z. B. Kaliumnitrat Kaliumchlorid (oder anstelle von Natriumoxalat Natriumcarbonat) gestanden hätte, hätten die Schüler womöglich die Vermutung formuliert, dass die Stoffklasse der Chloride (bzw. der Carbonate) für eine eindeutige Flammenfärbung nicht verantwortlich zu sein scheint. Diese Vermutung (wie auch die, dass bestimmte Kationen bestimmte

Flammenfarben zeigen) hätte in den anschließenden Unterrichtsstunden konsequenterweise und von den Schülern selbst untersucht und geprüft werden können.
Eine Möglichkeit dazu zeigen wir in Abschn. 11.12.2).

Verstehen Sie uns bitte nicht falsch. Wir haben explizit herausgestellt, dass und
warum wir den Unterrichtseinstieg von Frau Fischer für lobenswert halten. Wir sind
nicht auf der Suche nach dem Haar in der Suppe; wir möchten lediglich darauf aufmerksam machen, dass es selbst für durchaus gelungenen Unterricht immer Alternativen gibt. Unterricht ist – wie Petersen und Priesemann (1990, S. 80) es einst
formuliert haben – „als Teilbereich menschlicher Praxis … wie alle menschlichen
Praxen (auch) – imperfekt!" Kein Unterricht ist so gut, dass er nicht optimiert werden könnte.

11.12.2 Alternative zur Stundenplanung

Um im Folgenden eine begründete Alternative entwickeln zu können, möchten wir
zunächst den fachlichen Hintergrund zur Entstehung von Flammenfarben ein wenig
stärker ausleuchten.

Die Flammenfarbe von Salzen ist – wie eingangs schon erwähnt – ein besonders
beeindruckendes Phänomen. So zeigen Natriumsalze eine gelbe, Strontiumsalze
eine rote, Barium- und Kupfersalze eine grüne Flammenfarbe etc. Doch wie kommt
es zu diesen Farben?

Durch die Zuführung ausreichender thermischer Energie werden die Salze unter
Bildung der Elementatome zersetzt. Am Beispiel des Natriumchlorids lautet die
Reaktionsgleichung:

$$NaCl \rightarrow Na + \tfrac{1}{2}\,Cl_2$$

Innerhalb der Elementatome werden die Elektronen durch die thermische Energie
auf höhere Energieniveaus angeregt. Bei der Rückkehr in den Grundzustand emit-
tiert das Atom Energie in Form von Licht mit je spezifischen Wellenlängen. Auf
diese Weise können Elemente sowohl qualitativ als auch quantitativ identifiziert
werden (Harris 2002, S. 494 ff.). In der analytischen Chemie bezeichnet man dieses
Verfahren als Atomemissionsspektroskopie (AES).

Welchen Einfluss haben jedoch die Anionen auf die Flammenfarbe? Anionen
können einen vielseitigen Störeinfluss auf AES-Untersuchungen haben. Phosphat-
und Sulfat-Ionen bilden beispielsweise schwer verdampfbare Erdalkali-(Pyro-)
Phosphate bzw. -Sulfate. Durch die geringere Verdampfung ist auch die Emissi-
onsstärke des Lichts schwächer, als dies bei anderen Salzen (z. B. bei den entsprechenden Chloriden) der Fall wäre. Außerdem kann eine hohe Konzentration an
Phosphat-Ionen eine kontinuierliche Untergrundstrahlung erzeugen, da thermisch
leuchtende Phosphor(V)-oxidpartikel gebildet werden (Herrmann und Alkemade
1960, S. 58). Diese Störeinflüsse sind jedoch nur für quantitative, nicht aber für
qualitative Analysen – wie im Unterricht von Frau Fischer der Fall – relevant. Da
die mehratomigen Anionen also in der Regel nicht in die Elemente zersetzt werden, emittieren sie kein farbiges Licht. Die Emissionsspektren der Halogene zum

Beispiel liegen im ultravioletten Bereich (< 200 nm), da die Energielevel der Halogenatome deutlich höher liegen als die anderer Elementatome (Harris 2002, S. 503). Die Anionen in Halogeniden emittieren also ebenfalls kein farbiges Licht.

Wir können also zusammenfassen, dass – fast ausschließlich – das Metallkation in Salzen für die Flammenfarbe verantwortlich ist. Den Einfluss des Anions zu vernachlässigen kann u. E. demzufolge als zulässige didaktische Reduktion betrachtet werden (Kap. 2). Frau Fischer ist in ihrer Stundenplanung genau auf diese eine Ursache eingegangen und hat mit der Begrenzung auf eine Hypothese und der Vorgabe von fünf Chloriden den Fokus ausschließlich auf die Metallkationen gelenkt. Wir möchten gern in unserem alternativen Vorschlag zeigen, dass leistungsstarke und lernmotivierte Schüler dieser Jahrgangsstufe selbstständig genau diesen Schluss hätten ziehen können – nämlich, dass die Metallkationen bestimmter Salze für das Phänomen der Flammenfarbe verantwortlich sind.

Den Einstieg und die Phase der Bildung von Vermutungen würden wir nicht verändern wollen: Die Schüler schließen aus dem Informationsmaterial auf die unterschiedlichen Salze als mögliche Ursache für die verschiedenen Flammenfarben. Frau Fischer belässt es aber leider bei dieser einen Vermutung und verschenkt dadurch hier u. E. Lerngelegenheiten. Für die Schüler könnten sich nämlich aus der Liste der vorgegebenen Inhaltsstoffe der Feuerwerksfontänen mindestens drei Hypothesen ergeben, wie die Farbigkeit des Feuerwerks zustande kommen kann:

1. Die Metallkationen sind für die Flammenfarbe verantwortlich, denn in den beiden Feuerwerksfontänen sind jeweils verschiedene Kationen vorhanden.
2. Die Anionen sind für die Flammenfarbe verantwortlich, denn in beiden Feuerwerksfontänen sind verschiedene Anionen vorhanden.
3. Erst die Kombination mehrerer Salze verursacht die Farbigkeit einer Flamme, denn in beiden Feuerwerken sind (mindestens) zwei Salze enthalten.

Damit die Schüler ihre Vermutungen nun überprüfen können, würden wir ihnen eine Auswahl an Salzen zur Verfügung stellen, die sie der Versuchsvorschrift folgend untersuchen sollen. Basierend auf diesem Angebot an Salzen müssen die Schüler nun entscheiden und begründen, welche Salze sie sinnvollerweise für ihre Experimente auswählen, um eine jeweilige Hypothese zu prüfen:

Salze in der gelb leuchtenden Feuerwerksfontäne	Salze in rot leuchtenden Feuerwerksfontäne	Zusätzliche Salze
Natriumchlorid (NaCl)	Strontiumcarbonat (SrCO$_3$)	Strontiumchlorid (SrCl$_2$)
Natriumoxalat (Na$_2$C$_2$O$_4$)	Kaliumnitrat (KNO$_3$)	Kaliumchlorid (KCl)
		Natriumcarbonat (Na$_2$CO$_3$)

Um die erste Hypothese (die Kationenhypothese) zu prüfen, müssten die Schüler die Salze auswählen und prüfen, die sich in ihrer Kationenkomponente unterscheiden, die aber jeweils die gleiche Anionenkomponente besitzen (z. B. Natriumchlorid, Kaliumchlorid, Strontiumchlorid). Die Versuchsbeobachtungen zeigen, dass alle drei Salze eine Färbung der Brennerflamme verursachen/erzeugen; des Weiteren ist zu beobachten, dass alle drei Salze sich in der Flammenfarbe unterscheiden. Diese Befunde wären ein erstes Indiz dafür, dass die Kationenhypothese „die richtige" Vermutung zum Ausdruck bringt – oder erkenntnistheoretisch korrekt(er) formuliert – dass die Kationenhypothese nicht verworfen werden muss.

Exkurs: Vertiefung der Kationenhypothese

Dieses Ergebnis provoziert zwei vertiefende Fragestellungen; nämlich ob alle Salze das Phänomen der Flammenfärbung zeigen und ob alle Salze jeweils spezifische bzw. je andere sichtbare Flammenfärbungen bewirken.

Die erste vertiefende Hypothese würde dann lauten: Alle Salze bewirken eine sichtbare Färbung der Brennerflamme. Die zweite Hypothese könnte wie folgt formuliert werden: Alle Salze eines Elements erzeugen jeweils eine andere sichtbare Flammenfärbung.

Beginnen wir mit der zweiten vertiefenden Kationenhypothese. In diesem Fall könnten die Schüler systematisch die beiden Natriumsalze einerseits und die beiden Strontiumsalze andererseits und schlussendlich die beiden Kaliumsalze experimentell untersuchen. Die jeweils unterschiedlichen Flammenfärbungen erlauben den Schluss, dass die – von den Schülern geprüften – Salze eines Elements jeweils die gleiche (spezifische) Flammenfärbung zeigen und dass die drei unterschiedlichen Vertreter einer Gruppe von Salzen jeweils unterschiedliche und je spezifische Flammenfärbungen bewirken. Für die besonders skeptischen (oder experimentierfreudigen) Schüler drängt sich möglicherweise die Frage auf, ob denn zwei Vertreter einer Stoffklasse bereits derartige Verallgemeinerungen erlauben (Abschn. 6.1). Die experimentelle Lösung dieser Vermutung liegt auf der Hand.

Die andere Vermutung, dass alle Salze eine mit den Augen erkennbare Färbung der Flamme verursachen, lässt sich mit der oben vorgestellten Liste an Salzen nicht beantworten; Vertreter, die nach experimenteller Prüfung dafür Zeugnis ablegen, dass diese Hypothese zu verwerfen ist, sind leicht gefunden.

Für die zweite Hypothese (die Anionenhypothese) müssten die Schüler zunächst die Salze auswählen, die sich in der Anionenkomponente unterscheiden und die die gleiche Kationenkomponente besitzen (z. B. Natriumchlorid und Natriumcarbonat oder Kaliumchlorid und Kaliumnitrat). Die Beobachtung zeigt, dass beide Natriumsalze eine gelbe und beide Kaliumsalze eine rote Flammenfärbung zeigen. Die Schlussfolgerung, dass die Anionenkomponente keine Flammenfärbung verursacht, kann nicht zurückgewiesen werden. Wohingegen die Hypothese, dass die Anionenkomponente spezifische Flammenfärbungen bewirkt, nach dieser experimentellen Prüfung ausgeschlossen werden muss.

Auch hier sollten sich die Schüler mit der Prüfung der Anionenhypothese nicht zufriedengeben. Mit an Sicherheit grenzender Wahrscheinlichkeit kann die Hypothese, dass die Anionenkomponente eine Flammenfärbung auslöst, erst dann falsifiziert werden, wenn die Schüler ein Beispiel finden, für das diese Aussage nicht zutrifft. Auch diese Prüfung lässt die Liste an Materialien nicht zu. Gleichwohl sind Salze, anhand derer der Nachweis erbracht und die Anionenhypothese falsifiziert werden kann, schnell gefunden.

Für die dritte Hypothese (erst die Kombination von Salzen verursacht eine Flammenfarbe) müssten im ersten Ansatz ein einzelnes der zur Auswahl stehenden Salze und im zweiten Ansatz zwei Salze auf ihre Flammenfärbung untersucht werden. Die Beobachtung zeigt, dass auch ein einzelnes der Salze in der obigen Tabelle eine Flammenfärbung zeigt.

Mit dieser – weitaus komplexeren – Vorgehensweise sind die Schüler kognitiv deutlich stärker gefordert (Kap. 8 und 9). Die Vorgehensweise entspricht auch viel mehr dem Wesen naturwissenschaftlicher Erkenntnisgewinnung. Die Schüler lernen auf diesem Wege nicht nur naturwissenschaftliche Erkenntnisse (Fakten, Sachverhalte und/oder Konzepte), sondern sie lernen auch etwas über das Wesen naturwissenschaftlicher Erkenntnisgewinnung. Im hier beschriebenen Beispiel zeigt sich, dass auch Vermutungen, die schlussendlich nicht bestätigt werden konnten, unsere Erkenntnisse erweitern und nicht als Fehlschläge missverstanden werden dürfen. Außerdem wird deutlich, dass vorschnelle Verallgemeinerungen vermieden werden sollten oder dass generalisierende Aussagen (im Sinne von „Alle Schwäne sind weiß" oder „Alle Salze zeigen eine visuell wahrnehmbare Flammenfärbung") schon durch ein Negativbeispiel widerlegt werden können. Wir haben an dem Beispiel deutlich zu machen versucht, dass die Kontrolle von Variablen und das systematische Kombinieren von Variablen charakteristische Kennzeichen naturwissenschaftlicher Erkenntnisgewinnung sind (Abschn. 6.1). Die Versuchsdurchführungen werden mit Gewissheit auch dazu fuhren, dass man sich mit den Schülern über Objektivität und Subjektivität z. B. beim Beobachten oder beim Interpretieren von Beobachtungen Gedanken macht und dass man die Genauigkeit der Versuchsdurchführung und der Beobachtungen kritisch hinterfragt (Abschn. 6.1).

Frau Fischer hatte für ihre Stunde einen chemiedidaktischen Rohdiamanten in Arbeit; wie sehr sie (oder man) diesen Rohdiamanten schleift und wie sehr man ihn zum Funkeln bringt, hängt von vielen Bedingungen und Abwägungen ab. Im Sinne von Petersen und Priesemann ist Chemieunterricht ein menschliches Tätigkeitsfeld, wie alle menschlichen Tätigkeitsfelder auch, in dem unser Tun und Lassen stets optimiert werden kann – auch wenn wir glauben, dass uns unter den gegebenen Handlungsbedingungen die Hände gebunden sind. Wer aber meint, man könne den einen oder anderen in den nationalen Bildungsstandards eingeforderten Kompetenzbereich den Schülern in wenigen Unterrichtsstunden vermitteln, ist eindeutig auf dem Holz- und Irrweg und fern von den Wegen fachdidaktischer Erkenntnisgewinnung (Kap. 1 und 8).

11.13 Was die Flamme farbig macht …

Dieses Fallbeispiel schließt sich an die Unterrichtsstunde „Feuerwerk im Klassenzimmer" (Abschn. 11.12) an. Beide Fallbeispiele können aber auch unabhängig voneinander analysiert und diskutiert werden.

In dieser Unterrichtsstunde, die direkt auf die experimentelle Untersuchung der Flammenfärbung von Feuerwerk folgt (Abschn. 11.12), möchte Frau Fischer die Entstehung der Flammenfarbe von der phänomenologischen auf die modellhafte Ebene übertragen. Da die Schüler bereits das Bohrsche Atommodell kennen, entschließt sich Frau Fischer dazu, die Schüler eigenständig die theoretischen Grundlagen der Entstehung einer farbigen Flamme anhand eines Arbeitsblatts erarbeiten zu lassen. Auf dem Arbeitsblatt befinden sich ein Informationstext und eine vollständig beschriftete Abbildung. Die Schüler sollen, ausgehend von Text und Abbildung, Stichpunkte zur Entstehung der Flammenfärbung im Hefter notieren. Für die schwächeren Schüler der insgesamt leistungsstarken Klasse hat Frau Fischer einen Lückentext vorbereitet, den sich die Schüler bei Bedarf bei ihr abholen können. Die Schüler arbeiten still und konzentriert.

In der Sicherungsphase legt Frau Fischer eine Folie auf. Sie fordert die Schüler auf, ihre Stichpunkte vorzutragen, um sie auf der Folie festzuhalten. Uns fällt auf, dass wenige Schüler sich am nachfolgenden Unterrichtsgespräch beteiligen.

Arbeitsblatt: Die Entstehung einer farbigen Flamme

Alle Elemente senden bei hohen Temperaturen Licht aus, doch für Elemente, die eine Flammenfärbung aufweisen, geschieht dies schon bei den Temperaturen, die in einer Flamme herrschen. Die Flammenfärbung beruht darauf, dass die Elemente oder Ionen in einer farblosen Flamme Licht spezifischer Wellenlängen abgeben, das für jedes Element charakteristisch ist.

Die äußeren Elektronen (Valenzelektronen) der Metalle werden durch Zufuhr von Energie (die in diesem Fall durch eine Verbrennung entsteht) angeregt und von ihrem Grundzustand (energiearmer Zustand, stabiler Zustand) auf eine vom Atomkern entfernte Elektronenschale (höheres Energieniveau) gehoben. Diese Elektronen besitzen nun eine höhere Energie. Aufgrund der Instabilität fallen die Elektronen nach wenigen Sekundenbruchteilen in den Grundzustand (energieärmerer Zustand, stabiler Zustand) zurück. Die zuvor aufgenommene Energie gibt das Elektron nun wieder ab. Diese nehmen wir als Licht wahr. Die freigegebene Lichtenergie hängt von der Differenz der Energieniveaus (ΔE) ab. Diese Differenz ist für jedes Element unterschiedlich. Die Energie bestimmt damit die Farbe, so ergibt sich die spezifische Flammenfärbung. Die verschiedenen Flammenfärbungen kann man in der Analytik zur Analyse von chemischen Elementen oder deren Ionen benutzen (Text verändert nach Wagner 2010).

Abb. 11.11 stellt die einzelnen Schritte im Überblick dar.

1. Schritt: Valenzelektron (im Grundzustand) des Metallatoms nimmt die Energie auf.

2. Schritt: Das Elektron wird auf eine höhere, aber vom Atomkern entferntere Elektronenschale (angeregter Zustand, instabiler Zustand) angehoben.

3. Schritt: Bei der Rückkehr in den Grundzustand gibt das Elektron die zuvor aufgenommene Energie als Licht wieder ab.

Aufgabe: Erläutere die Entstehung der verschiedenen Flammenfarben in Stichpunkten. Schreibe sie in deinen Hefter.

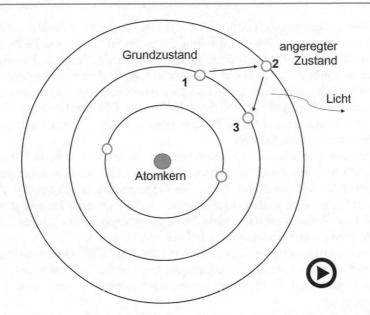

Abb. 11.11 Schritte der Entstehung einer farbigen Flamme. Einen Stop-motion-Film zu diesem Vorgang können Sie mithilfe der Multimedia-App aufrufen

---

Aufgaben

1. Untersuchen Sie den Informationstext hinsichtlich sprachlicher und inhaltlicher Barrieren für den Lernprozess der Schüler.
2. Entwickeln Sie Alternativen und Differenzierungsmöglichkeiten sowohl für die Erarbeitungs- als auch für die Sicherungsphase.

11.13.1   Sprachliche und inhaltliche Barrieren im Informationstext

Gerade bei einem so komplexen und abstrakten Prozess wie der Entstehung von Flammenfarben ist das Erarbeiten eines Informationstextes sicherlich nicht leicht. Es muss geschickt zwischen inhaltlicher bzw. fachlicher Vollständigkeit und didaktischer Reduktion abgewogen werden (Kap. 2). Des Weiteren ist darauf zu achten, dass der Text auch für leistungsschwächere Schüler verständlich ist und dass im Zuge der Texterstellung potenzielle sprachliche Schwierigkeiten unterschiedlich leistungsstarker Lerngruppen berücksichtigt werden. Der von Frau Fischer gewählte Text zur Entstehung farbiger Flammen enthält leider einige sprachliche Barrieren, die für den Lernprozess der Schüler eher hinderlich sein könnten. Betrachten wir den Text im Einzelnen:

Zunächst fällt auf, dass der Text keine spontan erkennbare Gliederung aufweist und auch keinerlei Hervorhebungen enthält. Die hohe Anzahl an Fachbegriffen, die ohne weitere Hinweise zum Teil auch synonym verwendet werden (z. B. Energieniveau und

Elektronenschale), erschwert sicherlich den Erkenntnisprozess aufseiten der Schüler. Die Verwendung synonymer Begriffe ist u. E. für die Erklärung, wie die Entstehung von Flammenfarben zustande kommt, gar nicht notwendig. Unter den Fachbegriffen befinden sich außerdem zahlreiche Komposita, insbesondere in Bezug auf die Begriffe Elektronen und Energie. Diese Komposita erschweren das Erfassen dessen, was im Text eigentlich ausgedrückt werden soll (Abschn. 4.2). Der Lesefluss wird auch durch die zahlreichen aus- bzw. eingeklammerten Informationen und durch die vielen Nebensatzkonstruktionen gestört.

Neben den sprachlichen Herausforderungen ist der Text auch in seiner fachlich-inhaltlichen Gestaltung sehr anspruchsvoll. So ist im ersten Absatz von „Licht spezifischer Wellenlängen" die Rede. Im Physikunterricht werden die Themen Licht und Lichtwellen in der Regel aber erst in einer späteren Jahrgangsstufe behandelt. Frau Fischer kann daher nicht davon ausgehen, dass ihre Schüler in diesem Bereich bereits über ein profundes Vorwissen verfügen.

Im zweiten Absatz verwendet Frau Fischer den Begriff des Grundzustands. Diesen Begriff setzt sie mit einem energiearmen und stabilen Zustand gleich. Der angeregte Zustand dagegen findet im vorliegenden Informationstext keine explizite Erwähnung.

Dadurch, dass in der Abbildung, die dem schriftlich verfassten Informationstext folgt, nicht die gleichen Begriffe verwendet werden, fällt es schwer, Text und Abbildung aufeinander zu beziehen. Den Informationstext mithilfe einer Abbildung zu illustrieren ist eigentlich eine gute Idee von Frau Fischer gewesen, um den Schülern das Verstehen des doch etwas schwierigen Informationstextes zu erleichtern. Dafür wäre es aber notwendig gewesen, dass Frau Fischer die Verbindung zwischen den beiden Repräsentationsformen (also zwischen Text und Bild) stimmig herausgearbeitet hätte (Abschn. 4.3).

11.13.2   Alternativen für die Sicherungs- und Erarbeitungsphase

Die Verzahnung von Erarbeitungs- und Sicherungsphasen ist ein wichtiges Mittel zur Optimierung der zur Verfügung stehenden Lehr-Lern-Zeit. So kann durch eine geschickte Organisation der Erarbeitungsphase die anschließende Sicherungsphase erheblich erleichtert werden. Um diesen Aspekt zu verdeutlichen, diskutieren wir ausgehend von einem u. E. geeigneten Stundenergebnis mögliche Wege, wie das angestrebte Lernziel im Unterricht mit großer Wahrscheinlichkeit gut zu erreichen ist. Wir denken damit die Stundenplanung in diesem Beispiel vom Ende her; also ausgehend von der Frage „Was sollen die Schüler am Ende der Stunde gelernt haben?" Ausgehend von dieser Fragestellung suchen wir zunächst nach Alternativen zur Sicherung des Stundenziels (Kap. 1).

Die Sicherungsphase ist ein zentraler Bestandteil einer jeden Unterrichtsstunde, denn in dieser Unterrichtsphase „sollen sich die … Lehrer und die Schülerinnen und Schüler darüber verständigen, was bei der Unterrichtsarbeit herausgekommen ist und wie die Arbeit in der nächsten Stunde weitergehen kann" (Meyer 2002, S. 118; Kap. 1, 3 und 9). Um eine Sicherungsphase erfolgreich und stimmig planen zu

können, sollten die vorherigen Unterrichtsphasen sowohl zeitlich als auch methodisch genau auf die Sicherung der Lernergebnisse abgestimmt werden. Leider beobachten wir nicht selten, dass zeitliche Engpässe und Fehlplanungen in einer Unterrichtsstunde häufig zulasten der Sicherungsphase gehen. Dies hat zur Folge, dass
Lernergebnisse nicht genug gewürdigt werden, weil sie oft nicht intensiv oder ausführlich genug diskutiert werden. In solchen Situationen kommt es leider viel zu oft
dazu, dass Ergebnisse lediglich von einem oder zwei Schülern mündlich zusammengefasst werden; und oft genug sind das gerade die Schüler, die dem Unterricht
in der Regel sowieso besonders gut folgen können. Aber nicht nur zeitliche Probleme, sondern auch methodische Unstimmigkeiten können dem Gelingen einer
Sicherungsphase im Wege stehen. Betrachten wir vor diesem Hintergrund die Sicherungsphase von Frau Fischer.

Zum Ende der von Frau Fischer geplanten Unterrichtsstunde nennen die Schüler
die „Stichpunkte", die sie dem Informationstext entnommen haben. Frau Fischer
notiert die von den Schülern zusammengetragenen Stichpunkte auf einer Folie. Das
Notieren der Stichpunkte durch Frau Fischer nimmt dabei einige Zeit in Anspruch.
Versetzen wir uns für einen Moment in diese Unterrichtssituation und nehmen wir
die Perspektive der Schüler ein: Sollten wir zu der Gruppe der leistungsstarken
Schüler gehören, dann haben wir in dieser Unterrichtsphase wenig (Sinnvolles) zu
tun, da wir ja diese oder zumindest ähnliche Stichpunkte längst in unseren Hefter
geschrieben haben. Als Schüler mit durchschnittlichen Lernleistungen müssen wir
möglicherweise einige unserer Notizen korrigieren, was unter Umständen dazu
führt, dass wir die Stichpunkte von Frau Fischer einfach und unreflektiert abschreiben und in unseren Hefter übertragen. Sollten wir allerdings zur Gruppe der eher
leistungsschwachen Schüler gehören, dann sollte uns eigentlich der von uns bereits
ausgefüllte Lückentext vorliegen, den Frau Fischer für die leistungsschwächeren
Schüler bereitgestellt hat. Dieser Wechsel in die Schülerperspektive soll uns verdeutlichen, dass die Sicherungsphase von Frau Fischer durchaus Möglichkeiten zur
Optimierung bietet.

Als Alternative schlagen wir deshalb vor, den Prozess der Entstehung einer farbigen Flamme zunächst in drei Schritte einzuteilen. Diese drei Schritte sind in den
Abbildungen auf dem Arbeitsblatt, das Frau Fischer vorbereitet hatte, bereits angelegt. Dieser Unterteilung folgend könnte am Ende der Stunde Tab. 11.5 in den Heftern der Schüler zu finden sein:

Um die zur Verfügung stehende Unterrichtszeit bestmöglich zu nutzen und um
Zeitverlust durch das Anschreiben der Lösungen zu vermeiden, empfehlen wir beispielsweise, eine Dokumentenkamera zur Projektion der Ergebnisse zu nutzen.
Sollten diese technischen Möglichkeiten nicht zur Verfügung stehen, könnten – vor
allem leistungsstärkere – Schüler Teile der Stundenergebnisse bereits in der Erarbeitungsphase auf Folienschnipseln notieren, die dann mithilfe des Overheadpro-
jektors präsentiert und von dem betreffenden Schüler kommentiert werden.

Kommen wir nun zur Erarbeitungsphase und damit zu der Frage: „Auf welchen
Wegen können die Schüler das angestrebte Stundenergebnis erreichen?" In Frau
Fischers Planung sollen die Schüler die Entstehung einer farbigen Flamme anhand
des Textes in – wie sie es nennt – Stichpunkten zusammenfassen. Dies ist eine

Tab. 11.5 Mögliches Ergebnis in dieser Unterrichtsstunde

Die Entstehung einer farbigen Flamme in drei Schritten am Beispiel von Lithium	
Darstellung im Modell	Beschreibung
	Im Grundzustand bei Raumtemperatur (1) befindet sich das Valenzelektron auf seiner Umlaufbahn.
	Wird thermische Energie zugeführt, so wird das Valenzelektron auf eine Umlaufbahn versetzt, die weiter vom Kern entfernt ist. Damit das Valenzelektron auf diese Bahn gelangt, ist Energie nötig, die in unserem Versuch von der Brennerflamme stammt. Diesen Zustand bezeichnet man als angeregten Zustand (2).
	Sobald das Elektron in den Grundzustand zurückkehrt (3), wird die zuvor aufgenommene (Wärme-)Energie in Form von Lichtenergie abgegeben. Je nach Element unterscheidet sich die Menge an Energie, die aufgebracht werden muss, um die entsprechenden Valenzelektronen in den angeregten Zustand zu überführen, und die in Form von Lichtenergie wieder abgegeben wird, wenn die Valenzelektronen in den Grundzustand zurückkehren. Deshalb nehmen wir die Flammenfarbe unterschiedlicher Elemente unterschiedlich farbig wahr.

Reproduktionsaufgabe, und selbst wenn die Schüler sinnvolle Stichpunkte im Text aufgefunden und in ihren Hefter notiert haben, so ist dies nicht zwingend ein Indikator dafür, dass die Schüler den Sachverhalt auch tatsächlich verstanden haben. Diese Aufgabenstellung ist trotz des komplizierten Textes kognitiv nicht besonders anspruchsvoll (Kap. 8 und 9). Als Alternative bzw. zur Ergänzung schlagen wir das Vorgehen zur sprachlichen Aktivierung im Chemieunterricht vor (Abschn. 4.3). Mit dieser Methode können die Schüler den Wechsel der Darstellungsebenen von diskontinuierlichem und kontinuierlichem Text üben oder

Abbildungen und Schemata entwickeln, die den zu lernenden Sachverhalt modellhaft veranschaulichen und illustrieren.

Wie das Modell zur sprachlichen Aktivierung für die Planung der Erarbeitung genutzt werden kann, möchten wir im Folgenden an verschiedenen Varianten aufzeigen. Wir gehen dabei – wie Frau Fischer auch – von der Verwendung eines Informationstextes aus, der jedoch sprachsensibel auf die jeweilige Lerngruppe angepasst ist.

Während Frau Fischer sich entschieden hat, den leistungsschwächeren Schülern in der Erarbeitungsphase einen Lückentext zur Verfügung zu stellen, präferieren wir in unserem Vorschlag die Vorgehensweise, die Menge der gegebenen Informationen in der Tabelle in Abhängigkeit der Leistungsfähigkeit der Schüler zu variieren (Kap. 10). Leistungsschwache Schüler könnten beispielsweise alle Abbildungen in der Tabelle erhalten. Darüber hinaus könnten den Schülern die Begriffe in Form eines Glossars zur Verfügung gestellt werden, die für die Beschreibung des Sachverhalts benötigt werden (Tab. 11.5). Auf diesem Wege könnten nicht so leistungsstarke Schüler entlastet werden, da sie sich nun auf das Formulieren von Sätzen, die die Abbildungen bestmöglich beschreiben, konzentrieren könnten (Kap. 4). Leistungsstarke Schüler könnten aufgefordert werden, die Darstellung des Prozesses mithilfe des Bohrschen Atommodells zu illustrieren, oder sie erhalten die Aufgabe, unvollständige Abbildungen zu beschriften bzw. zeichnerisch zu ergänzen (Tab. 11.5). Diese Vorgehensweise würde darüber hinaus die Möglichkeit bieten, die Produkte der Schüler in der Sicherungsphase zur Diskussion zu stellen, um auf diese Weise mit den Schülern z. B. über verschiedene Modelldarstellungen und ihre Beschreibungen ins Gespräch zu kommen. Solche Diskussionen geben dem Lehrer Rückmeldung darüber, welche Schülervorstellungen nach wie vor die Denkweise der Schüler bestimmen und in welchem Maße sie sich die angestrebten Lernziele zu eigen machen konnten (Kap. 3).

11.14   Es brennt wie Zunder!

Frau Weber möchte in ihrem dritten Unterrichtsbesuch eine Stunde zum Thema „Vergleich der Brennbarkeit von verschiedenen Alkoholen und Alkanen" in ihrer 10. Klasse durchführen. Der Unterricht findet als Teilungsunterricht statt, d. h., nur die Hälfte der Klasse ist in dieser Unterrichtsstunde anwesend. Die Schüler kennen bereits die Strukturformeln von Alkanen und Alkoholen sowie die entsprechenden homologen Reihen dieser beiden Stoffgruppen. Darüber hinaus sind ihnen Van-der-Waals-Wechselwirkungen und Wasserstoffbrückenbindungen als intermolekulare Wechselwirkungen bekannt. In dieser Unterrichtsstunde sollen die Schüler nun die Entflammbarkeit der Stoffe Ethanol, Butanol, Heptanol, Nonanol, Heptan und Nonan experimentell untersuchen. Frau Weber erwartet, dass die Schüler am Ende der Versuchsreihe aus ihren Ergebnissen auf den Zusammenhang zwischen der Kettenlänge und der Entflammbarkeit schließen. Die Versuchsreihe kann Frau Weber mit der geteilten Klasse wie vorgesehen durchführen, da im Chemieraum vier Abzüge vorhanden sind, an denen die Schüler in Kleingruppen arbeiten können.

Frau Weber hat einen kurzen informierenden Einstieg geplant, damit den Schülern ausreichend viel Unterrichtszeit für die Durchführung der Schülerversuche bleibt. Um den Unterrichtseinstieg zeitlich kurz zu halten, schreibt Frau Weber zum Stundenbeginn den folgenden Satz an die Tafel: „Alle Kohlenwasserstoffe und Alkohole brennen wie Zunder!" Anschließend präsentiert sie auf einer Folie das Foto eines brennenden Tankers auf See. Das Foto kommentiert sie mit den Worten: „Wie gut ein Schiff voller Erdöl brennt, könnt ihr hier sehen!"

Anschließend stellt sie eine Porzellanschale mit Erdöl auf den Lehrertisch und versucht, das Erdöl mit einem brennenden Holzstab anzuzünden. Nach einer Weile und erst bei direktem Kontakt mit dem Erdöl ist zu erkennen, dass es um den Holzspan herum kurz aufflammt.

Frau Weber: Das [sie weist auf das Foto des brennenden Tankers] wollen wir untersuchen, dafür bekommt ihr ein Arbeitsblatt mit der Versuchsanleitung.

Die Schüler füllen gemäß der Anleitung die Stoffe Ethanol, Butanol, Heptanol, Heptan, Nonanol und Nonan in Porzellanschalen. Anschließend führen die Schüler einen brennenden Holzspan senkrecht von oben kommend an die Flüssigkeiten in den Porzellanschalen heran. Dabei schätzen sie den Abstand zwischen Stoffprobe und Holzspan ein, ab dem die jeweilige Flüssigkeitsprobe Feuer fängt.

Um die Auswertung des Versuchs zu erleichtern, steht auf dem Arbeitsblatt die Aufgabenstellung: „Ordne die untersuchten Substanzen nach absteigender Brennbarkeit." Die Schüler werten ihre Ergebnisse zunächst selbstständig aus und vergleichen sie im anschließenden Unterrichtsgespräch:

Frau Weber: Welcher Faktor ist entscheidend für die Brennbarkeit?
Max: Die Molmasse.
Frau Weber: Genau! Und wie?
Max: Mit steigender Molmasse brennen die Flüssigkeiten schlechter, weil sie Schwierigkeiten haben, gasförmig zu werden.
Frau Weber: Ganz genau!

Frau Weber beendet die Stunde.

Aufgaben

1. Zeigen Sie positive Aspekte des Unterrichts von Frau Weber auf.
2. Überlegen Sie Beratungsschwerpunkte für ein Analysegespräch, und entwickeln Sie Alternativen für die Stundenplanung.

11.14.1 Positive Aspekte des Unterrichts

Frau Webers Intention, einen allgemeinen Zusammenhang zwischen dem molekularen Aufbau eines Stoffes und seinen Eigenschaften mit den Schülern zu erarbeiten und diese Erkenntnis in den Stundenmittelpunkt zu stellen, ist u. E. als grundsätzlich positiv zu bezeichnen. Mit diesem Stundenziel möchte sie Kompetenzen der Schüler bezüglich des Basiskonzepts Struktur-Eigenschafts-Beziehungen fördern (Kap. 1). Frau Weber tut dies, indem sie die Schüler eine Versuchsreihe durchführen lässt, aus deren Ergebnissen die Schüler selbst auf den Zusammenhang zwischen Struktur und Eigenschaften schließen sollen. Sie unterstützt mit dieser Methode das entdeckende Lernen und hat für ihre Schüler eine durchaus anspruchsvolle Vorgehensweise gewählt (Kap. 8 und 9). Die Schülerexperimente, die Frau Weber für die Stunde vorgesehen hat, sind ebenfalls als herausfordernd zu bewerten (Kap. 6). Auf den ersten Blick mag es simpel erscheinen, einen brennenden Holzspan an eine Porzellanschale mit einer brennbaren Flüssigkeit zu führen, aber schaut man genauer hin, so wird deutlich, dass die Schüler dabei sehr sorgfältig und vorsichtig vorgehen müssen. Außerdem sind verschiedene Sicherheitsregeln einzuhalten. Neben dem Einhalten der eher generellen Sicherheitsregeln ist zu bedenken, dass die Versuche im Abzug durchgeführt werden. Die Schüler müssen auf das zu erwartende Geschehen gut vorbereitet sein, da vor allem bei ängstlichen Schülern allein schon die Möglichkeit, dass es zu heftigen Verbrennungen kommen oder eine Stichflamme entstehen könnte, Angst auslösen kann. Frau Weber scheint also einerseits ihrer Klasse dahingehend zu vertrauen, dass sie entsprechend sorgfältig experimentieren wird, andererseits kann sie offensichtlich die Lernvoraussetzungen ihrer Schüler gut einschätzen.

Sicherheit im Unterricht

Wir haben in Kap. 6 bereits einige Sicherheitsaspekte angesprochen, die beim Experimentieren mit Schülern zu berücksichtigen sind. An dieser Stelle möchten wir diese noch etwas vertiefen.

In der von der Kultusministerkonferenz verabschiedeten Richtlinie zur Sicherheit im Unterricht (RiSU; KMK 2016) heißt es, dass Tätigkeiten für Schülerversuche mit Gefahrenstoffen ab der 5. Jahrgangsstufe zulässig sind, „wenn

- es der Entwicklungsstand und die experimentelle Geschicklichkeit der Schüler zulässt,
- sie angemessen unterwiesen worden sind,
- die Tätigkeit zur Erreichung des Ausbildungsziels erforderlich ist und
- sie unter fachkundiger Aufsicht stehen" (KMK 2016, S. 29).

Weiterhin finden wir in der RiSU eine Tabelle mit Tätigkeitsbeschränkungen für den Fall, dass die Chemikalien bestimmte Gefahrenpiktogramme, Signalwörter und Gefahrenhinweise (H- und P-Sätze) enthalten (KMK 2016, S. 29). Für Chemikalien, die Sie im Unterricht verwenden möchten, finden Sie in der GESTIS-Stoffdatenbank des Instituts für Arbeitsschutz der Deutschen Gesetzlichen Unfallversicherung (DGUV) und in der Stoffliste zur DGUV-Regel 113-018 „Unterricht in Schulen mit gefährlichen Stoffen" (DGUV 2017) entsprechende Tätigkeitshinweise oder -verbote.

11.14.2   Beratungsschwerpunkte und Alternativen für den Unterricht

Unseres Erachtens lassen sich die folgenden Schwerpunkte für das Unterrichtsgespräch mit Frau Weber hinsichtlich ihrer Unterrichtsstunde ausmachen:

1. die Ausgestaltung und die Funktionalität des Einstiegs,
2. die fachlichen Fehler und
3. die Notwendigkeit beim Experimentieren der Trennung der Variablen.

Im Folgenden werden wir auf die einzelnen Punkte etwas genauer eingehen.

Betrachtet man zunächst den Unterrichtseinstieg, so stellen wir fest, dass er drei Elemente aufweist: (1) einen an die Tafel geschriebenen Satz (als Fixierung des Stundenthemas), (2) das Foto eines brennenden Erdöltankers und (3) einen insgesamt relativ unspektakulären Lehrerdemonstrationsversuch, der nicht so recht funktioniert hat. Streng genommen besitzt die Unterrichtsstunde also einen mehrfachen Einstieg. Die verschiedenen Einstiegsoptionen verwässern in der Regel ihre Wirksamkeit: Sie lenken in dieser essenziellen Unterrichtsphase die Aufmerksamkeit der Schüler vom Stundenschwerpunkt ab und stehen damit der Transparenz des Unterrichtsverlaufs entgegen.

Frau Weber zeigt zu Beginn der Stunde also das Bild vom brennenden Erdöltanker. Wir gehen davon aus, dass den Schülern durchaus bekannt ist, dass Tanker selbst auf hoher See in Brand geraten können. Da Frau Weber zeitgleich das Stundenthema an die Tafel schreibt, verliert der eigentlich gut platzierte Impuls ein wenig von seiner Wirkung. Das von Frau Weber gewählte Stundenthema selbst („Alle Kohlenwasserstoffe und Alkohole brennen wie Zunder!") erschließt sich uns nicht wirklich, da Alkohole weder im Bild noch im Versuch thematisiert werden. Unseres Erachtens ist Frau Webers thematische Brücke auf einem wackeligen Fundament gebaut, denn Erdöl ist ein komplexes Stoffgemisch, das aus verschiedenen Kohlenwasserstoffen mit einer Kettenlänge von C5 bis C36 Kohlenstoffatomen besteht (Brown et al. 2007, S. 1244). Darüber hinaus enthält Erdöl nennenswerte Anteile an stickstoff-, sauerstoff- oder schwefelhaltigen Verbindungen (Brown et al. 2007, S. 1244). Die Passung zwischen dem Fokus Erdöl und dem eigentlichen Schwerpunkt der Stunde – nämlich die Entflammbarkeit von Alkanen und Alkoholen – ist u. E. nicht so recht erkennbar. Wir halten den Einstieg sogar für eher verwirrend, da der Übergang vom Erdöl zu den zu untersuchenden Stoffen im Rahmen der Schülerversuche offensichtlich auch für die Schüler unklar bleibt. Auch der von Frau Weber demonstrierte Versuch führt nicht zum Kern dessen, was in der Unterrichtsstunde erarbeitet werden soll. Dass der Demonstrationsversuch bei Zimmertemperatur nicht unbedingt funktioniert und damit seine Wirkung verfehlt bzw. gar nicht erst auslöst, hätte Frau Weber schon bei ihrer Planung in den Sinn kommen müssen. Erdöl lässt sich nämlich bei Raumtemperatur nicht so einfach mit einem Holzspan entzünden. In der Unterrichtspraxis werden nicht selten dem Erdöl leichter entflammbare Flüssigkeiten (z. B. Benzin) zugesetzt, um zu demonstrieren, dass Erdöl brennbar ist. Das ist wahrscheinlich bei dem Erdöl, das Frau Weber verwendet hat, auch der Fall gewesen, denn in ihrem Demonstrationsversuch flammte zumindest der Holzspan kurz auf. Insgesamt ist festzuhalten, dass der Lehrerversuch nicht geklappt hat, da Frau Weber schlussendlich nicht demonstrieren konnte, was sie eigentlich zeigen wollte. Wenn Lehrerdemonstrationsversuche nicht recht funktionieren und keinen erkennbaren Wert für den nachfolgenden Unterricht besitzen, dann hat das Geschehen wenig motivierenden und lernförderlichen Charakter (Kap. 6 und 7).

Frau Weber hätte u. E. gut daran getan, wenn sie im Vorfeld des Unterrichts den Versuch zunächst einmal ausprobiert hätte. Dann hätte sie erkennen können, dass der Versuch die ihm zugedachte Funktion nicht erfüllt, und wäre womöglich zu dem Schluss gekommen, den Versuch einfach wegzulassen.

Bevor wir Ihnen am Ende dieses Abschnitts alternative Unterrichtseinstiege vorstellen, möchten wir zunächst die beiden anderen Beratungsschwerpunkte beleuchten.

In die Unterrichtsstunde von Frau Weber haben sich zwei fachliche Fehler eingeschlichen. So verwendet Frau Weber wiederholt den Begriff der Brennbarkeit – sowohl im Unterrichtsgespräch als auch auf dem Arbeitsblatt. Offensichtlich meint sie jedoch eigentlich Entflammbarkeit. Denn das ist es, was die Schüler ja untersuchen sollen. Brennbar sind natürlich alle die von ihr ausgewählten Stoffe. Die Entflammbarkeit drückt dagegen aus, wie leicht sich ein brennbarer Stoff entzündet; der Flammpunkt ist ein Maß für die Entflammbarkeit (Falbe und Regitz 1995, S. 1172). Gleichwohl werden die Schüler in dieser Stunde den Flammpunkt nicht messen, sondern lediglich schätzen. Dennoch: Wir halten das von Frau Weber gewählte Vorgehen – die Entflammbarkeit von Flüssigkeiten über die Bestimmung des Abstands zwischen brennendem Holzspan und dem Entzünden der Flüssigkeit vorzunehmen und die damit verbundene vergleichende Abschätzung – für den Chemieunterricht der Sekundarstufe I für durchaus angemessen, mutig und lobenswert.

In der Auswertungsphase zeigt sich der zweite Fehler. So übersieht Frau Weber – zumindest im Unterrichtsgespräch – den Einfluss der funktionellen Gruppe auf die Entflammbarkeit einer Verbindung, oder sie vergisst, diesen Aspekt zu thematisieren. Im Gespräch mit ihren Schülern geht sie nur auf den Einfluss der Molmasse ein, die sie mit der Länge der Kohlenwasserstoffkette korreliert. Sie bestätigt sogar die „falsche" bzw. unvollständige Aussage des Schülers Max (Max: Die Molmasse. Frau Weber: Genau!). Wenn Frau Weber beachtet hätte, dass sowohl die Länge der Kohlenwasserstoffkette bzw. der Einfachheit geschuldet die Molmasse als auch das Vorhandensein oder Nichtvorhandensein der Hydroxylgruppe einen Einfluss auf die Entflammbarkeit haben, dann hätte sie sowohl die Experimentier- als auch die Auswertungsphase umstrukturieren müssen. Frau Weber vermischt hier also zwei Stoffklassen, die sich eigentlich so eindrucksvoll und mit viel Erkenntnisgewinn hätten vergleichen lassen. Die folgenden relevanten Daten über die molaren Massen und Flammpunkte ausgewählter Alkane und Alkohole, die wir dazu aus der GESTIS-Datenbank für den Versuch zusammengetragen haben, mögen dies verdeutlichen:

Stoff	Molare Masse in g/mol	Flammpunkt in °C
1-Heptan	100,20	−7
1-Nonan	128,26	31
Ethanol	46,07	12
1-Butanol	74,12	35
1-Heptanol	116,20	70
1-Nonanol	144,26	98,5

Um eine Tendenz innerhalb der Reihe der Alkane feststellen zu können, empfehlen wir, mehr als zwei Vertreter dieser Stoffklasse zu untersuchen.

Kommen wir nun zu unserem dritten Beratungsschwerpunkt, der Notwendigkeit der Variablentrennung. Für die Schüler ist es wichtig zu lernen, dass bei einem Experiment stets alle potenziellen Einflussfaktoren (Variablen) bis auf einen konstant gehalten – also nicht verändert oder variiert – werden. Nur so kann wissenschaftlich korrekt der Zusammenhang zwischen zwei Größen untersucht werden (Abschn. 6.1). Um dieses Vorgehen im vorliegenden Fall zu verfolgen, hätte Frau Weber z. B. die Lerngruppe in zwei Gruppen einteilen können. Jeweils eine Gruppe hätte nun entweder die Vertreter der Alkane oder die der Alkohole untersucht. Im weiteren Unterrichtsverlauf könnten dann die Versuchsergebnisse der beiden Gruppen verglichen werden. Dabei würden vor allem der Vergleich zwischen Alkanen und Alkoholen gleicher Kettenlänge und auch der Vergleich innerhalb der Stoffgruppen zu ausdifferenzierten und vertieften Erkenntnissen führen.

Unseres Erachtens hätte die Aussage von Max noch einmal aufgegriffen und zumindest zum Ende der Stunde differenzierter diskutiert werden müssen. Denn spätestens zum Ende der Stunde und nachdem die Schüler ihre Versuche durchgeführt hatten, wären andere Schüler in der Lage gewesen, der Aussage von Max aufgrund ihrer Beobachtungen zu widersprechen und die ursprüngliche Vermutung zu präzisieren. Schon der Impuls, z. B. die Entflammbarkeit und die Molmasse von Nonan (M = 128 g/mol) mit der von Heptanol (M = 116 g/mol) zu vergleichen, hätte die Schüler zu einer differenzierten Erklärung führen können. Viele Schüler hatten bereits beim Durchführen der Versuche festgestellt, dass sich Nonan bereits bei einer größeren Entfernung zwischen brennendem Holzstab und Porzellanschale entflammt als Heptanol. Diese Beobachtung steht im Widerspruch zur Aussage von Max – und schlussendlich zu der von Frau Weber, die ja die Aussage von Max als richtig bestätigt hatte: *„Mit steigender Molmasse brennen die Flüssigkeiten schlechter, weil sie Schwierigkeiten haben, gasförmig zu werden.“* Der Vollständigkeit halber möchten wir auch hier darauf hinweisen, dass die Formulierung „weil sie [die Flüssigkeiten mit größerer Molmasse] Schwierigkeiten haben, gasförmig zu werden", für eine Klasse des 10. Jahrgangs nicht besonders glücklich ist (Kap. 4). Der Wechsel vom einen in den anderen Aggregatzustand verursacht keine Schwierigkeiten, und aus der Flüssigkeit wird (metaphorisch) kein Gas (Kap. 3). Wir wissen natürlich, was Max meint, doch sollte im Unterrichtsgespräch auf die Fachsprache geachtet werden.

Insgesamt wirkt die Gesprächsführung in dieser Stunde etwas holperig. Das Unterrichtsgespräch verläuft kleinschrittig und lässt wenig Interaktion zwischen den

Schülern zu (Kap. 4 und 9). Insbesondere im Einstieg ist nur sehr wenig Schülerbeteiligung zu erkennen. Frau Weber scheint recht fixiert darauf zu sein, die „richtigen" Ergebnisse von den Schülern genannt zu bekommen; also Ergebnisse, die sie
sich vorgestellt hat. Das ist überraschend und bedauerlich, denn eigentlich scheint
Frau Weber ja schon in ihrer Stundenplanung auf eine hohe Schüleraktivität gesetzt
zu haben.

Abschließend möchten wir noch einmal auf den Einstieg zu sprechen kommen
und auf mögliche alternative Einstiegsszenarien eingehen. Von unseren Vorschlägen
versprechen wir uns, bereits zu Beginn der Stunde eine höhere Schülerbeteiligung
initiieren zu können.

Welcher passendere Einstieg würde sich nun für eine Stunde mit dem Schwerpunkt „Entflammbarkeit von Alkanen und Alkoholen" anbieten? Wenn man zunächst nur die unterschiedliche Entflammbarkeit von Alkanen untersuchen möchte,
dann können Flüssig-Grillanzünder einen guten, lebensweltlich motivierten Zugang
darstellen. Immer wieder liest man in der Zeitung, dass es zu Unfällen kommt, da
jemand (Auto-)Benzin als Grillanzünder verwendet hat (Focus 2015; Richter 2010).
Nach der Durchsicht der entsprechenden Zeitungsausschnitte lässt sich gemeinsam
mit den Schülern die Problemfrage entwickeln, z. B., weshalb Benzin nicht als
Grillanzünder geeignet ist. Der nächste Schritt wäre dann herauszufinden, was Benzin und Grillanzünder chemisch betrachtet unterscheidet. Die Schüler würden recherchieren, dass das Benzin, das als Motortreibstoff verwendet wird, ein Gemisch
verschiedener Kohlenwasserstoffe ist. Die Kettenlänge der Alkane in Benzin liegt
zwischen fünf und zwölf Kohlenstoffatomen (C5 bis C12; Brown et al. 2007,
S. 1244), wobei den größten Anteil Octan (C8) ausmacht. Auf den Etiketten von
flüssigen Grillanzündern findet man die Information, dass die Kohlenwasserstoff-
verbindungen C10 bis C13 enthalten sind. Das Etikett eines handelsüblichen Grill-
anzünders ist in Abb. 11.12 zu sehen.

Im Anschluss an diesen Einstieg können die Schüler sowohl die Flüchtigkeit als
auch die Entflammbarkeit verschiedener Alkane (z. B. Heptan bis Decan) untersuchen und feststellen, dass sowohl die Flüchtigkeit als auch die Entflammbarkeit mit
zunehmender Kettenlänge (also molarer Masse) abnehmen. Wir empfehlen in diesem Zusammenhang, auf die Verwendung von Hexan zu verzichten, da die DGUV
eine Ersatzstoffprüfung für diese Substanz empfiehlt (DGUV 2017, S. 65). Am
Ende der Stunde kann dann von den Schülern die Frage beantwortet werden, weshalb nun höhere Kohlenwasserstoffe als Octan, das vereinfacht als Hauptbestandteil
von Benzin betrachtet werden kann (Kap. 2), im flüssigen Grillanzünder verwendet

Abb. 11.12 Flüssiger
Grillanzünder enthält unter
anderem
Kohlenwasserstoffe
(C10–C13)

Produktidentifikation:
Kohlenwasserstoffe C10-C13,
n-Alkane, Isoalkane, Cycloalkane,
<2% Aromaten
EG NR. 918-481-9

GEFAHR

werden. Ein weiterer Vorteil dieses Unterrichtseinstiegs ist, dass an dieser Stelle ein wichtiger Beitrag zur Gesundheitserziehung der Schüler erfolgt und die Schüler ein (weiteres) Beispiel dafür kennenlernen, wie man reflektiert und sachgemäß mit Chemikalien des Alltags umgeht. Diese Erkenntnis kann dazu beitragen, dass sie hoffentlich niemals Benzin als Grillanzünder verwenden, weil sie die Gefahr einer möglichen Stichflammenbildung und Verpuffung in ihre Handlungsplanungen einbeziehen können.

Wenn wir an der ursprünglichen Idee zum Stundeneinstieg von Frau Weber festhalten wollen, dann würden Frau Weber vielleicht die folgenden Vorschläge weiterhelfen: Sie könnte im Zuge des Einstiegs z. B. das Bild des brennenden Erdöltankers zeigen und daraufhin den Demonstrationsversuch durchführen. Aus dem Erleben, dass die Erdölprobe im Demonstrationsexperiment nicht besonders wirkungsvoll brennt, entsteht für die Schüler ein kognitiver Konflikt. Kognitive Dissonanzen bzw. kognitive Konflikte lösen in der Regel eine neugierige Haltung bei den Lernenden aus. Dies sollte die Schüler motivieren zu untersuchen, wie es sich eigentlich mit der Entflammbarkeit oder Brennbarkeit von Erdöl und seinen Bestandteilen „tatsächlich" verhält (Kap. 5 und 7).

11.15 Alkohol im Hustensaft

Herr Zimmermann unterrichtet an einer Sekundarschule ohne gymnasiale Oberstufe eine 10. Klasse. In dieser Stunde möchte er das Thema „Ethanol als Lösungsmittel" mit den Schülern bearbeiten. Die Schüler kennen bisher Ethanol als einzigen Vertreter der Alkohole und verwenden die Begriffe Ethanol und Alkohol synonym. Die Strukturformel des Ethanolmoleküls ist den Schülern ebenfalls bekannt. Trotz der schwachen Lerngruppe, in der oft ein hohes Maß an direkter Instruktion und an Disziplinierung notwendig ist, will er nun versuchen, seinen Unterricht etwas offener zu gestalten und Elemente aus dem forschend-entwickelnden Unterrichtsverfahren zu berücksichtigen. Für den Einstieg hat Herr Zimmermann ein Foto von der Verpackung eines handelsüblichen Hustensafts angefertigt und zeigt dieses seinen Schülern (Abb. 11.13).

Abb. 11.13 Ausschnitt aus der Verpackung eines Thymian-Hustensafts

Herr Zimmermann:	Nennt die Inhaltsstoffe des Medikaments!
Alina:	Fluidextrakt aus Thymiankraut, Ammoniaklösung, Glycerol, Ethanol, Wasser und Sorbitol.
Herr Zimmermann:	Welchen Stoff hättet ihr in einem Medikament, das auch Jugendliche nehmen dürfen, nicht erwartet?
Nele:	Alkohol!
Herr Zimmermann:	Formuliert eine Problemfrage!
Kevin:	Kann man davon besoffen werden?
Anna:	Ist es gefährlich?
Jonas:	Ist es noch gesund, wenn man zu viel davon nimmt?
Herr Zimmermann:	Bitte eine grundsätzliche Frage mit „warum" und „enthalten"!
Luisa:	Warum enthalten Medikamente Alkohol?
Herr Zimmermann:	Wunderbar! Stellt Vermutungen zu dieser Problemfrage auf!
Luisa:	Es lindert die Schmerzen.
Philipp:	Es macht süchtig, dann kauft man immer mehr vom Medikament.
Julia:	Es desinfiziert.
Herr Zimmermann:	Prima! Auf diesem Arbeitsblatt habt ihr die Liste mit den Geräten und Chemikalien für den Versuch. Die Planung müsst ihr euch selbst ausdenken, als Hilfe gibt es hier vorne Hilfekarten.

Auf dem Arbeitsblatt steht die folgende Materialliste: Trichter, Filterpapier, Reagenzgläser, Ethanol und Wasser (beide Raumtemperatur) und Thymiankraut.

Auf den Hilfekarten, die von allen Schülern genutzt werden, sind die zu verwendenden Geräte in der Anordnung einer Filtrationsapparatur abgebildet: Thymiankraut befindet sich direkt im Filterpapier. Im ersten Versuch soll das Thymiankraut mit Ethanol und im zweiten Versuch eine weitere Portion Thymiankraut mit Wasser übergossen werden.

Die letzte Hilfekarte beinhaltet die Erklärung des Versuchs, die Herr Zimmermann wie folgt formuliert hat: „Mit Ethanol werden die Inhaltsstoffe aus dem Thymiankraut herausgelöst, deshalb färbt sich der Extrakt grün."

Aufgaben

1. Schätzen Sie ein, inwieweit das Thema „Alkohol im Hustensaft" sowie der geplante Schülerversuch geeignet sind, um die Rolle von Ethanol als Lösungsmittel (Extraktionsmittel) zu unterrichten.
2. Analysieren Sie das Unterrichtsgespräch vor dem Hintergrund der Intention von Herrn Zimmermann, Elemente aus dem forschend-entwickelnden Unterrichtsverfahren zu berücksichtigen.

11.15.1   Eignung des Themas

Beginnen wir zunächst mit der Analyse der Verpackung, die Herr Zimmermann im Einstieg verwendet hat, um schlussendlich entscheiden zu können, inwieweit das Thema „Alkohol im Hustensaft" tatsächlich geeignet ist, die Rolle von Ethanol als Lösungsmittel zu erarbeiten.

Abb. 11.13 zeigt, dass die Hustensaftverpackung diverse Informationen enthält, die wir im Folgenden der Reihe nach in den Blick nehmen möchten.

1. Der Saft ist zum Einnehmen, und schon bei Kindern ab dem 1. Lebensjahr darf das Medikament angewendet werden.
2. Bei dem Wirkstoff handelt es sich um Thymiankraut-Fluidextrakt. Dieser Wirkstoff ist in einer Menge von 9 g in 100 g des Hustensafts enthalten.
3. Der Fluidextrakt wird hergestellt aus Thymiankraut und einem sogenannten Auszugsmittel im Verhältnis 1 :2–2,5; d. h., auf einen Teil Thymiankraut kommen zwei bis zweieinhalb Teile des Auszugsmittels.
4. Das Auszugsmittel im Thymian-Hustensaft besteht aus vier verschiedenen Stoffen, nämlich aus Ammoniaklösung, Glycerol, Ethanol und Wasser, die in einem bestimmten Verhältnis zu mischen sind (siehe nachstehende Tabelle).

Zusammensetzung	Ammoniak (10 %)	Glycerol	Ethanol (90 %)	Wasser
Verhältnis laut Verpackung	1	20	70	109
Verhältnis zu 100 %	0,5	10	35	54,5

In erster Näherung enthält das Auszugsmittel ein Drittel Ethanol und etwas mehr als die Hälfte Wasser.

5. Der Gesamtgehalt an Alkohol im Hustensaft liegt bei 4 Vol.-%, darüber hinaus ist Sorbitol enthalten.

Klären wir abschließend noch die Begriffe auf der Verpackung. Wir lesen, dass es sich beim Wirkstoff um einen Fluidextrakt, also um einen Flüssigextrakt handelt. In einem Fluidextrakt ist aber auch ein großer Anteil des Auszugsmittels enthalten (Viegner 2012). Der Begriff Auszugsmittel ist ein Synonym für Extraktionsmittel.

Mit dem Terminus „Extraktion" werden Trennverfahren bezeichnet, bei denen bestimmte Bestandteile aus festen oder flüssigen Substanzgemischen mithilfe geeigneter Lösungsmittel herausgelöst (extrahiert) werden; diese Lösungsmittel werden auch als Extraktionsmittel bezeichnet (Falbe und Regitz 1995, S. 1289).

Im Beispiel des hier ausgewählten Hustensafts wird ein Extraktionsmittel verwendet, das mehrere Komponenten (Chemikalien/Stoffe), darunter Ethanol, enthält. Seit Jahrhunderten wird Ethanol schon für die Herstellung von sogenannten Phytopharmaka verwendet, da sich pflanzliche Inhaltsstoffe – vor allem etherische Öle – sehr gut mit Alkohol extrahieren lassen (Viegner 2012). Aufgrund seiner verhältnismäßig kleinen Molekülgröße können Alkoholmoleküle pflanzliche Zellwände und Membranen leicht passieren, an die entsprechenden Inhaltsstoffe gelangen und diese schonend aus den Zellen lösen (Viegner 2012). Ethanol erfüllt aber noch weitere wichtige Funktionen in Medikamenten:

• Die molekulare Struktur des Ethanols, bestehend aus einer kurzkettigen unpolaren Alkyl- und einer polaren Hydroxylgruppe, erlaubt es ihm, als universelles Lösungsmittel zu fungieren. So kann Ethanol sowohl mit hydrophilen als auch mit lipophilen Substanzen in Lösung gehen.
• Darüber hinaus zeigt Ethanol die Eigenschaft, in jedem Mischungsverhältnis mit Wasser eine homogene Lösung zu bilden (Viegner 2012).
• Ethanol ist darüber hinaus ein effektives Konservierungsmittel, da es sowohl fungizide als auch bakterizide Eigenschaften besitzt (Viegner 2012), außerdem besitzt es ein sehr geringes allergenes Potenzial (Vohr 2010, S. 105).

Aus diesen Gründen ist Ethanol bestens sowohl als Extraktions- und Lösungsmittel wie auch als Konservierungsmittel in Medikamenten geeignet.

Das Thema „Alkohol im Hustensaft", stellvertretend für die Rolle von Alkohol in Medikamenten, kann durchaus einen geeigneten kontextorientierten Unterrichtsansatz darstellen – insbesondere, da es sich bei Hustensaft um ein Medikament handelt, das Schülern sehr wohl bekannt ist.

Mit dem geplanten Schülerversuch verfolgte Herr Zimmermann die Intention, dass die Schüler die Bedeutung des Ethanols als Extraktionsmittel – so eigenständig wie seines Erachtens möglich – herausarbeiten. Als Indikator für das Gelingen des Versuchs hat sich Herr Zimmermann für die grüne Farbe entschieden, die der ethanolische Thymianextrakt am Ende zeigen sollte. Übergießt man das Thymiankraut mit Wasser, bleibt der Extrakt farblos. Mit dieser Entscheidung und Vorgehensweise verlässt Herr Zimmermann u. E. den Bereich einer fachdidaktisch angemessenen didaktischen Reduktion (Kap. 2). Denn u. E. ist die Wahl der Farbe, die vor allem durch Herauslösen des Chlorophylls mit Ethanol verursacht wird, nicht mehr zu vertreten. Die Identifikation über die grüne Farbe ist auch gar nicht nötig; denn viel einfacher wäre es, beide Extrakte auf ihren Duft nach Thymian zu untersuchen. So riecht der ethanolische Extrakt deutlich nach Thymian, während der wässrige Auszug geruchsneutral ist. Wichtig erscheint uns der Hinweis, bei diesem Versuch unvergälltes Ethanol zu verwenden, da ansonsten der Thymiangeruch vom Geruch der Vergällungsmittel überdeckt wird.

Davon abgesehen bleibt festzuhalten, dass Herr Zimmermann also schlussendlich einen sehr engen Fokus auf einen Aspekt der Funktionen von Ethanol richtet, nämlich auf den als Extraktions- und Lösungsmittel. Dabei birgt die eingehende Analyse der Hustensaftverpackung u. E. eigentlich viel mehr an Potenzial, um sich mit der Rolle des Ethanols intensiver zu beschäftigen. Wie dieses Potenzial genutzt werden könnte, möchten wir im nächsten Abschnitt deutlich machen und diskutieren, indem wir uns dem dokumentierten Unterrichtsgespräch noch einmal zuwenden.

11.15.2 Analyse des Unterrichtsgesprächs im Hinblick auf die Umsetzung des forschend-entwickelnden Unterrichtsverfahrens

Herr Zimmermann hat sich für die Gewinnung des Problemgrundes (Abschn. 5.1) für den Einsatz eines Bildes von der Verpackung eines Hustensafts entschieden. Nach dem Vorlesen der Inhaltsstoffe (die Alina u. E. sehr schnell und in lobenswerter Weise erfasst hat), sollen die Schüler im weiteren Verlauf des Unterrichtsgesprächs Fragen formulieren. Diesem Wunsch von Herrn Zimmermann kommen seine Schüler auch spontan und in kreativer Weise nach. Leider liegen die Interessen der Schüler, mehr über den alkoholhaltigen Hustensaft zu erfahren, jenseits dessen, was Herr Zimmermann als mögliche Fragestellung seiner Schüler antizipiert hat. Der Gedanke, doch mal zu prüfen, welche Lösungsmitteleigenschaften Alkohol besitzt, ist nicht zwingend im gedanklichen Horizont der Schüler vorhanden.

Um die Fragen der Schüler in Richtung des Themas „Alkohol als Lösungsmittel" zu lenken, steuert Herr Zimmermann mit dem Impuls: „Welchen Stoff hättet ihr in einem Medikament, das auch Jugendliche nehmen dürfen, nicht erwartet?" Der Einschub „das auch Jugendliche nehmen dürfen", lenkt von Ammoniaklösung sowie von Sorbitol und Glycerol geschickt ab. Dieser Impuls erscheint uns nicht nur als legitim, sondern ist u. E. klug gewählt, da eine solche Einschränkung funktional für den weiteren Gesprächsverlauf ist – ohne dass man damit die Schüler bevormundet oder zumindest ohne dass sie das Gefühl bekommen, zu stark bevormundet zu werden.

Ganz anders stellt sich aber die Situation dar, in der die Schüler nun – fokussiert auf das Thema Alkohol – ihre Fragen formulieren, die Herr Zimmermann so nicht erwartet hat. Erneut greift Herr Zimmermann ein: „Bitte eine grundsätzliche Frage mit ‚warum' und ‚enthalten'!" Diese Aufforderung ist allerdings so eng, dass den Schülern kaum mehr eine andere Wahl bleibt, als die Frage, die Luise letztlich nennt, zu formulieren (Abschn. 9.3.2). Bevor man die Schüler derart einengt, dass sie die vom Lehrer anvisierte Frage der Unterrichtsstunde nur noch erraten müssen, ist zu überlegen, ob Herr Zimmermann nicht gut daran getan hätte, seine Problemfrage ehrlicherweise vorzugeben (Kap. 4 und 9). Diese Frage stellt sich u. E. umso mehr, als er die eigentlich guten Forschungsfragen der Schüler völlig ignoriert oder zumindest unbeachtet lässt. Natürlich interessiert es die Schüler dieser Altersgruppe, ob man von Hustensaft „besoffen werden" kann, ob die Einnahme eines alkoholischen Hustensafts gefährlich sein könnte oder ob es noch gesund ist, wenn man „zu viel davon nimmt". Es geht hier ja nicht um die Initiierung von Selbstversuchen. Aber natürlich könnte man – vielleicht zum Ende der Stunde – rechnerisch überschlagen, wie viel Hustensaft man trinken müsste, um „besoffen zu werden". Selbstverständlich sollte man die Fragen von Anna und Jonas, ob die Anwendung oder Einnahme des Hustensafts gefährlich sei, ernst nehmen. Paracelsus („Allein die Dosis macht, dass ein Ding kein Gift ist!") lässt hier grüßen! Es geht uns nicht darum, dafür zu plädieren, dass ein Lehrer spontan seine gesamte Unterrichtsplanung verwerfen müsse, um den Impulsen der Schüler nachzukommen. Uns liegt aber am Herzen, über Schüleräußerungen nicht einfach hinwegzugehen, nur, weil sie nicht in das geplante Szenario passen.

Wir haben im Rahmen der Diskussion der Fallbeispiele schon öfter darauf hingewiesen, dass es für Schüler überaus frustrierend ist, wenn Ideen und Vorschläge von ihnen geäußert werden sollen, aber letztlich im Unterricht keine Berücksichtigung finden, sondern „gemacht wird, was der Lehrer sowieso vorhatte". Eine solche Vorgehensweise ist extrem demotivierend und führt auf lange Sicht zu einer Abnahme der Schülerbeteiligung im Unterricht wie auch des Lernerfolgs (Kap. 7).

Dass die Hustensaftverpackung mehr Fragen bei den Schülern auslöst, als Herr Zimmermann antizipiert hat, spricht u. E. für die Auswahl des Mediums, denn offenbar ist das Bild gut geeignet, eine Fragehaltung aufseiten der Schüler auszulösen. Dass Herr Zimmermann darauf aber nicht vorbereitet war, ist schade und führt dazu, dass er die Schülerfragen ignoriert und viel zu stark lenkt, um auf seine geplante Untersuchungsfrage hinzuarbeiten.

Dieser Gesprächsausschnitt ist in unseren Augen prototypisch dafür, wie ein eigentlich guter Einstieg, der echte Schülerfragen auslöst, verpuffen kann. Beeindruckt sind wir aber von der Klasse, die sich von Herrn Zimmermanns Einschränkung gar nicht abbringen lässt und weiterhin gute Vorschläge vorträgt, als Herr Zimmermann die Schüler anschließend auffordert, nun Vermutungen zu dieser Frage zu formulieren:

Luisa: Es lindert die Schmerzen.
Philipp: Es macht süchtig, dann kauft man immer mehr vom Medikament.
Julia: Es desinfiziert.

In unseren Augen sind – wie oben bereits dargelegt – sowohl die kreativen Fragen als auch die anschließend von den Schülern formulierten Vermutungen ein deutliches Zeichen dafür, dass die Schüler das Thema wirklich ansprechend finden und es sie zum Mitdenken motiviert. Sie sind aktiv und arbeiten mit – dafür sprechen die vielen Beiträge verschiedener Schüler (Kap. 7). Leider beendet Herr Zimmermann diese Phase des Unterrichtsgesprächs mit der Aussage:

Herr Zimmermann: Prima! Auf diesem Arbeitsblatt habt ihr die Liste mit den Geräten und Chemikalien für den Versuch. Die Planung müsst ihr euch selbst ausdenken, als Hilfe gibt es hier vorne Hilfekarten.

Erneut bleiben die Schülerbeiträge unkommentiert und ohne Würdigung ihrer offensichtlichen Qualität; über die Konsequenzen, die ein solches Lehrerverhalten mittel- oder langfristig auslösen könnte, haben wir eben schon sorgenvolle Gedanken angebracht. Wir erkennen keinen Zusammenhang zwischen den Vermutungen, die die Schüler äußern, und dem von Herrn Zimmermann nun vorgesehenen Versuch. Dass Herr Zimmermann eigentlich auf eine Extraktion der Wirkstoffe aus dem Thymiankraut hinausmöchte, konnten auch wir erst durch einen Blick auf die Hilfekarten erkennen. Mithilfe des von Herrn Zimmermann vorgesehenen Versuchs sollen die Schüler untersuchen und herausfinden, wie gut sich die Wirkstoffe aus dem

Thymiankraut in Wasser bzw. in Ethanol lösen, und ausgehend von den Ergebnissen des Versuchs zu der Erkenntnis gelangen, dass Ethanol ein hervorragendes Lösungs- und Extraktionsmittel ist.

Kehren wir noch einmal zu den ratlosen Schülern und zum Unterrichtsgespräch zurück: Keine der drei von den Schülern geäußerten Vermutungen legt die Durchführung des Versuchs, den Herr Zimmermann anbahnt, nahe. Auch wenn wir zu den Schülern gehört hätten, hätten wir nicht gewusst, was Herr Zimmermann eigentlich von uns erwartet und was wir tun sollten. Ebenso ist das von Herrn Zimmermann bereitgestellte Material nicht geeignet, um eine der von den Schülern geäußerten Vermutungen zu überprüfen. Was tun die Schüler also? Sie greifen zu den Karten …

Betrachten wir abschließend Herrn Zimmermanns Intention, Elemente des forschenden Unterrichts zu berücksichtigen. Im Einstieg konnten wir zwar beobachten, wie Herr Zimmermann die Stufe der Problemgewinnung berücksichtigt hat und Überlegungen zur Problemlösung aufseiten der Schüler provozieren wollte (Abschn. 5.1), gleichwohl war diese Phase durch eine starke Lehrerlenkung gekennzeichnet. Die Stufe der Durchführung eines Problemlösevorschlags war jedoch gänzlich abgekoppelt von den Überlegungen zur Problemlösung. Wir geben zu bedenken: Nur weil also Fragen und Vermutungen (bestenfalls von den Schülern selbst) formuliert werden und letztlich ein Schülerversuch durchgeführt wird, muss noch längst kein forschender Unterricht stattgefunden haben (Kap. 5).

Dabei hätte Herr Zimmermann die Chance gehabt, den Unterricht tatsächlich forschend auszurichten, denn die Vorschläge der Schüler boten u. E. eine Menge Potenzial. So hätte er die verschiedenen Fragen und Vermutungen der Schüler ernst nehmen und aufgreifen und sie teils durch Experimente, teils durch Recherchearbeit untersuchen lassen können. Ein solches Vorgehen wäre arbeitsteilig zu organisieren gewesen, z. B.: Eine Schülergruppe erhält den Beipackzettel, um eine Antwort auf die Frage von Anna *(Ist es gefährlich?)* zu suchen; eine zweite Schülergruppe könnte sich mit dem Thema „Sucht" beschäftigen (Vermutung von Philipp: *Es macht süchtig, dann kauft man immer mehr vom Medikament);* eine weitere Gruppe könnte den Ethanolgehalt in Hustensaft berechnen und ermitteln, wie viel Hustensaft in Abhängigkeit vom Geschlecht und Körpergewicht verzehrt werden müsste, um dadurch „besoffen" zu werden (Frage von Kevin: *Kann man davon besoffen werden?),* und letztlich wäre auch Julias Vermutung (*Es desinfiziert*) eine Untersuchung wert gewesen.

Selbstverständlich macht es auch Sinn, Herrn Zimmermanns Frage zu untersuchen und die Bedeutung des Ethanols in Medikamenten als Extraktionsmittel, als Lösungsmittel und als Konservierungsmittel aus allen untersuchten Fragestellungen zu erarbeiten. Dazu hätte sich Herr Zimmermann allerdings eine andere Kommunikationsstrategie zurechtlegen müssen.

Die Vielzahl der Wortbeiträge der Schüler macht deutlich, dass Herr Zimmermann mit dem Thema „Alkohol im Hustensaft" sehr wohl die Aufmerksamkeit der Schüler gewinnen konnte. Der Facettenreichtum der Schülerbeiträge spricht dafür, dass dieses Thema durchaus breit (oder breiter) hätte angelegt werden können. Eine breit(er) angelegte Erarbeitung hätte die Gelegenheit eröffnet, auch Kompetenzen aus den Bereichen Kommunikation (Fallbeispiel Rost entfernen mit Cola; Abschn. 11.17) und/oder Bewertung (Fallbeispiel Raps für den Tank; Abschn. 11.18) zu berücksichtigen. Beiträge vonseiten der Schüler gab es genug – und das, obgleich die Klasse eingangs eigentlich als „schwache Lerngruppe, in der oft ein hohes Maß an direkter Instruktion und Disziplinierung notwendig" sei, vorgestellt wurde. Bedenkt man diese Charakterisierung der Klasse, dann wird am Rande dieses Fallbeispiels deutlich, wie gewinnbringend es sein kann, Unterrichtsthemen zu entdecken und aufzubereiten, die die „Interessen" der Schüler aufgreifen und bedienen (Kap. 7).

11.16 Von Wassermolekülen, die sich Ionen „schnappen"

Herr Neumann unterrichtet seit kurzem eine 11. Klasse. Die Klasse ist dem Fach Chemie gegenüber nicht sehr aufgeschlossen und zeigt wenig Leistungsbereitschaft. In der 45-minütigen Unterrichtsstunde „Die Leitfähigkeit von Salzwasser" beginnt Herr Neumann mit einem Einstiegsfoto, das ein Meer zeigt und den Hinweis, dass man bei Gewitter nicht schwimmen gehen soll. Ob dieser Hinweis Sinn ergibt, soll in der Stunde geklärt werden. Die Schüler äußern zunächst Vermutungen, die sich auch auf die elektrische Leitfähigkeit des Wassers beziehen, und überlegen sich mögliche Versuchsanordnungen zur Überprüfung. Nachdem die Klasse die elektrische Leitfähigkeit von destilliertem Wasser, Salzwasser und festem Salz untersucht hat, beginnt Herr Neumann mit der Auswertung der Versuche:

Herr Neumann:	So, zuerst: Was ist Salz, wie ist Salz aufgebaut? (Pause entsteht, niemand meldet sich)
Herr Neumann:	Natriumchlorid. Aus welchen Ionen ist Natriumchlorid aufgebaut?
Emma:	Anionen.
Herr Neumann:	Welche?
Justin:	Natrium und Chlor.
Herr Neumann:	Richtig. (heftet mehrere Applikationen ungeordnet an die Tafel – Abb. 11.14 links)
Herr Neumann:	Stellt bitte mit den Modellen die Ionenbindung dar.

Herr Neumann bittet Justin an die Tafel. Justin verschiebt die Applikationen an der Tafel, Abb. 11.14 rechts entsteht.

Herr Neumann:	Nein, das ist nicht ganz richtig, Salz ist ja ein fester Komplex.

(Er verschiebt daraufhin selbst die Applikationen so, dass Abb. 11.15 entsteht.)

Herr Neumann:	So, warum kann Salz also den Strom nicht leiten?
Julia:	Salz kann den Strom nicht leiten, weil es ein fester Stoff ist.
Sophie:	Aber Metall ist ja auch ein Feststoff und leitet.
Herr Neumann:	Aber jetzt sind wir ja bei Salzen. Also hier bewegt sich nichts, ist ja ein Kristallgitter (weist auf Abb. 11.15).

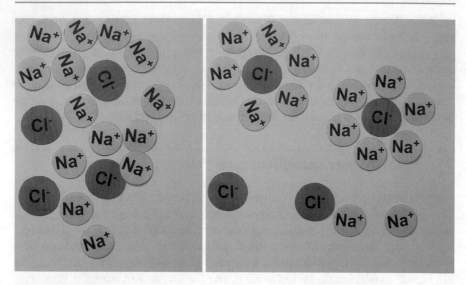

Abb. 11.14 Applikationen von Natrium-Ionen und Chlorid-Ionen an der Tafel zur Darstellung der Ionenbindung im Natriumchlorid, links ungeordnet, rechts Anordnung des Schülers Justin

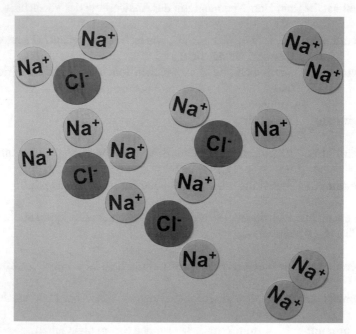

Abb. 11.15 Applikationen von Natrium-Ionen und Chlorid-Ionen an der Tafel zur Darstellung der Ionenbindung im Natriumchlorid, hier die von Herrn Neumann korrigierte Anordnung

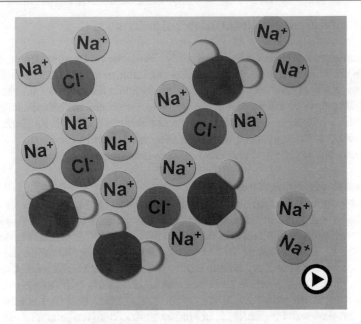

Abb. 11.16 Applikationen von Natrium-Ionen, Chlorid-Ionen und Wassermolekülen, die den Lösevorgang von Natriumchlorid in Wasser darstellen sollen, Anordnung des Schülers Felix. Mithilfe der Multimedia-App können Sie einen Stop-motion-Film aufrufen, der den Lösevorgang von Salz in Wasser modellhaft veranschaulicht

Herr Neumann heftet nun weitere Applikationen an die Tafel, die Wassermoleküle symbolisieren sollen. Wieder wird ein Schüler an die Tafel gebeten und soll nun mithilfe der Applikationen den Lösevorgang darstellen und dabei sein Vorgehen erläutern.

Felix: Die Moleküle spalten sich dann voneinander. Das hier ist ja ein Molekül (zeigt auf je einen Kreis mit Na⁺ und Cl⁻) und das trennt sich dann (schiebt die Wassermolekül-Applikationen heran, Abb. 11.16).

Herr Neumann: Genau. Wasser kommt von außen und zieht den ganzen Kristall auseinander. Die Wassermoleküle schnappen sich die Ionen.

Das letzte Tafelbild mit der Teilchenanordnung des Schülers Felix (Abb. 11.16) wird von den Schülern abgezeichnet, die Stunde endet.

Aufgaben

1. Analysieren Sie das Unterrichtsgespräch. Achten Sie dabei insbesondere auf die fachliche Richtigkeit und auf den Umgang mit Schülervorstellungen.
2. Diskutieren Sie das verwendete Modell. Inwieweit ist es geeignet, den Vorgang der elektrischen Leitfähigkeit von Salzlösungen zu veranschaulichen und zu erklären?

11.16.1   Analyse des Unterrichtsgesprächs

Herr Neumann hat sich nach Beendigung der Versuche dafür entschieden, das Auswertungsgespräch mit grundsätzlichen Fragen nach dem Aufbau von Salzen und dem Vorgang der Hydratation zu beginnen, um letztlich die elektrische Leitfähigkeit von Salzlösungen zu erklären. Auf diesem Weg fallen uns im Unterrichtsgespräch verschiedene fachliche Ungenauigkeiten und Fehler auf, die wir im Einzelnen erörtern möchten. Dazu gliedern wir diesen Abschnitt in die Bereiche a) Aufbau des Natriumchloridkristalls, b) Hydratation und c) elektrische Leitfähigkeit.

a) Aufbau des Natriumchloridkristalls

Herr Neumann möchte zuerst wissen, was – chemisch betrachtet – Salz ist und wie Salz aufgebaut ist. Die Schüler scheinen von dieser Frage überrascht zu sein, oder sie verstehen die Frage nicht, denn niemand meldet sich – verständlich, denn Salz ist der Begriff für eine ganze Stoffklasse. Eine Frage, deren Intention die Schüler womöglich besser verstehen, könnte lauten: Wie sind Salze aufgebaut? Oder wenn Herr Neumann konkret wissen möchte, wie Kochsalz als ein Vertreter der Stoffklasse der Salze aufgebaut ist, könnte eine Frage lauten: Wie ist Kochsalz aufgebaut? Oder: Aus welchen Teilchen ist ein Kochsalzkristall aufgebaut?

Da kein Schüler die erwünschte Antwort gibt, beantwortet Herr Neumann die Frage selbst und fragt weiter, aus welchen Ionen Natriumchlorid aufgebaut ist. Für eine elfte Klasse ist das eigentlich eine sehr einfache Frage (Kap. 9). Umso mehr überraschen die Antwort „Anionen" und die Reaktion von Herr Neumann „Welche?". Da Herr Neumann das Auswertungsgespräch ohne Einleitung und Zielangabe, stattdessen mit sehr kleinschrittigen Fragen begonnen hat, sind die Ein-Wort-Antworten der Schüler zu erwarten (Kap. 4 und 9).

Schade ist, dass Herr Neumann an dieser Stelle nicht innehält und korrigierend eingreift. Er scheint vielmehr auf bestimmte Begriffe fixiert zu sein und nicht genau genug hinzuhören, was seine Schüler überhaupt antworten. So lässt er auch die folgende Antwort „Natrium und Chlor" gelten und verstärkt diese falsche Antwort auch noch mit dem Feedback „Richtig".

Sortieren wir kurz: Natriumchlorid ist, wie jedes Salz, aus Anionen *und* Kationen aufgebaut, in diesem Beispiel aus *Natrium-Ionen* und *Chlorid-Ionen*, nicht aber aus den Elementen Natrium und Chlor.

Als es nun mithilfe der Applikationen an die Darstellung des Kristallaufbaus geht, ist es Justin überhaupt nicht möglich, eine korrekte Variante vorzuschlagen, da Herr Neumann neben den 14 Modellapplikationen für Natrium-Ionen nur vier Modellapplikationen für Chlorid-Ionen zur Verfügung gestellt hat (Abb. 11.14)! Da die Anzahl von Materialien für Schüler einen starken Impuls darstellt (Abschn. 9.3.1), versucht Justin zunächst, die vorhandenen Applikationen irgendwie sinnvoll zu gruppieren. Er entscheidet sich für eine Darstellung, die bereits an Hydrathüllen erinnert (Abb. 11.14 rechts).

Aus dem Gesprächsverlauf entsteht der Eindruck, dass Herr Neumann gar nicht erst zu verstehen versucht (Kap. 3), warum Justin diese Darstellung wählt, da er Justin nicht bittet, seine Anordnung zu erläutern. Ohne Kommentar greift Herr

Neumann korrigierend ein. Das damit verbundene Feedback an Justin ist wenig motivierend. Dass die nun von Herrn Neumann kreierte Darstellung (Abb. 11.15) mindestens ebenso weit von einer fachlich richtigen Darstellung entfernt ist wie die von Justin präsentierte, ist mehr als nur ein professioneller Kunstfehler. In Abb. 11.14 und 11.15 müssten starke Abstoßungskräfte vorhanden sein, aber von keiner Seite wird dies thematisiert. Auch Herr Neumanns Hinweis, dass sich im festen Salz „nichts" bewege, stimmt so nicht. Selbst die fixiert erscheinenden Ionen auf den Gitterplätzen schwingen immer um ihre Ruhelage. Schauen wir uns an, wie eine mögliche korrekte Darstellung aussehen könnte:

Natriumchlorid kristallisiert im kubischen Gitter mit der Koordinationszahl 6. Das heißt, jedes Chlorid-Ion ist von sechs Natrium-Ionen umgeben und umgekehrt. Eine zweidimensionale schematische Darstellung zum Aufbau eines Natriumchloridkristalls hätte also wie in Abb. 11.17 aussehen können. In der dreidimensionalen Ansicht wären weitere Schichten versetzt über die vorhandene „gestapelt".

Kommen wir zum Unterrichtsgespräch zurück: Zwei weitere Begriffe werden im folgenden Gespräch verwendet, die ebenfalls der Klärung bedürfen. Herr Neumann bezeichnet das Salz als „festen Komplex", und Felix verwendet den Begriff „Molekül", um die Verbindung der Natrium- und Chlorid-Ionen zu charakterisieren. Beide

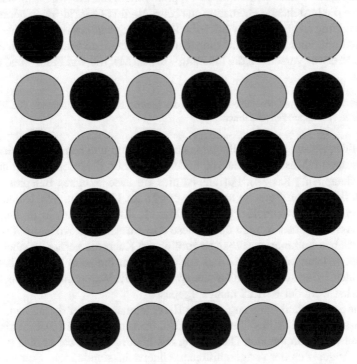

Abb. 11.17 Schematische zweidimensionale Darstellung zum Aufbau eines Natriumchloridgitters (gezeigt sind Ladungsschwerpunkte, vernachlässigt ist der Größenunterschied der Kationen und Anionen)

Begriffe sind in ihrer Anwendung fachlich nicht richtig. Herr Neumann meint sicher eine feste Kristallstruktur und weniger einen Komplex im Sinne einer Koordinationsverbindung – also einer Verbindung bestehend aus Übergangsmetall-Ion und Liganden entsprechend der Koordinationszahl. Das kann im Eifer des Gesprächs zwar passieren, sollte es aber nicht. Bei Felix' Äußerung gehen wir davon aus, dass seine Vorstellung von Ionenverbindungen nicht der naturwissenschaftlichen Sicht entspricht (Kap. 3) oder ihm grundlegende Begriffe nicht zur Verfügung stehen. Denn als Molekül wird eine Verbindung bezeichnet, die aus mindestens zwei kovalent miteinander verbundenen Atomen besteht (Holleman und Wiberg 1995, S. 26). Auch hier „überhört" Herr Neumann die unsachgemäße Schülerantwort und lässt sie unkommentiert im Raum stehen. Dabei sollten Lehrer gerade in solchen Gesprächsmomenten hellhörig sein und die Gelegenheit zum Wiederholen und besser noch zum Richtigstellen grundlegender Begriffe nutzen (Kap. 3 und 4). Das Richtigstellen unsachgemäß verwendeter Fachbegriffe sollte möglichst zeitnah stattfinden, spätestens aber in einer der nächsten Stunden erfolgen.

b) Hydratation

Felix versucht mit dem Hinweis auf je ein Natrium-Ion und ein Chlorid-Ion sowie der zusätzlichen Bemerkung („das trennt sich dann") auszudrücken, wie Kochsalz in Lösung geht. Dabei schiebt er die Applikationen, die die Wassermoleküle darstellen, an die bestehende Formation aus Natrium- und Chlorid-Ionen heran. In seiner Darstellung (Abb. 11.16) werden die Ionen aber nicht aus dem Teilchenverband gelöst und mit einer Hydrathülle umgeben. Herr Neumann bestätigt auch an dieser Stelle u. E. etwas vorschnell die Leistung – dieses Mal die von Felix – und fasst zusammen:

> Genau. Wasser kommt von außen und zieht den ganzen Kristall auseinander. Die Wassermoleküle schnappen sich die Ionen.

Diese beiden Sätze sind sehr alltagssprachlich geprägt und beinhalten (mindestens) drei Aussagen („Wasser kommt von außen", „Wasser zieht den Kristall auseinander", „schnappen"; Kap. 4). Für uns ist dies ein anschauliches Beispiel zur kritischen Reflexion von Sprache und Fachsprache im Unterricht. Wir halten die von Herrn Neumann verwendete Sprache in einer 11. Klasse nicht mehr für angebracht. Welche Assoziationen werden durch diese drei Aussagen provoziert? Wasser oder Wasserteilchen kommen mal eben so zufällig am Kochsalz vorbei?! Dabei nehmen die Wasserteilchen sich den Kristall vor und ziehen ihn (den Kristall als Ganzes) auseinander?! Und schlussendlich schnappen sich die Wassermoleküle noch die Ionen – da hat wohl der Kristall nicht aufgepasst!
    Da die Stunde dem Ende zuging, war Herr Neumann sicher darauf bedacht, zum Abschluss noch ein „gutes" Ende zu finden; doch mit einer so extrem verkürzten und animistisch anmutenden Darstellung des Lösevorgangs hat er dies u. E. nicht erreicht. Angesichts der fortgeschrittenen Unterrichtsstunde stellt sich womöglich die Frage, was Herr Neumann denn hätte tun können. Ganz grundsätzlich gesprochen: Er hätte sich u. E. die Zeit nehmen und vor allem seinen Schülern Zeit geben müssen, um den zu erarbeitenden Lösungsvorgang in Ruhe zu besprechen (Kap. 3

und 8). Wenn wir Herrn Neumann unterstellen, dass er die fachlichen Grundlagen der Hydratation ausreichend gut beherrscht, dann dürften die Defizite, die sich im Unterrichtsgespräch offenbaren, möglicherweise mit subjektiv empfundenem Zeitdruck zu erklären sein. Zeitdruck im Unterrichtsgespräch und der Eindruck, dass die erwünschten Schüleräußerungen nicht fallen, löst bei vielen Lehrern – vor allem bei Berufsanfängern – Stress aus. Wenn man dann nicht routiniert handeln kann und wohlmöglich fachlich unsicher ist, dann leidet in der Regel die Qualität der eigenen Lehreräußerungen, und klare Impulse kommen einem nicht in den Sinn. Darüber hinaus hört man nicht richtig hin. Unzulänglichkeiten in den Schüleräußerungen werden deshalb überhört und nicht richtiggestellt.

Selbst wenn die Korrekturen erst in der nächsten Stunde abschließend besprochen worden wären, dann wäre das u. E. immer noch besser gewesen, als einfach so darüber hinwegzugehen. Denn es haben sich viele grundsätzliche Verständnisschwierigkeiten bezüglich der Basiskonzepte Struktur-Eigenschafts-Beziehungen und Stoff-Teilchen-Beziehungen (Kap. 1) bei den Schülern gezeigt. Wir möchten in diesem Zusammenhang betonen, dass wir derartigen Verständnisschwierigkeiten durchaus etwas Positives zuschreiben; denn sie zeigen dem Lehrer doch an, was seine Schüler offensichtlich noch nicht beherrschen und woran im Folgenden zu arbeiten wäre.

Aufgrund der unzureichenden Darstellungen und der vorschnellen Bestätigungen von Herrn Neumann vermuten wir jedoch, dass er selbst den Vorgang des Lösens von Salzen nicht gänzlich durchdrungen hat. Deshalb wollen wir den fachlichen Hintergrund etwas näher beleuchten:

Mit Hydratation wird zunächst einmal die Anlagerung von Wasser an Teilchen bezeichnet (Brown et al. 2007, S. 614). Im Falle des Lösungsvorgangs von Salzen lagern sich die Wassermoleküle an den Kristall und dann um die einzelnen Ionen, sodass die Ionen hydratisiert vorliegen. Für das Herauslösen der Ionen aus dem Ionengitter muss die Gitterenergie aufgebracht werden, wohingegen beim Bilden der Hydrathülle die Hydratationsenthalpien der Kationen und Anionen frei werden (Binnewies et al. 2016, S. 167). Jedes Kation ist in Lösung von einer sogenannten Hydrathülle aus Wassermolekülen umgeben, wobei die Sauerstoffatome der Wassermoleküle mit ihren je negativen Partialladungen zum Kation ausgerichtet sind (Binnewies et al. 2016, S. 167). In ähnlicher Weise sind auch die Anionen von einer bestimmten Anzahl von Wassermolekülen umgeben; in diesem Fall sind aber die Wasserstoffatome aufgrund ihrer positiven Partialladung zum Anion gerichtet (Binnewies et al. 2016, S. 167). Die Gesamtzahl der Wassermoleküle, von denen ein Ion effektiv umgeben ist, bezeichnet man als Hydratationszahl (Binnewies et al. 2016, S. 167). Die zwar oft vorkommende Hydratationszahl von 6 ist aber keineswegs immer gültig. Kleinere Ionen und solche Ionen, die höhere Ladungen aufweisen, werden sogar von mehr Wassermolekülen umgeben als große, niedrig geladene Ionen (Binnewies et al. 2016, S. 167). Im Falle von Natriumkationen und Chloridanionen konnten mittels Neutronenbeugung folgende Werte ermittelt werden: Natriumkationen sind in Abhängigkeit von der Konzentration von im Mittel 4,5–5,3 Wassermolekülen und Chlorid-Ionen von 5,6 ± 1,6 bis 6,1 ± 1,1 Wassermolekülen umgeben (Mancinelli et al. 2007, S. 13572 f.). Die Werte für beide Ionen sind zwar nahe an 6, jedoch ist dies eben nicht für alle Ionen und nicht zu jedem Zeitpunkt gültig. Wie man als Lehrer mit diesen Erkenntnissen im Unterricht umgeht, ist zwar eine Frage der didaktischen Reduktion (Kap. 2), ausreichend umfassende Sachkenntnis jedoch ist ein professionelles Muss.

In einer Reaktionsgleichung kennzeichnet man die mit einer Hydrathülle umgebenen Ionen mit dem Index aq (von lat. „aqua" für Wasser).

$$NaCl \rightarrow Na_{aq}^{\ +} + Cl_{aq}^{\ -}$$

c) Elektrische Leitfähigkeit

Wir kommen damit zum Thema der Stunde „Die Leitfähigkeit von Salzwasser" und zu der von Herrn Neumann klug gewählten Eingangsfrage, warum man bei Gewitter besser nicht im Meer schwimmen sollte. Mit seinem Einstieg schlägt Herr Neumann zunächst eine Brücke zur Lebenswelt der Schüler, um – wie wir denken – seine Schüler auf eine möglichst motivierende Fragestellung aufmerksam zu machen. Die Wahl des Stundenthemas deutet aber auch schon an, dass der gewählte lebensweltliche Kontext alsbald wieder verlassen werden wird.

Damit ein Stoff elektrisch leitfähig ist oder wird, sind bewegliche Ladungsträger die notwendige Voraussetzung. Nachdem die Schüler die elektrische Leitfähigkeit von destilliertem Wasser, Salzwasser und festem Salz untersucht haben, fragt Herr Neumann mit Hinweis auf Abb. 11.15, warum die Schüler beim Versuch mit festem Natriumchlorid keine elektrische Leitfähigkeit feststellen konnten. Da sich die Schüler sehr zurückhaltend verhalten, konkretisiert er seine Frage mit Verweis auf das durch die Modellapplikationen entstandene Tafelbild: „Was ist Salz, wie ist Salz aufgebaut?" Dieses Bild stellt aber gar keine Hilfe dar, um die gestellte Frage zu beantworten; denn was an der Tafel zu sehen ist, sind modellhafte Darstellungen von Ladungsträgern, und sie scheinen – wenn man das Bild betrachtet – durchaus frei beweglich zu sein! Insofern ist Julias Antwort „Weil Salz fest ist" zwar nicht sofort nachvollziehbar, doch scheint sie damit die in der Fragestellung von Herr Neumann steckende Information („in festem Natriumchlorid") im Grunde zu wiederholen. Sophies Anmerkung, dass Metalle ja auch leiten würden und fest seien, ist eigentlich ein großartiger Einwand, dem Herr Neumann leider nur gar keine Beachtung schenkt. An dieser Stelle des Unterrichts hätte es sich geradezu angeboten, den Unterschied zwischen einer Metallportion und einem Salzkristall (makroskopische Betrachtungsebene) und damit die Unterschiede zwischen Metall- und Ionenbindung (submikroskopische Erklärungsebene bzw. Teilchenebene) zu wiederholen (Kap. 3). Dazu hätte es aber zumindest einer korrekten Darstellung des Aufbaus z. B. eines Natriumchloridkristalls bedurft. Mithilfe der modellhaften Darstellung eines Natriumchloridkristalls hätte man auch – im späteren Verlauf des Unterrichts – thematisieren können, ob eine Schmelze von Natriumchlorid elektrisch leitend ist. Diese Option zumindest in petto zu haben, hätte auch insofern hilfreich sein können, um sich als Lehrer zum Ende hin zu vergewissern, ob bzw. in welchem Maße Schüler in der Lage sind, erlernte Erkenntnisse auch sinnvoll auf andere Anwendungsfelder zu übertragen.

Da das Auswertungsgespräch nicht mit der Besprechung der Beobachtungen der Versuche begonnen hat, bleiben die unterschiedlichen Beobachtungen völlig unberücksichtigt, und kognitive Konflikte oder Fragen, die sich sicherlich im Zuge der Versuchsdurchführungen aufseiten der Schüler eingestellt haben, bleiben ungeklärt: Vor dem Hintergrund der Schüleräußerungen im Unterrichtsgespräch hätten wir eine Verwunderung der Schüler darüber erwartet, dass destilliertes Wasser elektrischen Strom nicht leitet. Selbst wenn sie sich an diese Stoffeigenschaft erinnert hätten, stellt sich doch die Frage, wie es dazu kommen kann, dass eine Lösung aus einer nichtleitenden Flüssigkeit (hier aus destilliertem Wasser) und einer Portion eines nichtleitenden Salzes (hier Natriumchlorid) elektrischen Strom leitet. Auf eine weitere Beobachtung oder Frage dürften zumindest die aufmerksameren Schüler gestoßen sein, z. B.: Warum sprudelt es an der einen Elektrode, und um welches Gas kann es sich dabei handeln? Diese Beobachtung hätte dazu beitragen können zu klären, warum Salzwasser elektrisch leitfähig ist.

Wir müssen noch einmal zum Unterrichtseinstieg zurückkommen: Denn die eingangs formulierte Fragestellung, die ja eigentlich der Stunde zugrunde liegen sollte, wurde letztlich gar nicht mehr aufgegriffen und geklärt. Warum sollte man tunlichst bei Gewitter nicht im Meer baden, oder warum also leitet nun Salzwasser den elektrischen Strom? Wenn ich als Lehrer versuche, durch Wahl eines lebensweltlichen Kontextes meine Schüler zum Lernen chemischer Sachverhalte zu motivieren – also versuche, so etwas wie „Interesse" an der Frage wachzurufen – dann muss ich die Frage auch im Auge behalten. Das ist die didaktische Krux beim lebensweltlichen Kontextualisieren. Die Schüler bleiben – u. E. auch zu Recht – am lebensweltlichen Kontext; alles andere wäre auch didaktischer Etikettenschwindel. Um aber die lebensweltlich verknüpfte Frage zu beantworten, gilt es diese vom lebensweltlichen Kontext zu lösen und zu dekontextualisieren. Auf diesem Wege können Schüler erkennen, warum es sinnvoll ist, wenn der Fokus nun auf die chemiespezifische Beantwortung der Ausgangsfrage gerichtet wird. Solange dieser Perspektivenwechsel für die Schüler nicht erfolgt ist, haften sie an ihrer lebensweltlichen Frage, und der Wechsel in die Welt der Chemie erscheint ihnen nicht plausibel und als gedanklicher Bruch. Außerdem sind gerade Themen, die Gefahren aufgreifen, die z. B. auf natürliche Weise entstehen und durchaus verheerende Auswirkungen auf den menschlichen Körper haben können, für Schüler besonders motivierend (Kap. 7). Insbesondere wenn – wie in dieser Klasse offensichtlich der Fall – das Interesse am Fach Chemie nicht sehr hoch ist, ist man als Lehrer gut beraten, wenn man sich intensiv um ein positives und motivierendes Lernklima bemüht.

Zu einem gewissen Bruch in der Argumentation kommt es auch, wenn wir uns den Versuch, den die Schüler durchführen durften, genauer ansehen: Im Prinzip haben die Schüler eine Chlor-Alkali-Elektrolyse durchgeführt, indem sie zwei Elektroden in eine Natriumchloridlösung gehalten und eine Gleichspannung angelegt haben. In der Lösung befinden sich – vereinfacht dargestellt – Natrium-Ionen und Chlorid-Ionen, die aus dem Salz stammen. Daneben liegen aber auch Hydroxid-Ionen und Hydronium-Ionen vor, die aus der Autoprotolyse des Wassers stammen. Von diesen vier Ionen können die Hydronium- und die Chlorid-Ionen am leichtesten an den Elektroden entladen werden (Holleman und Wiberg 1995, S. 436). Möchte man aber Chlor gewinnen, dann muss verhindert werden, dass die kathodisch durch Entladung der Wasserstoff-Ionen gebildete Lauge (NaOH) mit dem anodisch entstehenden Chlor in

Berührung kommt. Dies geschieht im Diaphragmaverfahren mithilfe einer Membran (dem Diaphragma) (Abb. 2.1). Im Falle der Leitfähigkeitsüberprüfung wird allerdings ein anderes Ziel verfolgt, als Chlor herzustellen. Deshalb wird in diesem Fall auch keine Membran verwendet. Die Folge davon ist, dass wir stattdessen beobachten können, wie sich an der Kathode Gasbläschen bilden, während an der Anode eine Gasbildung ausbleibt und wir auch nicht den für Chlorgas typischen Geruch nach Schwimmbad wahrnehmen. Chlor entsteht zwar durch die Entladung der Chlorid-Ionen, reagiert aber sofort mit der in der Lösung entstandenen Natronlauge unter Bildung von Hypochlorit- und Chlorid-Ionen:

$$2\,OH^- + Cl_2 \rightarrow OCl^- + Cl^- + H_2O$$

Wie zu erkennen ist, ist der von Herrn Neumann ausgewählte Versuch zum Nachweis der elektrischen Leitfähigkeit von Salzlösungen gar nicht so einfach, wie man das ursprünglich denken mag. Gleichwohl ist die Einfachheit kein Ausschlusskriterium. Schließlich ist es durchaus legitim, diese komplexen Sachverhalte didaktisch zu reduzieren (Kap. 2). Eine gute Unterrichtsplanung zeichnet sich aber dadurch aus, dass der Lehrer sich der reduzierten Aspekte bewusst ist, mögliche Fragen und Äußerungen seiner Schüler antizipiert und darauf vorbereitet ist, auf solche Schüleräußerungen angemessen zu reagieren.

Dass dieser Anspruch gar nicht so schwer einzulösen ist, soll die nachfolgende Ergänzung deutlich machen. Gesetzt den Fall, man wollte die chemischen Vorgänge, die dem hier gewählten Versuch zugrunde liegen, dezidiert aufklären, so wäre als erster Schritt die Identifikation des entstandenen Gases als Wasserstoff zu empfehlen. Da der Wasserstoff konsequenterweise nur vom Wasser stammen kann, liegt die Vermutung nahe, dass „Wasser-Rest-Teilchen" – oder genauer gesagt Hydroxid-Ionen – entstanden sein müssten. Die Zugabe eines pH-Indikators in das Gefäß, in dem die Leitfähigkeit des Salzwassers überprüft wurde, würde die Schüler zu weiterführenden Beobachtungen leiten, die für die Erklärung der Prozesse hilfreich sein können. Denn hätten die Schüler nämlich beobachten können, dass der Indikator einen Farbumschlag in Richtung basisch gezeigt hätte, wäre diese Beobachtung nützlich gewesen, um auf das Entstehen von Hydroxid-Ionen schließen zu können.

Der gewählte Versuch belegt durchaus die elektrische Leitfähigkeit der Kochsalzlösung, weil bewegliche Ladungsträger vorhanden sind; in diesem Falle sind es aber nicht die Natrium- und Chlorid-Ionen, sondern die Hydronium- und Chlorid-Ionen, die durch Entladung an den Elektroden den Stromfluss gewährleisten.

11.16.2 Diskussion des verwendeten Modells

Zum Abschluss dieses Fallbeispiels möchten wir noch kurz auf das von Herrn Neumann verwendete Modell zu sprechen kommen. Das von ihm selbst angefertigte Modell ist optisch sehr ansprechend. Er hat Applikationen angefertigt, indem er auf Papier die Symbole Na^+ und Cl^- gedruckt hat. Die entsprechenden Ausdrucke hat er laminiert und auf der Rückseite mit selbstklebender magnetischer Folie versehen. Für die Modelle der Wassermoleküle wählt er allerdings eine andere Darstellung, was wir als nicht so geschickt bewerten würden. Alle Modellapplikationen sind aufwendig angefertigt und so stabil, dass sie öfter verwendet werden können. Dass Herr Neumann offensichtlich viel Zeit und Mühe in die Herstellung seiner Applikationen investiert hat, ist zu loben, und wir sind uns sicher, dass auch seine Schüler dieses Engagement erkennen – auch wenn sie es vielleicht nicht oder nicht immer explizit honorieren. Modelle in Form von Applikationen zu nutzen, birgt grundsätzlich einige Vorteile: Sie können interaktiv eingesetzt und von der gesamten Klasse oder verschiedenen Lerngruppen verwendet werden. Entsprechend gut produzierte Applikationen sind von allen Plätzen aus gut sichtbar, und sie sind – wenn man sie wie hier z. B. mit Magneten versieht – leicht zu verschieben, sodass sie für die Diskussion unterschiedlicher Schülervorschläge besonders gut geeignet sind.

Für die Erklärung der elektrischen Leitfähigkeit eignet sich das Modell allerdings nur bedingt. Dies liegt vor allem darin begründet, dass die Teilchen, die die elektrische Leitfähigkeit verursachen, gar nicht als Applikation vorliegen! Wie wir oben bereits dargestellt haben, sind die erforderlichen Ladungsträger sowohl Chlorid- als auch Wasserstoff-Ionen.

Aber schlussendlich ist das Modell auch für die von Herrn Neumann intendierte Auswertung nicht optimal geeignet. Dies ist vor allem in der Anzahl der zur Verfügung stehenden Applikationen begründet: Er hat 14 Modellapplikationen zur Repräsentation der Natrium-Ionen, aber nur vier für die der Chlorid-Ionen angefertigt. Wir sind davon überzeugt, dass die unterschiedliche Anzahl von Applikationen Justin eingangs verwirrt haben mag. Außerdem hat Herr Neumann acht Modellapplikationen vorbereitet, die die Wassermoleküle repräsentieren sollten, von denen die Schüler aber nur vier in den Abbildungen verwendet haben.

Da Natriumchlorid im kubischen Gitter mit der Koordinationszahl 6 kristallisiert und im Solvatationsvorgang die Hydrathülle um Chlorid- und Natrium-Ionen jeweils aus vier bis fünf bzw. vier bis sieben Wassermolekülen besteht, wird im Modell eine Schwäche offenbar. Diese Schwäche des von Herrn Neumann genutzten Modells ist wahrscheinlich seiner ungenauen fachlichen Vorbereitung auf diese Stunde geschuldet.

Abschließend würden wir Herrn Neumann für die Überarbeitung dieser Unterrichtsstunde empfehlen, den Schwerpunkt der Stunde klarer und für die Schüler deutlicher herauszustellen: Wie zu erkennen war, ist schon der Lösungsvorgang von Salz in Wasser ein komplexer Vorgang, und die experimentelle Aufklärung der elektrischen Leitfähigkeit einer Salzlösung ist von nicht minderer Komplexität und Abstraktheit. Die Entscheidung für einen Schwerpunkt hätte im Stundenverlauf für zeitliche und inhaltliche Entlastung gesorgt, und zwar vermutlich für zeitliche und kognitive Entlastung aufseiten der Schüler wie auch aufseiten von Herrn Neumann. Die Beschränkung auf einen inhaltlichen Schwerpunkt hätte auch mehr Raum für die Klärung von Verständnisschwierigkeiten und Nachfragen geboten (Kap. 3, 8 und 9).

In dem hier diskutierten Beispiel zeigt sich daher u. E. deutlich, dass Lehrer in dem Bemühen um didaktische Reduktion (Kap. 2) komplexer Sachverhalte nicht umhinkommen, sich mit den fachwissenschaftlichen Grundlagen selbst intensiv auseinanderzusetzen. Das Beispiel unterstreicht auch noch einmal, wie wichtig es ist, die Schüler im Unterricht zu Wort kommen zu lassen. Mindestens genauso wichtig ist es aber auch, ihnen genau zuzuhören, mögliche Schüleräußerungen zu antizipieren und sich gute, einhelfende Impulse zurechtzulegen.

11.17 Rost entfernen mit Cola

Herr Schröder unterrichtet einen Grundkurs Chemie an einem Gymnasium und möchte in der kommenden 60-minütigen Unterrichtsstunde seine Schüler vor allem im Kompetenzbereich Kommunikation fördern. Da die Schüler in der vorangegangenen Unterrichtsstunde gelernt haben, unter welchen Bedingungen Rost entsteht und dass es sich bei Rost um ein Eisen(III)-oxidhydroxid ($FeO(OH)$) handelt, möchte er in dieser Stunde an diesen Inhalt anknüpfen. Im Vorfeld hat er sich deshalb dazu entschieden, die Schüler die Wirkungsweise von Rostentfernern und insbesondere die Nutzung von Cola als Rostentferner untersuchen zu lassen. Herr Schröder wählt als Ausgangspunkt für die Stunde einen Beitrag aus dem Internetforum „heimwerker.de". Ziel der Stunde soll es sein, dass die Schüler die Wirkungsweise von Rostentfernern erklären können und diese Erklärung adressatengerecht in das Forum „heimwerker.de" einpflegen. Die Schüler sollen sich in dieser Stunde verstärkt im Formulieren von naturwissenschaftsbezogenen Texten üben. Mit folgendem Ausschnitt aus dem Internetforum beginnt Herr Schröder die Stunde:

Rost entfernen (Eintrag im Internetforum heimwerker.de)
Frage von Neo Daumenklopper:

07.03.2013, 13:51
Hallo zusammen,
habe eine alte Kaffeemühle auf dem Dachboden gefunden, die ich gerne wieder aufarbeiten würde.
Auseinander gebaut hab ich sie schon und die Holzteile sind auch schon geschliffen.
Leider sind die Metallteile (schätze mal dass das Metall ist) rostig und haben viele Ecken und Kanten, so dass man da nur schwer putzen kann.
Der Rost muss da aber irgendwie von den Teilen runter und bevor ich mit einer Draht-/Kupferbürste dran gehe, und vielleicht noch irgendwas vom Mahlwerk kapputt oder stumpf mache, wollte ich mal fragen, was ihr für die beste Reinigungsmethode für solche Teile erachtet.
Vielen Dank schon mal
lg, Neo

Antwort von Al Borland Flexschwinger:

14.03.2013, 00:02
Google mal. Habe spontan von WD40 über Essigessenz bis Cola mehrere (angebliche) Rostlöser gefunden. Topfschwamm, harte Bürste und Geduld, dann wird das schon. Berichte nachher mal, was am besten funktioniert.

Herr Schröder erklärt zunächst, dass es sich bei WD40 um einen handelsüblichen Rostentferner handelt, der allerdings in der Schule nicht vorhanden ist. Anschließend zeigt er eine Schachtel mit zahlreichen rostigen Nägeln und bittet die Schüler,

Vorschläge zu unterbreiten, wie man die rostentfernende Wirkung von Essigessenz, Cola oder ihren Bestandteilen untersuchen könnte. In einem lebhaften Unterrichtsgespräch werden zunächst die Inhaltsstoffe von Cola diskutiert. Die Schüler nennen als Bestandteile von Cola Wasser, Zucker, Zitronensäure und Phosphorsäure, die als mögliche rostentfernende Komponenten infrage kämen. Die Schüler planen anschließend selbstständig Experimente, um die rostentfernende Wirkung der genannten Stoffe zu untersuchen, und führen diese im Verlauf der Stunde auch eigenständig in kleinen Gruppen durch. Dazu geben sie jeweils einen rostigen Nagel in ein Reagenzglas und fügen in die verschiedenen Reagenzgläser entweder Cola, Zuckerlösung, Phosphorsäure oder Zitronensäure sowie Wasser hinzu. Auch der Einfluss von Essigessenz wird untersucht.

Im Anschluss an die Versuchsdurchführung schiebt Herr Schröder einen Versuchswagen in den Raum, auf dem sich genau die gleichen Versuchsansätze befinden, die die Schüler geplant haben. Diese Reaktionsansätze hat Herr Schröder schon einen Tag zuvor vorbereitet. Die Versuchsansätze von Herrn Schröder werden genau betrachtet und relevant erscheinende Beobachtungen notiert. Im Unterrichtsgespräch sollen nun die Schlussfolgerungen gemeinsam erarbeitet werden. Die letzten 10 Minuten sind dafür eingeplant, dass die Schüler ihre Antwort auf den Forumseintrag von Al Borland schriftlich formulieren. Schlussendlich liest Lukas seine Antwort vor:

Rost entfernen (Antwort)

Rost kann man sich chemisch als Eisen(III)-oxidhydroxid (FeO(OH)) vorstellen. Dieser Stoff kann mit Säuren reagieren. Setzt man beispielsweise Rost mit Phosphorsäure um, dann bildet sich Eisen(III)-phosphat.

$$Fe_2O_3 + 2\,H_3PO_4 \rightarrow 2\,FePO_4 + 3\,H_2O$$

Da Eisen(III)-oxidhydroxid unter Abspaltung von Wasser zu Eisen(III)-oxid reagiert, habe ich hier Eisen(III)-oxid als Edukt geschrieben, da die Reaktionsgleichung so einfacher zu verstehen ist. Der Rost wird also in ein Salz umgewandelt. Im Fall der Zitronensäure bildet sich das Eisensalz der Zitronensäure, das sogenannte Eisen(III)-citrat.

MfG

Lukas

Aufgaben

1. Analysieren Sie Stärken und Schwächen der Unterrichtsstunde von Herrn Schröder.
2. Diskutieren Sie den Antwortbeitrag von Lukas und formulieren sie einen alternativen Beitrag.
3. Entwickeln Sie eine alternative Unterrichtssequenz zum Thema „Rost entfernen mit Cola".

11.17.1   Stärken und Schwächen der Unterrichtsstunde

Unsere Diskussion möchten wir mit den Stärken der Stunde beginnen. Herr Schröder hat ein Thema mit einem deutlichen Alltagsbezug gewählt. Schüler sind in ihrer Lebenswelt sicherlich schon des Öfteren mit Rost in Berührung gekommen; sei es, dass sie Rost an alten Zäunen, alten Schlössern oder am eigenen Fahrrad wahrgenommen oder sich sogar zum Ziel gesetzt haben, rostige Stellen z. B. an ihrem Fahrrad zu entfernen. Davon abgesehen war Rost ja das zentrale Thema der vorangegangenen Chemiestunde, was eine Verknüpfung beider Themen innerhalb der Unterrichtssequenz für die Schüler plausibel macht (Kap. 8). Darüber hinaus mag die Verknüpfung des Themas Rostentferner mit der Verwendung des Getränks Cola als Rostentferner für Jugendliche in gewisser Weise überraschend gewesen sein. Kognitive Dissonanzen (wie diese) bewirken in der Regel, dass die Schüler das Thema für sich persönlich als relevant erachten (Kap. 7).

Der Forumseintrag stellt darüber hinaus u. E. ein sehr schülernahes und authentisches Medium dar, das die Schüler anregt, einen eigenen Forumsbeitrag zu formulieren, sodass die Förderung ihrer kommunikativen Kompetenzen quasi en passant erfolgt.

In den Einheitlichen Prüfungsanforderungen für das Abitur sind insgesamt sechs Kompetenzen im Bereich Kommunikation ausgewiesen, die die Schüler bis zum Abitur besitzen sollen (KMK 2004, S. 5 f.). Unseres Erachtens gelingt es Herrn Schröder, zwei der dort aufgeführten Kompetenzen gezielt anzusprechen, nämlich:

> Die Schülerinnen und Schüler …
> „beschreiben und veranschaulichen konkrete chemische Sachverhalte unter angemessener Nutzung der Fachsprache,
> präsentieren chemisches Wissen, eigene Standpunkte und Überlegungen sowie Lern- und Arbeitsergebnisse adressaten- und situationsgerecht" (KMK 2004, S. 5 f.).

Die hier genannten Standards enthalten zwei wesentliche Punkte, die mit einem eigens formulierten Forumseintrag bedient werden: Zum einen wird in einem Forumseintrag der bewusste Wechsel zwischen Fach- und Alltagssprache forciert, zum anderen sind Personen, die einen Beitrag in einem solchen Medium publizieren, darum bemüht, ihre Informationen besonders adressatengerecht zu kommunizieren. Damit wird Herr Schröder u. E. seiner Intention, in der Stunde die kommunikativen Kompetenzen der Schüler zu fördern, gerecht.

Neben dem gelungenen Einstieg finden wir es auch besonders lobenswert, dass Herr Schröder die Wahl der Versuchsansätze seiner Schüler richtig antizipiert hat. Er zeigt seinen Schülern auf diese Weise, dass er seine Aufgabe, Unterricht professionell zu planen und vorzubereiten, ernst nimmt; denn er hat mögliche Versuchsansätze bereits tags zuvor vorbereitet, um den Schülern die für die Auswertung ihrer entwickelten Versuche notwendigen Beobachtungen noch in der gleichen Unterrichtsstunde zu ermöglichen. Da die Reaktionen der oben genannten Versuche durchaus einige Zeit in Anspruch nehmen, war das u. E. eine sehr gute Planungsüberlegung von Herrn Schröder. Es erscheint uns nachvollziehbar, dass Herr Schröder auf diese Weise die Experimentierphase abkürzt, um so Zeit für die von den

Schülern zu erbringende Kommunikationsleistung zu gewinnen, zumal die von ihm intendierte Kompetenzförderung vorrangig im Bereich der Kommunikation angesiedelt gewesen ist. Obwohl wir die Maßnahme von Herrn Schröder, die Lehr-Lern-Zeit effektiv zu nutzen, im Grunde positiv beurteilen, möchten wir doch genau an dieser Stelle ansetzen, um Optimierungsmöglichkeiten zu diskutieren.

So nachvollziehbar und auch aufwendig die Vorbereitung der Versuche durch Herrn Schröder ist, so bedauerlich ist es u. E. auch, dass die Ergebnisse der Schülerversuche im Folgenden keine Rolle mehr spielen. Für die Schüler könnte sich die Frage stellen, wozu sie eigentlich eigene Versuchsansätze vorbereitet haben, wenn sie dann letztendlich gar nicht mehr ausgewertet und stattdessen die Ansätze von Herrn Schröder genutzt werden. Dadurch könnte aufseiten der Schüler der Eindruck entstehen, dass ihre eigene Arbeit nicht genügend wertgeschätzt wird und sie ihren experimentellen Aufwand im Nachhinein als unnütz bewerten (Kap. 7).

Die gesamte Stundenplanung, die Herr Schröder vorgenommen hat, ist ohne Frage wohl durchdacht und recht anspruchsvoll. Die Schüler durchlaufen während dieser 60 Minuten sehr viele unterschiedliche Denkschritte: Nach dem Lesen des Forumseintrags formulieren sie eine Forschungsfrage (Welche Inhaltsstoffe von Cola eignen sich zur Rostentfernung?), sie planen auf Grundlage dieser Inhaltsstoffe der Cola zunächst eine Versuchsreihe mit entsprechender Variablenkontrolle und entscheiden sich für Versuchsansätze mit Cola, Zuckerlösung, Wasser, Phosphorsäure und Zitronensäure. Die Variablenkontrolle besteht darin, dass die Schüler einerseits die Cola untersuchen, um den Vorschlag von *Al Borland* zu beantworten, und andererseits die einzelnen Bestandteile der Cola prüfen, von denen sie annahmen, dass sie die rostentfernende Wirkung hervorrufen. Nach der Durchführung werden die Versuche mit den vorbereiteten Ergebnissen von Herrn Schröder sogar noch ausgewertet. Es wird also der gesamte Weg der Erkenntnisgewinnung von den Schülern in gut 50 Minuten aktiv durchlaufen (Kap. 5). Die Beantwortung des Forumseintrags findet in den letzten 10 Minuten der Unterrichtsstunde statt. Damit gewinnt der Kompetenzbereich Erkenntnisgewinnung einen recht großen Raum in dieser Stunde, obwohl ja eigentlich der Schwerpunkt im Bereich der Kommunikation liegen sollte. In dieser Stunde werden also zunächst zwei Kompetenzbereiche bedient, was dazu führt, dass ein klarer Schwerpunkt in der Unterrichtsstunde nicht zwingend gegeben ist und die inhaltliche Dichte (zu) hoch erscheint (Kap. 9).

Wir stellen uns daher die Frage, ob in der Stunde einfach zu viel los war und ob der Stundenverlauf letztendlich gut gewählt war, wenn es doch darum gehen sollte, die Schüler in ihren schriftsprachlichen kommunikativen Kompetenzen zu fördern. Was haben die Schüler in dieser Stunde in Sachen Kommunikation und Verschriftlichung (neu) gelernt, was sie vorher nicht schon gekonnt haben, welche Aspekte beim Verfassen alltagsnaher naturwissenschaftlich tragfähiger Texte sind ihnen nunmehr bewusst oder gar bewusster geworden? Wir möchten Sie durchaus ermutigen, ihren Unterricht auch mal nach dem Motto „weniger ist eben manchmal mehr" zu planen.

Wichtig ist uns vor allem, an diesem Beispiel zu zeigen, dass eine besonders gut gelungene Unterrichtsstunde an Qualität verliert, wenn sie ihren Schwerpunkt durch ein „Zuviel" verfehlt. Die Auswahl an Lern- und Unterrichtszielen hätte gut für mehrere Stunden gereicht und daher auf mehrere Stunden verteilt werden können. Wie eine solche Unterrichtssequenz aussehen könnte, in der die vielen guten Ideen von Herrn Schröder in stärkerem Maße zum Tragen kommen, möchten wir im Abschn. 11.17.3 zeigen.

11.17.2 Diskussion der Antwort für heimwerker.de von Lukas

In diesem Abschnitt möchten wir den Forumsbeitrag von Lukas diskutieren. Dass am Ende der Unterrichtsstunde nur ein einziger Beitrag vorgelesen werden konnte, halten wir für bedauerlich. Zwei Dinge erachten wir in diesem Zusammenhang als bemerkenswert und kritisch. Zum einen können die Schüler lediglich einen Beitrag zur Kenntnis nehmen; viele andere – sicherlich qualitativ ebenso gute oder vielleicht noch bessere – Beiträge werden den anderen Schülern vorenthalten. Selbst die möglicherweise nicht ganz so gelungenen Beiträge wären es sicher wert gewesen, kritisch, aber auch respektvoll gewürdigt zu werden. Zum anderen bedauern wir es, dass Lukas' Beitrag lediglich verlesen wurde; die Diskussion der Stärken und Schwächen seines Beitrags fiel am Ende – sicherlich der Zeit geschuldet – völlig unter den Tisch.

Wie schon im Fallbeispiel Die Suche nach dem richtigen Platz für die Elektronen (Abschn. 11.8) empfohlen, halten wir es für geboten, zusammen mit den Schülern Kriterien zu erörtern und festzulegen, bevor die Schüler ermuntert oder aufgefordert werden, etwas zu tun oder einzuüben, was für sie offensichtlich neu und an qualitative Kriterien gebunden ist. In diesem Fall hätte z. B. Herr Schröder mit seinen Schülern darüber ins Gespräch kommen können, welche Aspekte nach Ansicht der Schüler eigentlich einen guten Forumseintrag ausmachen oder wie ein Forumsbeitrag ihres Erachtens gestaltet werden müsste, damit er von möglichst vielen gelesen wird und möglichst viele „Likes" erhält.

Kommunikative Kompetenzen von Schülern in fachbezogenen Kontexten lassen sich eben nicht nur so nebenbei vermitteln und fördern. Gleiches ließe sich bezüglich des Kompetenzbereichs Bewertung sagen; aber das ist ein anderes Thema, das wir im Fallbeispiel Raps für den Tank (Abschn. 11.18) wieder aufgreifen und vertiefen werden.

Mögliche Kriterien für die Antwort auf einen Forumseintrag können beispielsweise sein:

- Vorhandensein einer Anrede
- Bezugnahme auf den Fragensteller
- Respekt, Höflichkeit und Hilfsbereitschaft (trotz der Anonymität des Internets) ausdrücken
- Inhaltliche Vollständigkeit und klare Strukturierung
- Fachliche Richtigkeit
- Fachliche Aspekte durch Verwendung korrekter Fachsprache oder von Fachbegriffen in Verbindung mit umgangssprachlichen Formulierungen verständlich machen
- Angemessene Länge des Beitrags (begrenzte Wortanzahl bzw. nicht zu viel Text)
- Grußwort oder Schlusssatz

Betrachten wir nun den Forumsbeitrag von Lukas, so erkennen wir, dass bei Weitem nicht alle diese Kriterien erfüllt sind. In Lukas' Antwort fehlt z. B. eine Anrede. Außerdem bezieht er sich in seinem Beitrag nicht auf den Forumseintrag von *Al Borland*. In erster Linie erscheint die Antwort von Lukas wie der Auswertungsteil eines Versuchsprotokolls; das macht den Beitrag zwar fachlich ansprechend, er ist damit aber nicht adressatengerecht formuliert. Lukas verwendet relativ viele Fachbegriffe (z. B. Edukte, Abspaltung, umsetzen), was uns als Chemielehrer zwar besonders ansprechen mag, aber ebenfalls nicht besonders adressatenorientiert ist. Lukas geht in seinem Beitrag sogar auf die Verwendung von Zitronensäure ein; danach hatte Al Borland jedoch gar nicht gefragt. Wenn man es genau nimmt, gibt Lukas dem Fragensteller eigentlich schlussendlich gar keine Antwort auf seine Frage, denn *Al Borland Flexschwinger* wollte ja wissen, welches Mittel nun am besten zur Entfernung von Rost geeignet ist.

Beachten wir die Kriterien, die wir zusammengestellt haben, dann zeigen sich im Beitrag von Lukas diverse Optimierungsmöglichkeiten. Eine Musterlösung für einen Forumseintrag könnte folgendermaßen aussehen:

Rost entfernen (Antwort)

Lieber Al Borland,

    wir hatten im Chemieunterricht die Gelegenheit, deinen Vorschlag mit der Cola genauer zu untersuchen.

    Dazu haben wir verschiedene rostige Nägel in Cola, Zuckerlösung, Phosphorsäure und Zitronensäure gelegt und für einige Tage stehen lassen. Zuckerlösung, Phosphorsäure und Zitronensäure haben wir deshalb untersucht, da sie – wie du sicherlich weißt – Bestandteile von Cola sind und wir nicht nur herausfinden wollten, ob man Rost durch Cola überhaupt entfernen kann, sondern auch, welcher Bestandteil die rostentfernende Wirkung verursacht.

    Nach unseren Versuchen entfernen Cola, aber auch Phosphorsäure und Zitronensäure Rost. Dabei wird Rost in ein Salz umgewandelt.

    Nimmt man nur Phosphorsäure, dann wird Eisenphosphat gebildet. Dieses Eisenphosphat haftet als stabile Schicht am Eisennagel, sodass man die vom Rost befreiten Stellen sogar lackieren und dauerhaft vor Rost schützen kann.

    Nimmt man nur Zitronensäure, dann bildet sich Eisencitrat. Dieses Salz löst sich dagegen vom Nagel ab und die zwar nunmehr rostfreie Stelle würde recht schnell wieder rosten, wenn man sie nicht zeitnah mit Rostschutz versehen würde.

    Im Übrigen zeigt die Bildung der Eisensalze, dass der Begriff Rostentferner eher unglücklich gewählt ist. So wird der Rost nicht entfernt, sondern umgewandelt. Daher haben wir uns im Unterricht darauf geeinigt, dass der Begriff Rostumwandler besser geeignet ist.

    Ich hoffe, dass ich dir helfen konnte. Hat mir Spaß gemacht, und solltest du noch mehr solcher Fragen haben, antworte ich dir gerne auf weitere Fragen.

Schöne Grüße von

Lukas (für den Grundkurs Chemie)

Unserem alternativen Antwortbeitrag können Sie entnehmen, dass wir den Begriff des Rostentferners mit den Schülern thematisieren würden. Der Rost ist nach der Behandlung mit einem Rostentferner ja tatsächlich nicht mehr zu sehen, insofern wurde er entfernt. Dennoch ist der Begriff der Entfernung vor dem Hintergrund von Schülervorstellungen eher irreleitend. Der alternative Begriff Rostumwandler ist zwar nicht in der Alltagssprache gebräuchlich, fokussiert aber stärker darauf, dass es sich bei der Rostentfernung um eine chemische Reaktion handelt, bei der Stoffe umgewandelt werden (Kap. 3). Der reflektierte Umgang mit Begriffen aus dem Alltag gehört u. E. ebenfalls zur Kompetenzentwicklung und sollte deshalb auch im Fachunterricht eine wichtige Rolle spielen (Kap. 4).

11.17.3   Eine alternative Unterrichtssequenz zum Thema „Rost entfernen mit Cola"

Herr Schröder hat eine sehr inhaltsdichte Stunde geplant, in die er viele gute Ideen eingebracht hat. Leider hat er aufgrund der begrenzten Zeit einer Unterrichtsstunde diese Ideen aber nicht in ihrer Gänze nutzen können bzw. den Schülern zu wenige Gelegenheiten eröffnet, sich einzubringen. Für eine alternative Unterrichtssequenz haben wir deshalb die Inhalte, die Herr Schröder ausgewählt hatte, auf vier Stunden verteilt. An wenigen Stellen des Unterrichts haben wir weitere Vertiefungen vorgeschlagen. In Tab. 11.6 sehen Sie zunächst eine Übersicht über diese Stunden und welcher Kompetenzbereich im Schwerpunkt angesprochen wird. Unsere vorgeschlagene Unterrichtssequenz schließt an die vorangegangene Stunde zur Entstehung von Rost an, wie wir eingangs dargestellt haben.

Mit den hier beispielhaft herausgestellten Elementen der Unterrichtssequenz werden die einzelnen Schritte des forschend-entwickelnden Unterrichtsverfahrens durchlaufen und explizit thematisiert (Abschn. 5.1). Durch den Forumseintrag als Einstieg in die Unterrichtssequenz findet in der ersten Stunde die Problemgewinnung statt, und die Schüler stellen ihre Überlegungen zur Problemlösung vor und zur Diskussion. Dazu werden ihnen Möglichkeiten eingeräumt, Recherchen selbst vorzunehmen, um so eine begründete Auswahl für ihre Versuchsreihe(n) treffen zu können. Erst in der darauffolgenden zweiten Stunde setzen die Schüler die verschiedenen Lösungen an, die sie im Folgenden vergleichend untersuchen. Da das Ansetzen der Lösungen nicht die ganze Stunde beansprucht, könnten sich die Schüler in der verbleibenden Zeit die Wirkungsweise von Rostentfernern erarbeiten. Weil nun die Auswertung der Ergebnisse nicht mehr in derselben Stunde erfolgt, würden die Versuchsansätze mindestens bis zur nächsten Chemiestunde stehen bleiben. Selbst wenn das nächste Treffen schon am nächsten Wochentag stattfinden sollte, würde diese Zeitspanne unserer Erfahrung nach ausreichen, an den ursprünglich rostigen Eisennägeln blanke, also rostfreie, Stellen zu erkennen. Die auf diese Weise gewonnenen Erkenntnisse werden schließlich in der letzten Stunde abstrahiert und Reaktionsgleichungen aufgestellt. In Form der Antwort auf den Forumseintrag findet abschließend die Wissenssicherung statt. Damit haben wir die Unterrichtsidee

Tab. 11.6   Vorschlag einer vierstündigen Unterrichtssequenz zum Thema „Rost entfernen mit Cola"

Stunde	Inhalt	Bezug zum forschend-entwickelnden Unterrichtsverfahren (Abschn. 5.1)	Stundenschwerpunkt im Kompetenzbereich (Kap. 1)
1	- Einstieg mit Forumseintrag - Eigenständige Recherche der Schüler zu Inhaltsstoffen von Cola und professionellen Rostentfernern - Planung der Versuchsreihe	Problemgewinnung Überlegungen zur Problemlösung	Erkenntnisgewinnung
2	- Ansetzen der Versuchsreihe - Theoretische Erarbeitung der Wirkungsweise von Rostentfernern	Durchführung eines Lösungsvorschlags	Erkenntnisgewinnung Fachwissen
3	- Auswertung der Versuchsreihe - Kriterien für Forumseinträge finden und begründen - Forumseintrag schreiben	Abstraktion der gewonnenen Erkenntnisse Wissenssicherung	Erkenntnisgewinnung Kommunikation Bewertung
4	- Auswertung der Forumseinträge - Bewertung professioneller Rostentferner im Vergleich zur Cola - Diskussion und Reflexion des Begriffs Rostentferner		Kommunikation Bewertung

von Herrn Schröder ergänzt und – wie wir meinen – den einzelnen Schwerpunktsetzungen, die in der einen von Herrn Schröder veranschlagten Stunde unterzugehen drohten, in den nunmehr vier einzelnen Stunden mehr Raum gegeben und zu mehr Beachtung verholfen.

Durch die nun stärker ausdifferenzierte Unterrichtssequenz werden zentrale Kompetenzen aus allen vier Kompetenzbereichen berücksichtigt und gefördert. Neben dem bereits von Herrn Schröder breit thematisierten Bereich der Erkenntnisgewinnung haben wir in der zweiten Stunde den Bereich Fachwissen (Funktionsweise von Rostentferner) stärker in den Blick genommen. Auch der Kompetenzbereich Kommunikation ist zeitlich umfangreicher angelegt, und die Frage „Wie präsentiere ich mein Ergebnis fachlich korrekt, ansprechend und adressatengerecht?" wird thematisiert. Der Kompetenzbereich Bewertung wird ebenfalls in dieser Unterrichtssequenz angesprochen. In diesem Bereich fokussieren wir auf die Fragestellungen: Was macht einen qualitativ guten, populären bzw. für Jugendliche geeigneten und fachlich korrekten Beitrag in den neuen Medien aus? Ist der Einsatz eines teuren Rostumwandlers sinnvoll oder Cola eine geeignete Alternative? Und: Inwiefern ist der Begriff Rostentferner hier angemessen oder irreleitend? Zu guter Letzt möchten wir Sie noch einmal darin bestärken, sich nicht durch die zeitliche Vorgabe einer einzelnen Unterrichtsstunde zu sehr einschränken zu lassen. Planen Sie Unterricht in größeren Sequenzen, um den Schülern einen vielseitigen Kompetenzerwerb an einem Unterrichtsinhalt zu ermöglichen.

11.18 Raps für den Tank

Frau Koch unterrichtet eine 10. Klasse an einem Gymnasium. Im Rahmen einer Unterrichtsreihe zur Stoffgruppe der Ester haben die Schüler bereits die Herstellung, die Spaltung, wichtige Vertreter sowie Anwendungsbereiche der Ester kennengelernt. Außerdem wurde zu Beginn des Schuljahrs in einer Unterrichtsreihe zu den Alkanen die Bedeutung der Alkane als fossile Energieträger thematisiert.

In dieser Unterrichtsstunde möchte Frau Koch die Bewertungskompetenz der Schüler anhand des Themas Biodiesel fördern. Dabei orientiert sie sich an dem folgenden Standard der KMK (2005, S. 13):

> „Die Schülerinnen und Schüler diskutieren und bewerten gesellschaftsrelevante Aussagen aus unterschiedlichen Perspektiven."

Sie konkretisiert den Standard für diese Stunde, bezogen auf den Inhalt Biodiesel, folgendermaßen:

> „Die Schülerinnen und Schüler diskutieren den Einsatz von Biodiesel als Alternative zu herkömmlichem Treibstoff und bewerten diesen."

Zu Beginn der Unterrichtsstunde markieren die Schüler an der Tafel nach der Methode des Stimmungsbarometers, inwieweit sie Biodiesel für eine gute Alternative im Vergleich zu herkömmlichem Treibstoff halten (Abb. 11.18). In der Erarbeitungsphase

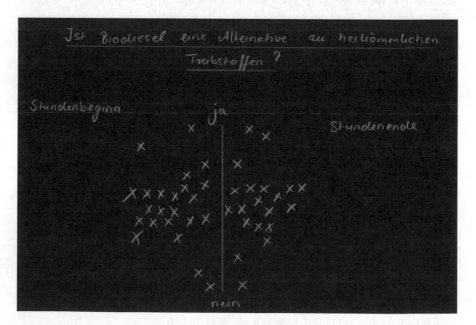

Abb. 11.18 Stimmungsbarometer zur Frage, ob Biodiesel eine Alternative zu herkömmlichem Treibstoff darstellt Stundenbeginn (links), Stundenende (rechts)

erhalten sie das im Folgenden dargestellte Arbeitsblatt. Anschließend werden die Schüler in eine Pro- und eine Kontra-Gruppe eingeteilt und tauschen sich aus. In der Sicherungsphase diskutieren je ein Stellvertreter der beiden Gruppen ihre Standpunkte über den Nutzen von Biodiesel als Alternative. Am Ende der Unterrichtsstunde soll, nachdem die Schüler ein weiteres Kreuz auf dem Stimmungsbarometer gesetzt haben, über eine mögliche Veränderung ihrer Meinung diskutiert werden. Das Stimmungsbild in der Klasse ist zu Beginn und am Ende der Stunde nahezu identisch.

Arbeitsblatt: Biodiesel – eine gute Alternative?

Bei Biodiesel handelt es sich chemisch betrachtet um Fettsäuremethylester (kurz: FAME). Das heißt also, dass hier Fettsäuren (mit 16 bis 18 Kohlenstoffatomen) mit Methanol verknüpft sind (https://de.wikipedia.org/wiki/Biodiesel).

Biodiesel kann mit Petrodiesel in jedem Verhältnis gemischt werden und wird in Deutschland bis zu 7 % dem handelsüblichen Petrodiesel beigemischt. Biodiesel wird aus nachwachsenden Rohstoffen (z. B. Raps, Soja, Sonnenblumen) gewonnen und ist biologisch abbaubar. Besonders wichtig ist die Ökobilanz des Biodiesels: Es wird bei der Verbrennung nur so viel Kohlenstoffdioxid gebildet, wie die Pflanzen beim Wachstum aufgenommen haben.

Als großer Nachteil von Biodiesel wird gesehen, dass Anbauflächen für Nahrungsmittel nun für den wachsenden Energiebedarf der Menschheit genutzt werden, obwohl jeden Tag Menschen auf diesem Planeten Hunger leiden müssen.

Vorteile von Biodiesel	Nachteile von Biodiesel

Aufgaben

1. Erörtern Sie Stärken der Unterrichtsstunde.
2. Überprüfen Sie, inwieweit die Intention von Frau Koch, die Bewertungskompetenz der Schüler zu fördern, gelungen ist, und entwickeln Sie Alternativen.

11.18.1 Stärken der Unterrichtsstunde

Mit diesem letzten Fallbeispiel möchten wir abschließend den Fokus auf einen Kompetenzbereich richten, der im tagtäglichen naturwissenschaftlichen Unterricht eher unterrepräsentiert ist: den Bereich der Bewertung (Bolte 2003; Bolte und

Schulte 2014). Bolte und Schulte haben in ihrer Studie (2014, S. 372) 193 Lehrer, Referendare, Schüler, Didaktiker und Naturwissenschaftler nach ihren Ansichten und Vorstellungen bezüglich einer zeitgemäßen und wünschenswerten naturwissenschaftlichen Grundbildung („scientific literacy") befragt. Die Ergebnisse zeigen, dass die befragten Experten die Aspekte „Urteilsfähigkeit, Meinungsbildung und Reflexion", „kritisches Hinterfragen" und „reflektiertes und verantwortliches Handeln" als besonders wichtig für eine fundierte naturwissenschaftliche Grundbildung einschätzen. Bei den genannten Merkmalen handelt es sich also um Aspekte, die dem Kompetenzbereich Bewertung zuzuordnen sind (KMK 2005, S. 10 ff.). In der gleichen Untersuchung wurden die Experten auch dahingehend befragt, inwieweit bestimmte Merkmale eines zeitgemäßen, auf naturwissenschaftliche Bildung abzielenden Unterrichts in der gängigen Praxis präsent sind. Die Antworten der Experten auf diese Frage machen deutlich, dass sie die soeben genannten Aspekte in der gängigen Bildungspraxis – also vor allem in Schule und Unterricht – nur selten wahrnehmen. Aus den Einschätzungen von Priorität (Wichtigkeit) und Präsenz in der Praxis haben Bolte und Schulte Priorität-Praxis-Differenzen ermittelt: Die Ergebnisse zeigen, dass die größte Differenz zwischen Priorität und Praxis auf die drei genannten Aspekte („Urteilsfähigkeit, Meinungsbildung und Reflexion", „kritisches Hinterfragen" und „reflektiertes und verantwortliches Handeln") entfällt. Vor diesem Hintergrund betrachtet ist dem Ansinnen von Frau Koch eine besonders hohe didaktische Relevanz zu bescheinigen.

Doch warum wird der Bereich der Bewertung im naturwissenschaftlichen Unterricht so selten thematisiert? Eine mögliche Antwort darauf könnte in der oft angenommenen Wertfreiheit der Naturwissenschaften liegen (Stork 1990), denn naturwissenschaftliche Erkenntnisse unterliegen zunächst einmal nicht einem moralischen Urteil. Doch ein genauerer Blick zeigt, dass „die Naturwissenschaft nicht nur soziale Folgen, sondern auch soziale Ursprünge hat. Ihre Bestimmtheit durch die ‚Lebenswelt' ist größer, als uns und unseren Schülern vor Augen steht" (Stork 1990, S. 137). Deshalb appelliert Stork: „Unser Unterricht sollte sich systematisch darum bemühen, diese Bestimmtheit ins Bewußtsein zu heben. Dann würde offenbar, daß Werturteile nicht erst dann (und scheinbar von außen) an die Wissenschaft herangetragen werden, wenn es um deren Anwendung geht, sondern daß die Lebenswelt mit ihren Wertsetzungen entscheidende Beiträge zum Zustandekommen naturwissenschaftlichen Erkennens und seiner allgemeinen Geltung leistet" (Stork 1990, S. 137). Insbesondere die Anknüpfung des naturwissenschaftlichen Unterrichts an lebensweltliche Kontexte (Kap. 7 und 8) würde es – folgt man Stork – geradezu unumgänglich machen, auch das kritische Hinterfragen, Prozesse der Meinungsbildung und das Anbahnen von Urteilfähigkeit im naturwissenschaftlichen Unterricht aufzugreifen und zu thematisieren.

Genau darin liegt eine Stärke von Frau Kochs Unterrichtsplanung. Sie wendet sich mit dem Thema Biodiesel dem Kontext der erneuerbaren Energien zu und greift damit ein hochaktuelles, in den Medien immer wieder präsentes und vielfach auch kontrovers diskutiertes Thema auf (z. B. DPA 2018; Wüst 2018). Dadurch hat das Thema auch für die Schüler einen hohen Alltagsbezug und große Relevanz, zumal das Thema mithilfe authentischer Materialien erarbeitet werden kann (Kap. 8).

Unseres Erachtens hat Frau Koch also einen sehr gut geeigneten Fachinhalt gewählt, den sie in ein für die Schüler relevantes Unterrichtsthema eingebettet hat und anhand dessen die Bewertungskompetenz aufseiten der Schüler gefördert werden kann. Die Frage nach der Nutzung von Biodiesel als Alternative zu herkömmlichen Treibstoffen berührt in vielen Argumentationspunkten den Wert von Nachhaltigkeit und nachhaltigem Handeln. So ist Biodiesel ein nachwachsender Rohstoff, der bei der Verbrennung weniger Schadstoffe freisetzt und eine bessere Kohlenstoffdioxidbilanz aufweist als fossile Treibstoffe (FIS 2016). Zu bedenken ist allerdings, dass die für Biodiesel genutzten Anbauflächen der Nahrungsmittelindustrie nicht mehr zur Verfügung stehen. Im Zuge einer inhaltlichen Auseinandersetzung mit diesen Argumenten können die Schüler die Bedeutung des Konzepts der Nachhaltigkeit rekonstruieren und für sich wertend überdenken.

Frau Koch hat durch die Wahl der Methode einer Pro-und-Kontra-Debatte (Mattes 2011, S. 255) sowie des Stimmungsbarometers (BPB o. J.a) einen anschaulichen und methodisch durchaus abwechslungsreichen Unterricht geplant und initiiert. Die von Frau Koch für diese Stunde ausgewählten Methoden treffen wir eher selten im Chemieunterricht der Mittelstufe an. Bei der von ihr genutzten Methode des Stimmungsbarometers wird sowohl vor als auch nach der Debatte ein Meinungsbild der Klasse eingeholt, indem die Schüler ein Kreuz auf einer Skala platzieren (Abb. 11.18). Damit bietet diese Methode zum Ende der Stunde einen weiteren Gesprächsanlass, der die Schüler über die potenziellen Veränderungen im Stimmungs- oder Meinungsbild der Klasse im Verlauf des Unterrichts informiert und mögliche Gründe für Meinungsänderungen reflektieren lässt.

Die intendierte Auseinandersetzung mit Argumenten für und gegen die Nutzung von Biodiesel soll die Schüler langfristig befähigen und motivieren, an gesellschaftlich relevanten Entscheidungen aktiv und sachkundig zu partizipieren (Kap. 1). Inwieweit sich die Schüler jedoch tatsächlich ausreichend mit Argumenten zu diesem Thema auseinandersetzen konnten, wollen wir im folgenden Abschnitt beleuchten.

11.18.2   Förderung der Bewertungskompetenz und mögliche Alternativen

An dem von Frau Koch verwendeten Stimmungsbarometer erkennen wir, dass sich das Stimmungs- und Meinungsbild in der Klasse im Laufe der Unterrichtsstunde kaum geändert hat. Das muss bei dieser Unterrichtsmethode auch nicht zwingend das Ziel sein. Ein Blick auf das Arbeitsmaterial, das Frau Koch den Schülern an die Hand gegeben hat, verdeutlicht aber, dass dieses Ergebnis durchaus erwartet werden konnte. Denn die Schüler mussten die gesamte Diskussion überwiegend auf Grundlage ihres Vorwissens führen, da in dem zur Verfügung gestellten Unterrichtsmaterial u. E. kaum neue, für die spätere Diskussion relevante Informationen angeboten wurden. Der Text enthält lediglich Informationen zur chemischen Struktur von Biodiesel sowie zum An- und Abbau der Rohstoffe für die Biodieselproduktion. Abb. 11.19 liefert keine für die Beantwortung der Frage nützliche Information.

Abb. 11.19 Auto vor
Rapsfeld

Blicken wir jedoch auf Frau Kochs formulierte Standardkonkretisierung, so sollte der Einsatz von Biodiesel als Alternative zu herkömmlichem Treibstoff diskutiert und bewertet werden. Vor diesem Hintergrund stellt sich uns die für die Planung und Reflexion einer Unterrichtsstunde zentrale Frage: „Was wissen die Schüler schon, und was können die Schüler zum Ende dieser Unterrichtsstunde mehr bzw. besser als vorher?" Diese zentrale Frage zur Qualität dieser Unterrichtsstunde lässt sich u. E. nicht zufriedenstellend beantworten (Kap. 9).

Ein wichtiger Bestandteil der Bewertungskompetenz stellt die Fähigkeit dar, durch „die Auswahl geeigneter Sachverhalte [...] Vernetzungen der Chemie in Lebenswelt, Alltag, Umwelt und Wissenschaft [zu] erkennen. Darauf basierend sollen Schülerinnen und Schüler in der Lage sein, chemische Sachverhalte in ihrer Bedeutung und Anwendung aufzuzeigen. Diese gezielte Auswahl chemierelevanter Kontexte ermöglicht es den Schülerinnen und Schülern, Fachkenntnisse auf neue vergleichbare Fragestellungen zu übertragen, Probleme in realen Situationen zu erfassen, Interessenkonflikte auszumachen, mögliche Lösungen zu erwägen sowie deren Konsequenzen zu diskutieren" (KMK 2005, S. 10).

Leider sind die von Frau Koch zur Verfügung gestellten Materialien jedoch recht einseitig, sie enthalten u. E. nur wenige und mitunter recht undifferenzierte Informationen, die lediglich einer Quelle zu entstammen scheinen. Damit es für die Schüler aber überhaupt möglich wird, verschiedene Perspektiven kennenzulernen, ist es von Bedeutung, auch entsprechend unterschiedliche Quellen zu nutzen. Umweltverbände, Verbraucher, Produzenten und Landwirte vertreten in der Regel unterschiedliche Auffassungen und blicken durchaus aus verschiedenen Perspektiven auf die jeweiligen zur Debatte stehenden Sachverhalte. Diese Auffassungen gilt es zunächst wahrzunehmen, bevor sie anschließend vom persönlichen Standpunkt aus abzuwägen sind, um schlussendlich zu einer sachlichen, wenn auch durchaus subjektiv geprägten Bewertung zu kommen.

Bei allem Wohlwollen bezüglich der grundsätzlichen Unterrichtsidee hätten wir Frau Koch geraten, zunächst Sorge dafür zu tragen, dass die Schüler sich neue Sachverhalte erschließen können. Diese für die Schüler neuen Informationen, Standpunkte, Argumente und Erkenntnisse hätten dazu beigetragen, dass sich jeder Schüler seine eigene Meinung hätte bilden und sich dieser bewusst werden können (Kirschenmann und Bolte 2007a). Erst wenn diese Voraussetzung erfüllt worden wäre, wäre Frau Koch ihrer Intention, Kompetenzförderung im Bereich Bewertung aufseiten ihrer Schüler zu erreichen, ein gutes Stück nähergekommen.

Mögliche Argumente für eine durchaus sachliche Diskussion haben wir in Tab. 11.7 zusammengetragen. Aufgabe des Lehrers wäre es nun, das Material so vorzubereiten und den Schülern zur Verfügung zu stellen, dass die Schüler die Fakten herausarbeiten können, die sie für ihre je eigene Bewertung heranziehen wollen.

Unterrichtsvorschläge zum Thema Biodiesel, die einen Schwerpunkt im Kompetenzbereich Bewertung setzen, sind vielfältig publiziert worden (z. B. Eilks und Klinkebiel 1998; Eilks 2001; Kirschenmann und Bolte 2007b, c). Frau Koch hätte das Rad also gar nicht neu erfinden müssen, sondern es hätte – wie so oft – durchaus ausgereicht, wenn sie sich mit den Vorschlägen aus der fachdidaktischen Literatur vertraut gemacht hätte, um sich Anregungen für die eigene Unterrichtsplanung zu holen und so ihre Unterrichtsplanung besser ausschärfen und klarer begründen zu können.

Wir haben eingangs schon darauf hingewiesen, dass die Berücksichtigung von lebensweltlichen Fragen im naturwissenschaftlichen Kontext fast zwangsläufig dazu führt, dass der Bereich der Bewertung berührt wird und – folgt man den Gedanken von Stork (weiter oben) – eigentlich im Unterricht auch aufgegriffen werden sollte. Natürlich gibt es nicht für jede lebensweltliche naturwissenschaftliche Fragestellung Unterrichtsvorschläge, an denen man sich orientieren kann, aber es gibt durchaus mehr, als man denkt. Wir möchten in diesem Zusammenhang auf ein von der EU gefördertes Projekt namens PROFILES (2010) hinweisen. Auf der Homepage dieses Projekts sind zahlreiche Unterrichtsanregungen (auch in deutscher Sprache) zu finden. Neben einem Überblick stehen auf den entsprechenden Projektseiten Materialien für Schüler (Arbeitsblätter) und für Lehrer

Tab. 11.7 Argumente für eine intensivere Diskussion zum Thema „Einsatz von Biodiesel" (Watter 2011, S. 213; Bühler 2010 S. 45–48; Gestis Stoffdatenbank; FIS 2016)

Vorteile von Biodiesel	Nachteile von Biodiesel
- Unbegrenzter Rohstoff, da die Rohstoffquellen nachwachsen	- Hoher Flächenbedarf beim Rapsanbau steht in Konkurrenz zur Nutzung von Ackerflächen durch die Nahrungsmittelindustrie
- Biodiesel ist nahezu schwefelfrei (keine Bildung von Schwefeldioxid bei der Verbrennung, keine Bildung von Sulfaten)	- Verwendung von Pflanzenschutzmitteln zum Rapsanbau
- Unabhängigkeit von mineralölfördernden Ländern (z. B. Saudi-Arabien, Irak)	- Geringerer Brennwert im Vergleich zu klassischem Diesel (Mehrverbrauch)
- Bei Umweltkontamination (z. B. durch einen Unfall) ist Biodiesel weniger umweltbelastend als herkömmlicher Diesel	- Gefriert schneller im Winter
- Bessere CO_2-Bilanz als herkömmliche Kraftstoffe	- Kürzere Intervalle von Filter- und Ölwechsel (Mehrkosten)
- Sehr gute Schmiereigenschaften des Biodiesels (gut für den Motor)	- Geringfügige Kosten für den Umbau des Fahrzeugs fallen an
- Bei der Verwendung von Rapsöl zur Biodieselherstellung fällt zusätzlich Glycerin an, das an die chemische Industrie verkauft oder als Futtermittel eingesetzt werden kann	- In die Kohlenstoffdioxidbilanz muss der Anbau mit eingerechnet werden (schwer bezifferbar)
	- Biodiesel greift Dichtungen und Leitungen im Motor an, da er lösungsmittelähnliche Eigenschaften besitzt

(Unterrichtsanregungen und Hintergrundinformationen) zum kostenlosen Download bereit. Abgesehen davon möchten wir Ihnen abschließend gern einige Methoden vorstellen, die sich u. E. eignen und bewährt haben, um Bewertungsaspekte im Unterricht aufzugreifen und zu thematisieren.

Eine Möglichkeit stellt hierbei die Methode der Podiumsdiskussion dar (BPB o. J.b). Bei dieser Methode findet eine Rollenaufteilung statt, die eine breite Diskussion zur Stundenfrage ermöglicht. So können sich die Schüler innerhalb ihrer Rollen durch geeignetes Arbeitsmaterial neues Wissen zu dieser Stundenfrage aneignen, das dann in der Podiumsdiskussion verwendet wird. Mögliche Rollen für eine Stunde zum Biodiesel sind je ein Vertreter der Biodieselindustrie, der Automobilindustrie, von Umweltorganisationen und der Nahrungsmittelindustrie. Die Einteilung von Rollen ermöglicht eine Diskussion und Bewertung aus unterschiedlichen Perspektiven, genauso wie es in dem von Frau Koch angestrebten Standard formuliert wurde. Die Podiumsdiskussion benötigt außerdem mindestens einen Moderator, der die Diskussion leitet. Ein weiterer Vorteil dieser Methode stellt damit die im Vergleich zur Pro- und Kontra-Debatte größere Möglichkeit der Binnendifferenzierung dar. So kann durch die Aufteilung in verschiedene Rollen eine stärkere Differenzierung stattfinden, indem durch eine geschickte Auswahl des Materials für die einzelnen Rollen der Schwierigkeitsgrad der individuellen Leistungsfähigkeit der einzelnen Schüler angepasst wird (Kap. 10). Insbesondere die Rolle des Moderators fordert leistungsstarke Schüler in einer Vielzahl von Kompetenzen heraus.

Ähnlich wie die Methode der Podiumsdiskussion bietet sich auch die Fachausschussmethode zur Diskussion über Biodiesel an (Feierabend und Eilks 2009). Das Ziel dieser Methode ist die Durchführung einer Ausschusssitzung, wie sie beispielsweise im Deutschen Bundestag üblich ist. Dazu werden die Schüler in Expertengruppen, z. B. zu den Themen Landwirtschaft, Technik, Wirtschaft, u. Ä. eingeteilt. Zusätzlich gibt es eine Gruppe, die den Fachausschuss bildet. Jede Gruppe erhält Material, um sich in ihre Thematik einzuarbeiten; die Fachausschussgruppe erhält zu allen Themen nur Überblicksmaterial. Nach der Erarbeitung der für die Diskussion notwendigen Informationen tragen die Expertengruppen ihre Argumentation dem Fachausschuss vor und kommen mit diesem ins Gespräch. Auf diese Weise lernen die Schüler den Ablauf einer Fachausschusssitzung kennen und merken, wie schwierig und häufig auch intentionsgeleitet eine Entscheidungsfindung sein kann.

Sowohl die Podiumsdiskussion als auch die Fachausschussmethode zeigen eine wichtige Überschneidung mit der Methode der Fishbowl-Diskussion (Mattes 2011, S. 114). Bei beiden Methoden gibt es Schüler, die die Diskussion zu einem bestimmten Zeitpunkt beobachten. In einer Fishbowl-Diskussion sollen ausgewählte Schüler gezielt das Diskussionsverhalten beobachten und im Anschluss eine Rückmeldung dazu abgeben. Der Name Fishbowl stammt daher, dass die Diskutierenden dabei wie Fische in einem Aquarium beobachtet werden. Unabhängig davon, welche Methode Sie zur Förderung der Bewertungskompetenz wählen, ist u. E. eine Reflexionsphase über die erfolgte Diskussion mit den Schülern bedeutsam, um die Vorgänge zur Urteilsfindung zu beleuchten und damit auch in diesem Kompetenzbereich den Lernweg zu verdeutlichen.

Literatur

Arnold K (Hrsg) (2016) Fokus Chemie 7/8. Cornelsen, Berlin

Asselborn W, Jäckel M, Risch KT, Sieve B (2013) Chemie heute Lehrermaterialen SI/SII, Bd 5. Schroedel, Braunschweig

Atkins PW (2001) Physikalische Chemie, 3. Aufl. Wiley-VCH, Weinheim

Atkins PW, Beran JA (1996) Chemie – einfach alles. VCH, Weinheim

Barke HD (2006) Chemiedidaktik – Diagnose und Korrektur von Schülervorstellungen. Springer, Berlin

Barke HD et al (2015) Chemiedidaktik Kompakt: Lernprozesse in Theorie und Praxis. Springer, Berlin

Barkla CG (1911) The spectra of the fluorescent Röntgen radiations. Philos Mag 22:396–412

Becker H-J, Glöckner W, Hoffmann F, Jüngel G (1992) Fachdidaktik Chemie, 2. Aufl. Aulis, Köln

Betz E, Reutter K, Mecke D, Ritter H (2001) Biologie des Menschen. Mörike, Betz, Mergenthaler, 15. Aufl. Quelle & Meyer, Wiebelsheim

Binnewies M, Finze M, Jäckel M, Schmidt P, Hillner H (2016) Allgemeine und Anorganische Chemie, 3. Aufl. Springer Spektrum, Berlin/Heidelberg

Bohr N (1913a) On the constitution of atoms and molecules. Philos Mag 26:1–24

Bohr N (1913b) On the constitution of atoms and molecules. Part II. – systems containing only a single nucleus. Philos Mag 26:476–501

Bohr N (1913c) On the constitution of atoms and molecules. Part III. – systems containing several nuclei. Philos Mag 26(155):857–875

Bolte C (2003) Konturen wünschenswerter chemiebezogener Bildung im Meinungsbild einer ausgewählten Öffentlichkeit – Methode und Konzeption der curricularen Delphi-Studie Chemie sowie Ergebnisse aus dem ersten Untersuchungsabschnitt. ZfDN 9:7–26

Bolte C, Schulte T (2014) Wünschenswerte naturwissenschaftliche Bildung im Meinungsbild ausgewählter Experten. MNU 67(6):370–376

Bolte C, Schanze S, Thormählen M, Saballus U (2005) Naturwissenschaftlich-chemische Modellvorstellungen – Entwicklung und Erprobung eines Fragebogens zur Analyse epistemologischer Vorstellungen. In: Pitton A (Hrsg) Relevanz fachdidaktischer Forschungsergebnisse für die Lehrerbildung. Lit, Münster, S 430–432

BPB – Bundeszentrale für politische Bildung (o. J.a) Stimmungsbarometer. www.bpb.de/lernen/formate/methoden/62269/methodenkoffer-detailansicht?mid=228. Zugegriffen am 24.08.2018

BPB – Bundeszentrale für politische Bildung (o. J.b) Podiumsdiskussion. www.bpb.de/lernen/formate/methoden/46894/podiumsdiskussion. Zugegriffen am 28.08.2018

Brown TL, LeMay HE, Bursten BE (2007) Chemie. Die zentrale Wissenschaft, 10. Aufl. Pearson Studium, München

Bühler T (2010) Biokraftstoffe der ersten und zweiten Generation. Eine umwelt- und innovationsökonomische Potentialanalyse. Diplomica, Hamburg

DGUV – Deutsche gesetzliche Unfallversicherung (2017) Stoffliste zur DGUV Regel 113-018„Unterricht in Schulen mit gefährlichen Stoffen". http://publikationen.dguv.de/dguv/pdf/10002/213-098.pdf. Zugegriffen am 14.08.2018

DPA (2018) www.sueddeutsche.de/news/wirtschaft/energie-produzenten-von-biodiesel-klagen-ueber-billigimporte-dpa.urn-newsml-dpa-com-20090101-180414-99-888421. Zugegriffen am 24.08.2018

Dudenredaktion (Hrsg) (2009) Duden – Die deutsche Rechtschreibung, 25. Aufl. Dudenverlag, Mannheim

Eilks I (2001) Biodiesel – kontextbezogenes Lernen in einem gesellschaftskritisch-problemorientierten Chemieunterricht. PdN ChiS 50(3):8–10

Eilks I, Klinkebiel G (1998) Biodiesel – Ökobilanzen im Chemieunterricht. NiU Chemie 9(45):132–134

Estler CJ, Schmidt H (2007) Pharmakologie und Toxikologie, 6. Aufl. Schattauer, Stuttgart

Falbe J, Regitz M (1995) Römpp Chemie Lexikon. Georg Thieme, Stuttgart

Feierabend T, Eilks I (2009) Bioethanol – Bewertungs- und Kommunikationskompetenz schulen in einem gesellschaftskritisch-problemorientierten Chemieunterricht. MNU 62(2):92–97
FIS (2016) www.forschungsinformationssystem.de/servlet/is/290536/. Zugegriffen am 24.08.2018
Focus (2015) www.focus.de/regional/bayern/unfaelle-benzin-als-grillanzuender-verwendet-mann-schwer-verletzt_id_4730419.html. Zugegriffen am 14.08.2018
Frank P, Frank T, Haseloff HP (2016) RAAbits Realschule Chemie, Klassen 8/9. Raabe, Stuttgart
GESTIS Stoffdatenbank (2018). www.dguv.de/ifa/gestis/gestis-stoffdatenbank/index.jsp. Zugegriffen am 17.08.2018
Hadfield M (1995) Das Kupfer-Problem. CHEMKON 2:103–106
Harris DC (2002) Quantitative chemical analysis, 6. Aufl
Heimwerker.de. (2018) http://forum.heimwerker.de/forum/heimwerker-forum/heimwerken/4530-rost-entfernen. Zugegriffen am 09.06.2018
Herrmann R, Alkemade CT (1960) Flammenphotometrie. Springer, Berlin/Heidelberg
Holleman AF, Wiberg E (1995) Allgemeine und Anorganische Chemie, 101. Aufl. de Gruyter, Berlin
Holleman AF, Wiberg E (2006) Allgemeine und Anorganische Chemie, 101. Aufl. de Gruyter, Berlin
Jensen WB (2003) The KLM shell labels. J Chem Educ 80:996–997
Kirschenmann B, Bolte C (2007a) Chemie (in) der Extra-Klasse: Erneuerbare Energien – „Wieso können wissenschaftlich fundierte Expertengutachten in die Irre führen?". www.profiles-project. eu/de/Downloads/PROFILES_Module_FUB_deutsch/index.html. Zugegriffen am 28.08.2018
Kirschenmann B, Bolte C (2007b) Chemie (in) der Extra-Klasse zum Thema Bioenergie – Konzeption eines Bildungsangebots für Schüler/-innen der Sekundarstufe II. PdN ChiS 56(5):25–30
Kirschenmann B, Bolte C (2007c) Chemie (in) der Extra-Klasse: Erneuerbare Energien „Mein iPod läuft mit Kuhmist!". www.profiles-project.eu/de/Downloads/PROFILES_Module_FUB_deutsch/index.html. Zugegriffen am 28.08.2018
Klinke R, Pape HC, Kurtz A, Silbernagl S (2010) Physiologie, 6. Aufl. Thieme, Stuttgart
Kreis A, Staub FC (2013) Kollegiales Unterrichtscoaching. In: Bartz A, Dammann M, Huber SG, Klieme T, Kloft C, Schreiner M (Hrsg) PraxisWissen SchulLeitung, Teil 3, 30.32. Wolters Kluwer, Köln, S 1–13
Kultusministerkonferenz (KMK) (2004) Einheitliche Prüfungsanforderungen in der Abiturprüfung Chemie.   www.kmk.org/fileadmin/veroeffentlichungen_beschluesse/1989/1989_12_01-EPA-Chemie.pdf. Zugegriffen am 26.06.2018
Kultusministerkonferenz (KMK) (2005) Bildungsstandards im Fach Chemie für den mittleren Schulabschluss. Luchterhand, München
Kultusministerkonferenz (KMK) (2016) Richtlinien zur Sicherheit im Unterricht. Empfehlung der Kultusministerkonferenz.   www.kmk.org/service/servicebereich-schule/sicherheit-im-unterricht.html. Zugegriffen am 06.06.2018
Ludwig R, Paschek D (2005) Wasser. ChiuZ 39:164–175
Mancinelli R, Botti A, Bruni F, Ricci MA, Soper AK (2007) Hydration of sodium, potassium, and chloride ions in solution and the concept of structure maker/breaker. J Phys Chem B 111:13570–13577
Markina NE, Pozharov MV, Markin AV (2016) Synthesis of copper(I)-oxide particles with variable color: Demonstrating size-dependent optical properties for high school students. J Chem Educ 93:704–707
Mattes W (2011) Methoden für den Unterricht. Schöningh, Paderborn
Meyer H (2002) Unterrichtsmethoden. In: Kiper H, Meyer H, Tropsch W (Hrsg) Einführung in die Schulpädagogik. Cornelsen, Berlin, S 109–121
Moseley H (1913) The high frequency spectra of the elements. Philos Mag 26:1025–1034
Obst H, Rossa E (2006) Chemie in der Sekundarstufe I. Cornelsen, Berlin
Petersen J, Priesemann G (1990) Einführung in die Unterrichtswissenschaft. Teil 1: Sprache und Anschauung. Peter Lang, Frankfurt am Main
PRISMAS (2018). http://primas.ph-freiburg.de/materialien/filme-aus-dem-unterricht/51-material/physik/165-der-kerzenversuch. Zugegriffen am 14.06.2018

PROFILES (2010) www.profiles-project.eu. Zugegriffen am 28.08.2018

Richter U (2010) https://www.deutsche-apotheker-zeitung.de/daz-az/2010/daz-26-2010/gefahren-in-der-grillsaison. Zugegriffen am 14.08.2018

Rossa E (Hrsg) (2012) Chemie-Didaktik Praxishandbuch für die Sekundarstufe I und II, 2. Aufl. Cornelsen Scriptor, Berlin

Saballus U, Bolte C, Schanze S (2007) Über den allgemeinen Charakter von chemischen Modellen – eine empirische Untersuchung zum Modellbegriffsverständnis. In: Höttecke D (Hrsg) Naturwissenschaftlicher Unterricht im internationalen Vergleich. Lit, Berlin

SANOFI (2018) Gebrauchsinformation Maaloxan® 25 mVal Kautablette

Sommerfeld A (1916) Zur Quantentheorie der Spektrallinien. Ann Phys 51:1–94

Stachowiak H (1973) Allgemeine Modelltheorie. Springer, Wien/New York, S 131–133

Stork H (1990) Zur Förderung des Wertbewußtseins im Physik- und Chemieunterricht, Teil 1. MNU 43(3):135–140

Sumfleth E, Kleine E (1999) Analogien im Chemieunterricht – eine Fallstudie am Beispiel des „Balls der einsamen Herzen". ZfDN 5(3):39–56

Thiele RB, Treagust DF (1991) Using analogies in secondary chemistry teaching. Aust Sci Teach J 37:4–14

Treagust D (1993) The evolution of an approach for using analogies in teaching and learning science. Res Sci Educ 23:293–301

Viegner U (2012) Multitalent Ethanol. https://www.pharmazeutische-zeitung.de/index.php?id=41009. Zugegriffen am 28.08.2018

Vohr H-W (2010) Toxikologie Band 2: Toxikologie der Stoffe. Wiley VCH, Weinheim

Wagner W (2010) Hintergrund zu: Bunte Standfeuer. http://daten.didaktikchemie.uni-bayreuth.de/experimente/effekt/effekt_standfeuerh.htm. Zugegriffen am 29.12.2017

Watter H (2011) Regenerative Energiesysteme. Grundlagen, Systemtechnik und Anwendungsbeispiele aus der Praxis, 2. Aufl. Vieweg+Teubner, Wiesbaden

Wolf G, Flint A (2000) Rennie räumt den Magen auf. NiU Chemie 55:16–20

Wüst C (2018) Power-to-liquid. Welche Rolle zukünftig Biokraftstoff spielt. www.spiegel.de/spiegel/power-to-liquid-welche-rolle-zukuenftig-biokraftstoff-spielt-a-1201812.html. Zugegriffen am 24.08.2018

Eine Versuchsanleitung sprachsensibel umgestalten

Wir haben für diese Übung die Versuchsanleitung zur Destillation (Abb. 4.1) ausgewählt, weil dieser Text u. E. einige sprachliche Stolpersteine aufweist, die aber eigentlich – wenn sie erkannt sind – recht leicht aus dem Weg geräumt werden können.

Aufgabe
Analysieren Sie den Text in der Abbildung (Abb. 4.1) und ermitteln Sie Komposita sowie syntaktische und textuelle Besonderheiten.

Im Folgenden finden Sie unsere Textanalyse sowie eine von uns umformulierte und sprachlich überarbeitete Versuchsanleitung. In der Analyse setzen wir den Schwerpunkt auf Komposita, syntaktische Besonderheiten und die Informationsdichte. Unser Vorschlag für eine sprachsensible Anleitung ist insbesondere für Schüler gedacht, die sprachliche Schwierigkeiten haben. Um die einzelnen Arbeitsschritte deutlicher zu strukturieren, haben wir die Sätze der umformulierten Versuchsanleitung nummeriert und verstärkt Operatoren in die Arbeitsaufträge eingebunden. Wir möchten diese umformulierte Versuchsanleitung nicht als Lösungsvorschlag präsentieren, sie ist lediglich eine mögliche Variante und soll der Orientierung dienen.

Analyse des Textes
Beim Lesen des Textes fällt die hohe Dichte an Komposita auf. Sie sind zwar eine Charakteristik der deutschen Sprache und ein typisches Kennzeichen der Fachsprache, sie können aber in dieser Fülle dem weniger sprachkompetenten Leser das Textverständnis erheblich erschweren. Einige Komposita sind sicher so gebräuchlich, dass sie wahrscheinlich kaum mehr als solche wahrgenommen werden (z. B. Arzneimittel oder Rotwein) und beim Lesen keine Verständnishürde darstellen sollten. Andere Komposita stellen feste Fachbegriffe dar, auf die zu verzichten nicht ratsam wäre (z. B. Dreifuß, Drahtnetz und Becherglas). Es gibt aber auch Komposita, die u. E. nicht zwingend notwendig wären und die man durch Auflösung oder Umschreibung vermeiden könnte (z. B. ethanolhaltig, Demonstrationsreagenzglas oder Baumwollläppchen).

© Springer-Verlag GmbH Deutschland, ein Teil von Springer Nature 2019
S. Streller et al., *Chemiedidaktik an Fallbeispielen*,
https://doi.org/10.1007/978-3-662-58645-7

Der ursprüngliche Text ist nicht nur lexikalisch anspruchsvoller, als es für das Textverständnis notwendig wäre, sondern er weist auch syntaktische Besonderheiten auf. So werden Hauptsätze nicht immer durch das Subjekt des Satzes eingeleitet, sondern oft durch eine Lokalbestimmung, durch das Objekt oder durch eine finale Ergänzung. Beispiele dafür finden wir in der Beschreibung der Durchführung: „In das Reagenzglas gibt man…" (vorgezogene Lokalbestimmung) oder „Diese vereinfachte Destillationsapparatur stellt man…" (vorgezogenes Objekt) oder „Zur Kühlung verwendet man…" (vorgezogene finale Ergänzung). Dieses stilistische Mittel der Erhebung eines Satzgliedes ist sicher verzichtbar.

Neben der großen Kompositadichte und den genannten syntaktischen Besonderheiten enthält der Text Informationen, die für das Verständnis der Versuchsdurchführung gar nicht notwendig sind. Müssen die Schüler beispielsweise unbedingt wissen, dass es sich um ein *Baumwoll*läpp*chen* handelt? Vielleicht reicht hierfür auch einfach Lappen oder Tuch. Außerdem ist es für den Schüler unerheblich, welche Hustensäfte geeignet wären: Der Lehrer hat sich ja im Vorfeld schon für einen Hustensaft entschieden. Dagegen fehlen u. E. im Abschnitt Durchführung Informationen zum Wasserbad.

Im Beispiel (Abb. 4.1) wird neben dem Text auch eine Abbildung bereitgestellt. Die bildliche Darstellung kann eine gute Unterstützung bieten, um sich den Text zu erschließen und um Fachbegriffe wie Dreifuß zu festigen. Dazu ist es aber besonders wichtig, dass alle Elemente im Bild auch zum Text passen. In der Abbildung scheinen jedoch der seitliche Ansatz des Reagenzglases und das Glasrohr mit einem Gummistopfen verbunden zu sein und nicht mit einem Gummischlauch, wie in der Geräteliste vermerkt.

Vorschlag einer sprachsensiblen Anleitung
Wir möchten Ihnen eine Textvariante (Abb. A.1) vorstellen, die u. E. sprachsensibel formuliert wurde. In unserer Variante haben wir die in der Analyse des Textes verfolgten Schwerpunkte berücksichtigt:

1. sparsamere Verwendung von Komposita,
2. linearer Satzbau mit Imperativ zu Beginn des Satzes,
3. Auslassung von nicht notwendigen Informationen,
4. Hinzufügung von hilfreichen Informationen,
5. Berücksichtigung der zeitlichen Abfolge der Arbeitsschritte.

Chemikalien:
Arzneimittel (z. B. Hustensaft) und Getränke (z. B. Rotwein), die Ethanol enthalten

Geräte:
Brenner, Dreifuß, Drahtnetz, 1 Becherglas (400 mL), 1 Reagenzglas mit seitlichem Ansatz, Stopfen mit einem Loch in der Mitte, Thermometer, Glasrohr, 1 kurzes Stück Gummischlauch, Lappen, 1 Becherglas (50 mL), Siedesteine, Stativmaterial

Durchführung:

1. Befestige das Reagenzglas mit seitlichem Ansatz am Stativ.

2. Verbinde den seitlichen Ansatz des Reagenzglases und das gebogene Glasrohr mit dem kurzen Stück Gummischlauch.

3. Stecke das Thermometer vorsichtig durch das Loch im Gummistopfen.

4. Gib in das Reagenzglas 10–15 mL der Probe und füge drei Siedesteine hinzu.

5. Verschließe das Reagenzglas mit dem Stopfen, in dem das Thermometer steckt.

6. Fülle ca. 200 mL Wasser in das große Becherglas und stelle es auf den Dreifuß. Das Becherglas dient als Wasserbad.

7. Führe das Reagenzglas am Stativ so weit nach unten, dass das Reagenzglas zur Hälfte in das Wasserbad eintaucht.

8. Stelle das kleine Becherglas unter das offene Ende des Glasrohres. In diesem Becherglas wird das Destillat aufgefangen.

9. Lege auf das Glasrohr den nassen Lappen zur Kühlung.

10. Erhitze das Wasserbad mit dem Bunsenbrenner. Sobald der Lappen warm wird, befeuchte ihn mit kaltem Wasser.

Abb. A.1 Sprachsensible Versuchsanleitung

Offenheit beim Experimentieren

Aufgabe

Schätzen Sie in folgendem Unterrichtsbeispiel ein, inwieweit Ihres Erachtens eine Öffnung des Unterrichts stattgefunden hat. Nutzen Sie dazu Abb. 6.1 und markieren Sie Ihre Einschätzung bezüglich jeder Dimension mit einem Kreuz. Verbinden Sie abschließend die Kreuze zu einem Siebeneck.

Die Darstellung unserer Einschätzung finden Sie samt einer kurzen Begründung auf der nächsten Seite.

Unterrichtsbeispiel

Der Lehrer schreibt das Thema der Stunde „Wie viel Salz lässt sich in Wasser lösen?" an die Tafel und fordert die Schüler auf, Vermutungen zu nennen. Er ergänzt: „Denkt dabei bitte ans Nudeln kochen."

Eine Schülerin nennt die folgende Vermutung: „Da sich ja Salz beim Kochen sehr gut in Wasser löst, können das bestimmt 100 g pro Liter Wasser sein." Ein anderer Schüler antwortet: „Ich denke, das sind nur ein bis zwei Teelöffel pro Liter Wasser, denn mehr Salz gibt man doch beim Kochen gar nicht dazu." Der Lehrer notiert beide Vermutungen an der Tafel. Anschließend fordert er die Schüler auf, in Gruppen einen Versuch zur Überprüfung der Vermutungen zu planen. Sogleich stellt er sowohl Kochsalz als auch eine gefüllte Flasche auf den Lehrertisch, auf deren Etikett „gesättigte Kochsalzlösung" zu lesen ist.

Die Schüler entwickeln nun in Gruppen Ideen, z. B.: „Wir wiegen 50 g Salz und dann nehmen wir aus diesem Haufen immer kleine Mengen und lösen sie in 100 ml Wasser. Sobald das Salz sich auf den Boden absetzt, wiegen wir nochmal und rechnen aus, wie viel von den 50 g wir gelöst haben". Eine andere Gruppe schlägt vor: „Wir entnehmen 50 ml aus der Flasche der gesättigten Kochsalzlösung. Dann lassen wir die so lange sieden, bis das Wasser verdampft ist und wiegen dann das Salz". Der Lehrer verzichtet auf eine Präsentationsphase und lässt die Gruppen gemäß ihrer eigenen Planungen individuell experimentieren.

Für die Auswertung stellt der Lehrer die Aufgaben: 1. den Lösevorgang in Teilchendarstellung zu skizzieren und 2. die Löslichkeit von Natriumchlorid in Wasser mit der Löslichkeit anderer Salze zu vergleichen. Nach der Auswertung zeigt der Lehrer auf die Tafel und fragt, ob eine der Vermutungen sich durch den Versuch bestätigen ließ. Die Vermutungen werden gemeinsam diskutiert.

© Springer-Verlag GmbH Deutschland, ein Teil von Springer Nature 2019
S. Streller et al., *Chemiedidaktik an Fallbeispielen*,
https://doi.org/10.1007/978-3-662-58645-7

Abb. A.2 zeigt unsere Einschätzung. Folgende Gründe haben uns zu unserer Entscheidung bewogen:

1. Fragestellung: Der Lehrer schreibt die Frage an die Tafel, also ist sie vorgegeben.
2. Vermutung: Die Schüler nennen Vermutungen zwar selbstständig, haben aber vom Lehrer die Hilfe erhalten, dass sie ans Nudeln kochen denken sollen.
3. Lösungswege: Die Schüler diskutieren in ihren Gruppen jeweils unterschiedliche Ideen und haben diesbezüglich keine Einschränkungen erfahren.
4. Planung: Die Planung des Experiments haben wir als weitgehend selbstständig allerdings mit Unterstützung gewertet, da der Lehrer demonstrativ Kochsalz und gesättigte Kochsalzlösung auf dem Lehrertisch platziert.
5. Durchführung: Die Schüler arbeiten selbstständig nach ihren eigenen Planungen und ohne Anleitung des Lehrers.
6. Auswertung: Zur Auswertung der Experimente haben die Schüler zwei Aufgaben erhalten. Demzufolge ist diese Phase durch den Lehrer strukturiert.
7. Überprüfung: Die Überprüfung der Vermutungen und die Beantwortung der Fragestellung erfolgt im Unterrichtsgespräch, das vom Lehrer moderiert und damit gesteuert wird.

Abb. A.2 Einschätzung

Fragebogen zum motivationalen Lernklima

Anbei finden Sie die aktuellste Version des Befragungsinstruments zur Analyse des motivationalen Lernklimas im (eigenen) Chemieunterricht (Bolte, 2016). Wie Sie leicht erkennen, besteht das Analyse-Instrument aus drei Fragebogen; jeder Bogen erbittet Rückmeldungen von den Schülerinnen und Schülern, wobei sie jeweils unterschiedliche Perspektiven einnehmen sollen.

Der erste Bogen bittet um die Einschätzung der Items (Aussagesätze) im Allgemeinen, der zweite fragt danach, wie sich die Schülerinnen und Schüler Chemieunterricht wünschen (und was ihnen wichtig wäre), der dritte Bogen ist für den Einsatz nach einer besonderen Unterrichtsstunde gedacht.

Sollten Sie Fragen zum Einsatz des Befragungsinstruments oder zur Auswertung der Schüler-Rückmeldungen haben, so wenden Sie sich bitte an folgende Adresse: didaktik@chemie.fu-berlin.de (Abb. A.3)

© Springer-Verlag GmbH Deutschland, ein Teil von Springer Nature 2019
S. Streller et al., *Chemiedidaktik an Fallbeispielen*,
https://doi.org/10.1007/978-3-662-58645-7

[ ] Junge [ ] Mädchen   Zuhause spreche ich ausschließlich deutsch [ ] ja [ ] nein

Zuhause spreche ich auch: _____

1. Buchstabe im Vornamen der Mutter ____   b) des Vaters____ eigener Geburtsmonat: ____

ACHTUNG!
Auf dieser Seite des Fragebogens sollst Du sagen, wie Du Deinen Chemieunterricht **allgemein** beurteilst! Also, **wie der Chemieunterricht Deiner Meinung nach bis jetzt gewesen ist**.

---

1. Chemieunterricht macht mir...
    sehr viel Spaß   [] [] [] [] [] [] []   gar keinen Spaß.

2. Ich fühle mich im Chemieunterricht...
    sehr wohl   [] [] [] [] [] [] []   sehr unwohl.

3. Ich verstehe den Unterrichtsstoff in Chemie...
    nie   [] [] [] [] [] [] []   immer.

4. Um über die Fragen und Aufgaben im Chemieunterricht nachzudenken, habe ich...
    nie ausreichend Zeit   [] [] [] [] [] [] []   immer ausreichend Zeit.

5. Im Chemieunterricht geht es...
    nie   [] [] [] [] [] [] []   immer
    um Formeln und Reaktionsgleichungen.

6. Im Chemieunterricht geht es...
    nie   [] [] [] [] [] [] []   immer
    um die Zusammensetzung und den Aufbau von Stoffen.

7. Die Themen im Chemieunterricht sind für mich (für mein tägliches Leben)...
    sehr nützlich   [] [] [] [] [] [] []   absolut unwichtig

8. Die Themen im Chemieunterricht sind für das gesellschaftliche Zusammenleben...
    von sehr großer Bedeutung   [] [] [] [] [] [] []   absolut unbedeutend.

9. Unser Chemielehrer/unsere Chemielehrerin berücksichtigt unsere Vorschläge...
    sehr eingehend   [] [] [] [] [] [] []   gar nicht.

10. Wir können unserem Chemielehrer/unserer Chemielehrerin zum Unterricht...
    jederzeit Fragen stellen   [] [] [] [] [] [] []   nie Fragen stellen.

11. Die Klasse arbeitet im Chemieunterricht...
    sehr schlecht mit   [] [] [] [] [] [] []   sehr gut mit.

12. Die Klasse strengt sich im Chemieunterricht...
    sehr an   [] [] [] [] [] [] []   gar nicht an.

13. Meine Bemühungen, den Unterrichtsstoff in Chemie zu verstehen, sind...
    sehr groß   [] [] [] [] [] [] []   sehr gering.

14. Ich versuche im Chemieunterricht...
    sehr oft, mich zu beteiligen   [] [] [] [] [] [] []   nie, mich zu beteiligen.

15. Im Chemieunterricht können wir ...
    gar nichts selbst ausprobieren   [] [] [] [] [] [] []   sehr viel selbst ausprobieren.

16. Im Chemieunterricht dürfen wir Dinge ...
    sehr oft   [] [] [] [] [] [] []   sehr selten
    selbständig erarbeiten.

© Claus Bolte (2016[9]):   Fragebogen zum motivationalen Lernklima
im Chemieunterricht (REAL-Version)

Freie Universität Berlin

Abb. A.3 Fragebogen zum motivationalen Lernklima

> **ACHTUNG!**
> *Auf dieser Seite des Fragebogens sollst Du sagen, wie ein Chemieunterricht aussehen sollte, an dem Du gerne teilnehmen würdest! Also, **wie Du Dir Chemieunterricht wünschst**.*

1. *Dass mir Chemieunterricht Spaß macht ist für mich...*
   sehr wichtig   [] [] [] [] [] [] []   absolut unwichtig.

2. *Dass ich mich im Chemieunterricht wohlfühle, ist für mich...*
   sehr wichtig   [] [] [] [] [] [] []   absolut unwichtig.

3. *Dass ich den Unterrichtsstoff in Chemie verstehe, ist für mich...*
   absolut unwichtig   [] [] [] [] [] [] []   sehr wichtig.

4. *Dass ich ausreichend Zeit bekomme, um über die Fragen und Aufgaben im Chemieunterricht nachzudenken, ist für mich...*
   absolut unwichtig   [] [] [] [] [] [] []   sehr wichtig.

5. *Dass es im Chemieunterricht um Formeln u Reaktionsgleichungen geht, ist für mich...*
   absolut unwichtig   [] [] [] [] [] [] []   sehr wichtig.

6. *Dass es im Chemieunterricht um die Zusammensetzung oder den Aufbau von Stoffen geht, ist für mich...*
   absolut unwichtig   [] [] [] [] [] [] []   sehr wichtig.

7. *Dass die Themen, die wir im Chemieunterricht behandeln, für mich (für mein tägliches Leben) nützlich sind, ist für mich...*
   sehr wichtig   [] [] [] [] [] [] []   absolut unwichtig.

8. *Dass die Themen im Chemieunterricht für das gesellschaftliche Zusammenleben bedeutungsvoll sind, ist für mich...*
   sehr wichtig   [] [] [] [] [] [] []   absolut unwichtig.

9. *Dass unser Chemielehrer/unsere Chemielehrerin unsere Vorschläge sehr eingehend berücksichtigt, ist für mich...*
   sehr wichtig   [] [] [] [] [] [] []   absolut unwichtig.

10. *Dass wir unserem Chemielehrer/unserer Chemielehrerin jederzeit Fragen zum Unterricht stellen können, ist für mich...*
    sehr wichtig   [] [] [] [] [] [] []   absolut unwichtig.

11. *Ich mag es, wenn die Klasse im Chemieunterricht...*
    sehr schlecht mitarbeitet   [] [] [] [] [] [] []   sehr gut mitarbeitet.

12. *Ich mag es, wenn die Klasse sich im Chemieunterricht...*
    sehr anstrengt   [] [] [] [] [] [] []   gar nicht anstrengt.

13. *Ich bevorzuge es, im Chemieunterricht...*
    mich sehr anzustrengen   [] [] [] [] [] [] []   mich gar nicht anzustrengen.

14. *Ich bevorzuge es, im Chemieunterricht...*
    mich zu beteiligen   [] [] [] [] [] [] []   mich nicht zu beteiligen.

15. *Dass wir im Chemieunterricht viel selbst ausprobieren können, ist mir...*
    gar nicht wichtig   [] [] [] [] [] [] []   sehr wichtig.

16. *Dass wir im Chemieunterricht oft selbständig Dinge erarbeiten dürfen, ist mir...*
    sehr wichtig   [] [] [] [] [] [] []   gar nicht wichtig.

© *Claus Bolte (2016⁹):   Fragebogen zum motivationalen Lernklima im Chemieunterricht (IDEAL-Version)*

Abb. A.3   (Fortsetzung)

[ ] Junge [ ] Mädchen   **Zuhause spreche ich ausschließlich deutsch [ ] ja [ ] nein**

Zuhause spreche ich auch: _____

1. Buchstabe im Vornamen der Mutter ____   **b) des Vaters** ____ **eigener Geburtsmonat:** ____

	ACHTUNG!

In diesem Fragebogen sollst Du sagen, wie Du den Chemieunterricht von *heute* beurteilst! Also, **wie die vergangene Unterrichtsstunde Deiner Meinung gewesen ist.**

1. Die Chemiestunde hat mir *heute*...
   sehr viel Spaß gemacht   [ ] [ ] [ ] [ ] [ ] [ ] [ ]   gar keinen Spaß gemacht.

2. Ich habe mich im Chemieunterricht *heute*...
   sehr wohl gefühlt   [ ] [ ] [ ] [ ] [ ] [ ] [ ]   sehr unwohl gefühlt.

3. Ich habe den Unterrichtsstoff in Chemie *heute*...
   nie verstanden   [ ] [ ] [ ] [ ] [ ] [ ] [ ]   immer verstanden.

4. Um über die Fragen und Aufgaben nachzudenken, hatte ich im Chemieunterricht *heute*...
   nie ausreichend Zeit   [ ] [ ] [ ] [ ] [ ] [ ] [ ]   immer ausreichend Zeit.

5. *Heute* ging es im Chemieunterricht...
   nie   [ ] [ ] [ ] [ ] [ ] [ ] [ ]   immer
   um Formeln und Reaktionsgleichungen.

6. *Heute* ging es im Chemieunterricht...
   nie   [ ] [ ] [ ] [ ] [ ] [ ] [ ]   immer
   um die Zusammensetzung und den Aufbau von Stoffen.

7. Das Unterrichtsthema *heute* ist für mich (für mein tägliches Leben)...
   sehr nützlich   [ ] [ ] [ ] [ ] [ ] [ ] [ ]   absolut unwichtig.

8. Das Unterrichtsthema *heute* ist für das gesellschaftliche Zusammenleben...
   von sehr großer Bedeutung   [ ] [ ] [ ] [ ] [ ] [ ] [ ]   absolut unbedeutend.

9. Unser Chemielehrer/unsere Chemielehrerin berücksichtigte unsere Vorschläge *heute*...
   sehr eingehend   [ ] [ ] [ ] [ ] [ ] [ ] [ ]   gar nicht.

10. *Heute* konnten wir unserem Chemielehrer/unsere Chemielehrerin zum Unterricht...
    jederzeit Fragen stellen   [ ] [ ] [ ] [ ] [ ] [ ] [ ]   nie Fragen stellen.

11. Die Klasse hat in der Chemiestunde *heute*...
    sehr schlecht mitgearbeitet   [ ] [ ] [ ] [ ] [ ] [ ] [ ]   sehr gut mitgearbeitet.

12. Die Klasse hat sich in der Chemiestunde *heute*...
    sehr angestrengt   [ ] [ ] [ ] [ ] [ ] [ ] [ ]   gar nicht angestrengt.

13. Meine Bemühungen, den Unterrichtsstoff in Chemie zu verstehen, waren *heute*...
    sehr groß   [ ] [ ] [ ] [ ] [ ] [ ] [ ]   sehr gering.

14. Ich habe mich im Chemieunterricht *heute*...
    sehr oft beteiligt   [ ] [ ] [ ] [ ] [ ] [ ] [ ]   nie beteiligt.

15. Heute konnten wir im Chemieunterricht...
    gar nichts selbst ausprobieren   [ ] [ ] [ ] [ ] [ ] [ ] [ ]   sehr viel selbst ausprobieren.

16. Heute durften wir im Chemieunterricht Dinge...
    sehr oft   [ ] [ ] [ ] [ ] [ ] [ ] [ ]   sehr selten
    selbständig erarbeiten.

© Claus Bolte (2016[9]):   Fragebogen zum motivationalen Lernklima
im Chemieunterricht (TGL-Version)

Freie Universität Berlin

Abb. A.3   (Fortsetzung)

Diagnosebogen zur Selbsteinschätzung

Aufgabe

Sie haben das Thema Alkane mit Ihrer Lerngruppe abgeschlossen. Entwickeln Sie einen Diagnosebogen, mit dessen Hilfe die Schüler lernen sollen, ihre Fähigkeiten selbst einzuschätzen. Wir empfehlen Ihnen, einerseits die Aspekte zu berücksichtigen, die Sie der Strukturierung Ihrer Unterrichtssequenz zum Thema Alkane zugrunde gelegt haben, und andererseits die Kompetenz- und Anforderungsbereiche in den von der KMK herausgegebenen Bildungsstandards für das Fach Chemie.

Vorschlag

In Abb. A.4 stellen wir Ihnen einen möglichen Diagnosebogen zur Diskussion, den einer der Autoren basierend auf seiner Unterrichtskonzeption entwickelt hat. Die Kompetenzbereiche Fachwissen, Erkenntnisgewinnung, Kommunikation und Bewertung wurde bei der Formulierung der Items berücksichtigt. Die Farbkodierungen sollen die vier Kompetenzbereiche für die Schüler transparent machen. Innerhalb eines jeden Kompetenzbereiches steigt das Anforderungsniveau an. In Tab. 9.1 in Kap. 9 haben wir die Anforderungsbereiche aus den Bildungsstandards für das Fach Chemie vorgestellt und diskutiert.

© Springer-Verlag GmbH Deutschland, ein Teil von Springer Nature 2019
S. Streller et al., *Chemiedidaktik an Fallbeispielen*,
https://doi.org/10.1007/978-3-662-58645-7

Kompetenz	überhaupt nicht	ein wenig	schon ganz gut	vollständig und sicher
Ich beherrsche die Namen der ersten zehn Alkane dieser homologen Reihe.				
Ich kann die Nomenklaturregeln auf unverzweigte und auf verzweigte Alkane anwenden.				
Ich kann Eigenschaften der Alkane anhand ihrer Strukturformel erklären.				
Ich kenne eine Methode, um Stoffe hinsichtlich ihrer Löslichkeit zu untersuchen.				
Ich kann experimentell gewonnene Ergebnisse aus der Untersuchung der Entzündbarkeit von Alkanen erklären.				
Ich kann experimentell gewonnene Ergebnisse zur Bestimmung der Viskosität von Alkanen im Sinne einer Fehlerbetrachtung kritisch diskutieren.				
Ich kann aus einem Text zur Schädigung der Ozonschicht ein Fließdiagramm entwickeln.				
Ich kann verschiedene Quellen (Texte, Tabellen und Diagramme) über das Thema Fracking nutzen, um einen Fachtext zu schreiben.				
Ich kann Vor- und Nachteile der Verwendung von Benzin als Grillanzünder erörtern.				
Ich kann den Einsatz fossiler Brennstoffe in einem Wärmekraftwerk aus verschiedenen Perspektiven kritisch diskutieren.				

Legende für die Farbkodierung

Fachwissen	Kommunikation	Erkenntnisgewinnung	Bewertung

Abb. A.4 Diagnosebogen

Noch einmal von Hunden und Knochen

Im Fallbeispiel „Die Geschichte vom Hund, der den Knochen will" (Abschn. 11.3) haben die Schüler Versuche zur Reaktion verschiedener Metalle mit Sauerstoff durchgeführt. Anschließend waren die Schüler gehalten, die Metalle nach der Heftigkeit der Reaktion zu sortieren. Zum Ende der Stunde hat die Lehrerin eine Analogie für die Reaktion von Metalloxiden mit Metallen verwendet. In der Analogie symbolisiert ein Knochen den Sauerstoff und die zwei Hunde stehen für zwei Vertreter aus der Stoffklasse der Metalle.

Aufgabe
Entwickeln Sie eine zum Thema der beschriebenen Stunde (Reaktion von Metallen mit Sauerstoff) passende Analogie. Mit anderen Worten: Wie müsste die Zeichnung (Abb. 11.4) verändert werden, damit sie zum Inhalt der Stunde passt?

Abb. A.5 zeigt unseren Vorschlag. Auch in diesem Vorschlag symbolisieren die Knochen und Hunde die Reaktionspartner Sauerstoff und Metall.

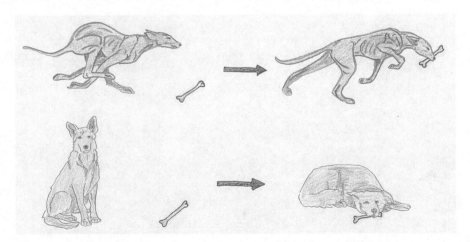

Abb. A.5 Hunde und Knochen

© Springer-Verlag GmbH Deutschland, ein Teil von Springer Nature 2019
S. Streller et al., *Chemiedidaktik an Fallbeispielen*,
https://doi.org/10.1007/978-3-662-58645-7

Beide Hunde sind in ihrem Verhalten unterschiedlich lebhaft bzw. träge gezeichnet. Mit diesen Eigenschaften haben wir versucht darzustellen, wie begierig sie sich den Knochen schnappen und dann festhalten. Übertragen auf die Reaktion von Metallen mit Sauerstoff bedeutet das, dass der energische Windhund ein sehr reaktives Metall, z. B. Magnesium, repräsentiert und der schläfrige Labrador ein eher edles Metall, z. B. Kupfer, symbolisiert.

Stichwortverzeichnis

© Springer-Verlag GmbH Deutschland, ein Teil von Springer Nature 2019
S. Streller et al., *Chemiedidaktik an Fallbeispielen*,
https://doi.org/10.1007/978-3-662-58645-7

Willkommen zu den Springer Alerts

- Unser Neuerscheinungs-Service für Sie:
  aktuell *** kostenlos *** passgenau *** flexibel

Springer veröffentlicht mehr als 5.500 wissenschaftliche Bücher jährlich in gedruckter Form. Mehr als 2.200 englischsprachige Zeitschriften und mehr als 120.000 eBooks und Referenzwerke sind auf unserer Online Plattform SpringerLink verfügbar. Seit seiner Gründung 1842 arbeitet Springer weltweit mit den hervorragendsten und anerkanntesten Wissenschaftlern zusammen, eine Partnerschaft, die auf Offenheit und gegenseitigem Vertrauen beruht.

Die SpringerAlerts sind der beste Weg, um über Neuentwicklungen im eigenen Fachgebiet auf dem Laufenden zu sein. Sie sind der/die Erste, der/die über neu erschienene Bücher informiert ist oder das Inhaltsverzeichnis des neuesten Zeitschriftenheftes erhält. Unser Service ist kostenlos, schnell und vor allem flexibel. Passen Sie die SpringerAlerts genau an Ihre Interessen und Ihren Bedarf an, um nur diejenigen Information zu erhalten, die Sie wirklich benötigen.

Printed in the United States
By Bookmasters